U0926968

中国原子能科学研究院科学技术丛书

核废物处理技术

顾忠茂 著

原子能出版社

图书在版编目(CIP)数据

核废物处理技术/顾忠茂著．—北京：原子能出版社，2009.7

(中国原子能科学研究院科学技术丛书)

ISBN 978-7-5022-4585-6

Ⅰ．核…　Ⅱ．顾…　Ⅲ．放射性废物处置-研究　Ⅳ．TL942

中国版本图书馆 CIP 数据核字(2009)第 040820 号

内容简介

本书比较全面和系统地介绍了几十年来国内外在各种类型核废物处理与整备技术方面所积累的经验与成就，并尽可能反映当代的最新发展。

内容主要包括：核废物来源、主要特点及其分类，核废物处理处置基本原则及其现代理念，放射性废气的处理，低中放废水的沉淀、蒸发、离子交换和膜分离处理，放射性有机废液的处理及低放废液的生化处理，低中放废物的整备技术(包括各种固定化和减容技术)，高放废液的固化技术及分离-嬗变技术。

本书可供核工业系统从事核燃料循环、核废物管理、核环境科学与工程以及核技术应用等方面的专业技术人员和管理干部参考，可供大专院校相关专业的师生和研究生阅读。

核废物处理技术

总　编　辑　杨树录
责任编辑　付　真
责任校对　冯莲凤
责任印制　丁怀兰　潘玉玲
印　　刷　保定市中画美凯印刷有限公司
出版发行　原子能出版社(北京市海淀区阜成路 43 号　100048)
经　　销　全国新华书店
开　　本　787 mm×1092 mm　1/16
印　　张　26.25　　　**字　数**　502 千字
版　　次　2009 年 7 月第 1 版　2009 年 7 月第 1 次印刷
书　　号　ISBN 978-7-5022-4585-6　　　**定　价**　**82.00 元**

网址：http://www.aep.com.cn　　**E-mail：atomep123@126.com**
发行电话：010-68452845

《中国原子能科学研究院科学技术丛书》

总　　序

中国原子能科学研究院创建于1950年，是我国核科学技术的发祥地和先导性、基础性、前瞻性的综合性核科学技术研究基地。

在党中央和上级部门的关怀和指导下，中国原子能科学研究院为我国的国防建设、国民经济建设和核科学技术的发展做出了重要贡献，造就了7位“两弹一星”功勋科学家和60多位两院院士，培养了大批科技人才，在核物理、核化学与放射化学、反应堆工程技术、加速器工程技术、同位素技术、核电子学与核探测技术、辐射防护、放射性计量等学科形成了自己的特色和优势，并拥有核科学与技术和物理学两个一级学科硕士、博士学位授予权。

为了系统地总结原子能院在核科学技术相关优势学科积累的知识和经验，吸收和借鉴国内外核科学技术最新成果，促进我国核科技事业的发展，我院决定组织出版《中国原子能科学研究院科学技术丛书》，并选定王淦昌、肖伦、丁大钊、王乃彦、阮可强等院士编著的《惯性约束核聚变》、《放射性同位素技术》、《中子物理学——原理、方法与应用》、《新兴的强激光》、《核临界安全》5本专著首批出版，今后还将组织撰写更多的学术专著纳入本丛书系列。

谨以此套丛书献给为我国核科技事业献身的人们！

《中国原子能科学研究院科学技术丛书》出版委员会

2005年9月1日

序

为了满足世界人口的增加及其对生活水平提高的需要，各国对能源的需求日益增长，越来越多的国家期望通过发展核能来确保长期的能源安全，减少温室气体的排放，改善环境质量。

由于核能的能量密度很高，所以，与常规能源生产相比，核能生产过程中所产生的废物量很少。然而，由于核废物具有放射性，对人体有危害，并对环境构成放射性污染和其他污染，所以必须对核废物进行严格管理。核废物如果不能得到妥善的处理与处置，将制约核能的可持续发展。

在过去的半个世纪里，世界各国在核废物处理方面已开展了大量的研究开发工作，形成了一系列成熟的处理技术，建立和有效运行了各种处理设施，并积累了丰富的经验。但国内多年来缺少一本系统介绍核废物处理技术的专著。

本书比较全面和系统地介绍了几十年来国内外(包括中国原子能科学研究院)在各种类型核废物处理技术方面所积累的经验，并尽可能反映当代的最新技术成就和理念，内容比较丰富，论述有一定深度，具有实用意义。希望本书能对从事核废物管理、环境科学等方面的专业人员和管理者有一定的参考价值。

王方定

2008年11月25日

前　言

核废物的安全处置是制约核能可持续发展的重大问题，核废物的妥善处理则是其安全处置的前提，即核设施运行过程中产生的各种类型的核废物在处置之前，必须经过适当的处理和整备，转化成可处置的形式之后，才能实现安全处置。

在过去的10年里，国内已陆续出版了几本有关核废物处理与处置的专著，涉及面较广。至于对核废物处理技术的专门论述，国内仅有1本20世纪70年代出版的关于放射性废水处理的专著，其介绍的处理方法与技术均属国际上早期开展的工作。此后，多年来尚未有1本较为系统地论述各种类型核废物处理技术的专著，本书试图比较全面和系统地介绍几十年来国内外在各种类型核废物处理技术方面所积累的经验，并尽可能反映当代的最新成就。本书的主要内容包括各种形态（气体、液体和固体）和各种放射性水平（低放、中放和高放）核废物的合适的处理与整备技术。

本书共分10章。第1章介绍核废物治理基础知识、基本原则及核废物治理的现代理念；第2章介绍放射性废气处理技术；第3章至第5章介绍低放或中放废水的经典处理技术，包括化学沉淀、蒸发和离子交换；第6章介绍低中放废水的新型处理技术——膜分离；第7章介绍低放有机废液处理技术，考虑到低放废液的生物处理主要是对有机物的破坏，故这部分内容也放在该章；第8章和第9章分别介绍低中放废物的固定化和减容技术；第10章介绍高放废物的固化技术和分离一嬗变技术。

中国科学院院士王方定为本书做了序。我国核燃料循环及核废物管理领域知名专家严叔衡研究员和管宗洲研究员级高工审阅了全书，并提出许多修改建议。对于他们的指教与帮助，作者谨向他们表示深切谢意。

在本书编写过程中，得到了我院不少同仁的热情鼓励和全力支持，其中骆大星、庞合鼎等同志为作者提供了我院在放射性废物处理研究开发方面发表的论文和研究报告，刘春秀、祁光茂、刘富国、李美山等同志提供了我院在放射性废物管理方面所积累的有关资料，章泽甫、张生栋、丁有钱等同志提供了核废物处理技术资料和相关核素核数据资料，四〇四厂杨掌众等同志提供了该厂在就地水泥固化方面所积累的实践经验，李金英、叶国安、管宗洲、庞合鼎、骆大星、刘春秀、张生栋、刘黎明、张振涛、姚军等同志对本书的修改提出了宝贵建议。在此表示衷心感谢。

本书可供从事核废物管理、环境科学方面的专业技术人员、管理人员和大专院校的师生阅读。

由于作者学识所限，书中难免有错误和偏颇之处，敬请读者指正。

顾忠茂

2008 年 8 月 8 日

目　　录

第1章　总　论

1.1　核废物管理概述

世界上所有的工业生产过程均会产生一些有害的废物。为了保护公众健康和人类赖以生存的地球环境，必须妥善处理和处置各种废物。目前，世界上唯有核能产业对核能生产的全过程中产生的所有放射性废物进行处理与安全处置。由于核能的能量密度很大，所以，与常规能源生产相比，核能生产过程中所产生的废物量很少。以工业发达的英国为例，每年产生各类有害废物约 4×10^6 m^3，其中放射性废物仅占约 1%。然而，由于核废物具有放射性，对人体和环境有危害，所以必须对核废物进行严格管理。

放射性废物是指含有放射性核素或被放射性核素污染、其放射性浓度或放射性比活度超过国家规定限值的废弃物。相应的，放射性浓度或放射性比活度低于或等于国家规定限值的废物，按非放射性废物进行管理，称作豁免(Exemption)废物，可以实行清洁解控(Clearance)，如采用一般焚烧处理和浅土掩埋处置等，或者进行有限制或无限制的再利用/再循环。目前，国际上尚无被普遍接受的清洁解控水平，也无一致同意的标准解控程序。

放射性废物按其放射性活度水平可分为低放废物、中放废物和高放废物(见表 1-1)[1]，按其物理形态可分成气体废物、液体废物和固体废物三类。

放射性废物处理是改变放射性废物的物理、化学性质，使之变成适于往大气、水体排放或作最终处置的状态所实施的工艺过程；放射性废物处置则是为使放射性核素在衰变到对人类无危害水平之前保持与生物圈隔离所采取的措施。一般而言，放射性废物处置是不可回取的处理。由于固体废物不会流动，它的长期贮存或永久处置更加安全且较易监督，所以一般应将放射性废物转化成为不溶解的、稳定的固体状态，然后处置。废气和废液经净化(将放射性核素分离出来进入固体废物)，达到符合排放标准后有控制地排入环境，也是一种处置方式。

表 1-1　各类放射性废物的大致构成[1]

废物类型	所占体积/%	所占放射性活度/%
低放废物	90	1
中放废物	7	4
高放废物	3	95

1.2 核废物的来源

放射性废物产生于核工业生产的各个环节以及其他使用放射性物质的各种活动，即来自核燃料循环和非核燃料循环工业体系或部门。各种核活动所产生的核废物，以核燃料循环过程为主，尤其是核燃料后处理过程，尽管其所产生废物体积仅占各种来源废物总体积的3%，而其放射性竟占全部废物放射性活度总和的95%左右。因此，有关乏燃料后处理产生的放射性废物将在本节中予以重点介绍。

1.2.1 民用核燃料循环

如图1-1所示，以核电生产为中心的核燃料循环（本文以铀/钚燃料循环为例）包括前段过程、反应堆运行过程和后段过程三大部分。核燃料循环前段为生产出适合于核电厂使用的核燃料组件的过程，包括铀矿勘查、开采、水冶、铀精制、铀转化、铀浓缩和核燃料元件制造；反应堆运行过程包括核燃料在堆中辐照、乏燃料的卸出及其就地临时储存；核燃料循环后段包括乏燃料运输、后处理、核废物处理与处置等，其中乏燃料后处理所获得的Pu和U，被再制成核燃料元件（混合U、Pu氧化物燃料，MOX燃料）而进行再循环。回收燃料可以在热中子堆（热堆）中循环（如图1-1左侧所示），也可以在快中子堆（快堆）中循环（如图1-1右侧所示），统称核燃料“闭式”循环。如果乏燃料不进行后处理而直接处置，则称为“一次通过”循环。

核燃料循环的周期一般较长，从生产出天然铀产品（黄饼）至核燃料进入核电厂至少需4 a；若乏燃料经后处理（回收钚）、MOX燃料制备，再进入核电厂，则循环周期约需12 a。

1.2.1.1 核燃料循环前段

（1）铀矿开采和铀矿石水冶

铀是最重要的核燃料。供工业开采的铀矿边界品位是可变的。例如，我国在20世纪80年代前，铀矿的常规工业开采品位为0.05%（边界品位为0.03%），以后提高至0.1%。美国铀矿工业开采平均品位为0.113%。一座1 000 MWe的核电厂，每年约需要160～180 t天然铀，若铀矿平均开采品位按0.2%计，则每年将产生约10 000 m^3 开采废石和30 000～50 000 m^3 水冶尾矿[2]。

铀水冶过程中产生大量的固体废物和低水平放射性废液（见表1-2）。在铀水冶过程中，尾矿中残留了占原矿6%左右的铀（占水冶废物放射性的近70%），使尾

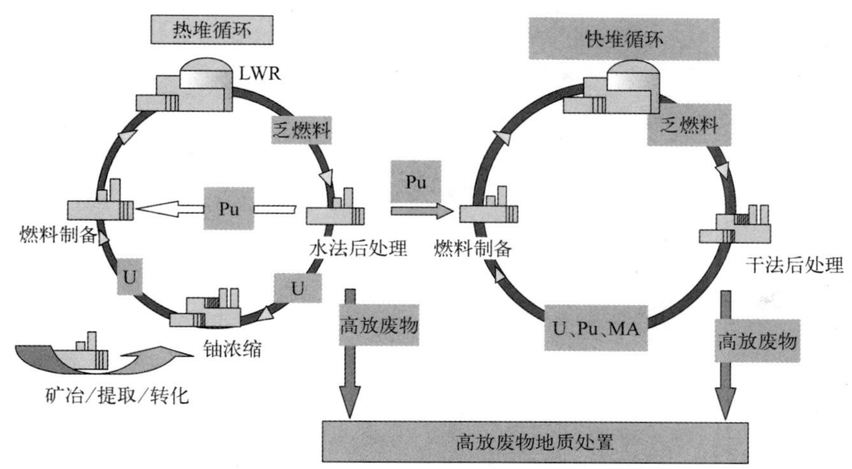

图 1-1 核燃料循环过程示意图

矿成为有害低放废物和化学有害物质(含酸、碱)。尾砂和矿泥量约相当于处理的矿石量,其放射性比活度较普通岩石、土壤高数倍至数十倍(见表 1-3)[3]。低放废液量因所采用的工艺流程不同而异,一般为处理矿石量的 1～5 倍。尾矿浆中往往伴有化学毒物如硝酸、氨水、有机试剂等。

值得注意的是,磷矿石中一般铀含量较高,经处理后残渣中的铀含量更高,使之成为一种数量庞大的低放废物。

表 1-2 铀尾矿、尾矿液的平均化学成分和辐射特征

成 分	含量或比活度(浓度)	成 分	含量或比活度(浓度)
铀尾矿		Pb	7×10^{-3} g/L
U_3O_8(质量分数)	0.011%	Mn	0.5 g/L
U(天然)	6.3×10^{-11} Ci/g	Hg	7×10^{-5} g/L
^{226}Ra	4.5×10^{-10} Ci/g	Mo	0.1 g/L
^{230}Th	4.3×10^{-10} Ci/g	Se	0.02 g/L
尾矿液		Na	0.2 g/L
Al	—	硫酸盐	30 g/L
pH	2	V	1×10^{-4} g/L

续表

成　分	含量或比活度(浓度)	成　分	含量或比活度(浓度)
NH_4^+	0.5 g/L	Zn	0.08 g/L
As	2×10^{-4} g/L	溶解固体总量	35.0 g/L
Ca	0.5 g/L	U(天然)	5×10^{-9} Ci/L
碳酸盐	—	^{226}Ra	4×10^{-10} Ci/L
Cd	0.5 g/L	^{230}Th	1.5×10^{-7} Ci/L
氯化物	0.3 g/L	^{210}Pb	4×10^{-10} Ci/L
Cu	0.05 g/L		
氟化物	5×10^{-3} g/L	^{210}Po	4×10^{-10} Ci/L
Fe	1.0 g/L	^{210}Bi	4×10^{-10} Ci/L

注:1 Ci = 3.7×10^{10} Bq

表 1-3　我国部分铀废矿石、铀尾矿与普通岩石、土壤的比活度比较

种　类	U 含量/(10^{-3} g/kg)	^{226}Ra 比活度/(Bq/kg)	总 α 比活度/(Bq/kg)
铀废矿石	5～210	214～5 402	4 199～25 900
铀水冶尾矿	20～104	8 510～70 300	40 695～74 000
普通岩石	1.2～6.6	26～480	
普通砂	9～30	739～1 406	2 626
土　壤	0.1～4.5	184～278	1 291～2 168

(2) 铀转化、铀浓缩和铀燃料元件制造

在核燃料循环前段的铀转化、铀浓缩阶段,^{235}U 含量由 0.711% 增至 3%～5%。上述活动会产生低放废物,包括氟化渣、木炭渣、石灰渣、设备的废零部件、废管道、废机油、废旧钢铁、劳保用品等低放固体废物和低放废水。该类废物中含有 ^{235}U、^{238}U等核素及硝酸、氟化物等有害化学物质。此外,在制造核燃料元件时也产生少量低放废物。

1.2.1.2　反应堆运行[3]

核反应堆是以铀或钚等作燃料的可控链式裂变反应装置,它由堆芯、堆内构件、压力壳、控制棒、驱动机构等组成。堆芯又称活性区,由核燃料组件、控制棒组件和启动中子源等组成。将低浓铀碾成粉末,制成许多小圆柱状 UO_2(高约

1.27 cm,直径为 0.95 cm),然后将它们装入一个锆合金壳内组成燃料棒。通常将220个燃料棒和若干控制棒结合在一起构成一个核燃料组件,再将若干个核燃料组件装进反应堆活性区(例如,一座 900 MWe 的压水堆堆芯有 157 组核燃料组件,共有 41 448 根燃料棒)。燃料棒中的^{235}U、^{239}Pu(由^{238}U转换的)发生核裂变时释放出来的巨大热量,由普通水或氦气为冷却剂将热带至汽轮机,推动汽轮机发电。反应堆种类较多,按用途可分为产钚堆、动力堆、研究堆等;按采用的冷却剂、慢化剂不同和堆体结构不同,可分为压水堆、沸水堆、石墨堆、气冷堆、重水堆、快中子堆等(见表 1-4),目前最常用的动力堆是压水堆和沸水堆。

表 1-4 某些核反应堆的特征[4]

堆 型	燃 料	减速剂	控制棒材料	冷却剂
热堆				
石墨慢化气冷堆	镁合金壳中的铀金属	石墨	硼	压缩 CO_2
重水堆	不锈钢壳中的铀金属	重水(D_2O)	钢棒中的棚	压缩重水
气冷堆	锆合金壳中的 UO_2	石墨	B_4C	压缩 CO_2
	($w(^{235}U)=2.5\%$)			或 He
压水堆	锆合金壳中的 UO_2	高压轻水	Ag/In/Cd	水
	($w(^{235}U)=3\%\sim5\%$)		或 B_4C	
沸水堆	UO_2($w(^{235}U)\geqslant1.5\%$)	压缩轻水	B_4C	水
快堆				
唐瑞快堆	金属铀增殖堆			
	($w=45.5\%$)	无	B_4C	熔融 Na-K
原型快堆	MOX	无	B_4C	熔融 Na

注:w 为质量分数

反应堆运行中产生的大量的裂变产物,始终被严密地封闭在包壳内,在正常情况下不会进入环境。核反应堆运行时产生的放射性废液主要来自循环冷却水,放射性固体废物主要来自冷却净化系统、废水净化系统的离子交换废树脂、废过滤器芯子、废液蒸发残渣、活化的堆内构件(包壳材料、控制棒等)、废仪表探头和零件等,其中堆内构件等为高放废物(含 ^{60}Co,^{63}Ni 等)。气冷堆则排出放射性废气。但通常的反应堆冷却剂(水或气体)的中子活化放射性,大部分(如氮和氧的同位素)具有很短的半衰期,很快就衰变掉。半衰期为 12.3 a 的氚是值得注意的一种污染物,它是氘或硼俘获中子的产物,也是一种裂变产物(三分裂的碎片之一)。

1.2.1.3 核燃料循环后段

核燃料循环后段包括乏燃料后处理、MOX 燃料元件制备、放射性废物处理、整备和最终处置。所有这些过程均会产生放射性废物。如前所述，乏燃料后处理过程产生废物的放射性占核燃料循环总废物量的 95%。

在核反应堆中辐照过的核燃料称之为乏燃料。动力堆乏燃料中含有 U 约 95%、Pu 和次锕系元素（Minor Actinides, MA）约 1%，以及裂变产物（Fission Products, FP）约 4%，具有很高的放射性活度，并产生大量衰变热。表 1-5 列出了典型动力堆乏燃料元件中的主要裂变产物量[4]。随着核电站燃料燃耗的加深，卸出乏燃料的放射性活度更高，衰变热更多。

表 1-5 动力堆乏燃料元件中的主要裂变产物量(燃耗 33 000 MWd/tHM，冷却 5 a)

裂变产物	含量/(g/t)	其中非放元素所占比例/%	裂变产物	含量/(g/t)	其中非放元素所占比例/%
	惰性气体		铑	397	100
氪	378	93	钯	1.455	100
氙	8.178	100		稀土元素	
卤素			镧	1.310	100
碘	278	15	镨	1.230	100
	碱金属和碱土金属		钕	4.219	100
铷	346	29	钐	840	95
锶	888	40	铕	181	75
铯	2.600	42	钆	115	100
钡	1.575	100		其他元素	
	稀有金属和贵金属		锝	865	0
锆	3.789	79	碲	578	100
钼	3.566	100	钇	477	100
钌	2.244	99			

核电站乏燃料后处理的目的是回收易裂变材料和可转换材料，实现 U、Pu 再循环。一座功率为 1 000 MWe 的核电厂，每年卸下的乏燃料元件为 25～30 t，乏燃料后处理产生的高放废液约为 10～12 m^3。

乏燃料后处理工艺有水法、干法两种。目前已商用化的为水法后处理过程（即 PUREX 流程），其处理工艺流程为：乏燃料剪切和溶解；TBP 溶剂萃取，实现铀钚共萃取(共去污),裂片元素和次锕系元素进入萃余相,成为高放废液;铀、钚分离和纯化,回收的钚、铀供循环使用。

核燃料后处理过程中,所产生废物的体系复杂而放射性水平高。化学分离流程所产生的废液主要有:

(1) 高放废液

高放废液(High Level Liquid Waste, HLLW)为铀钚共去污循环中产生的萃余液,其体积小而包含全部裂变产物的 99.9%以上。通常每处理 1 t 乏燃料元件,产生将近 5 000 L 的高放废液,经蒸发浓缩后,体积减少到 400 L 左右,浓缩过程回收的 HNO_3 可再循环使用。高放废液的主要化学成分如表 1-6 所示[4]。表中数据说明,高放废液具有很强的放射性和衰变功率。经过 6 a 和 10 a 衰变之后,其热功率仍能分别保持 20 W/L 和 3.5 W/L 的水平。然而,当其他的废液(如含超铀核素的中、低放废液浓缩液)与高放废液合并后,将会明显改变废液的组成,其中最大的变化是增加了非放射性盐分的浓度。

表 1-6 高放废液的某些特性数据

组 分	经过不同时间衰变后的有关参数				
	浓度/(mol/L)	放射性浓度/(GBq/L)		衰变热功率/(W/L)	
	5 a	6 a	10 a	6 a	10 a
1. 裂变产物					
H	2.67×10^{-6}	3.7	2.22	—	—
Rb	9.36×10^{-3}	—	—	—	—
Sr	1.7×10^{-2}	5 180	4 070	0.16	0.13
Y	9.56×10^{-3}	5 550	4 070	0.80	0.62
Zr	7.4×10^{-2}	629	—	0.08	—
Nb	—	1 406	—	0.18	—
Mo	7.2×10^{-2}	—	—	—	—
Tc	1.7×10^{-2}	1.11	1.11	—	—
Ru	4.2×10^{-2}	2×10^{4}	40.7	0.03	—
Rh	0.01	2×10^{4}	40.7	5.30	0.01
Pd	0.029	—	—	—	—
Ag	1.48×10^{-3}	1 924	—	0.38	—
Cd	1.61×10^{-3}	2.59	1.48	—	—
Sn	9.24×10^{-4}	30.7	—	—	—
Sb	2.46×10^{-4}	621.6	62.9	0.05	—
Te	7.81×10^{-3}	266.4	15.5	—	—

续表

组　分	经过不同时间衰变后的有关参数				
	浓度/(mol/L)	放射性浓度/(GBq/L)		衰变热功率/(W/L)	
	5 a	6 a	10 a	6 a	10 a
1. 裂变产物					
Cs	0.039	1.7×10^{4}	7 030	2.80	0.31
Ba	0.024	7 400	5 900	0.80	0.65
La	0.018	—	—	—	—
Ce	0.033	3.0×10^{4}	11.1	0.54	—
Pr	0.016	3.1×10^{4}	11.1	6.29	—
Nd	0.056	—	—	—	—
Pm	5.44×10^{-4}	7 770	721.5	0.08	
Sm	0.012	107.3	99.9	—	—
Eu	1.97×10^{-3}	802.9	358.9	0.16	0.08
Gd	1.27×10^{-3}	—	—	—	—
总裂变产物	57.75 g/L	1.5×10^{5}	2.27×10^{4}	17.7	1.81
2. 锕系元素					—
U	0.053	—	—	—	—
Np	2.84×10^{-3}	13.3	13.3	—	—
Pu	1.67×10^{-3}	146.5	112.1	0.03	0.03
Am	9.54×10^{-3}	76.6	76.6	0.06	0.06
Cm	2.58×10^{-3}	3 690	1 695	3.56	1.60
总锕系元素	16.79 g/L	3 929	1 898	3.56	1.69
总裂片＋总锕系元素	74.5 g/L	1.54×10^{5}	2.46×10^{4}	21.35	3.50
3. 化学试剂					
HNO_3	2.0				
Gd	0.15				
PO_4^-	0.042				
Fe	0.05				
Cr	9.6×10^{-3}				
Ni	3.4×10^{-3}				
Na	4.5×10^{-3}				
总化学试剂	157.6 g/L				

注：以处理每吨铀生产 378 L 高放废液作基准，括号内数值为衰变时间。

(2) 中放废物

后处理厂产生的中放废物(Medium Level Waste, MLW)分为中放非 α 废物和中放 α 废物,前者从乏燃料贮存设施中产生,后者的主要来源是:

(a) 燃料溶解尾气的洗涤液;

(b) 焚化炉尾气清洗液;

(c) 去污溶液;

(d) 污溶剂(即 TBP)洗涤液;

(e) HLW 除雾洗涤器溶液;

(f) 操作区的污水。

后处理厂的中放 α 废液通常是酸(硝酸)性的,一般不与高放废液混合。它可以用 NaOH 中和后,蒸发浓缩为高浓的含盐废液,其组成和特点参见表 1-7[4]。

从后处理厂产生的中放 α 固体废物也是种类繁多的,如废离子交换树脂、硅胶、银沸石(含有从溶解尾气中吸附的碘)、可燃性的垃圾(手套、纸)、不可燃的垃圾(工具、玻璃器皿)、废设备和过滤器等。

表 1-7 中和后的中放 α 废液的组成和特点

成 分	浓度/(mol/L)	比活度/(Bq/a)	总量/(kmol/a)
化学组分			
NO_3^-	6.45		1 065
Na^+	6.52		1 076
Hg^{2+}	0.075		12.4
Ca^{2+}、Mn^{2+}、SO_4^{2-}、Cl^-	各 1 g/L		各 1.65 g/L
K^+、Fe^{3+}、Ag^+、F^+	各 0.5 g/L		各 82 g/L
其他化学成分	微量		
放射性组分			
U	0.084		13.9
Pu	2.09×10^{-4}		0.035
裂变产物	微量	1.22×10^{14}	
物理性质			
体积/(m^3/a)	165		
固体/(kg/a)	97 000		
密度/(kg/m^3)	1 400		
释热率/(W/m^3)	10～100		

注:基准为后处理厂处理能力 1 500 tHM/a,后处理产生的中放废液 110 L/tHM。

(3) 低放废物

后处理厂产生的低放废物(Low Level Waste, LLW)也分低放非 α 废物和低放 α 废物两类。

低放非 α 废液的产生量很大,包括废液蒸发冷凝液、酸回收冷凝液、实验室废液、核燃料组件冷却水等,废物处理过程中产生的二次废水也多属于这一类。这类废液除含氚外,还含有少量裂片元素和锕系元素。低放非 α 废液的另一个主要来源是后处理厂中将纯化后的铀转化为六氟化铀的加工过程。此外,后处理厂也产生大量的低放非 α 固体废物。

低放 α 废液主要是污溶剂洗涤废液。低放 α 固体废物主要产生于后处理工艺中纯化后的硝酸钚转化为氧化钚的过程和 MOX 燃料元件制造过程,如纸张、橡胶、塑料、实验室设备、过滤器、元件外壳以及废物焚化和铀氟化过程产生的灰渣等。

(4) 放射性气体废物

在乏燃料后处理的首端操作(切割、溶解)过程中,会释放出一些半衰期较长、有较高产率的挥发性核素,主要是^{129}I 和^{85}Kr。

碘是一种半挥发性的裂变产物,能在人体的甲状腺部位浓集,又能形成有机碘化物,处理也比较困难。^{129}I 是一种低能 β^- 发射体,具有相当长的半衰期(1.59×10^7 a),应从后处理厂的溶解尾气中把它去除。^{135}I 的半衰期较短,采用滞留衰变可以获得满意的结果。

氪是由核燃料裂变产生的一种挥发性惰性气体,它最重要的同位素是^{85}Kr。^{85}Kr是一种半衰期为 10.7 a 的 β-γ 发射体。如果把它排入大气,就可能被人体吸入或对人体产生外照射。

氚是一种挥发性(元素氚)或半挥发性(氚水)的氢同位素。它的主要生成途径是:核燃料的裂变产物、燃料中杂质元素锂的低能中子活化产物和许多结构材料的高能中子活化产物。氚也可由反应堆冷却剂(水)中天然存在的氘中子活化而产生。氚是一种半衰期为 12.3 a 的低能 β^- 发射体。它一旦被释放出来,将在生物生存的环境中以氚水的形式存在,分离净化相当困难。

放射性碳主要是由燃料中夹杂的氮经中子活化后生成的。它通常以二氧化碳的形式存在,因而它可以当作挥发性物质来处理。放射性碳最重要的同位素是^{14}C,它是一种半衰期为 5 730 a 的低能 β^- 发射体。这种同位素之所以重要,是因为所有的食物链都是由含碳化合物组成的。

(5) 核燃料组件及结构材料废物

这类废物主要指乏燃料溶芯后的包壳切片(约几 cm 长),此外还包括核燃料组件及其定位支架以及沸水堆的燃料管等。所有这些材料在辐照期间,因中子活化反应而带有放射性。除沸水堆的核燃料管外，这些废物全部在后处理厂的燃料元件剪切和溶解等首端处理过程中产生。包壳废料中还含有未溶解的氧化物燃料，约占原始装料总量的0.05%～0.1%。另外，核燃料辐照过程中产生的氚，约有50%存在于锆包壳废物内，其中一部分以ZrT_2形式存在，另一部分以Zr-HT形式存在。

在核燃料组件及结构材料废物中，一个量少而值得注意的成分是锆合金“粉末”。这种由机械剪切过程产生的微粒能够自燃。

(6) 乏燃料

有些国家实行核燃料“一次通过”(Once-through)循环的政策，即对乏燃料(Spent Fuel,Used Fuel)不进行后处理而直接将它当作高放废物处置。乏燃料中包容了在反应堆运行过程中核燃料中的所有核素，所以，乏燃料比相同体积的高放废物具有更高衰变热功率、放射性活度和放射性毒性。

从图1-2[4]所示曲线可看出，乏燃料比高放废液产生更多的热、具有更高的比活度和毒性。当反应堆卸料后存放了1 000 a以上时，乏燃料的衰变热功率和毒性比高放废液高15～30倍，但比活度只高3～10倍。这种特性的差异主要归因于乏燃料中的钚的比活度比高放废液中钚的比活度高约200倍。在乏燃料卸料后存放时间小于100 a时，由于裂变产物(主要是^{90}Sr和^{137}Cs)的衰变起支配作用，这时钚的影响尚不明显。当乏燃料存放时间超过1 000 a时，钚对衰变热功率和比活度的影响开始下降。这是因为乏燃料中的钚比更长寿命的^{237}Np衰变速度快，而^{237}Np在乏燃料和高放废液中是同样存在的，故热功率和放射性两条曲线在1 000 a后出现下降趋势。

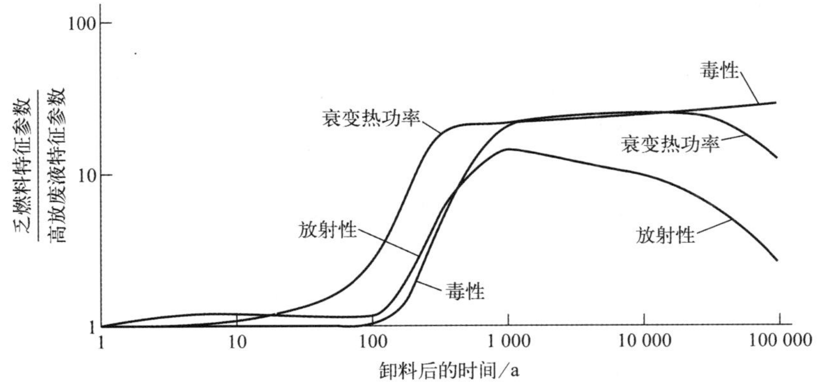

图1-2 乏燃料与高放废液特征参数的比较

1.2.2 军用核燃料循环

军工放射性废物主要来源于军用核材料生产、核武器制造以及核动力舰船(如核潜艇、核动力航空母舰等)的运行。

军用核材料生产所涉及的核燃料循环与民用核燃料循环基本相同,事实上民用核燃料循环就是在军工核燃料循环的基础上发展起来的。与民用核燃料循环的不同之处是,为了生产武器级铀,铀浓缩过程中^{235}U的丰度必须达到90%以上;为了生产武器级钚,铀元件在反应堆中辐照的燃耗很浅(1 000 MWd/tHM左右),使^{239}Pu的丰度高于93%,相应的后处理过程也以钚的提取和纯化为核心。所以,尽管军工废物类型与民用核燃料循环所产生的废物类型与构成相似,但废物中放射性核素的成分和放射性水平差别很大。

1.2.3 非核燃料循环

非核燃料循环放射性废物来源包括:放射性同位素生产(如^{90}Sr、^{99}Mo-^{99}Tc、^{192}Ir等);放射性同位素在工业、农业、生物、医学等方面的各种应用;核研究中心的各种研究活动;各类核设施退役活动。

在放射性同位素的工业应用包括食品辐照消毒、射线应用设备(如海关集装箱监测)、核电池(从卫星用电池到心脏起搏器)、液位计、测厚计、放射性核素发光漆、烟雾探测器,等等。使用的核素有^{60}Co、^{238}Pu、^{85}Kr、^{3}H、^{241}Am等。

在医疗方面,放射性物质被广泛用于疾病诊断与治疗,如射线成像显影诊断、放射免疫诊断、放射疗法治疗恶性肿瘤等,使用的核素有^{99}Tc、^{198}Au、^{32}P、^{90}Sr、^{125}I、^{60}Co等。

在科学研究方面,除了核研究中心的各种研究活动产生放射性废物之外,各种放射性核素的特征辐射在化学(包括生物化学)、物理学、生态学、植物学和水文地质学各个不同领域研究中用作"示踪剂"或"指示剂",也会产生各种废物。

在各种核设施退役的实施过程中,产生大量极低放废物和低中放废物以及少量高放废物。退役核设施包括研究堆、生产堆、动力堆(包括核电站、核动力舰船)、乏燃料后处理厂以及核燃料循环过程中的所有其他核设施(包括各种废物处理设施)。

一座核设施退役时产生的各类放射性废物数量,大致等于该核设施运行期间产生的核废物总和。若经去污处理或再循环使用部分材料,则退役废物数量可减少。

退役废物的特点是:

① 绝大部分为极低放或低放固体废物;

② 数量多,体积大,组成复杂,如被污染的大型钢构件、混凝土、土壤、管道、反

应堆压力容器(数百 t 重) 等;

③ 污染核素与基材结合牢固,不易去污,其中还有一些活化产物。

非核燃料循环放射性废物来源十分广泛,放射性物质的种类繁多,放射性水平也各不相同,包括极低放一极短寿命核素、低放一长寿命核素(如镭源)、高放一短寿命核素(如钴源),但一般而言以低中放废物为主。在个别情况下也有高放废物,例如,将辐照铀靶件溶解后提取裂变^{99}Mo的生产过程就会产生高放废物;在核设施退役过程中,反应堆堆芯和后处理厂首端设备的放射性水平均很高。

总之,与核燃料循环放射性废物相比,非核燃料循环放射性废物的总量和放射性水平都是较低的。

1.2.4 天然存在放射性物质[5]

天然存在放射性物质(Naturally Occurring Radioactive Materials, NORM)指自然界产生的放射性物质。自然界本身竟然是放射性废物的一大来源,对此常人恐怕难以理解。事实上,自然界一直是天然放射性的主要产生者。例如,估计海洋中天然放射性量约为 10 000 EBq。巨大的原始放射性物质的矿床分布在地表和地壳下面,火山喷发、矿水喷泉、侵蚀和沙迁移等自然过程都能将部分放射性物质带进人类居住环境。

在过去的 15~20 a 里,非核能应用产生的放射性废物已经引起越来越多人的关注。包括原材料生产在内的工业活动中产生大量的含有天然存在的放射性核素的废物,如含有 K、Th 和^{40}K的废物。这些生产活动包括煤炭的燃烧、磷酸盐矿处理、磷酸盐化肥生产、钢铁生产、陶瓷工业、水泥生产、煤焦油加工及石油和天然气开采等,其产品或废物中放射性物质的浓度有时比矿石中放射性物质的浓度还高得多。此外,一些天然建筑材料中也含有较多的天然放射性核素。

一座功率为 1 000 MWe 的燃煤电厂,在每年燃烧约 3.5×10^6 t 煤时,除了排放大量的 CO_2、SO_2、NO_x 以及含有各种重金属的灰分之外,这些煤炭中还含有天然铀 5 t 左右,尽管大部分铀随飞灰被过滤器捕集,仍有可观量的铀被几 kt 飞灰夹带而排入大气[6],致使煤电的辐射照射比核电高 50 倍左右[7]。

在 20 世纪 90 年代初期,美国石油研究院调查了美国石油和天然气生产过程所产生的残渣和泥浆 NORM 废物。调查结果表明,在操作设备、水池和处理场中 NORM 废物达 10^7 桶左右(每桶 50 gal)。除了已积累的废物,美国每年还产生 1.4×10^5 桶 NORM 废物[8]。

在伊朗拉姆萨尔市附近的里海地区,在这里富含^{226}Ra的泉水喷出,并沉积沉降物的"尾渣";这些尾渣的放射性水平会对居民造成高剂量辐射照射,可能达到适用于放射性废物处置的国际照射限值(现为 1 mSv/a)的 100 倍以上。巴西里约热内卢和圣埃斯皮里图地区的砂沉积物造成的辐射照射平均可达国际限值的 3.6 倍,某些情况下高达 30 倍以上。印度喀拉拉邦和泰米尔纳德邦同类型沉积物可能造成的辐射照射平均为国际限值的 9 倍,某些情况下高达 30 倍以上。巴西米内阿斯、杰拉斯和戈亚斯地区的火山沉积物可能造成的辐射照射平均为国际限值的 13 倍,某些情况下高达 80 倍以上。纽埃岛同样类型的沉积物可能造成 5 倍于国际限值的辐射照射量。肯尼亚蒙巴萨地区的含钍碳酸盐沉积物可能引起高达国际限值 30 多倍的辐射照射量[5]。

由于 NORM 废物的产生量很大,且所含核素寿命长、生物毒性较高,所以人们对 NORM 废物越来越关注。但是,对于多高放射性浓度的 NORM 废物对人类健康有害和如何管理 NORM 废物,国际上尚无共识。

1.3 世界核废物产生现状

以上介绍了放射性废物的各种来源,现在介绍世界放射性废物产生现状。当今世界上积存的核废物有两个最重要的来源:一是核军工生产,包括冷战时期的军用核材料生产、各种军用核设施的运行和核武器试验;二是民用核活动,以核电生产为主。迄今为止,全世界民用核活动所产生的放射性废物量与由军用核计划所产生的放射性废物量大体相等。

1.3.1 军工遗留废物

如 1.2.2 节所述,在冷战期间,各核武器国家(主要是美国和前苏联)建立了庞大的军用核燃料循环体系,生产并储存了大量的军用核材料,建立了庞大的核武库。尤其是在美国和前苏联的核军备竞赛中,生产了大量的高浓铀(美国 745 t 左右,前苏联 800～1 200 t)和武器级钚(美国 100 t 左右,前苏联 120～160 t),约占全世界武器级易裂变材料的 97%。

在各种军用核设施的运行过程中,产生了大量的所谓军工遗留核废物(或称"冷战遗产",Legacy of Cold War);在全世界 2 000 多次核爆炸试验中,向环境释放了大量的放射性物质,造成了严重的环境污染。

1.3.1.1 核武器试验[9]

从 1945 年原子弹轰炸日本广岛和长崎至 1998 年印度和巴基斯坦进行核试验,全世界共进行了 2 408 次核武器试验,其中 541 次为大气层核试验,1 867 次为地下核试验。这些核试验的总当量为 530 Mt,其中 440 Mt 来自大气层核试验,90 Mt来自地下核试验。

全世界的核试验场地有：美国的内华达试验场(共进行过84次大气层核试验，900多次地下核试验)、阿拉斯加的安奇特岛实验场(进行过美国规模最大的地下核试验)；俄罗斯北极地区的新地岛、托兹卡和卡普斯金亚尔试验场；阿尔及利亚撒哈拉沙漠的雷冈和因埃克尔试验场；澳大利亚的蒙蒂贝洛群岛、埃穆和马拉林加试验场；马绍尔群岛的埃尼威托克环礁试验场；太平洋和大西洋中的多处试验场(包括莫尔登岛、圣诞岛和约翰斯顿岛)；印度和巴基斯坦的试验场；中国的罗布泊试验场。

根据核爆炸当量和其他试验特性，科学家们推算出了核试验所产生的放射性残留物的活度和同位素组成。在大气层中爆炸的440 Mt当量，释入环境的放射性达2 500 EBq以上，它们在大气中分散开，并以落灰的形式沉降下来，一部分在当地，一部分散布到全球。尽管其中绝大部分是短寿命核素，但1%左右的寿命较长的放射性废物对地球环境的污染仍是相当严重的。在地下爆炸的90 Mt当量所产生的放射性残留物，基本上包含在地质介质里。但是，它们或许会在若干世纪内穿过陆界，最终进入环境。

1.3.1.2 武器用核材料生产

生产核武器涉及给裂变装置和聚变装置提供大量的浓缩铀、钚、氚和氘化锂-6。在生产核武器用材料的这种军用核燃料循环的不同阶段，尤其是分离钚的乏燃料后处理过程中，产生了大量放射性废物。

据估计，冷战期间全世界核武器材料生产过程中所产生的各类放射性废物的放射性总量达1 000 EBq左右。在1946—1993年间，约有0.1 EBq的放射性废物被“正常地”倾入北大西洋、太平洋和北冰洋[5]。

由于美国和前苏联在其争夺霸主的核军备竞赛中，生产了占全世界97%的核武器材料，所以，两国所产生的放射性废物也最多。下面以美、俄为例，说明冷战期间核武器材料生产过程中所产生的各类放射性废物的惊人数字。

表1-8 美国军工遗留核废物概况

废物类别	体积/m^3	放射性活度/Ci
乏燃料	1.28×10^3	2.0×10^9
HLLW(由后处理产生)	3.8×10^5	9.6×10^8
超铀废物	2.2×10^5	3.8×10^6
LLW	3.3×10^6	5.0×10^7
LLW(混有非放毒物)	1.46×10^5	2.4×10^6
贫化铀(UF_6)	1.2×10^5	2.0×10^5
尾矿类似物	3.2×10^7	2.7×10^4(Ra)
污染土壤	7.9×10^7	无数据
污染地下水	1.8×10^9	无数据

注：未包括退役废物

在美国,核武器材料生产厂包括俄亥俄州的费尔南特工厂(材料处理)、田纳西州的橡树岭工厂(浓缩、分离和实验室)、科罗拉多州的洛基·弗拉茨工厂(核武器部件的制造)、华盛顿州的汉福特工厂(生产钚)和南卡罗来纳州的萨凡纳河工厂(生产钚)。据估计,美国冷战期间在推进其核武器计划的过程中所产生的放射性废物,其总活度接近 3×10^9 Ci。表 1-8 列举了美国军工遗留核废物情况[10]。

冷战期间,美国能源部(DOE)及其前身原子能委员会(AEC)管辖的 15 000 座核设施,其中 5 000 座将被宣布为多余设施,这些设施均受到放射性、有害和有毒物质的污染,在其去污、退役的过程中将产生大量废物。对估计 109 个场址在清理之后进行长期管理和监测,可能需持续几百 a 之久,所需经费可能高达 $ 2 000 亿以上[10]。

前苏联生产的武器级高浓铀和钚均比美国多 50%左右,所产生的军工核废物也比美国多得多,其总活度达 5×10^9 Ci,所造成的环境污染更加严重。表 1-9 列举了俄罗斯联邦积累的军工放射性废物和乏燃料的量[5]。

表 1-9 俄罗斯联邦积累的放射性废物和乏燃料的量

部门	液体		固体		乏燃料	
	体积/m^3	活度/Ci	体积/m^3	活度/Ci	质量/t	活度/Ci
原子能部(核燃料循环)	4.0×10^8	1.7×10^9	2.2×10^8	2.2×10^8	8 700	4.6×10^9
海军(核舰船和潜艇运行)	1.4×10^4	1.2×10^2	1.3×10^4	8.0×10^2	30	1.5×10^7
海军(核舰船和潜艇的建造和维修)	3.2×10^3	5	1.5×10^3	1.0×10^2	—	—
运输部(核破冰船运行)	4.4×10^2	1.5×10^3	7.3×10^2	1.0×10^6	10	4.7×10^7
氡企业	—	—	2.0×10^5	2.1×10^6	—	—
总计	4.0×10^8	1.7×10^9	2.2×10^8	2.3×10^8	8 740	4.7×10^9

据报道,在前苏联塔吉克斯坦的契卡洛夫斯克和塔博尔沙地区,采矿与水冶活动残留下来的废矿渣达 5×10^7 t,长寿命放射性的总量达 0.001 EBq[9]。世界上其他地方存在数千个这样的尾矿堆。

前苏联有三个核武器材料的主要生产中心——马雅克、克拉斯诺亚尔斯克、托木斯克,它们的生产活动对周围环境造成了严重污染。

1949—1956 年间,作为流出物排放到大气中和捷恰(Techa)河中的裂变产物和钚的活度超过 100 PBq[11]。捷恰河的这种污染迄今仍然是一个明显的辐射源。

1957 年 9 月 29 日,装有液态放射性废物的贮存罐的冷却系统发生故障,引起化学爆炸和大量放射性核素的释放。在车里雅宾斯克、斯维尔德洛夫斯克和秋明地区扩散到厂外的总活度约为 74 PBq[9]。

前苏联是世界第一核潜艇大国，自 20 世纪 50 年代中期以来，已建造核潜艇 244～249 艘，占全球核潜艇总数的一半以上，此外，前苏联还拥有 8 艘核动力破冰船（每艘船装备 1～2 座反应堆）、4 艘战斗巡洋舰（已退役）和 1 艘核动力通讯船（双堆）。由于前苏联多数的核潜艇装备两个反应堆，故前苏联建造的海军反应堆至少为 480 座[11]。值得注意的是，俄罗斯庞大的海军核动力舰艇及其核燃料正在构成严重的环境问题。

据 1993 年俄罗斯总统白皮书披露，俄罗斯海军曾在过去的 30 a 里将约 90 PBq（2.4×10^6 Ci）的放射性废物投弃到 Kara 海附近的北冰洋浅海水底，其中包括 6 座含有乏燃料的核潜艇反应堆、10 座不含乏燃料的核潜艇反应堆、1 个含有乏燃料的破冰船屏蔽组件以及大量固体和液体废物。这些沉入海底的核废物终将对周围环境构成威胁[12]。

1.3.2 民用核动力生产积累的核废物

和平利用核能所产生的核废物，即使已经得到了妥善的管理和包容，仍然会成为公众关注的最大对象。在过去的半个世纪里，全世界民用核动力生产所累积的废物放射性活度在 1 000 EBq 数量级；并以每年约 100 EBq 的速度增长[5]。

与其他工业过程相比，民用核工业所产生的放射性废物量并不多。到目前为止，全世界积累的全部高放废物的体积相当于一个占地面积约为 100 m×100 m 的大型仓库。这是因为核燃料的能量密度高，且民用核工业采取了严格的废物浓集与限制措施。

据估算，一座 1 000 MWe 的轻水堆电站，其燃料循环过程产生的废物，按体积计主要是铀尾矿（达 60 000 m^3/a 左右）等低放废物，占核燃料循环废物总体积的 95%（见表 1-10）[2]。按放射性活度计主要是后处理产生的高放废物（或乏燃料），占全部废物放射性活度总和的 95%左右。

运行一座 1 000 MWe 的核电厂每年只需用约 25 t 核燃料。而如 1.2.4 节所述，同样容量的燃煤电厂每年需消耗约 3.5×10^6 t 煤。

上述装机容量的核电站每年将产生约 25 t 乏燃料、310 t 中放废物和 460 t 低放废物；同样容量的燃煤电厂将向环境中释放 6.0×10^6 t 温室气体、4.4×10^4 t SO_2，2.2×10^4 t NO_x，3.2×10^5 t 飞灰（其中含 400 t 有毒重金属）。如 1.2.4 节所述，这些飞灰含有大量浓集的 NORM，使人类受到的集体剂量远高于同样容量核电站排放进环境中的废物所造成的集体剂量。

目前全世界运行中的 443 座核电站每年卸出约 10 000 t 乏燃料。截至 1999 年底，全世界核电站卸出的乏燃料累计达 220 000 t。其中约 145 000 t 存放在安全贮存设施里，其余约 75 000 t 进行了后处理。预计到 2015 年乏燃料累计量将达到

400 000 t(见图 1-3)[5]。

核研究堆也产生乏燃料。IAEA 的数据表明,58 个国家(其中 40 个为发展中国家)共有 293 座研究堆在运行,还有 15 座研究堆正在建造。卸出的燃料组件大部分还贮存在研究堆现场,其中一些已贮存了 30 多 a。

表 1-10 一座 1 000 MWe 的轻水堆核燃料循环每年产生的放射性废物量[2]

废物来源及类型	废物量/m^3
铀矿开采和水冶尾矿	60 000(若钚循环,则为 40 000)
核燃料元件制造	
UOX 燃料	
MOX 燃料	10~50
轻水堆运行	
各类固体废物和固化废物	100~500
乏燃料后处理	
固化高放废物	3
包壳废物	3
低、中放固体废物	10~100
固体和固化 α 废物	1~10

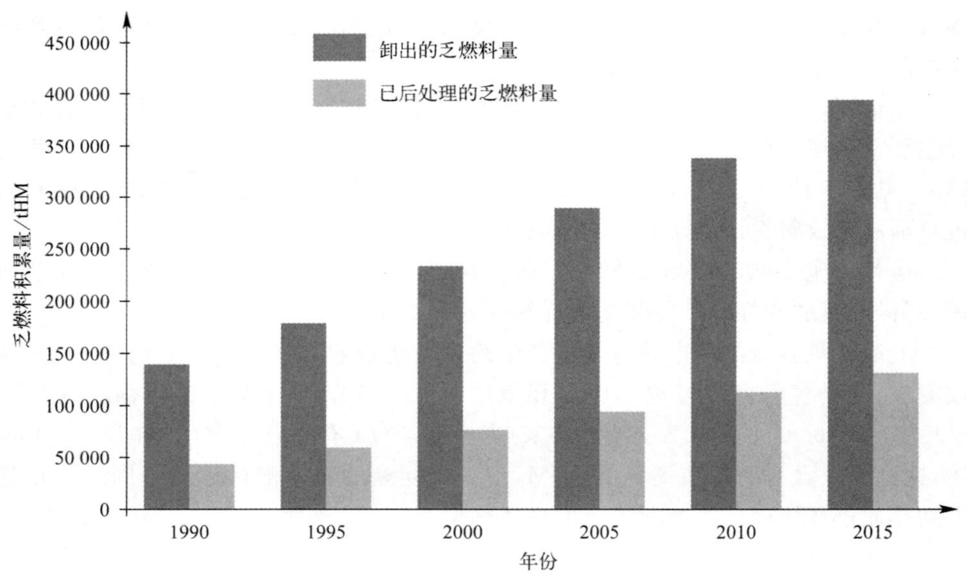

图 1-3 全世界核电站乏燃料积累现状与趋势

我国(不包括台湾省)的第一座核电厂——秦山一期核电厂于 1991 年 12 月 15 日并网发电,现已形成秦山、大亚湾、田湾三大核电基地。我国核电运行迄今所产生的乏燃料为 1 000 t 左右。预计 2020 年我国建成并投入运行的核电机组总装机容量将达到 40～60 GWe,届时乏燃料累计将接近 10 000 t。

1.4　核废物分类

放射性废物的来源广泛,形态、组成和特性各异。为了便于管理,必须进行分类。放射性废物按其物理形态分为气载废物、液体废物和固体废物三类。

放射性气载废物按其放射性浓度水平分为不同的等级,放射性浓度以 Bq/m^3 表示;放射性液体废物按其放射性浓度水平分为不同的等级,放射性浓度以 Bq/L 表示;放射性固体废物首先按其所含核素的半衰期长短和发射类型分开,然后按其放射性比活度分为不同的等级,放射性比活度以 Bq/kg 表示。

根据国际原子能机构(IAEA)的分类 (见表 1-11),首先按物理形态将核废物分为液体、气体、固体三类,然后再按比活度将每类分成若干级别[13]。例如,将放射性液体废物分成五级,其中第 1、2、3 级相当于低放废物,第 4 级相当于中放废物,第 5 级相当于高放废物;在被分为四级的固体废物中,第 1、2 级分别相当于低放废物和中放废物,第 3、4 级相当于高放废物。在该分类中还对各类核废物提出了处理、防护要求。

各国放射性废物的分类标准有所不同,我国的放射性废物分类情况如表 1-12 所示[14]。

表 1-11　国际原子能机构推荐的放射性废物分级标准 (IAEA,1971)

废物	分级	放射性比活度或浓度	说明	备注
液体	1	<37 Bq/L	一般可不处理	用通常的蒸发、离子交换或化学方法进行处理
	2	$3.7\times10^1\sim3.7\times10^4$ Bq/L	处理废液的设备不需屏蔽	
	3	$3.7\times10^4\sim3.7\times10^6$ Bq/L	部分设备需要屏蔽	
	4	$3.7\times10^6\sim3.7\times10^{11}$ Bq/L	设备需屏蔽	
	5	3.7×10^{11} Bq/L	必须冷却和屏蔽	
气体	1	<3.7 Bq/m^3	一般可不处理	
	2	$3.7\sim3.7\times10^4$ Bq/m^3	一般用过滤法处理	
	3	3.7×10^4 Bq/m^3	一般用综合法处理	

续表

废物	分级	放射性比活度或浓度	说明	备注
固体	1	$<1.91\times10^{6}$ Bq/kg	运输中不需特殊防护	主要为β、γ辐射体，所含α辐射体可忽略不计
	2	$1.91\times10^{6}\sim1.91\times10^{7}$ Bq/kg	运输中要用薄层混凝土或铅屏防护	
	3	$>1.91\times10^{7}$ Bq/kg	运输中要求特殊防护	
	4	α辐射体	要求不存在临界问题	

注：原表中的放射性比活度用 Ci(居里)或 R(伦琴) 表示。

表 1-12 我国放射性废物分类情况

类别	级别	名称	放射性浓度 A_v/(Bq/m³)				
气载废物	Ⅰ	低放	$\leqslant3.7\times10^{7}$				
	Ⅱ	中放	$>3.7\times10^{7}$				
			放射性浓度 A_v/(Bq/L)				
液体废物	Ⅰ	低放	$\leqslant3.7\times10^{5}$				
	Ⅱ	中放	$3.7\times10^{5}<A_v\leqslant3.7\times10^{9}$				
	Ⅲ	高放	$>3.7\times10^{9}$				
			比活度 A_m/(Bq/kg)				
			$T_{1/2}\leqslant60$ d	60 d$<T_{1/2}\leqslant5$ a	5 a$<T_{1/2}<30$ a	30 a$<T_{1/2}$	α废物
固体废物	Ⅰ	低放	$7.4\times10^{4}<A_m\leqslant3.7\times10^{7}$	$7.4\times10^{4}<A_m\leqslant3.7\times10^{6}$	$7.4\times10^{4}<A_m\leqslant3.7\times10^{6}$	$7.4\times10^{4}<A_m\leqslant3.7\times10^{6}$	$T_{1/2}>30$ a α比活度： $\geqslant4\times10^{6}$（单桶） $\geqslant4\times10^{5}$（多桶）
	Ⅱ	中放	$3.7\times10^{7}<A_m\leqslant3.7\times10^{11}$	$3.7\times10^{6}<A_m\leqslant3.7\times10^{11}$	$3.7\times10^{6}<A_m\leqslant3.7\times10^{10}$ 释热率$\leqslant2$ kW/m³	$3.7\times10^{6}<A_m\leqslant3.7\times10^{9}$ 释热率$\leqslant2$ kW/m³	
	Ⅲ	高放	$>3.7\times10^{11}$	$>3.7\times10^{11}$	$>3.7\times10^{10}$ 释热率>2 kW/m³	$>3.7\times10^{9}$ 释热率>2 kW/m³	

对于固体废物，IAEA 于 1994 年提出了以处置为核心的废物分类体系，该体系将固体废物区分为四类，即高放废物、长寿命低中放废物(其中包括 α 废物)、短寿命低中放废物和豁免废物，如表 1-13 所示。在这里，长寿命的含义是含有半衰期大于 30 a 的核素。

表 1-13 按处置要求分类的废物特性[15]

废物类别	典型特性	处置方案
高放废物	释热率＞2 kW/m³ 长寿命核素比活度＞短寿命低中放废物上限值	地质处置
长寿命低中放废物	释热率＜2 kW/m³ 长寿命核素比活度＞短寿命低中放废物上限值	地质处置
短寿命低中放废物	比活度＞清洁解控水平 长寿命 α 核素比活度： ＜4×10^6 Bq/kg(单个废物包) ＜4×10^5 Bq/kg(多个废物包)	近地表处置 (或地质处置)
豁免废物	核素比活度≤清洁解控水平 对公众年剂量＜0.01 mSv	无放射学限制

本分类系统的最大优点是明确界定了实施清洁解控、近地表处置或地质处置的固体废物类别。按 IAEA 新的规定，长寿命废物不仅考虑 Np、Pu、Am 和 Cm 等锕系元素，还考虑 ^{99}Tc、^{129}I、^{226}Ra 和^{14}C 等非锕系长寿命核素。

由于豁免废物的放射性水平极低，故可实施清洁解控，按非放射性废物进行处置。此举可大大减少放射性废物量及其处置费用。例如，核设施退役等活动将会产生大量的极低放废物，应作为豁免废物进行清洁解控。

1.5 核废物的主要特性

放射性废物的主要特性为放射性、放射毒性(Radiotoxicity)和化学毒性等，部分放射性废物还具有发热性、易燃性、易爆性、释放有害气体等性质。

1.5.1 放射性废物的核素类型

放射性核废物的放射性来自两大类元素及其放射性同位素：

(1) 天然放射性元素，包括铀、钍及其衰变子体核素。这类核素是核燃料循环前段各种工艺过程中产生的废物中的核素来源，该类核素的放射性活度较小；

(2) 人工放射性元素，包括反应堆中的重核裂变产物、中子俘获产物、中子活化产物等。其中重核裂变产物和重核中子俘获产物是核燃料循环后段各种工艺过程中产生的废物中的主要核素来源，中子活化产物是反应堆废物中的主要核素来源。由于人工放射性元素的放射性活度很高，约占核废物总放射性活度的95%，故本书给予重点介绍。

1.5.1.1 重核裂变产物

在人工放射性元素中，裂变产物是核燃料中的易裂变核素受中子轰击后产生的裂变碎片。例如，当一个中子轰击 ^{235}U 原子核时，分裂成2个碎片，同时释放出2～3个中子和部分能量：

$$n + {}^{235}U \longrightarrow \underset{(\text{裂变碎片})}{f_1 + f_2} + \underset{(\text{中子})}{(2 \sim 3)n} + \underset{(\text{辐射})}{200\ \text{MeV}}$$

由上述核裂变产生的新中子若继续轰击 ^{235}U 原子核，便能引起链式反应，同时释放出大量热能。核反应堆内发生的正是这种可控链式裂变反应。当 ^{235}U 原子核继续发生裂变时，便出现裂变反应链，并生成许多放射性核素，例如：

$$n + {}^{235}_{92}U \longrightarrow {}^{95}_{38}Sr + {}^{139}_{54}Xe + 2n$$

$${}^{95}_{38}Sr \xrightarrow[\beta]{0.8\ \text{min}} {}^{95}_{39}Y \xrightarrow[\beta,\gamma]{11\ \text{min}} {}^{95}_{40}Zr \xrightarrow[\beta,\gamma]{65\ \text{d}} {}^{95}_{41}Nb \xrightarrow[\beta]{} {}^{95}_{42}Mo(\text{稳定})$$

$${}^{139}_{54}Xe \xrightarrow[\beta,\gamma]{41\ \text{s}} {}^{139}_{55}Cs \xrightarrow[\beta,\gamma]{9.5\ \text{min}} {}^{139}_{56}Ba \xrightarrow[\beta,\gamma]{83\ \text{min}} {}^{139}_{57}La(\text{稳定})$$

上述 ^{235}U 裂变成 ^{95}Sr 和 ^{139}Xe 的反应，只是众多裂变反应中的一种，人们已观察到质量数从72到118的轻碎片和质量数从118到162的重碎片。对同一质量数的碎片，人们又发现原子序数在3种或3种以上范围内变化，如在质量数为133的原始裂变碎片中，存在 ^{133}Te、^{133}I 和 ^{133}Xe。此外，每次裂变事件产生的中子数从0到4或4以上不等。总之，^{235}U 的裂变反应可写成以下通式：

$${}^{1}_{0}n + {}^{235}_{92}U \longrightarrow {}^{A_1}_{Z_1}L + {}^{A_2}_{Z_2}H + x{}^{1}_{0}n$$

式中，L、H分别表示轻、重碎片；A、Z 分别表示原子质量数、原子序数，x 表示裂变发射的中子数目。因此，$Z_1 + Z_2 = 92$，$A_1 + A_2 + x = 236$。

目前已观测到的原始裂变产物有300种以上的不同核素，其中只有少数几种是稳定的，其余均为β衰变的放射性核素，多数具有较短的半衰期。

核裂变可产生元素周期表上大部分元素的放射性同位素，所以，裂变产物是核燃料循环后段产生的核废物中最常见的核素。

在高放废物处理和处置中需要特别关注的有两类裂变产物，一类是中等寿命的裂变产物，尤其是 ^{137}Cs（半衰期为30.2 a）和 ^{90}Sr（半衰期为30.2 a），它们是高放废物在300a之内的主要发热源;另一类是长寿命裂变产物(Long Lived Fission Products, LLFP),例如^{129}I(半衰期为1.59×10^{7} a)和^{99}Tc(半衰期为2.13×10^{5} a),它们对于高放废物的长期放射毒性贡献较大,属于高放废物处置中的关键核素。

1.5.1.2 中子俘获产物

在裂变反应堆中,除了中子诱发的核裂变反应外,还可能引起中子俘获(Neutron Capture)反应,或称中子辐射俘获,记作(n, γ)。中子俘获反应过程:中子与原子核发生核反应后被原子核所吸收,原子核退激时释放出γ辐射。除了^{4}He之外的绝大多数核素都能发生中子俘获反应,而比较重要的则是原子质量数较高的重核素的中子俘获反应。

在热中子反应堆中,^{235}U除了主要发生核裂变反应之外,也能发生中子俘获反应;^{238}U和^{232}Th等主要发生中子俘获反应,通过一次或多次中子俘获反应,生成另外一些质量数更高的锕系放射性核素,如^{239}Pu和次锕系核素^{237}Np、^{241}Am、^{243}Am、^{247}Cm等。典型的重核中子俘获/衰变链反应如下:

$$^{238}U((n,\gamma)^{239}U \xrightarrow{\beta} {}^{239}Np \xrightarrow{\beta} {}^{239}Pu$$

$$^{235}U\ (n,\gamma)^{236}U(n,\gamma)^{237}U \xrightarrow{\beta} {}^{237}Np$$

$$^{239}Pu\ (n,\gamma)^{240}Pu\ (n,\gamma)^{241}Pu \xrightarrow{\beta} {}^{241}Am$$

$$^{241}Pu\ (n,\gamma)^{242}Pu\ (n,\gamma)^{243}Pu \xrightarrow{\beta} {}^{243}Am$$

次锕系核素是热中子反应堆中重核中子俘获的重要产物。与裂变产物相比,核废物中次锕系核素的种类较少,但由于其具有很长的半衰期(例如,^{237}Np—2.14×10^{6} a、^{243}Am—7.4×10^{3} a、^{247}Cm—1.67×10^{7} a),大多数次锕系核素又是α辐射体,所以,它们对人类和生态环境构成极大的长期危害,是核废物处理与处置中需要重点考虑的关键核素。

需要指出的是,次锕系核素不完全来源于重核中子俘获反应。例如,轻水反应堆中由^{235}U经过两次(n, γ)反应和一次β衰变产生的次锕系核素^{237}Np只占反应堆内产生的^{237}Np总量的一小部分(约30%),大部分^{237}Np是由^{238}U通过一次(n, 2n)反应和一次β衰变产生的。

1.5.1.3 中子活化产物

在核反应堆运行过程中,还会发生中子活化(Neutron Activation)反应,主要是(n, γ)反应,也有(n, p)、(n, α)等反应。中子活化反应使反应堆某些结构材料、冷却剂、慢化剂等中的一些非放射性核素(如^{59}Co、^{62}Ni、^{13}C、^{14}N)转变为放射性核素,即活化产物(如^{60}Co、^{63}Ni、^{14}C等):

$$^{59}Co + n \longrightarrow {}^{60}Co + \gamma$$

$$^{62}Ni + n \longrightarrow {}^{63}Ni + \gamma$$

$$^{13}C + n \longrightarrow {}^{14}C + \gamma$$

$$^{14}N + n \longrightarrow {}^{14}C + p$$

$$^{17}O + n \longrightarrow {}^{14}C + \alpha$$

在反应堆内燃料元件未破损的情况下，中子活化产物是反应堆废物中的主要核素来源。

1.5.1.4 衰变子体

需要注意的是，在放射性废物中的各类放射性核素中，某些天然或人工放射性核素本身的放射性危害并不大，但其中某些衰变子体的放射性危害很大。例如，天然放射性核素^{238}U的 α 衰变半衰期很长（4.51×10^9 a），是一种公认的低毒核素，但其衰变子体^{222}Rn是一种半衰期较短（3.8 d）的 α 辐射体，^{222}Rn的衰变子体为^{218}Po(RaA)、^{214}Pb(RaB)、^{214}Bi(RaC)和^{214}Po(RaC’)，其中 RaA 和 RaC’也是 α 辐射体。所以，氡及其衰变子体对人体健康有很大的危害。

再如，^{232}Th在热中子反应堆中照射后，除了生成^{233}U之外，还可通过^{232}Th、^{233}Pa和^{233}U的(n, 2n)等反应/衰变链生成^{232}U，而由于^{232}Th的(n, 2n)反应截面最高，所以^{232}Th是钍/铀燃料循环过程中^{232}U的主要来源，其核反应/衰变链为：$^{232}Th \xrightarrow{n,2n} {}^{231}Th \xrightarrow{\beta} {}^{231}Pa \xrightarrow{n,\gamma} {}^{232}Pa \xrightarrow{\beta} {}^{232}U$。$^{232}U$经 α 衰变生成$^{228}Th$，其半衰期为 73.6 a。$^{232}U$造成的辐射危害主要来自其子体$^{228}Th$的短寿命衰变产物（如$^{212}Pb$、$^{212}Bi$和$^{208}Tl$）的 γ 辐射，其中主要是$^{208}Tl$，其 γ 辐射能量高达 2.6 MeV。$^{208}Tl$等衰变子体的高能 γ 辐射对钍/铀燃料循环过程中的后处理和^{233}U燃料制造造成很大困难，也需在处理这类废物时注意 γ 辐照问题。

1.5.2 放射性废物的放射性活度

核燃料循环前段产生的废物主要为低放废物，以含铀废物为主；核燃料循环后段产生大量各类废物，其中低放废物中含有少量裂变产物或活化产物，几乎不含锕系 α 辐射体。低放废物的放射性活度和发热量较低，处理和处置也较为简单。

高放废物和乏燃料中含有大量裂变产物和较多锕系核素，因而具有很高的放射性活度和衰变热。

图 1-4[1]表示乏燃料在离堆 40 a 内其放射性比活度的变化情况，乏燃料刚从核电站中卸出时的放射性活度很高，比活度高达 $10^6 \sim 10^7$ Ci/tHM。随着乏燃料中短寿命核素的衰变，乏燃料的比活度在离堆后几年内急剧降低。乏燃料冷却 5 a 和 40 a 后的比活度分别降至刚离堆时的 1/100 和 1/1 000 左右[1]。

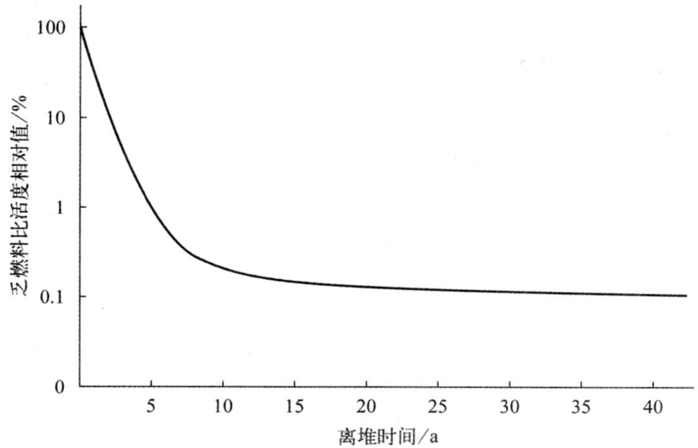

图 1-4　乏燃料比活度与冷却时间之间的关系

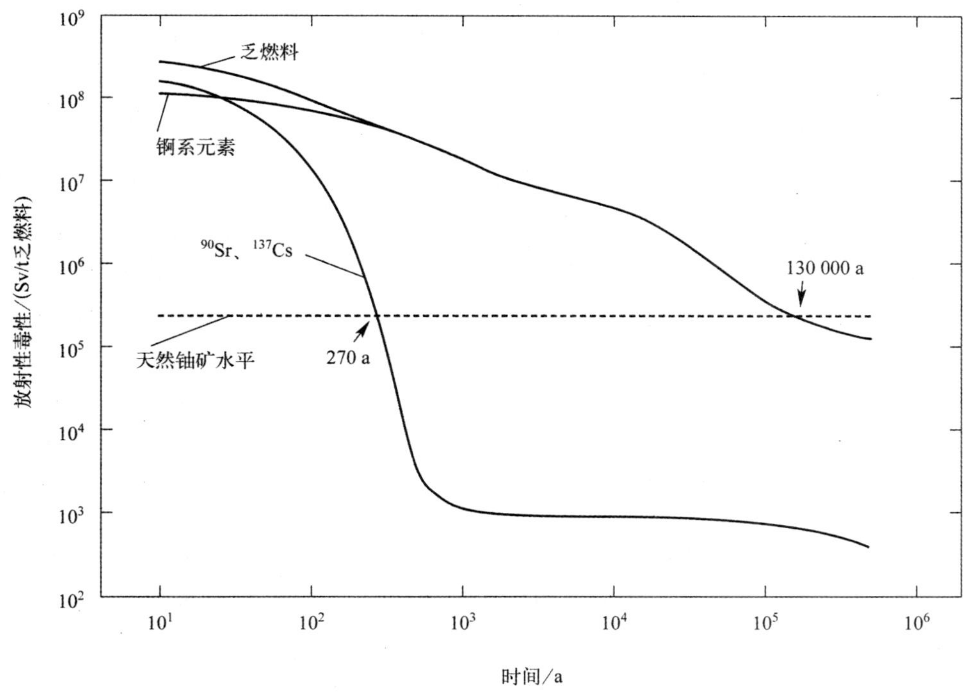

图 1-5　乏燃料长期储存过程中的放射性毒性随时间而降低的情形

图 1-5 表示乏燃料在长期存放过程中其放射性毒性随时间而降低的情形[16]

（见最上方曲线）。乏燃料中较短寿命的核素（^{90}Sr、^{244}Cm、^{137}Cs 等）在乏燃料存放300 a内即可衰变至无害水平（见最下方曲线）。在头 1 000 a 间，乏燃料放射性的主要贡献者是其中的裂变产物；此后其放射性主要源自锕系元素（例如 Pu、Np、Cm、Am 等）及其子体元素。乏燃料中锕系元素及其子体的放射性活度比后处理高放废物的放射性活度高 1～2 个数量级，故乏燃料衰变至无害水平所需的时间需 10^5 a 以上[16]。

1.5.3 放射性废物的放射毒性

某种放射性物质进入人（或动物）体内，放射性对人（或动物）体产生的毒害特性，称为放射毒性。核废物的毒性，主要取决于其中所含核素的放射毒性的大小。根据其对人体危害大小，可将放射性核素分为极高放射毒性、高放射毒性、中等放射毒性和低放射毒性 4 组[17-18]。

（1 组）极高放射毒性核素，如：^{210}Po、^{226}Ra、^{231}Pa、^{232}U、^{233}U、^{238}Pu、^{239}Pu、^{240}Pu、^{242}Pu、^{241}Am、$^{242}Am^{m}$、^{242}Cm、^{244}Cm、^{252}Cf 等；

（2 组）高放射毒性核素，如：^{60}Co、^{90}Sr、^{106}Ru、^{210}Pb、^{212}Bi、^{237}Np、^{241}Pu、天然钍等；

（3 组）中等放射毒性核素，如：^{14}C、^{32}P、^{59}Fe、^{63}Ni、^{90}Y、^{95}Zr、^{99}Mo、^{125}I、^{131}I、^{137}Cs、^{220}Rn、^{222}Rn 等；

（4 组）低放射毒性核素，如：^{3}H、^{85}Kr、$^{99}Tc^{m}$、^{99}Tc、^{129}I、^{235}U、^{238}U、天然铀等。

核素的放射毒性无法用现有化学、物理方法或任何其他方法消除，只能任其按固有规律衰变至无害水平，大约经过 10 个半衰期后其放射毒性水平可降至原有的 0.1%，经过 20 个半衰期后降至原有的 1×10^{-6}。对于大部分短寿命放射性核素，只要经几十天至 1 a 的贮存，即可衰减至安全水平；低中放废物中的 ^{137}Cs 和 ^{90}Sr 等中寿命核素需隔离 300～500 a 才降至安全水平；对于高放废物中 ^{239}Pu、^{99}Tc、^{107}Pd等长寿命核素，则需隔离数十万年才可降至安全水平。因此，各类核废物的处置方式、处置时间在很大程度上取决于其放射毒性及其半衰期。

1.5.4 放射性废物的热效应

放射性废物（尤其高放废物）在生成后将持续地放出大量衰变热。在铀系的 α、β、γ 辐射过程中，三者释放的热量分别占总释热量的 89%、4.5%和 6.5%。高放废物和乏燃料中含有较多的长寿命 α 辐射体，因而可释放出较多衰变热；低中放废物仅含少量长寿命 α 辐射体，其发热量也远少于高放废物。

高放废物和乏燃料在开始数十年内的衰变热随时间迅速减少（见表 1-14）[2]。在 100 a 内，其热量主要由裂变产物释放，此后锕系元素相继成为其主要释热者。

因此，为了减少高放废物、乏燃料的释热量，在处理前一般需暂存一段时间。

表 1-14 含 1 tHM 的乏燃料及其后处理高放废物、包壳废物的热功率衰减特征[1)]

离堆时间/a	乏燃料热功率/W	高放废物热功率/W	包壳废物热功率/W
10	1 290	1 120	33.5
10^2	284	134	1.46
10^3	49.4	6.8	0.25
10^4	1.0	0.1	—
10^5	0.3	0.1	—
10^6	—	—	—

注：1) 系压水堆乏燃料，燃耗为 33 GWd/tHM；乏燃料离堆冷却 5 a 后进行后处理。

1.6 核废物处理处置基本原则[19-22]

关于放射性废物的处理与处置的基本原则，我国于 1993 年发布了国家标准《放射性废物管理规定》，该国家标准除了遵循国际普遍适用的放射性废物处理与处置原则之外，还结合我国国情，提出了 6 条废物管理基本原则[19]：

(1) 废物管理应贯彻以安全为目的、以处置为核心的原则；

(2) 废物管理设施或实践应保证操作人员和公众所受的照射剂量不超过 GB 8703 所规定的剂量限值，符合“可合理达到的尽量低”(As Low As Reasonably Achievable, ALARA)原则；

(3) 贯彻保护后代的原则，即不增加后代的负担和责任；

(4) 保证放射性废物治理设施与主体工程同时设计、同时施工、同时投产的“三同时”原则；

(5) 废物管理应遵循“减少产生、分类收集、净化浓缩、减容固化、严格包装、安全运输、就地暂存、集中处置、控制排放、加强监督”的方针；

(6) 废物管理设施或实践均应事前进行环境影响评价，向环保部门申请排放量。

在上述 6 条废物管理基本原则中，原则(1)和原则(4)最为重要。以安全为目的、以处置为核心的原则，可以视为对放射性废物管理现代理念的通俗表达，对改变我国比较落后的核废物管理理念十分重要。核废物治理设施与主体工程实施

“三同时”的原则，将使核废物治理获得可靠的物质基础。

1995年，国际原子能机构（IAEA）提出了放射性废物管理的9条基本原则[20]：

（1）保护人类健康：放射性废物管理必须确保对人类健康的影响达到可接受水平；

（2）保护环境：放射性废物管理必须确保对环境的影响达到可接受水平；

（3）超越国界的保护：放射性废物管理应考虑超越国界的人员健康和环境的可能影响；

（4）保护后代：放射性废物管理必须保证对后代预期的健康影响不大于当今可接受的水平；

（5）给后代的负担：放射性废物管理必须保证不给后代造成不适当的负担；

（6）国家法律框架：放射性废物管理必须在适当的国家法律框架内进行，明确划分责任和规定独立的审管职能；

（7）控制放射性废物产生：放射性废物的产生必须尽可能最少化；

（8）放射性废物产生和管理间的相依性：必须适当考虑放射性废物产生和管理的各阶段间的相互依赖关系；

（9）设施安全：必须保证放射性废物管理设施使用寿期内的安全。

IAEA制定的上述原则，将辐射防护与安全问题置于核废物管理的首位，对实际工作具有重要的指导意义。

放射性废物管理的基本原理为：

- 稀释—分散；
- 浓缩—封隔；
- 滞留—衰变。

一般说来，为达到安全处置的目的，对放射性废气和低水平放射性废液，采用净化或衰减到排放标准以下再稀释扩散到环境中去的方式处理和处置；对低水平的放射性固体废物和一切中高水平放射性废物，采用浓缩减容并使其与环境隔离的方式处理和处置；对于短寿命放射性废物，采用滞留—衰变，以降低其放射性水平。

现行的低中放废物管理方式十分安全可靠而有效，正在开发的高放废物地质处置也表明，高放废物可以与生物圈长期隔离而不至对人类健康和地球环境构成威胁。

依照上述基本原理，放射性废物从其产生到最终处置的全过程管理的基本步骤如图1-6所示。值得注意的是，某一步处理方案可能会影响另一步处理方案，所以，在计划、设计、建设、运行和退役放射性废物管理设施时，应当考虑各个处理步骤之间的相互影响,优化整个管理方案。

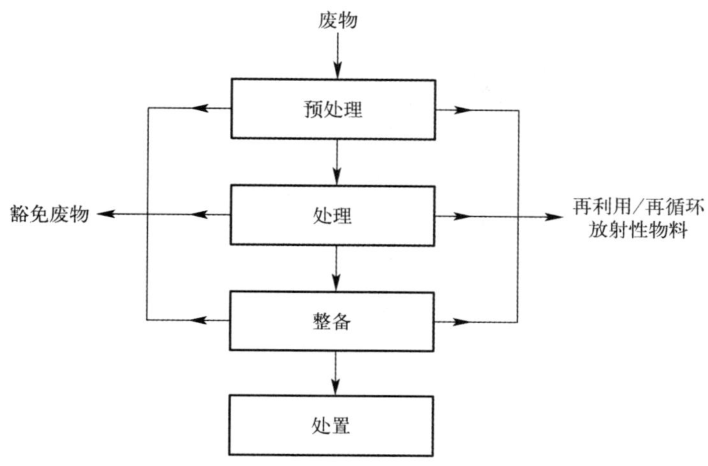

图 1-6 放射性废物管理基本步骤

1.7 核废物治理的几个现代理念

放射性废物的安全处理和处置是核能可持续发展的关键因素之一。因此,放射性废物管理成了热点课题,受到人们的高度关注并正获得迅速发展。为了更加安全而有效地治理核废物,在总结几十年废物管理实践中经验教训的基础上,近年来国际上提出了一些新的理念。

1.7.1 极低放废物和清洁解控[21-22]

我们在 1.1 节中已经提到,放射性浓度或放射性活度低于或等于国家规定限值的极低放废物(Very Low Level Waste, VLLW),可以称作豁免废物,实行清洁解控,将这类极低放废物按非放射性废物进行管理,如采用一般焚烧处理和浅土掩埋处置等,或者进行有限制或无限制的再利用/再循环。无疑,对于豁免废物实行清洁解控,可以大大降低放射性废物管理的成本。

对于极低放废物实施排除、豁免和清洁解控将大大减少需要排放和处置的废物体积。对于排除、豁免和清洁解控,应有国际共同接受的科学定义。确定这些科学定义,还在深入研讨中。三者的区别在于:

“排除”是从辐射角度不适于需要控制,所以把它从控制中排除出去。

“豁免”是因辐射源的危害低到可忽略水平，所以可以免于控制。

“清洁解控”则是由于衰变或经过处理后，危害已降到可忽略的水平，因此可以不再受到管理控制。

豁免和清洁解控在各国已有不同程度的应用，目前最大困难在于把豁免应用到存在天然放射性核素的物料。

现在，国际上[IAEA、欧共体和经济合作与发展组织的核能机构（OECD/NEA）]正在酝酿制定清洁解控水平和极低放废物标准，使需要严格管理的废物进行严格管理，对不需要当作放射性废物对待的废物放松管理（如可用一般焚烧处理和浅土掩埋处置等）或者进行有限制或无限制的再利用/再循环。

制订极低放废物标准和清洁解控水平涉及环境、安全、社会、政治、技术和资源等许多因素。清洁解控水平不仅要考虑放射性风险而且还要考虑非放射性风险、社会经济与环境安全影响。目前，清洁解控遇到的困难不是技术方面问题，而是心理方面问题。迄今国际上尚没有普遍接受的清洁解控水平，也没有一致同意的标准解控程序。

1.7.2 废物最少化

废物最少化（Minimization），是指使放射性废物的体积及其放射毒性实现合理可达的最少化。由于废物处置场难觅和处置费用急速上升，废物最少化已受到国际社会高度重视。实现核废物最少化，可以大大减少需要处置的废物体积，从而带来巨大的经济效益、社会效益和环境效益。所以，废物最少化成为当今放射性废物管理的重要目标。

1.7.2.1 减少废物产生量

（1）采用先进的闭式燃料循环是实现废物最少化的战略措施[23-24]

实现废物最少化必须从源头抓起。采用先进核燃料循环（包括分离一嬗变）是实现废物最少化的根本性战略措施。众所周知，核燃料在热堆中“一次通过”，铀资源的利用率不到 1%，乏燃料直接处置使得需要地质处置的废物体积为 2 m^3/tHM；热堆闭式循环可以使铀资源的利用率提高 0.2～0.3 倍，后处理产生的高放废液经玻璃固化后需要地质处置的体积可降低到 0.5 m^3/tHM；而采用快堆闭式循环，可使铀资源的利用率提高 50～60 倍，并使需要地质处置的高放废物体积和毒性降低约 2 个数量级。由此可见，发展快堆及其燃料循环系统，可以充分利用铀资源，并实现核废物最少化。

表 1-15 给出了与乏燃料直接处置相比不同分离水平情况下的放射性毒性降低因子的推算值[25]。由表可见，将后处理分离出的 Pu 进入快堆焚烧，则废物的放射性毒性在 1 000 年后可降低 1 个数量级；如果将次锕系核素（MA）分离出来进入

快堆(包括临界堆和次临界堆)进行嬗变,则废物的放射性毒性可降低2个数量级以上。上述数据表明分离—嬗变战略对实现核废物最少化的重要意义。

表1-15 不同分离水平情况下不同时间的放射性毒性的降低因子

废物	10^3 a	10^4 a	10^5 a	10^6 a
乏燃料	1	1	1	1
后处理分离U、Pu后的高放废物	10	25	20	4
高放废物中分离MA后的废物	160	175	160	130

一个值得注意的新动向,是美国政府于2006年2月提出的全球核能合作伙伴倡议(Global Nuclear Energy Partnership,GNEP)[26]。

众所周知,美国基于核不扩散的政治考虑,卡特行政当局于1977年制定了冻结快堆和后处理的核能政策,主张乏燃料"一次通过"的循环方式。这一政策在国际上引起了很大的争议,并没有得到其他国家的响应,还在一定程度上束缚了美国自己的手脚。到了20世纪末,美国人开始反思和质疑卡特的能源政策。2001年5月布什总统宣布的能源政策中指出,应考虑发展后处理技术。

30多年来,美国的核电厂积累的乏燃料已达50 000 t以上,而尤卡山处置库的容量约为70 000 t。如果乏燃料直接处置,则用不了几年尤卡山处置库就装满了,而乏燃料中构成长期危害的Pu、次锕系元素(Np、Am、Cm)和长寿命裂变产物(^{129}I、^{99}Tc)仅占乏燃料的1%左右。显然,乏燃料"一次通过"的做法既不合理,也缺乏可操作性。

在美国今后需要扩大核能利用的同时,急切地感到乏燃料"一次通过"之路在实际上走不通。于是美国不得不否定当年卡特行政当局"冻结快堆和后处理"的核能政策,提出了GNEP计划。美国希望将乏燃料再循环,利用超铀元素的能量,而不是将其作为废物处置掉,只是将分离出的裂变产物进行地质处置。这样,需要地质处置的废物体积及其毒性可以大大减小,减少废物固化体的热负荷从而改善处置库的释热管理,减少需要地质处置的长寿命核素总量。美国人称,通过实施核燃料闭式循环,预计高放废物体积可以减少至1/50,即在21世纪美国仅需建造一座尤卡山处置库就足以处置所有的高放废物。

(2) 减少各个环节废物源项是实现废物最少化的重要措施

在核燃料循环过程的各个环节,可以采取很多措施减少废物的产生量。包括:

1) 从源头抓起,减少废物产生,主要是选择先进工艺或改进工艺流程,这不仅可减少废物生成量而且可改变废物的组成和放射性水平。乏燃料后处理工艺选用无盐(Salt-free)试剂,是通过工艺改进减少废物产生量的一个典型例子。水法后处理的无盐工艺是指分离过程中不采用或尽量避免采用金属盐类试剂的工艺过程。例如，传统的后处理工艺采用亚硝酸钠作为四价钚的价态调节剂，采用胺基磺酸亚铁作为钚的还原剂，这些钠盐或铁盐进入废液，增加了废液量。无盐工艺采用肼代替亚硝酸钠，用羟胺衍生物代替胺基磺酸亚铁，这些无盐试剂的反应产物及其过剩残留物被破坏时的产物是气体和水，不在废水中留下难以分解的物质，从而大大减少产生的废物量。

2）精细设计和选用设备，减少设备的跑、冒、滴、漏，延长使用寿命，减少维修次数，可大大减少废物量。

3）严格按规章制度操作，避免事故发生及废物的产生。

4）严格分类收集、存放和处理废物，防止交叉污染。

5）减少污染区数目和范围，严格控制进入污染区的人员、工具和材料。尽量减少现场工作人员，这不仅减少废物的产生，还降低集体剂量。

6）发展遥控操作技术，减少直接操作的受照和废防护衣物的产生及去污所产生的废物。

1.7.2.2 优化管理

优化管理是实现放射性废物最少化最重要的措施，主要包括：

（1）制订和执行法规、标准；

（2）严格废物分类，分出免管废物，对经过处理之后达到清洁解控水平的废物解脱控制；

（3）建立质量保证和质量控制体系；

（4）建立分区管理制度；

（5）建立应急响应和应急准备措施；

（6）培训工作人员使他们熟悉工艺过程，重视减少废物，提高安全文化素养；

（7）建立废物处理、处置的文档和数据库；

（8）建立废物顾问委员会或顾问组，定期评审和评价废物管理活动；

（9）建立废物处理中心或集中处理站，把分散的处理和整备变为集中的处理和整备；

（10）采用流动废物处理装置，充分利用物力、人力和财力；

（11）激励员工在废物最少化方面的积极性。

1.7.2.3 废物的再利用和再循环

当放射性废物已不可避免地产生，则应通过适当处理，使废物尽可能地再利用和再循环。例如：

（1）核电厂和后处理厂低放废水净化处理后返回工艺过程再利用；

(2) 回收利用核燃料循环前段工艺过程产物的 HF 及后处理厂产生的废硝酸和有机溶剂，返回工艺过程再循环使用；

(3) 废钢铁适当去污之后进行熔融处理,冶炼后的钢铁可作废物包装容器之用,冶炼后的铅可作屏蔽材料之用；

(4) 运输容器和工具的多次使用；

(5) 对防护衣具清洗去污,多次使用。

再利用和再循环必须要先做净化或去污,经过监测,符合国家有关规定和经过审批方可具体实施。对于有限制的内部再利用和再循环,要求可适当放宽。实行再利用和再循环,应该进行代价-利益分析,衡量在经济上是否有意义。此外,还应考虑人们心理上的可接受性和技术上的可操作性等问题。应该指出，再利用和再循环是减少废物的重要方向。

1.7.2.4 减容处理

对于不可再利用和再循环的废物,应作减容处理。减容处理的方法很多,最重要的是以下 5 种方法：

(1) 焚烧,可获得较大的减容比 (20～100)和减重比 (10～80)；

(2) 压缩,其减容比较小 (2～10),使用超级压缩机甚至可压缩废金属部件和混凝土类废物；

(3) 废金属熔融处理,通过适当熔炼,废物中的放射性核素进入炉渣或废气中,污染的金属可能变成非污染金属；

(4) 去污,可使废物的放射性水平降低等级或成为非放废物；

(5) 破碎切割,像薄壁金属管等大件废物经过破碎切割也可显著减少废物的体积。

1.7.3 核废物多国处置库[27-28]

1.7.3.1 废物处置的责任问题

目前国际上一致认为每个国家在道义和法律上都应对自己的核废物负责,因此主张所有核废物都将在相关国家中得到妥善处置。

目前大部分高放废物是由 30 多个国家的核反应堆产生的。虽然铀供应国在道义上对废物处理不承担任何责任和义务,但由于世界上除印度、巴基斯坦、以色列外的所有国家都签署了《不扩散核武器条约》(NPT),且世界大部分国家于 1997 年签署了由 IAEA 起草的有关乏燃料和高放废物管理与处置的国际条约,该条约要求核废物最终处置库的设施或系统必须满足最严格的国家和国际标准。因此，即使像澳大利亚这样的本国没有核电厂的铀供应国,也有义务确保长寿命放射性废物的安全处置。

1.7.3.2 有关国际最终处置库若干建议现状

现在，高放废物的处置都已被纳入各国的国家战略之中。但是，有些国家产生的高放废物量不多，没必要建设地质处置库；有些国家没有适于建设国家地质处置库(National Disposal Repository)的地质条件，这些国家倾向于国际合作，共享具有经济优势的多国处置库(Multinational Disposal Repository)。国际上先后已提出了几项有关建造高放废物的地区和国际最终处置库的建议。

1980 年，由 IAEA 赞助的国际核燃料循环评价工作组(INFCE)提交的废物管理和处置报告极力建议，由于对防扩散有利，因此应对建造国际最终处置库的建议进行详细研究。乏燃料和/或高放玻璃化废物的中央处置设施将降低核材料被转用的风险，并且更加经济。

从大多数国家处置库计划遇到困难和摒弃各国必须自己建造处置设施的偏见上来看，在多国基础上定义一种简便且具有良好隔离性的场址来解决核废物处置问题是可能的。由于核电厂产生的乏燃料数量相对较少，因此处置库国际共用是一个可行的方案。对小国而言，建造多国处置库带来的规模效益将更具吸引力。

1998 年，IAEA 出版了一份技术文件[26]，指出了在实现多国处置库概念过程中应考虑的主要因素，包括技术(安全)、机构(法律、安全保障)、经济、社会政治(公众接受)和道德方面的问题。

2003 年，建造国际最终处置库的概念得到了 IAEA 的大力支持。2003 年 11 月，IAEA 总干事巴拉迪在联合国大会上说："应当考虑采用多国合作的方法来管理和处置乏燃料与放射性废物。目前有 50 多个国家在临时场所贮存着正在等待后处理或处置的乏燃料。但并不是所有国家都有适于处置这些废物的地质条件以及建造和运营地质处置设施所需的财力和人力资源，尤其是那些仅拥有小型核电计划的国家"。

Pangea 资源公司在 20 世纪 90 年代实施的一项重大研究计划，确定澳大利亚、南非、阿根廷和中国西部都拥有适合建造深层地质处置库的地质条件，其中澳大利亚的地质、气候、环境、政治等条件最佳。Pangea 方案认为地质屏障能够成为最主要的安全屏障，而其他许多最终处置库方案则认为废物形态和工程屏障更为重要。Pangea 方案在获得公众接受方面更具优势，因为依靠简单的地质屏障可能更容易获得公众的理解和接受。

但是，由于 Pangea 计划的过早披露，遭遇了强烈的政治反对。西澳大利亚议会通过了一项法案，该法案规定，如果没有议会的特别批准，在澳大利亚处置外国的高放废物是非法的。2002 年，Pangea 资源公司在澳大利亚的办事处被迫关闭。

为了推广建造地区和国际设施的概念，Pangea 资源公司在 2002 年年初组建了一个新的非盈利实体——地区和国际地下贮存协会(Association of Regional and International Underground Storage，ARIUS)。组建该实体的重要目标之一是探讨为小用户提供共用贮存和处置设施的方法。ARIUS 的会员资格对外开放，其会员包括拥有小型核计划的国家以及相关的行业组织。

ARIUS 最初主要关注欧洲以及在欧洲建造地区最终处置库的可行性。欧盟(EC)在 2002 年的一份指令中表示，放射性废物的地质处置是首选方案，“两个或两个以上国家参与的地区方案也具有许多优势，尤其是对没有核计划或核计划规模有限的国家。”

2003 年，ARIUS 启动了已获得 EC 批准的欧洲地区最终处置库倡议(SAPIERR)专案。

俄罗斯在接收、储存并后处理国外乏燃料方面也表现出浓厚兴趣。2001 年，俄罗斯国家杜马通过了允许进口外国乏燃料的法案。俄总统也签署了该法案使其成为法律，并组建了审批和监督乏燃料进口的专门委员会。该委员会有 20 名成员，由国家杜马、上院和政府以及总统任命的人员(各自派出 5 人)组成。2003 年，俄罗斯已建议将 Krasnokamensk——位于莫斯科以东 7 000 km，已建有铀矿和矿石加工厂——作为主要的乏燃料储存库场址。

1.7.3.3 IAEA 关于多国处置库的结论及推荐意见[28]

IAEA 结论：

(1) 多国处置库可以使更多国家的核废物及时的得到处置，从而可以提升全球的核安全与政治安全。对有些 IAEA 成员国而言，如需使长寿命核废物得到安全的最终处置，以替代无限期地在地表设施中储存，多国处置库是必需的。

(2) 如果多国处置库能被所有参与方公平利用，则其全球优势是明显的，参与各方将显著受益。对具体的国家而言，是作为东道国还是作为伙伴参与，将由该国决策者通过利弊分析之后决定。

(3) 多国处置库的实施将具有挑战性。但是，可按照若干可预见的情景开发可行的方案。

(4) 目前只能提出实施多国处置库的一些主要的需求。预期在将来，国家处置库和国际处置库都可能得到实施。

(5) 多国处置库概念与伦理考虑并不矛盾。

(6) 处置库固定成本与可变成本之比高，这将确保巨大的规模经济的采用。

(7) 核材料运输足够安全，长途运输将不会显著影响公众健康。

IAEA 推荐意见：

(1) 对共享废物处置库有兴趣的所有国家应该继续支持多国处置库概念。

(2) 对多国处置库概念优缺点和边界条件的讨论可由有兴趣的国家发起，对潜在的处置库东道国不先下定义。

（3）国家处置库和多国处置库概念的提议国应该认知，两种类型的处置库均可能实施，而且应该确保，一种类型的处置库的运行不会对另一种处置库产生负面影响。

（4）最近提出的国际核燃料循环中心的建议与多国处置库建议之间的潜在的相互关系应该进行深入研究，特别是有关安全保障方面的问题。

（5）当前需要立即采取的步骤，可能是促进废密封放射源的多国或区域性处置库概念的实施。

应当指出，从技术、经济、安全、环境等方面考虑，多国处置库的建设和运营均具有明显的优势，但是从社会、政治层面考虑，问题将会变得十分复杂。各国从其自身的政治利益出发，有可能使多国处置库问题陷入长期的外交谈判中。由于对放射性的害怕，使可能被选为处置库东道主国家的公众接受这一概念将是一个更加困难的问题。所以，对于多国处置库的前景只能抱有审慎乐观的态度。

参考文献

1 Hore-Lacy I. Nuclear Electricity[M], 7th Edition. Published by Uranium Information Centre Ltd. and the World Nuclear Association, 2003(www.world-nuclear.org).

2 Roxburgh I S. Geology of high-level nuclear waste disposal: An introduction[M]. London: Chapman & Hill, 1987.

3 闵茂中，陈式，郭亮天，等．放射性废物处置原理(高等教育试用教材)[M]. 北京：原子能出版社，1998，4～6.

4 吴华武．核燃料化学工艺学[M]. 北京：原子能出版社，1989.

5 Gonzalez A J. The safety of radioactive waste management: achieving internationally acceptable solutions [J]. IAEA Bulletin, 2000, 42(3): 5～18.

6 Hodgson P E. Global warming and nuclear power[J]. Nuclear Energy, 1999, 38(3):147-151.

7 潘自强，赵亚民，从慧玲．发展核电是改善我国能源环境影响的现实途径之一[C]//中国可持续发展核电战略研讨会论文集．北京：中国工程院，2000，46～47.

8 IAEA. Radioactive waste management status and trends: No.1[R]. IAEA/WMDB/ST/1, Vienna: IAEA, 2001.

9 Gonzalez A J. Radioactive residues of the cold war period: A radiological legacy[J]. IAEA Bulletin, 1998, 40(4): 2～11.

10 Fioravanti M, Makhijani A. Containing the cold war mess: restructuring the environmental management of the US nuclear complex[OL]. 1997(www.ieer.org/reports/cleanup/ccwm.pdf)

11 Ma C Y, Frank V H. Ending the production of highly enriched uranium for naval reactors[J]. The Nonproliferation Review, 2001, 8(1):86～101.

12 Baxter M. Radiological assessment: waste disposal in the Arctic Seas[J]. IAEA Bulletin, 1997, 39(1).

13 IAEA. Treatment of low- and intermediate-level liquid radioactive waste[R]. Technical Reports Series

No. 236, Vienna: IAEA, 1984.

14 中华人民共和国国家标准,放射性废物分类标准[S]. GB 9133-88, 北京:标准出版社,1988.

15 IAEA. Classification of radioactive waste[R]. IAEA Safety Series No. 111-G-1.1, Vienna: IAEA, 1994.

16 Glatz J P, Haas D, Magill J, et al. Partitioning and transmutation options in spent fuel management [C]// GLOBAL 2003[CD], New Orleans, LA, Nov. 16-20, 2003, 109～114.

17 Milnes A G. Geology and Radwaste[M]. New York: Academic Press Inc. 1985.

18 从慧玲. 实用辐射安全手册[M]. 北京:原子能出版社, 2006.

19 中华人民共和国国家标准,放射性废物管理规定[S]. GB14500-93, 北京,标准出版社,1993.

20 IAEA. The principles of radioactive waste management[R]. Safety Series No. 115. Vienna: IAEA, 1995.

21 罗上庚. 放射性废物概论[M]. 北京:原子能出版社, 2003.

22 陈 式,马明燮. 中低水平放射性废物的安全处置[M]. 北京:原子能出版社,1998.

23 顾忠茂,叶国安. 先进核燃料体系研究进展[J]. 原子能科学技术,2002, 36(2): 160～167.

24 顾忠茂. 我国先进核燃料循环技术发展战略的一些思考[J]. 核化学与放射化学,2006, 28(1):1～10.

25 Waste management[J]. Nuclear News, 1993, 36(12): 70～72.

26 顾忠茂. 解读美国 GNEP 计划[J]. 中国核工业,2006, 3:27～30.

27 IAEA. Technical, institutional and economic factors important for developing a multinational radioactive waste repository[R]. IAEA-TECDOC 1021, Vienna:IAEA, 1998.

28 IAEA. Developing multinational radioactive waste repositories: infrastructural framework and scenarios of cooperation[R]. IAEA-TECDOC 1413, Vienna:IAEA, 2004.

第2章　放射性废气的处理

2.1　放射性废气的来源

放射性废气主要来源为：

(1) 天然放射性核素衰变产生的氡气；大气层上层由高能宇宙射线引起的天然核反应产生的^{3}H和^{14}C等。

(2) 人工核反应产生的放射性气态物质，如核试验和核反应堆中产生的气态裂变产物(如Kr、I、^{3}H等)和活化产物(如^{14}C、^{3}H、^{41}Ar等)。

放射性废气以气体和气溶胶(Aerosol)两种形态存在。气溶胶是含有放射性核素的固体或液体微小颗粒在空气或其他气体中形成的一种分散体。

放射性废气分为工艺废气和排风废气两类，前者也称工艺尾气(Off-gas)，指各类核设施工艺过程中产生的气体流出物，后者指核设施中由工作场地通风排出的放射性废气。产生工艺尾气的核设施工艺过程主要有核材料提取过程、核燃料生产过程、反应堆运行、乏燃料后处理、核废物处理与整备、放射性同位素生产等。

2.1.1　天然放射性核素衰变产生的氡气

氡气是自然界中三个天然放射系(U系、Ac系和Th系)衰变的成员，分别为^{222}Rn($T_{1/2}=3.8$ d)、^{219}Rn($T_{1/2}=3.96$ s)和^{220}Rn($T_{1/2}=55.6$ s)，其中U系(^{238}U)的衰变成员^{222}Rn是最重要的天然辐射源(三种氡气中，^{222}Rn的半衰期最长)。

图2-1为U系衰变链中，由^{222}Rn的母核^{226}Ra开始直至稳定的^{206}Pb的衰变过程。在铀矿开采的过程中，大量的氡气释放出来。^{222}Rn是一种半衰期较短(3.8 d)的α辐射体，其衰变子体为^{218}Po(RaA)、^{214}Pb(RaB)、^{214}Bi(RaC)和^{214}Po(RaC')，其中RaA和RaC'也是α辐射体，RaB和RaC为β辐射体。当氡气以气体或气溶胶的形式被人吸入肺部，其大部分衰变子体滞留于肺部，肺组织因受强烈的α辐射照射而受到损伤，对人体健康造成很大的危害。医学证明，氡是不吸烟者患肺癌的主要元凶，氡气也会加速矿工硅肺病的发展。

氡借助于扩散作用从矿石或流经矿山的地下水而进入矿山大气。虽然氡在水中的溶解度不大，但大量的氡在地下能被地下水流冲得很远，当外部压力减小时，它就从地下水中析出。氡在矿山大气中的含量取决于射气的速度、通风速度和氡

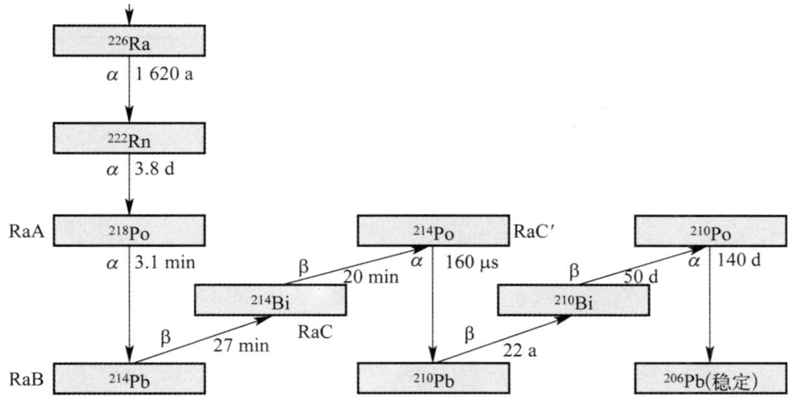

图 2-1　U 系衰变链中由 ^{222}Rn 的母核 ^{226}Ra 开始直至稳定的 ^{206}Pb 的衰变过程

的半衰期。氡的半衰期很短，所以即使氡进入矿井时没有子体产物，而后者也能很快地在大气中聚积。但是，若在它们之间达成放射性平衡，约需 3 h。因此这些元素在大气中的浓度强烈地受通风的影响。由于通风的作用，在矿井中很少能发现氡及其子体产物的平衡。

表 2-1 [1] 给出了美国不同矿区的矿井大气中氡的平均、最大和最小的浓度。从表内数据可以看出，氡及其子体产物的大气浓度变动范围很大。如果以 2×10^{-10} Ci/L 的 RaA 和 RaC'值作为允许工作水平，则由表 2-1 可见，所有的铀矿山均必须采取措施，以保证矿工的健康。

表 2-1　美国不同矿区的矿井大气中氡的平均、最大和最小的浓度

矿区	矿井数	氡浓度/(10^{-12} Ci/L)		
		平均	最大	最小
布耳·坎昂	11	4 100	59 000	1 085
卡拉米提高原	6	570	23 000	70
科汤武德·沃西	4	4 500	9 900	3 100
东保留地	6	170	2 200	100
格依持推	4	1 100	3 200	160
格兰茨	3	940	2 000	870
季普塞姆山谷	3	14 700	18 000	1 200
长园	17	8 300	48 700	1 300

续表

矿区	矿井数	氡浓度/(10^{-12} Ci/L)		
		平均	最大	最小
马利茨佛耳	2	3 360	25 900	840
记念谷	3	5 900	6 100	170
矛盾谷	2	—	3 800	580
南北极高原	3	6 800	7 300	3 000
滑岩山	11	3 900	92 000	130
尤腊万	4	4 900	7 100	1 085

注：本表之依据是 1952 年取自矿山的 100 个样品的研究数据。

2.1.2 人工核反应产生的放射性气态物质

在反应堆运行过程中，无论是堆燃料元件破损或是堆芯区活化产生的放射性气体都要部分地溶解在堆回路冷却水中，并随冷却水或蒸汽的泄漏而排出。在这些工艺尾气中，都可能含有裂变产物惰性气体（Kr 和 Xe 的同位素）和放射性碘（单质、有机和无机碘）、活化气体（^{13}N、^{16}N、^{17}N、^{19}O、^{18}F、^{37}Ar、^{41}Ar、^{3}H 和 ^{14}C）、固体微粒。氚的释放量与水蒸气排出量有关。由于放射性废气系统中排出的水蒸气量很少，所以随系统释放的氚量对环境的影响也很小。反应堆运行时排放放射性废气的主要设备包括机械真空泵、稳压器、热交换器、流水箱、减压箱、容积控制箱、蒸汽发生器、脱气塔、空气喷射器、主冷凝器、暂存箱等。表 2-2[2] 给出了压水堆放射性废气处理前惰性气体和^{131}I 的放射性活度预期量。

表 2-2 压水堆放射性废气处理前惰性气体和碘-131 的放射性活度预期量(Ci/a)

废气来源	惰性气体	^{131}I
废气处理系统		
不带化容控制系统除气的贮存系统	3.80×10^{4}	
用于容积控制箱除气的吸附或减容系统	2.50×10^{5}	
用于化容控制系统除气的吸附或减容系统	3.20×10^{3}	
空气喷射器排气		
不带化容控制系统除气的贮存系统	260	
用于容积控制箱除气的吸附或减容系统	56	0.027
用于化容控制系统除 气的吸附或减容系统	29	
排污扩容器排气		
不进行凝结水净水的全蒸发处理的 U 型管蒸汽发生器		0.18
进行凝结水净水的全蒸发处理的 U 型管蒸汽发生器		0.085

注：所有数据均以单堆功率 3 400 MWt 为依据，惰性气体的预期排放量以 1% 燃料元件破损率为依据。

由于在反应堆运行过程中产生的挥发性裂变产物绝大部分被包容在燃料包壳内，反应堆运行过程中向环境排放的主要是回路中的挥发性中子活化产物。

乏燃料后处理工厂的放射性工艺尾气主要溶解器排气(Dissolver Off Gas, DOG)和各工艺容器排气(Vessel Off Gas, VOG)。在乏燃料后处理之前的几年"冷却"过程中，其中的短寿命气体和挥发性裂变产物(如$^{131}Xe^{m}$、^{133}Xe、^{131}I)基本上已衰变掉。所以，后处理的 DOG 中主要是^{85}Kr，其次是^{3}H 以及少量的^{129}I 等。

表 2-3 给出了燃耗为 62 000 MWd/t 燃料卸出后主要气态和挥发性裂变产物的放射性活度[3]。

表 2-3　燃耗为 62 000 MWd/t 燃料卸出后主要气态和挥发性裂变产物的放射性活度(GBq/t)

核素	半衰期/a	刚卸出	冷却 5 a	冷却 8 a
^{85}Kr	10.76	5.60×10^{5}	4.06×10^{5}	3.33×10^{5}
^{3}H	12.4	3.67×10^{4}	2.78×10^{4}	2.36×10^{4}
^{129}I	1.7×10^{7}	2.14	2.14	2.14
^{14}C	5.73×10^{3}	8.10×10^{-3}	8.05×10^{-3}	8.05×10^{-3}

2.2　放射性废气的净化处理概述

废气中的放射性核素可通过加压储存衰变、过滤、吸附等方法去除，几种方法往往需要组合使用，如核电站和后处理厂的废气处理系统(见 2.3 节)。对于^{222}Rn、^{129}I、^{85}Kr 和^{3}H 的去除，则需要采用专门的处理技术。

2.2.1　加压储存衰变

对于含有短寿命气体放射性核素的放射性废气的净化，可采用贮存衰变法，即将废气(主要是工艺废气) 压缩注入衰变箱中贮存 60～100 d，使废气中的短寿命核素基本衰变完，然后将净化气体排入大气中。实验证明，反应堆废气贮入衰变箱 3 d 后，其中只剩下 ^{133}Xe ($T_{1/2}=5.3$ d，占 90%左右)、^{85}Kr($T_{1/2}=10.7$ a)和^{85}Sr($T_{1/2}=65$ d)等核素；经 60 d 后，废气的放射性浓度可降低 3 个数量级，其中主要是^{85}Kr 和少量^{85}Sr。

2.2.2　过滤法

放射性气溶胶微粒的去除通常采用高效微粒空气过滤器(High Efficiency

Particulate Air Filter，HEPA）。HEPA 是 20 世纪 40 年代由美国原子能委员会首先开发成功的，作为曼哈顿计划的一部分，HEPA 在当时属于绝密技术产品。对于废气中直径 0.3 μm 的气溶胶微粒，HEPA 的净化效率达 99.97% 以上。为了去除气溶胶中的一些污染物，延长 HEPA 的使用寿命，在 HEPA 之前可设置预过滤器。

对于后处理厂工艺尾气和排风废气中气溶胶的过滤，一般采用玻璃纤维、合成纤维等材料作过滤介质。一种玻璃纤维过滤器的结构如图 2-2 所示[3]，玻璃纤维的填充密度按气流方向由低到高，废气中的微粒被过滤介质有效捕集。

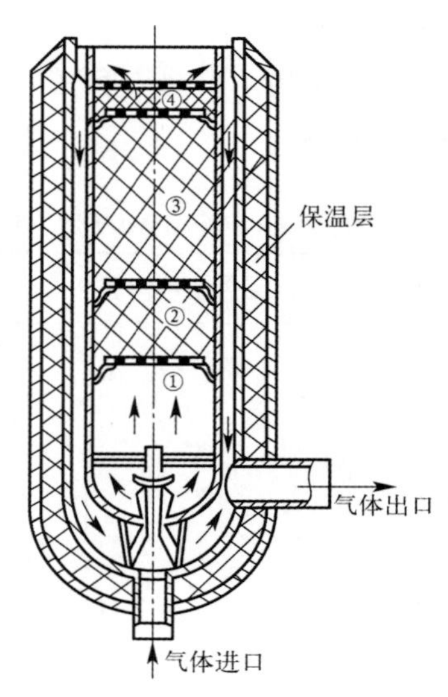

图 2-2 玻璃纤维过滤器的结构示意图

	纤维直径/μm	填充密度/(kg/m³)
①	30	24
②	30	48
③	30	96
④	15	192

HEPA 过滤器的作用机理与纯粹基于筛孔筛分的筛网过滤不完全一样，因为它可以捕集很微小的颗粒。HEPA 过滤器中非纺织的纤维介质对废气中微粒的捕集是下列 5 种途径的组合[4]：筛分效应、惯性碰撞、拦截、布朗扩散和静电效应。

筛分效应对捕集较大颗粒（≥5 μm）的作用十分明显，对于粒径为 1～5 μm 颗粒的捕集，筛分效应仍起主导作用，惯性碰撞也开始发挥作用；对粒径为 0.5 μm 以上的颗粒的捕集以惯性碰撞为主，即微粒在气流中与纤维相碰撞而被捕集；对于粒径为 0.1～1 μm 的颗粒，主要通过拦截效应被纤维捕集，且纤维的填充密度越高，拦截概率也越高；粒径小于 0.1 μm 的微小颗粒的运动以布朗扩散为主，它们与气流中气体分子的碰撞，导致了其不规则的运动路径，微粒越小，其在气流中无序运动的路径也越长，与纤维接触而被捕集的概率也越高；静电效应与滤材的性质和使用环境等有关，但与前述几种效应相比，静电效应的作用较弱。除了上述 5 种对废气中微粒的阻拦作用之外，纤维介质对微粒还有一定的吸附作用，所以，HEPA能有效地捕集废气中的微粒，使废气得到高效净化。

由于 HEPA 过滤器的过滤效率高，压力降较低，流体阻力较小，能耗较省，可以连续使用数年之久而无需维修，所以获得了广泛的应用。更换下来的芯子可作固体废物或进行再生处理。其主要缺点是受潮后阻力变大，若遇碱液，纤维易被腐蚀或结成团块，造成气体短路而失效。所以在实际应用中常预先将废气加热到120 ℃左右再通过玻璃纤维过滤器，或者使废气冷却除水后过滤。

进一步提高过滤效率的措施包括采用更细的纤维、更高的纤维填充密度，以提高接触比表面积。玻璃纤维的脆性不利于提高填充密度，为了克服这一困难，可以在玻璃纤维中添加一些塑性较好的高分子纤维。

2.2.3　吸附法

2.2.3.1　吸附法基本原理

吸附法是广泛应用于放射性废气净化的工艺技术，例如在核电厂采用活性炭吸附、净化^{131}I，在后处理厂采用渗银分子筛、渗银天然丝光沸石吸附、净化^{129}I，在核电厂用活性炭滞留床滞留放射性惰性气体 Kr、Xe 等。

吸附是在固体表面进行物质浓缩的现象，当固体表面上的分子力处于不平衡或不饱和状态时，固体会将与其接触的气体或液体溶质吸引到自己的表面上，从而使其分子力得到平衡。

对于吸附过程，被吸附的物质仅在固体吸附剂表面上浓缩形成一个吸附层（或称吸附膜），并不深入到吸附剂内部，这是与吸收过程的本质区别。由于吸附是一种固体表面现象，只有那些具有较大内表面的固体才具有较强的吸附能力。

吸附可分为物理吸附与化学吸附。

产生物理吸附的力是分子间引力，或称范德华力。固体吸附剂与气体分子之间普遍存在着分子间引力，当固体和气体的分子引力大于气体分子之间的引力时，即使气体的压力低于与操作温度相对应的饱和蒸气压，气体分子也会冷凝在固体表面上。这种吸附的速度极快。物理吸附不发生化学反应，是靠分子引力产生的，当吸附物质的分压升高时，可以产生多分子层吸附。

物理吸附过程是可逆的，提高温度或降低吸附质在气相中的分压，可使吸附质以原来的形态从吸附剂上回到气相（即“脱附”或“解吸”）并使吸附剂得到再生。吸附分离过程正是利用物理吸附的这种可逆性来实现气体混合物的分离与净化。

化学吸附亦称活性吸附。它是由于固体表面与吸附气体分子化学键力所造成的，是固体与吸附质之间化学作用的结果，有时它并不生成平常含义的可鉴别的化合物。化学吸附的作用力大大超过物理吸附的范德华力，放出的热量也大得多，与化学反应热数量级相当，过程往往不可逆。化学吸附在催化反应中起重要作用。

工业生产中通常采用的吸附过程主要有变温吸附和变压吸附。

变温吸附的原理如下：在一定压力下，吸附过程的自由能变化（ΔG）有如下关系：

$\Delta G = \Delta H - T\Delta S$，式中 ΔH 为焓变，ΔS 为熵变。当达到吸附平衡时，其分子的自由能和熵均会降低，即 ΔG、ΔS 均为负值，则 ΔH 也肯定是负值。因此，吸附过程必然是一个放热过程，所放出的热，称为该物质在此固体表面上的吸附热。因此，吸附操作通常是在低温下进行，然后提高操作温度使被吸附组分脱附。吸附剂则经间接加热升温干燥和冷却等阶段组成变温吸附过程。吸附剂可循环使用。

变压吸附也称为无热源吸附，其吸附原理如下：在恒温下，升高系统的压力，床层吸附容量增多；反之，系统压力下降，其吸附容量相应减少，此时吸附剂脱附、再生。根据系统操作压力变化不同，变压吸附循环可以是常压吸附/真空解吸、加压吸附/常压解吸、加压吸附/真空解吸等。对一定的吸附剂而言，压力变化愈大，吸附质脱除得越多。

2.2.3.2 几种常用的吸附剂[5]

吸附剂的性能对吸附分离操作的技术经济指标起着决定性的作用，吸附剂的选择是非常重要的一环，一般选择原则为：

(1) 具有较大的平衡吸附量，一般比表面积大的吸附剂，其吸附能力强；

(2) 具有良好的吸附选择性；

(3) 容易解吸，即平衡吸附量与温度或压力具有较敏感的关系；

(4) 有一定的机械强度和耐磨性，性能稳定，较低的床层压降，价格便宜等。

目前工业上常用的吸附剂主要有活性炭、活性氧化铝、硅胶、分子筛等。

(1) 活性炭

活性炭的结构具有非极性表面，是一种疏水性吸附剂，故又称为非极性吸附剂。

活性炭的优点是：吸附容量大(活化比表面约 600～1 700 m^2/g)，化学稳定性好(耐酸碱)，解吸容易，热稳定性高，在高温下进行解吸再生时其晶体结构不发生变化，经多次吸附和解吸操作，仍能保持原有的吸附性能。

通常所有含碳的物料，如木材、果壳、褐煤等都可以加工成黑炭，经活化制成活性炭。

(2) 硅胶

硅胶是一种坚硬无定形链状和网状结构的硅酸聚合物颗粒，是一种亲水性极性吸附剂。因其是多孔结构，比表面积可达 350 m^2/g 左右。工业上用的硅胶有球型、无定型、加工成型及粉末状四种。

(3) 活性氧化铝

活性氧化铝为无定形的多孔结构物质，一般由氧化铝的水合物(以三水合物为主)加热，脱水和活化制得，其活化温度随氧化铝水合物种类不同而不同，一般为 250～500 ℃。孔径为 20～50 Å(1 Å$=1\times10^{-10}$ m)，典型的比表面积为 200～

500 m^2/g。活性氧化铝具有良好的机械强度，可在移动床中使用。

（4）分子筛

沸石吸附剂是具有特定而且均匀一致孔径的多孔吸附剂，它只能允许比其微孔孔径小的分子吸附上去，比其大的分子则不能进入，有分子筛的作用，故称为分子筛。

根据原料配比、组成和制造方法不同，可以制成不同孔径（一般为 3～8 Å）和形状（圆形、椭圆形）的分子筛。分子筛是极性吸附剂，对极性分子，尤其对水具有很大的亲和力。由于分子筛突出的吸附性能，使得它在吸附分离中有着广泛的应用。

一般而言，固体吸附剂的比表面越大，其对 ^{131}I、^{133}Xe、^{85}Kr 等核素的吸附量越大。表 2-4 列出了各种固体吸附剂的比表面积[6]，大部分吸附剂对上述核素（^{85}Kr 除外）的吸附效率都很高。

表 2-4 常用固体吸附剂的比表面

吸附剂种类	比表面/(m^2/g)	吸附剂种类	比表面/(m^2/g)
椰壳炭	1 130	毡状纤维炭 AC-71	1 432
4%KI 浸渍椰壳炭	932	三聚氯氰炭	678
4%TEDA 浸渍椰壳炭	841	酚醛树脂纤维炭	989
杏核炭	990	煤粉炭	389
4%TEDA 浸渍杏核炭	960	渗银 13X 分子筛	241
油棕炭	823	渗银天然丝光沸石	24

2.2.4 过滤与吸附系统的检验

为了保证核电站和其他核工程所采用的过滤与吸附系统的质量，我国制订了核行业标准《核空气净化系统的现场检验》[7]。该标准中的试验分两类：第一类是竣工验收试验，用来证明已安装系统的质量符合核系统的技术要求；第二类是对在役设施的监督试验，用来掌握系统的性能变化，以便采取相应的措施。该标准所包含的核空气净化系统现场试验项目和建议采用的试验频率见表 2-5，由表可见，试验项目中最重要的是系统的检漏试验。

表 2-5 过滤与吸附系统试验项目及建议采用的试验频率

	试验名称	试验频率
1	外观检查	任何一次单项或系列试验之前
2	小室和风道的承压试验	施工完毕或大修完成之后
3	小室和风道的检漏试验	施工完毕或大修完成之后，此后试验的间隔时间不得超过 10 a
4	安装排架压力检漏试验	按实际情况确定
5	风量和气流分布试验	施工完毕或大修完成之后
6	空气与气溶胶混合均匀度试验	施工完毕或大修完成之后
7	高效空气粒子过滤器排现场检漏试验	施工完毕或大修完成之后，任一过滤器更换之后，每一运行周期不少于 1 次，最长不超过 18 个月
8	吸附器排现场检漏试验	施工完毕或大修完成之后，任一吸附器更换之后，每一运行周期不少于 1 次，最长不超过 18 个月
9	旁通风阀的检漏试验	施工完毕或大修完成之后，任一吸附器更换之后，每一运行周期不少于 1 次，最长不超过 18 个月
10	空气电加热器性能试验	施工完毕或大修完成之后，任一吸附器更换之后，每一运行周期不少于 1 次
11	吸附剂实验室试验	施工完毕或大修完成之后、任一吸附器更换之前，每一运行周期不少于 1 次，最长不超过 18 个月，重要系统不超过 720 h

2.3 核电站和后处理厂放射性废气的处理

对于核电站放射性废气的处理系统，本节以压水堆为例予以简单介绍[2]。如 2.1 节所述，在反应堆运行过程中，无论是堆燃料元件破损或是堆芯区活化产生的放射性气体都会部分地溶解在堆回路冷却水中，并随冷却水或蒸汽的泄漏而排出。这类工艺尾气中主要含有惰性气体、活化气体、放射性碘、氚和固体微粒。这些工艺尾气是合并处理的，所以必须采用几种方法组合的处理过程。

压水堆尾气处理的工艺过程可以有多种，如加压储存处理、活性炭吸附处理等。图 2-3 为压水堆废气加压储存处理系统的流程示意图。含有氢和氮的放射性废气首先被收集在缓冲罐内，然后经过压缩和除湿，在压力衰变箱内储存。废气中放射性核素经过一定时间的衰变之后，取样分析。经检测合格，废气可通过 HEPA 后排放，或返回循环使用。废气加压储存处理还可增加氢复合器，使废气中的氢与外加的氧结合生成水，以减少废气体积。

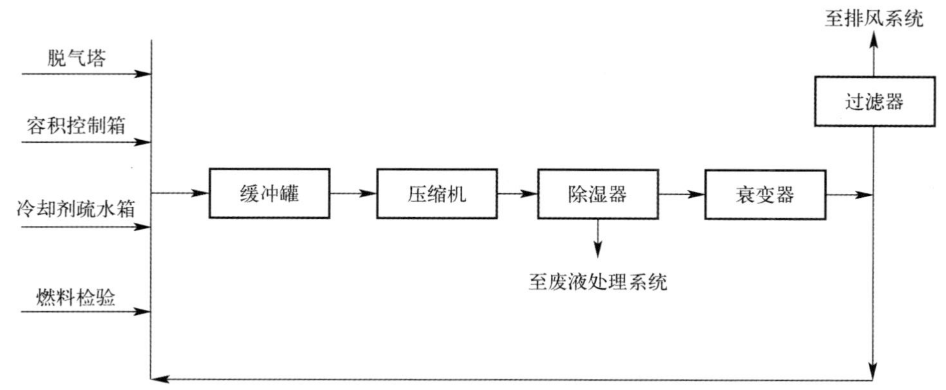

图 2-3　压水堆废气加压储存处理系统的流程示意图

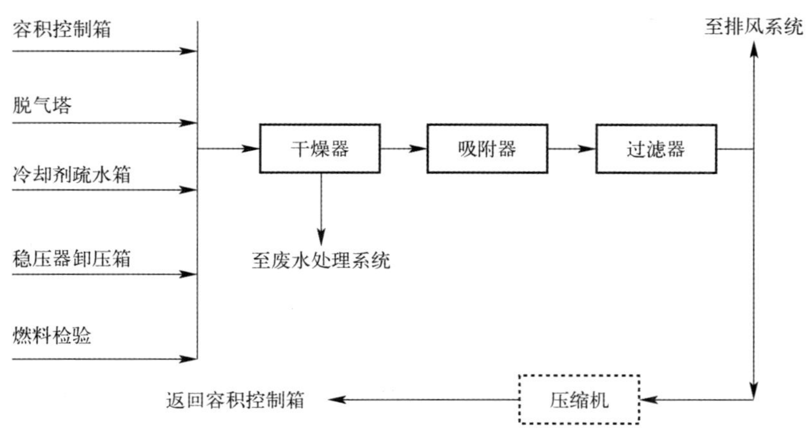

图 2-4　压水堆废气吸附处理系统

图 2-4 为压水堆废气吸附处理系统流程示意图。含有氢的放射性废气首先经过干燥器除湿，再经过活性炭吸附床滞留衰变，取样检测合格后，经 HEPA 向环境排放，或返回循环使用。如废气返回容积控制箱，则还须将其压缩。活性炭吸附床滞留时间必须按要求的去污系数确定。吸附过程关系式如下：

$$T = k_d M/F$$

式中：T——平均滞留时间，s；

k_d——动态吸附系数，cm^3/g；

M——吸附剂重量，g；

F——气体流量，cm^3/s。

如前所述，乏燃料后处理工厂的放射性工艺尾气主要是溶解器排气和各工艺容器排气。在乏燃料溶解时，包容在乏燃料中的气态和挥发性放射性物质将进入溶解尾气。溶解尾气中的放射性物质通常以小液滴、气溶胶和挥发气体形式存在。由于尾气中放射性核素存在形式不同，不能采用单一的方法进行处理。为了去除尾气中的小液滴和气溶胶，通常需采用各种涤气器、气液分离器和各种性能的高效过滤器。

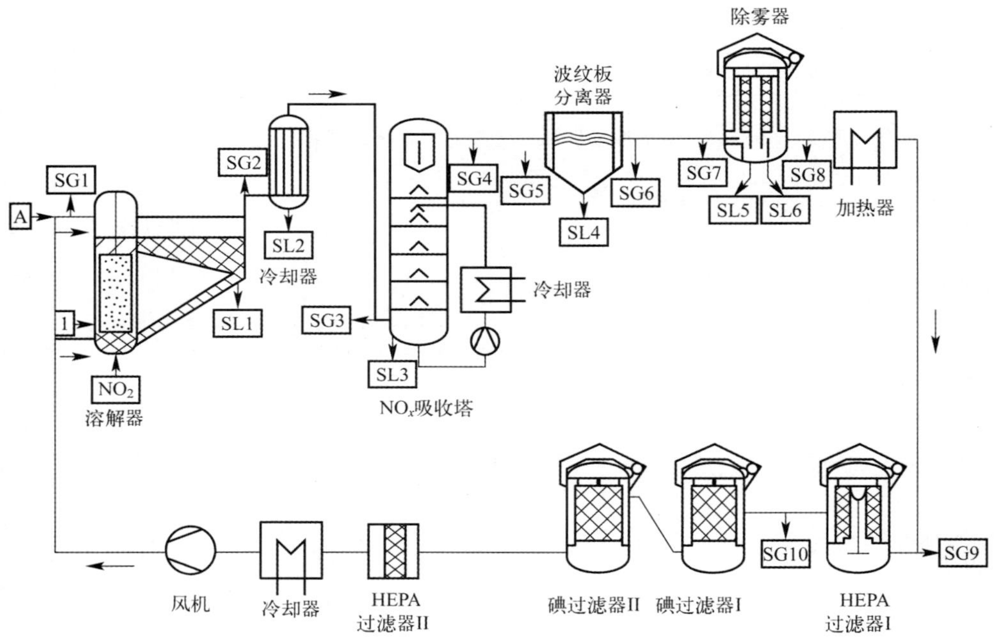

图 2-5 后处理厂溶解尾气处理流程示意图

图 2-5 为典型的后处理厂溶解尾气处理流程示意图[8]。溶解尾气首先进行冷却，接着通过吸收塔吸收 NO_x，然后通过一波纹板气液分离器，去除直径≥10 μm 的小液滴(去除率达 90%)，再通过一个填充纤维除雾器，去除气溶胶雾，包括直径 1～5 μm 的液状雾滴和 0.09～0.3 μm 的固体微粒，去污因子大于 500。经过除雾器后的尾气进入第一级高效微粒空气过滤器(HEPA)，去除直径≤0.3 μm 的微粒，去污因子为 3 000。溶解尾气最后经过两级除碘过滤器，并经过第二级HEPA过滤器净化后，由大烟囱排出。

2.4　几种重要放射性废气的净化处理

2.4.1　碘的去除

碘是很重要的挥发性裂变产物，乏燃料中最受关注的是 ^{129}I，其半衰期长达 1.7×10^7 a，如释放入环境，可长期产生影响。燃耗为 30 000 MWd/tHM 的乏燃料中，^{129}I 的含量为 211 g/tHM（相当于 1.26 GBq/tHM）。一个处理能力为 1 400 tHM/a的后处理厂，每年将产出 300 kg 的 ^{129}I。考虑到碘的同位素稀释，碘的实际处理系统必须按 600 kg 碘/a 来进行设计。如果这些碘全部用银沸石来吸收，则大约需耗 500 kg 银/a。

另一个值得注意的碘同位素是 ^{131}I。由于 ^{131}I 的半衰期只有 8.05 d，在动力堆乏燃料后处理厂，由于乏燃料的冷却期一般以年计，所以核燃料在反应堆受辐照而产生的 ^{131}I 早已衰变干净。然而，由于乏燃料含有一些超铀核素，其中 ^{244}Cm 的自发裂变半衰期为 1.35×10^7 a，在冷却期达 7 a 的 40 000 MWd/tHM 乏燃料中，由它的自发裂变造成的 ^{131}I 平衡活度达 3.86 MBq/tHM。例如，德国的卡尔斯鲁厄后处理厂（WAK）早在 1990 年末就已停止运行，但是，其高放废液贮槽在这以后仍不断有 ^{131}I 从贮槽进入排气系统。

在乏燃料溶解过程中，其所含的碘因挥发而进入溶解器排气（DOG）的占 99% 以上，进入溶解液的不足 1%，还有极少量保留在溶解残渣和废包壳中。在 DOG 中，碘主要以元素 I_2 形态存在，少量以 HI、HOI、ICN 和烷基碘化物形态存在，其中有机碘的去除较为困难。

从后处理厂的溶解尾气中分离碘，有 5 种不同的方法。这些方法又大致可以归纳为两种类型：一是水溶液洗涤法，二是吸附法。

2.4.1.1　水溶液洗涤法除碘[9]

(1) Iodox 工艺

在气—液接触器中，采用浓度为 20～22 mol/L 的沸腾硝酸溶液洗涤排气中的碘，其反应式如下：

$$2CH_3I + 3HNO_3 = 2\,CH_3NO_3 + HNO_2 + I_2 + H_2O$$

$$I_2 + HNO_3 + H_2O = 2HOI + HNO_2$$

$$HOI + 2HNO_3 = HIO_3 + 2HNO_2$$

其产物 HIO_3 可转化为易于处置的 $Ba(IO_3)_2$。

美国橡树岭（Oak Ridge）国家实验室对 Iodox 工艺进行了大量研究，发现其去污系数可达10^4以上。该工艺的优点是不给后续处理工艺引入新的化学试剂，缺点是在高酸条件下设备腐蚀严重，运行不易控制。

(2) Mercurex 工艺

该工艺采用含0.2～0.4 mol/L 硝酸汞和8～1 mol/L 硝酸的水溶液进行洗涤，使排气中的碘转化为碘酸盐和汞络合物而由排气转入水溶液。化学反应式如下：

$$CH_3I + Hg(NO_3)_2 = HgI^+ + NO_3^- + CH_3NO_3$$

$$I_2 + 5HNO_3 + H_2O = 2IO_3^- + 2H^+ + 5HNO_2$$

$$Hg^{2+} + 2IO_3^- = Hg(IO_3)_2$$

$Hg(IO_3)_2$为固体产物。为便于处置，可把$Hg(IO_3)_2$进一步转化为$NaIO_3$。Mercurex 工艺对碘的去污系数可达10^3。

(3) 苛性碱溶液洗涤工艺

该法用 NaOH 溶液洗涤，将元素碘转化为碘化物和碘酸盐，从而使碘由排气转入碱水溶液：

$$I_2 + 2NaOH = NaI + NaOI + H_2O$$

$$3NaOI \rightarrow 2NaI + NaIO_3$$

该法能同时去除碘和尾气中的CO_2，产物为固体Na_2CO_3-NaI-$NaIO_3$-NaOH。该法对去除有机碘无效。

2.4.1.2 吸附法除碘

(1) 含银吸附剂[10]

该法主要是利用敷银或硝酸银的固体吸附剂，如敷银沸石、敷银硅胶、浸渍硝酸银的沸石或活性炭等。碘和碘的化合物与硝酸银反应，生成不挥发的碘化银而被吸附在固体载体上。例如：

$$6AgNO_3 + 3I_2 \rightarrow 4AgIO_3 + 2AgI + 6NO$$

$$CH_3I + AgNO_3 \rightarrow AgI + CH_3NO_3$$

固体吸附剂的除碘效率较高，去污因子为10^2～10^4，但由于固体吸附剂对碘的吸附容量较小，如果直接用于吸附溶解尾气中高浓度的碘，则吸附剂很快就会饱和。所以，固体吸附剂通常作为溶解尾气的终端除碘方法。例如，法国的 UP3 后处理厂首先采用HNO_3、NaOH 洗涤溶解尾气除碘，然后通过敷银沸石吸附器进一步除碘[8]。

为了提高吸附容量，减少除碘工艺产生的废物量，各国研究开发了一些新的吸附剂。研究比较多的碘吸附剂有四种：银八面沸石(AgX)、银丝光沸石(AgZ)、浸渍硝酸银的硅胶(AgS)和活性氧化铝(AgA)。表 2-6 和表 2-7 分别列出这些吸附剂的规格和它们所对应的去污因子(Decomtamination Factor，DF)。

表 2-6 含银吸附剂的规格

吸附剂	AgX	AgZ	AgS	AgA
敷银方法	离子交换	离子交换	浸渍	浸渍
活性成分	银离子	银离子	硝酸银	硝酸银
含银量(质量分数)/%	38.7	11.4	12	24.75
密度/(g/mL)	1.16	0.67	0.66	1.53
粒子形态	小球	小片	小球	小球
粒子大小	10～16 目	10～16 目	ϕ1～2 mm	10～16 目
比表面积/(m^2/g)	315	500	65	9
压力降[1)]/mmH_2O	17.1	7.8	45	无数据

注：1) 床长：50 mm；线性速度：20 cm/s；温度：30 ℃。1 mm H_2O=9.806 65 Pa。

表 2-7 几种含银吸附剂的 DF

吸附剂	AgX	AgZ	AgS	AgA
平均 DF	6.6	6.6	3.6	2.6
最大 DF	10.5	9.6	7.9	4.7
最小 DF	4.8	5.8	2.6	2.1
吸附量/10^3 Bq	4.3	4.3	3.7	3.1
吸附率/%	85	85	72	62

由表 2-7 所列数据可见，沸石型的吸附剂 AgX 和 AgZ 捕集碘的效率优于硝酸银浸渍型的 AgS 和 AgA。日本东海村后处理厂在通风系统安装了 AgX 除碘过滤器作为补充去碘器。不过，实践已表明 AgX 的耐酸性能差，其吸附的碘由于排气的侵蚀作用又会释放出来。

(2) 活性炭吸附剂

20 世纪 80 年代初，随着中国原子能科学研究院碘同位素生产量的增加，^{131}I 的排放量也随之增加，主要成分为元素碘和有机碘(如 $CH_3{}^{131}I$)。国家规定的大气中^{131}I 的允许浓度为 1.11×10^2 Bq/m^3。按此规定，中国原子能院科学研究院^{131}I 的排放量应不超过 1.85×10^8 Bq/d，而实际上最大排放量高达 7.4×10^9 Bq/d。

为了有效控制^{131}I 的排放量，中国原子能科学研究院于 1982—1988 年设计、建设了除碘工号。由于活性炭吸附法对碘的吸附效率高，工艺简单，成本比银吸附法低，故被除碘工号所采用。研究表明，普通活性炭对元素碘的吸附率高，且受条件影响小，但对有机碘的吸附率较低。在相同条件下，活性炭对有机碘的吸附率仅为元素碘的 50%或更低。用 KI 或 KI-TEDA 浸渍过的活性炭对元素碘和有机碘均有较高的去除率，但成本较高。所以，在工艺流程中先用普通活性炭预吸附器截留元素碘，再用浸渍活性炭吸附器去除有机碘。图 2-6 为中国原子能科学研究院的活性炭吸附除碘工艺流程示意图。

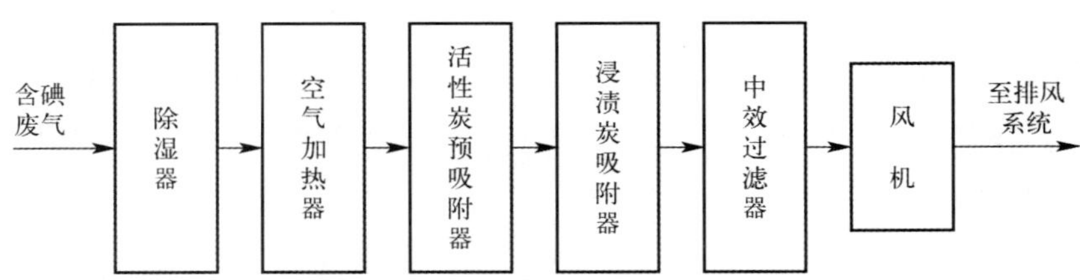

图 2-6 活性炭吸附除碘工艺流程示意图

2.4.2 氪-85 的去除

^{85}Kr 基本上是纯 β 辐射体，辐射剂量主要作用于人体外表面（皮肤），而皮肤对放射性不很敏感。由于^{85}Kr 属于惰性气体，故不能为人体组织所吸收。

空气中所含天然惰性气体的浓度较低，100 L 空气中仅含有 0.114 mL 氪和 0.008 6 mL 氙。表 2-8 列出天然氪的同位素组成，由表可见，天然氪中不含 ^{85}Kr。不过在自然界中，因铀核的自发裂变、中子诱发裂变和大气中稳定核素 ^{84}Kr 的中子俘获反应都可产生 ^{85}Kr。但是，以上各种来源加在一起不过约 15 Ci（不到 40 mg），而大气中的含氪量达 4×10^{15} L。所以，可以认为自然界中的氪是不含 ^{85}Kr 的。

表 2-8 天然氪的同位素组成

氪同位素	^{78}Kr	^{80}Kr	^{82}Kr	^{83}Kr	^{84}Kr	^{86}Kr
原子丰度/%	0.35	2.25	11.6	11.5	57.0	17.37

核燃料的核裂变过程中产生多种放射性惰性气体核素。乏燃料经过较长时间（5 a 以上）冷却后，随着短寿命核素的迅速衰变，其中剩下的放射性惰性气体主要是^{85}Kr。所以有关^{85}Kr 的排放问题引起了很大的关注（见表 2-3）。

^{85}Kr 在国民经济的许多部门都有应用。美国爱达荷（Idaho）乏燃料后处理厂在 20 世纪 50 年代建厂时就考虑了安装回收^{85}Kr 的装置，美国每年销售的^{85}Kr 达

万居里左右，销售额在美国放射性同位素中名列前茅。所以各国一直在进行有关从乏燃料后处理排气中回收和纯化 ^{85}Kr 的研究工作。

作为一种惰性气体，氪在一般条件下不能参加化学反应，所以在回收和纯化 ^{85}Kr 方面，目前研究和使用得比较多的是物理化学方法，即固体吸附、低温蒸馏和溶剂选择性吸收。下面分别对这些方法做一些简短介绍。

2.4.2.1　活性炭吸附法[9]

图 2-7 为活性炭吸附法提取 ^{85}Kr 的流程示意图。如图所示，溶解尾气经过碱洗涤、气液分离和干燥后送入预冷器，然后进入活性炭床，在液氮作冷却剂的冷却下，先将气体液化。利用稀有气体的沸点差（氪为－153.4 ℃，氙为－108.2 ℃）依次被活性炭吸附。用液氮液化的温度不能低于－190 ℃，以免产生凝固而堵塞设备的管道。活性炭床可以完全吸附氪、氙而与空气组分（氧、氮）分离。接着对活性炭床进行加热和解吸，升高温度时，除氪之外的杂气先后被解吸出来，作为尾气从烟囱排放。随着温度继续升高到氪的沸点以上，氪也被解吸出来，转送到冷阱或气柜储存。如果采用 U 形管吸附柱再进行多次活性炭吸附-解吸，进行精制操作，就可得到较浓集的 ^{85}Kr。

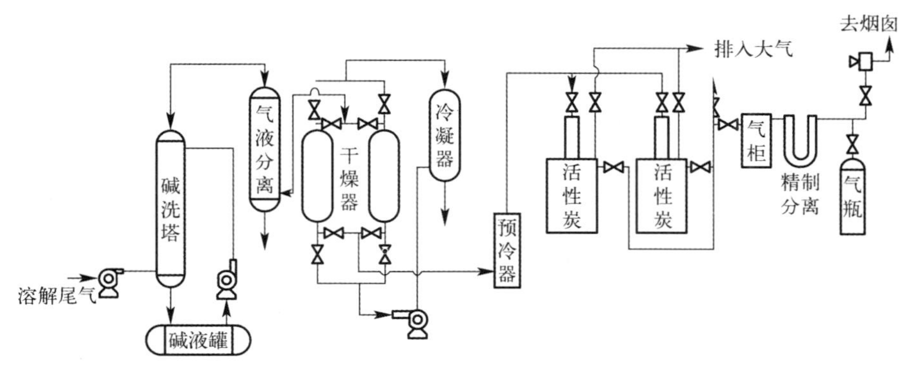

图 2-7　活性炭吸附法分离提取 ^{85}Kr

除了 ^{85}Kr 之外，裂变产物氪还包含大量的稳定同位素 ^{82}Kr、^{83}Kr、^{84}Kr 和 ^{86}Kr 等，因此所得产品中 ^{85}Kr 含量只有 5% 左右。

用活性炭吸附法回收氪时，存在着着火和爆炸的不安全问题。活性炭在空气或氧中能够燃烧，在美国的活性炭吸附器上发生过着火事故。为了把活性炭着火的可能性减至最小，可采取下列措施：选用燃点较高的活性炭；在炭床上安装温度敏感装置，以便及时发现问题；为活性炭床提供冷却装置，等等。

在低温使用活性炭时，还可能产生爆炸的问题。美国橡树岭国家实验室发生

过低温活性 炭吸附床爆炸事故。爆炸的起因，首先是与臭氧有关。一般认为，液氮中的氧在辐射作用下形成臭氧。臭氧化学性质是不稳定的，在低温下也能自发分解。在低温区，氧和臭氧优先液化和浓集。因此，为了避免臭氧的积累而引起爆炸，必须采取预处理措施，在低温区优先排除氧和臭氧。美国橡树岭国家实验室低温活性炭吸附床发生爆炸的原因是由于活性炭与二氧化氮的化学反应引起的。因为气体中的氮氧化物含量达 6%时，活性炭就可以自燃。解决的办法是在活性炭床之前，增加一个活性炭反应器，将核燃料后处理厂送来的氪、氙粗产品气体进入操作温度达 900 ℃的反应器，使其中的二氧化氮与碳发生化学反应而除去。这样，进入低温活性炭吸附床的气体不含二氧化氮，故系统再没有发生爆炸事故[11]。

2.4.2.2 低温蒸馏[13]

低温蒸馏法是利用在同一温度下惰性气体与其他气体之间以及惰性气体本身之间具有不同的挥发性而使它们互相分离的。由于乏燃料的溶解尾气中除了氪、氙以外，还含有大量的碳氢化合物(如甲烷、乙炔)、氮氧化物和氧，所以溶解尾气在低温蒸馏之前必须进行预处理，以去除这些杂质。

日本建立了一套低温蒸馏中间试验装置，图 2-8 和图 2-9 分别为该装置的溶解尾气预处理部分和低温蒸馏部分。在预处理部分，溶解尾气首先进入被预热至 500 ℃的铂催化器，利用氧化反应从尾气中除去甲烷和乙炔。然后进入钯催化器并引入氢气，将氧还原生成水，将氮氧化物还原生成氮、氨和水。其后的铜催化剂用于除氧，碱洗塔用于除二氧化碳，酸洗涤塔用于除氨，分子筛干燥器用以除去其中所含的水分。溶解尾气经过上述预处理之后只剩下以氪和氙为主的混合气体。

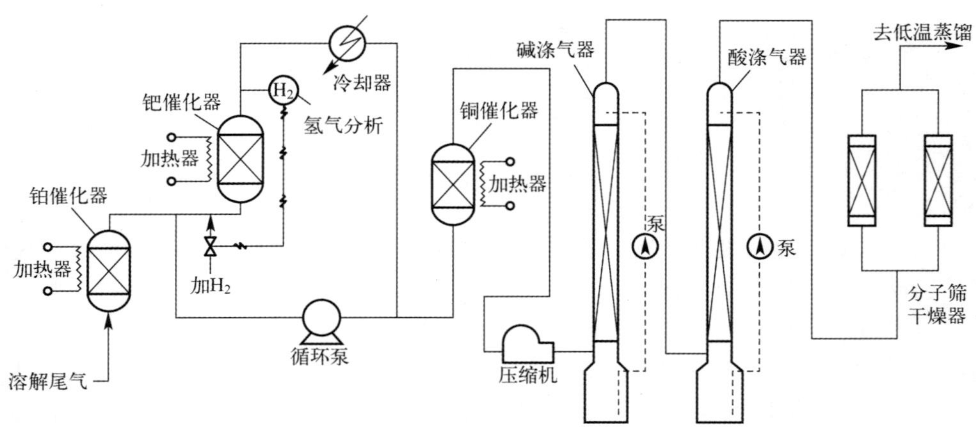

图 2-8　日本低温蒸馏中间实验装置的预处理部分

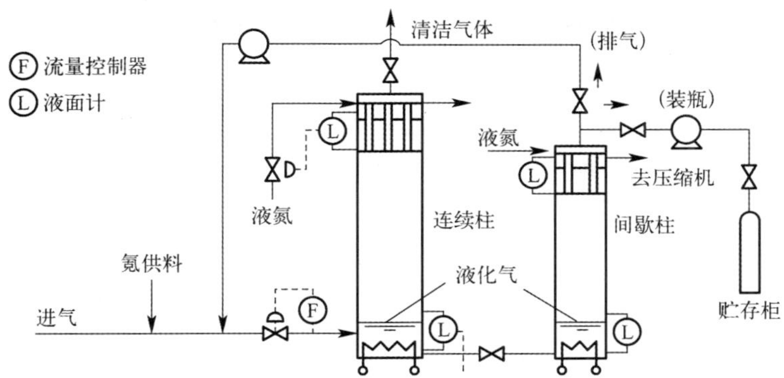

图 2-9　日本低温蒸馏中间实验装置的低温蒸馏部分

这套预处理装置除碳氢化合物的效率可达 99.5%，通过钯、铜催化器后的排气含氧量可降到 1×10^{-6}，经过碱洗后的气体中二氧化碳含量可降低到 1×10^{-5}，酸洗后排气的氨含量为 1.5×10^{-6}，经过分子筛干燥后进入到蒸馏部分的气体露点可降低到 −70 ℃。

图 2-9 所示的低温蒸馏装置主要由两个蒸馏柱组成。其中第一个的尺寸为 ϕ150 mm×2 000 mm，连续操作，从溶解尾气中分离氪。第二根柱子的尺寸为 ϕ50 mm×2 000 mm，间歇操作，主要作用是浓集氪。此装置连续运行 3 个月，结果表明，第一个蒸馏柱从溶解尾气中除氪的净化系数可达 10^7，第二个柱回收氪的浓度接近于 100%[11]。

美国爱达荷后处理厂从 20 世纪 50 年代末期用低温蒸馏法回收氪和氙，并一直使用至今。图 2-10 为爱达荷后处理厂低温蒸馏法提取 ^{85}Kr 的流程示意图。如图所示，乏燃料溶解尾气用苛性碱密封的压缩机压入贮气槽。贮气槽中的苛性碱喷淋液和压缩机的苛性碱密封液除去了气体所含的大部分二氧化氮和硝酸。从贮气槽出来的气体先通过铑催化转化器，以除去一氧化二氮和氢。随后，气体依次通过水冷却器、除雾器(图中未示出)和干燥器，以除去其中的水、氨和残余的氮氧化物。经过上述预处理的溶解器排气，通过交流换热器降温后，即可连续进入蒸馏塔，而聚集在蒸馏塔底部的产品液体被分批送入间歇式蒸馏釜中。在蒸馏釜，最先馏出的大部分是氧(沸点 −183 ℃)，但因其中也含有相当多的氪(沸点 −153 ℃)和氙(沸点 −108 ℃)，所以返至贮气槽再通过全流程，其次馏出的才是装置的主要产品富氪气流，最后馏出的主要是氙。

关于 ^{85}Kr 的储存，最好的方法是贮存在加压钢瓶中。由于大部分 ^{85}Kr 经100 a 左右的衰变之后将变成稳定的子体(铷)，故这种储存方法的关键问题是制造能长期安全使用的耐压钢瓶。目前的研究工作集中在寻找能耐高温、高压和抗衰变子

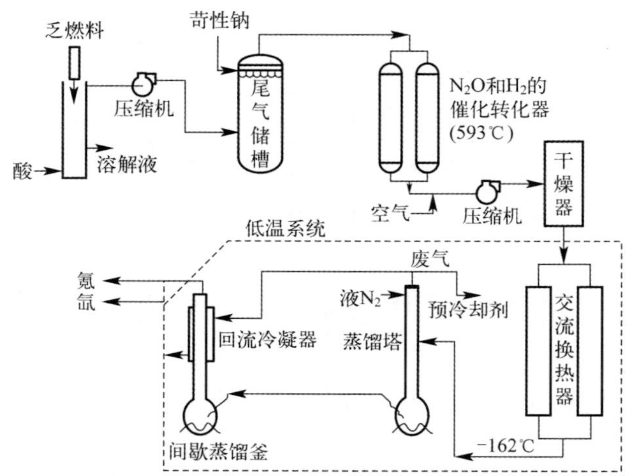

图 2-10 低温蒸馏法提取^{85}Kr的流程示意图

体(铷)腐蚀的钢瓶材料上。另一种贮存惰性气体的新方法叫做"沸石封存"。沸石是一种硅酸铝的晶型化合物。这种化合物晶格间存在规则排列、大小均匀的空穴。惰性气体原子通过扩散进入沸石内空穴的过程叫做"活化扩散"。

2.4.3 氚的控制

氚是一种弱 β 辐射体,由于其半衰期较长($T_{1/2}=12.3$ a),同位素交换速率高,且很容易进入生物体组织之中,因此控制氚向环境的释放十分重要。

2.4.3.1 氚的产生与释放途径

氚是天然和人工(核试验和核反应堆)核反应的产物。

在地球大气层的上层,高能宇宙射线与氧、氮原子相互作用。地球上天然存在的氚主要是由这类反应生成的。氚由同位素交换进入水后,随雨水达到地表。据估算,天然形成的氚的生成速率为 1.48×10^8 GBq/a,导致稳态情况下地球上天然存在的氚量为 2.59×10^9 GBq[12]。

1945—1975 年期间的大气层核试验产生的氚约为 2.96×10^{11} GBq,大部分已经衰变掉,但仍有约 1.85×10^{10} GBq(5×10^8 Ci)保留在环境中,其中大部分稀释在海洋中。

在反应堆运行过程中,氚的产生通过两条途径,一是重核的裂变反应,二是冷却剂、慢化剂和一些轻元素(如 D、He、Li、Be、B)以及堆芯材料的中子活化反应。裂变产生的氚积累在乏燃料中,中子活化反应产生的氚大部分释放到反应堆回路中,只有堆芯材料中的氚保留并积累,直至反应堆退役。

各种类型反应堆氚排放速率的典型数据如表 2-9 所示[13]。

表 2-9 各种类型反应堆氚排放速率的典型数据,GBq/(GWe·a)

堆型	气体中氚	液体中氚
PWR(锆包壳)	3.70×10^{3}	2.59×10^{4}
BWR	1.85×10^{3}	3.70×10^{3}
HWR	7.40×10^{5}	1.85×10^{5}
GCR	7.40×10^{3}	1.11×10^{4}

氚在反应堆中最重要的走向是,燃料中的部分氚通过扩散进入锆包壳而被捕集(多数水冷堆,15%~60%),或是通过不锈钢包壳进入冷却剂(气冷堆,30%;钠冷快堆,>95%)。只有很少量的氚从 Magnox 燃料中逸出。

进入乏燃料的氚量取决于堆型和包壳材料。对于燃耗为 33 000 MWd/tHM 的轻水堆乏燃料,氚的含量约为 2.59×10^{13} Bq/tHM。在这些氚中,存在于气腔中的很少,大部分以大致相同的比例分配于锆包壳和铀燃料中。一个处理能力为 1 400 tHM/a的后处理厂,每年大致要产生 3.7×10^{16} Bq 的氚。在乏燃料切割过程中,气腔中的氚释放入排气。在乏燃料溶解过程中,燃料中的氚大部分将进入溶液,少量氚进入溶解槽尾气系统。在常规后处理厂流程中氚的分布如表 2-10 所示[14]。当乏燃料与新鲜的硝酸溶解液接触,氚被很快稀释成氚水,其产生量为 100 m^3/tHM。在临海建设的后处理厂,利用大海巨大的稀释能力,大量氚水直接排入大海。在印度建立了氚水太阳能蒸发池,俄罗斯建了敞口储存池长期储存氚水。表 2-11 给出了轻水堆乏燃料后处理厂中氚在废物和产品中的分布。

表 2-10 后处理厂流程中氚的大致分布情况(燃耗为 30 GWd/tHM)

操作	物流	该物流中氚的比例/%
切割	燃料组件	100
	燃料组件碎块	>99.99
	尾气	<0.001
溶解	水相	≈40
	包壳	≈60
	尾气	<0.5
萃取	水相	>35
	有机相	<5

续表

操作	物流	该物流中氚的比例/%
反萃	水相	<4.9
	有机相	≈0.01
	钚产品	≈0.1
	铀产品	≈0.01

表 2-11 轻水堆乏燃料后处理厂中氚在废物和产品中的分布

废物或产品	氚活度/(GBq/GWe·a)
固体废物(锆包壳)	3.3×10^5
废水	$\sim2.2\times10^5$
废有机溶剂	<55
尾气	2.8×10^3
钚产品	5.5×10^2
铀产品	55
总计	5.5×10^5

对于远离海边的后处理厂,必须开发氚的浓集技术。后处理厂通过水和硝酸的部分循环利用以及在 Purex 流程一循环中隔离氚等措施,可以将含氚废水量控制在 1 m^3/tHM 的范围。

2.4.3.2 减少氚产生和释放的措施

反应堆中产生氚的主要源头在燃料中,应尽量使产生的氚封闭在燃料包壳中,减少氚渗入冷却剂,从而减少氚向环境的释放。在反应堆中,氚在不锈钢中的渗透速率高于锆合金;此外,锆合金能与氚反应生成氢化物,也能减少氚渗入冷却剂。

已开发出一种能从气体介质中去除和储存氚的器件[15],可以将这种器件引入燃料棒中,以滞留并减少氚渗入冷却剂。器件包括一个能滞留氚的锆或高合金内核,外面用一层镍焊封,作为氚通道的保护性和选择性窗。

轻水堆中氚产生量的增加与称作"CRUD"(Chalk River Unidentified Deposits)的沉积物的存在有关,这种沉积物是在加拿大 Chalk River 的 NRX 反应堆内进行海军燃料棒试验时首次发现的,指在燃料棒、部件和管道上出现的放射性很强的固体腐蚀产物小块。这种沉积物主要含有多孔的铁氧化物,其上沉积了破损燃料中的 U 以及 B 和 Li 等。这些材料浓集在燃料棒表面,加大了与中子相互作用的概率,使氚、裂变产物和活化腐蚀产物的生成量提高。

为了尽量减少反应堆内氚的产生和向一回路冷却剂的释放,宜采取如下措施:

(1) 提高燃料棒的质量，改进其制造工艺，避免包壳破损；

(2) 压水堆和沸水堆燃料采用锆包壳代替不锈钢包壳；

(3) 由于$^{6}Li(n,\alpha)^{3}H$核反应的反应截面很高(942 b，1 b$=10^{-28}$ m^2)，故应采用高丰度^{7}Li(99%)的 LiOH 控制压水堆冷却剂的 pH 值；

(4) 尽快将破损燃料组件转移在密封容器中隔离，防止污染乏燃料水池；

(5) 控制冷却水化学，尽量减少燃料棒出现沉积物。

为了防止氚污染的扩散，建议在核设施的几个地点配置氚测量系统进行监测；在反应堆机组下面铺设不透水层，以防止氚渗入水体；在可能条件下，设置污染水的收集罐。

2.4.3.3　氚的分离与去除[16]

(1) 从乏燃料中分离氚[9]

为了集中控制和防止氚的分散，已研究了一些方法，如氧化挥发法(Voloxidation)、高温化学法和 Trilex 法。

· 氧化挥发法

该法是在乏燃料溶解之前将氚分离出去，从而避免产生稀的氚水溶液。其基本的工艺过程为：在溶解之前，把切断的燃料元件片加热到 400～500 ℃，以使高密度的 UO_2 经相变化转化为低密度的 U_3O_8，进而在燃料碎裂的过程中，释放出大部分未与包壳材料化合的氚。当有催化剂存在时，这种方法能够获得相对较浓的氚水蒸气(HTO)。由此产生的蒸气可通过冷冻或分子筛得到进一步的浓集。图 2-11为氧化挥发法除氚示意图。

必须指出，在氧化处理的过程中，除氚、惰性气体和碘外，其他如钌、铯、锑和铌也有部分进入气相，甚至铀和钚也有约 2% 进入气相。所以，对产生的气体必须很好地进行过滤。经过氧化处理后，燃料中的不溶性钚也有所增加，另外，氧化挥发法还存在处理高放射性的氧化物粉末问题。再者，在后处理工厂的首端热室中连续运转长几 m、温度达 550 ℃的回转炉，难度也较大。

虽然氧化挥发法存在上述的一些问题，但是，由于它可以使氚和氪-85 等在燃料溶解之前释放出来，便于对这些裂变产物的收集、处理和贮存，所以目前国外仍在大力进行研究。该方法难以处理金属燃料，因为在氧化过程中的热量产生速率难以控制。

· 高温化学过程

高温化学过程可考虑在乏燃料后处理的首端进行。该方法的第一步是乏燃料的切割和脱壳；第二步是高温处理氧化物燃料，释放出包括氚在内的挥发性裂变产物。

已研究过不锈钢包壳的熔融脱壳，该方法原则上适用于锆包壳燃料。如前所述，氧化挥发法是将 UO_2 氧化为 U_3O_8。高温化学过程则是将 U 和 Pu 在高温熔

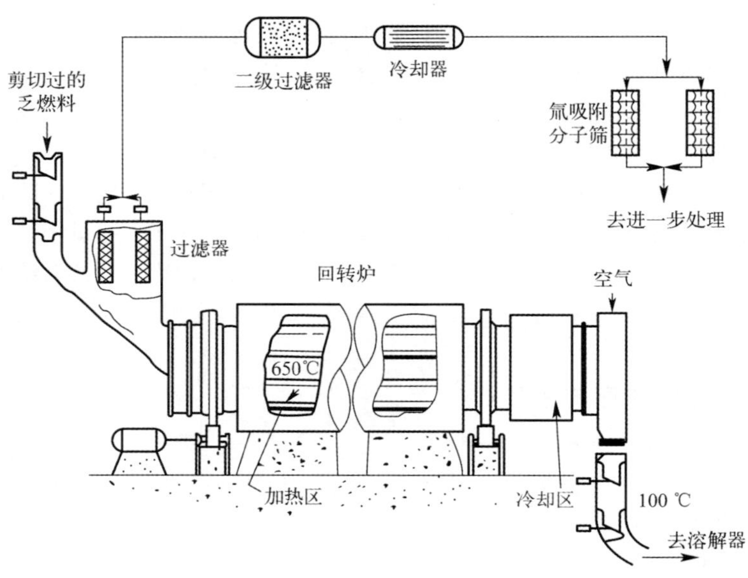

图 2-11 氧化挥发法除氚示意图

盐中还原为金属。熔盐可采用 $CaCl_2$ 等，还原剂可采用 Zn、Ca、Mg 或其他还原性合金，与乏燃料一起加热到 800～900 ℃，主要反应如下：

$$UO_2 + 2Ca \rightarrow 2CaO + U$$

$$PuO_2 + 2Ca \rightarrow 2CaO + Pu$$

熔盐与金属相分离后，将其中的 Mg 和 Zn 蒸馏出供循环使用，U 和 Pu 送至酸溶解槽，进行水法溶剂萃取。

在乏燃料脱壳和还原过程中，释放的裂变产物氚和惰性气体，可进行挥发氧化处理。

· Trilex 法

由于在乏燃料溶解之前使氚等挥发性气体进入气相的氧化挥发法等技术难度较大，所以目前有的后处理厂采用将氚集中在第一萃取循环的方法，以避免其分散而进入后续工序的各物流中。

为了便于控制氚，法国 UP3 后处理工厂将整个萃取过程分为高氚区和低氚区两个工艺区，两个区都各自设立独立的酸回收系统。

该厂第一萃取循环的溶剂，在其进入 U-Pu 分离柱之前用无氚的硝酸进行洗涤，去除其中的氚。由于氚的实际分配系数很小（$10^{-2}\sim10^{-3}$），所以只用一个理论级，加上选择合适的洗涤条件，可以很容易地把氚从溶剂中反萃下来，实现对氚的去污。图 2-12 为后处理厂第一萃取循环中洗涤氚和锝的流程示意。

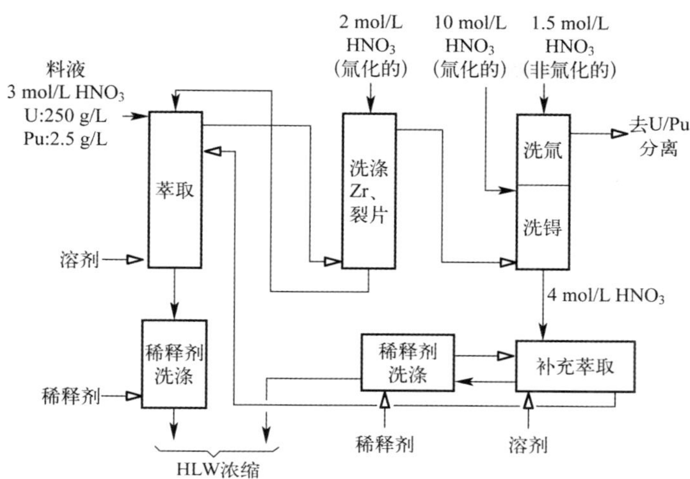

图 2-12　后处理厂第一萃取循环中洗涤氚和锝的流程示意

(2) 从尾气中去除

在核设施的含氚尾气中，氚以 HT 或 HTO 形态存在。下面简介去除 HT 和 HTO 的方法。

· HT 的去除

已开发出一些去除 HT 的非氧化过程，这些过程采用氢吸附剂。典型的氢吸附剂由锆合金和锆化合物组成。选择合适的吸附剂很大程度上取决于尾气中的其他组分。由于多数吸附剂不能容忍气流中氧的存在，故对大多数尾气的处理，其应用受到很大限制。

· HTO 的去除

一些典型的除氚过程为，先将尾气中的 HT 转化为 HTO，再将 HTO 从尾气中去除。根据不同的去污要求，可选择不同的从尾气中去除 HTO 蒸汽的方法。

分子筛是一种高效的去除 HTO 的材料。据 Lakner 等[17]报道，在标准温度和压力下，分子筛对 HTO 的吸附容量高达 47 cm^3/g。分子筛吸附是一种可逆过程，通过加热到适当温度(如 250 ℃)，负荷分子筛可以再生，回收得到含氚水蒸气。在实践中，通常这种氚回收方法是不经济的。所以，一般情况下，将含有 HTO 的分子筛储存，作为低放废物进行处置，或者将氚水转移到其他介质后进行处置。

(3) 氚的富集

氚水的脱氚过程包括 3 个主要步骤[18]：

a) 首端：在 Pt 催化剂的作用下，通过化学交换将氚由氚水转化为毒性较小的 HT 气体：

$$HTO + H_2 \rightarrow H_2O + HT$$

也可通过氚水的分解反应：

$$HTO \rightarrow HT + O_2$$

b)尾端：将氚浓缩在氢相，通常采用冷冻蒸馏法；

c) 将浓缩的氚进行稳定化处理后安全储存：暂时储存用铀容器，长期储存用钛容器。

已开发了几种首端技术，其中法国原子能委员会(CEA)开发的汽相催化交换(Uapor Phase Catalytic Exchange，VPCE)过程最具工业意义。VPCE过程一般包含3～8级，每级都由蒸发器、过热器、催化剂床和冷凝一分离器组成。由于采用了常规的铂化催化剂，所以需要过热操作，以尽量减少蒸汽在催化剂孔隙中冷凝而阻止同位素交换反应。含氚水从第1级加入，在该级蒸发并与从第2级冷凝一分离器返回的冷氘气混合。汽-液混合物过热到200 ℃后，进入催化剂床，氚被催化交换并达到平衡。富集了一定量氚的氘气在冷凝器中与水分离后，作为冷冻蒸馏系统尾端的进料。贫化了氚的水流入第2级蒸发器中。以下逐级依此类推。

加拿大原子能有限公司(AECL)[19]开发出了防湿催化剂，使催化同位素交换过程大大简化——只需采用一填充催化剂柱，水相从柱子顶部流入，与从底部流入的氘气逆流接触。防湿催化剂可以在液体或非常潮湿的环境下工作。该过程在50 ℃条件下操作，称为液相催化交换(Liquid Phase Catalytic Exchange，LPCE)，属于AECL专利技术。据报道，印度、韩国、俄罗斯和美国也开发出了防湿催化剂。

还有一种首端技术称为组合式电解催化交换(Combined Electrolysis and Catalytic Exchange，CECE)，该过程由若干LPCE柱和电解池组成，系加拿大AECL开发并获得专利。CECE法废水除氚的费用很高，对于含氚废水处理能力为95 L/min(约40000 m^3/a)除氚设施，估计投资费用为3.4亿美元，运行费为2亿美元/a。

另一种除氚方法为硫化氢法，它基于H_2S气体与氚水(HTO)的氢与氚之间的同位素交换。该方法的费用较低，对于含氚废水处理能力为95 L/min除氚设施，估计投资费为0.61亿美元，运行费为0.25亿美元/a。但硫化氢法需在20个大气压下进行，高温段的温度在200 ℃以上，硫化氢的腐蚀性和毒性也较高。

2.4.4 碳-14的控制[16]

^{14}C是一种低能β辐射体，半衰期长达5 730 a，β衰变为^{14}N时释放的β射线平均能量为49.5 keV，最高能量156 keV。由于^{14}C的半衰期很长，它又很容易在生物过程和土壤与植物的相互作用中迁移。以气体形态($^{14}CO_2$)存在的^{14}C，由肺从空气中吸入后很快达到平衡，并进入生物体组织的许多部分。^{14}C的生物半衰期为40 a左右。人们发现，^{14}C很容易在食物链中得到富集，例如，鱼/软体动物和土壤

对^{14}C的富集因子分别为 5 000 和 2 000。所以^{14}C在人体内的积累主要是因摄入受污染的食品引起的。^{14}C在环境中的流动性很强，必须予以重视，加强控制，以免对环境安全构成威胁。

为了评价核设施排放^{14}C的污染水平，法国、英国和瑞士等国的核管制机构定出的^{14}C本底放射性水平为 250 Bq/kgC。因核设施运行而使^{14}C本底放射性水平超过此值即视为污染。为了确保关键人群所受剂量不超过核管制部门制定的公众的剂量限值，一些国家制定了针对核设施关键人群的推算排放限值(Derived Release Limits，DRL)。一般而言，核电厂制定的操作目标为：放射性核素的排放应低于 DRL 值的 1%。基于上述原则，加拿大一座 600 MWe CANDU 堆电站(Point Lepreau)每年和每周排放^{14}C的 DRL 值分别为 1.56×10^4 TBq/a 和 3.00×10^2 TBq/周。

2.4.4.1　^{14}C的产生与释放途径

天然的^{14}C是在大气层高空由宇宙射线中子诱发的^{14}N的(n，p)反应生成的，估计每年的产生量为 1.4×10^6 GBq/a(3.8×10^4 Ci/a)，在大气层中的积累量约为 1.4×10^8 GBq(3.8×10^6 Ci)。

人类核活动产生的^{14}C，除了核试验之外，主要是由核反应堆中^{14}N的(n，p)反应和^{17}O的 (n，α)反应生成一种挥发性的中子活化产物。因反应堆冷却剂和(或)慢化剂的中子活化反应生成的^{14}C，大部分以气态形式释入环境。石墨慢化剂中生成的^{14}C则保留在反应堆中，直至反应堆退役。

不同类型反应堆运行过程中产生的^{14}C量各不相同，表 2-12 列出各种堆型产生的^{14}C量的情况。由表 2-12 可见，在反应堆运行产生的尾气中，^{14}C主要由冷却剂和慢化剂产生。

表 2-12　各种堆型产生的^{14}C量的情况，GBq/(GWe·a)

堆型	燃料	包壳	冷却剂 慢化剂	石墨 慢化剂	^{14}C总量
LWR-PWR	480	740	260	—	1 480
LWR-BWR	470	630	190	—	1 290
HWR	1 465	1 260	7 400	—	10 125
GCR-MGR	4 835	1 300	310	10 730	17 175
GCR-AGR	620	1 280	300	3 480	5 580
GCR-HTGR	190	—	1	3 180	3 371
FBR	200	300	—	—	500

重水堆、沸水堆和气冷堆尾气中的^{14}C主要以$^{14}CO_2$形态存在，压水堆尾气中的^{14}C主要以碳氢化合物形态存在。

在压水堆(PWR)乏燃料中，^{14}C的含量约为0.5 Ci/tHM。在后处理厂乏燃料剪切过程中，会释放出很少量的^{14}C。在乏燃料溶解过程中，由于处在氧化条件，几乎所有的^{14}C都以CO_2气体形式释放出，进入溶解槽尾气系统。

基于不同的设计和尾气处理系统，^{14}C可从溶解槽尾气中分离出来，转化为固体废物后进行处置，或者排放到大气中。

2.4.4.2 减少^{14}C的产生与释放的措施

限制受辐照的母体物质的量，可以控制^{14}C的产生量。如前所述，产生^{14}C的两种主要的中子活化反应为：$^{17}O(n,\alpha)^{14}C$和$^{14}N(n,p)^{14}C$。所以，可以考虑减少燃料中N和^{17}O的含量。

计算表明，轻水堆燃料中的^{17}O经中子活化后产生的^{14}C约为0.15 TBq/(GWe·a)，此值已很难再降低，因为燃料制备时的氧含量比较难以调节。但是，燃料中氮的含量可以控制。通过降低燃料中氮杂质的含量，最佳情况下可使^{14}C的生成量降低5倍。例如，当燃料中氮的质量分数为25×10^{-6}时，因^{14}N的活化而生成^{14}C为0.55～0.74 TBq/(GWe·a)，而当燃料中氮的质量分数降至5×10^{-6}时，因^{14}N的活化而生成^{14}C量与由^{17}O转化成的^{14}C量相当。

轻水堆中产生的气态^{14}C主要是由进入一回路冷却剂的氮活化后生成的。一座1 GWe压水堆的气态^{14}C释放量约为185～370 GBq/a。为了尽量减少一回路冷却水中的氮含量，将冷却水储槽上方的覆盖气体由氮气改成了氩气。韩国重水堆电站的运行经验表明，控制冷却水储槽上方的覆盖气体中氮气水平，可以降低^{14}C的生成和释放量。

西方国家在压水堆电站中，采用贫化^{6}Li的LiOH代替肼(NH_2-NH_2)调节一回路冷却水pH，防止了^{14}C的生成。

已经发现，在慢化剂和一回路冷却系统中混入空气是反应堆运行过程中产生^{14}C的源头之一。改进设计，尽量减少空气的混入，将减少^{14}C的生成和释放量。

有趣的是，老式的CANDU堆因采用氮气作为环流气体而释放大量的气体^{14}C；现在的CANDU堆采用CO_2作为环流气体，从而显著减少了环流气体中^{14}C的生成量。

一般而言，重水堆比压水堆产生更多的^{14}C，其原因是：

(1) 受到中子辐照的水量更大；

(2) 在重水生产过程中^{17}O得到了富集(比天然水平高55%)。

欲使重水中^{17}O降低到正常水平(0.038%)也许并不经济，但将重水中^{17}O浓度恢复到天然水平是有实际意义的。另外，应用ALARA原则，因降低重水中^{17}O

水平而付出的代价，将被降低集体剂量带来的好处所抵消。

2.4.4.3　尾气中^{14}C的捕集技术

CO_2的物理和化学性质决定了它是一种易于与其他气体分离的碳化合物。所以，为了去除^{14}C，较好的做法是先将^{14}C的其他化合物氧化为$^{14}CO_2$。本节将介绍几种尾气中去除$^{14}CO_2$的方法。

选择何种从尾气中捕集和滞留$^{14}CO_2$的方法，取决于待处理尾气的体积、尾气中$^{14}CO_2$的浓度、尾气组成和期望的最终废物形态。已开发了各种处于不同发展阶段的从尾气中去除$^{12}CO_2$/$^{14}CO_2$的技术，这些技术大致可分为 4 类，下面分别叙述。

(1) 一步化学反应——碱土金属氢氧化物泥浆或固体颗粒吸收

· 碱性泥浆涤气器

将放射性尾气通入搅动的碱性泥浆，可以全部去除尾气中的$^{12}CO_2$/$^{14}CO_2$，得到的碳酸盐产物非常稳定，能满足长期储存和(或)处置的许多要求。搅动的泥浆涤气器的气液比接触面积高达 30 m^2/m^3(填充床仅为 0.5～3.0 m^2/m^3)，因而常被采用。

泥浆涤气器由搅拌槽、尾气分配器和变速搅拌系统组成，泥浆质量浓度为 10%～20%。Holladay[20]采用搅拌槽反应器研究了石灰浆对 CO_2的吸收，发现反应很快，且几乎能完全去除 CO_2。在 CO_2的浓度范围为 5%～100%(纯 CO_2)内，通过一次涤气，去污因子即高于 100，反应速率维持不变，直至石灰浆的利用率达到 90%；此后，反应速率急剧下降，泥浆的 pH 也迅速降低。加拿大原子能有限公司最近开发了一种原型石灰浆涤气器，用于 CANDU 堆系统去除慢化剂覆盖气体中的$^{14}CO_2$。采用特殊设计的氦气循环回路，在不同操作条件下对涤气器进行了 450 h 以上的试验。结果表明：泥浆涤气器可以从尾气中去除低浓的$^{14}CO_2$，且单次通过去除效率高，试剂利用率高，系统的压降和相夹带均较低。

· 碱性固体吸收剂填充床

该方法一般为将碱性固体吸收剂(如碱土金属氢氧化物)装在一固定床内，当尾气通过固定床流动时，尾气中的 CO_2被吸收剂所吸收。由碱金属和碱土金属的氢氧化物制成的吸附剂均能有效地从气流中吸附 CO_2，包括烧碱石棉剂(NaOH 裹在石棉上)、$LiOH \cdot H_2O$、$Ca(OH)_2$、$Ba(OH)_2$、碱石灰($NaOH$-$Ca(OH)_2$混合物)，等等。但有些吸附剂的利用率较低，或者不能形成稳定产物(如烧碱石棉剂和 $LiOH \cdot H_2O$)，故不适于去除$^{14}CO_2$。

采用固定床技术，已做了许多 $Ca(OH)_2$和 $Ba(OH)_2$去除 CO_2的可行性研究。研究表明，过程效率与流入尾气中过剩的水汽量密切相关。

安大略水电公司(Ontario Hydro，已更名为 Ontario Power Generation)开发

了基于$CO_2-Ca(OH)_2$反应的吸收技术。超过1 000 h的中试试验表明，在常温下，CO_2可以被$Ca(OH)_2$有效地去除，但发现只有在湿度较高(相对湿度为80%～100%)下才能获得较高的吸附剂利用率[21]。

1989年，采用改性固体$Ca(OH)_2$固定床涤气器，在加拿大Pickering核电站3号机组进行了从环流气体中去除$^{12}CO_2/^{14}CO_2$的验证试验。结果表明，对累积的0.56 TBq $^{14}CO_2$和在7 d试验期间反应堆产生的0.17 TBq $^{14}CO_2$均被涤气器去除，在涤气器出口未检测到$^{14}CO_2$[22]。

美国橡树岭国家实验室开发了采用$Ba(OH)_2 \cdot 8H_2O$的固定床吸附技术，针对轻水堆尾气(体积分数约为350×10^{-6} CO_2)进行处理研究。涤气器尺寸为ϕ10.2 cm×30.5 cm(内径尺寸)。研究表明，$Ba(OH)_2 \cdot 8H_2O$去除$^{14}CO_2$的效率和吸附剂的利用率均很高，且可在接近常温的条件下操作[23-25]。

最近，加拿大AECL开发出了一种^{14}C的干式床原型去除系统。该系统中装填多层市售的$^{14}CO_2$吸附剂。试验表明，干式涤气器可以有效地从气流中去除低浓CO_2(尾气中$^{12}CO_2/^{14}CO_2$的体积分数为$4.0\times10^{-8}\sim1.0\times10^{-3}$)。

(2) 两步化学反应—氢氧化钠溶液吸收和石灰浆沉淀

第一步反应是在涤气器中用氢氧化钠水溶液吸收尾气中CO_2：

$$2NaOH + CO_2 \rightarrow Na_2CO_3 + H_2O$$

尾气通过涤气器后，先经过粗过滤，再经过HEPA过滤，然后排入大气。

第二步是待涤气器运行一段时间后，将主要含有Na_2CO_3的洗涤液从涤气器中排入一混合槽，加入$Ca(OH)_2$，与之反应，生成$CaCO_3$沉淀：

$$Na_2CO_3 + Ca(OH)_2 \rightarrow 2NaOH + CaCO_3 \downarrow$$

将含有沉淀的溶液泵入过滤系统进行固液分离。NaOH滤液返回到涤气器循环使用，$CaCO_3$滤渣送去进行水泥固定处理。用于沉淀$CaCO_3$的$Ca(OH)_2$量必须仔细计量，以免过量。否则，过剩的$Ca(OH)_2$会随NaOH滤液回到涤气器，参与$CaCO_3$沉淀反应，从而堵塞涤气器。

(3) 物理吸收法

· 湿法涤气吸收

在逆流填充柱中尾气与水接触，可以去除尾气中的CO_2。CO_2在水中的溶解度研究表明，为了去除几乎所有的CO_2，填充柱必须设计得很高。由于核电站和后处理厂的空间限制，该方法显然不适于使用。

· 乙醇胺洗涤

在涤气塔内，乙醇胺($HOCH_2CH_2NH_2$)溶液可以在常温下吸收CO_2。运行一段时间后，洗涤液泵入另一个接触器，使乙醇胺再生。在再生过程中，释出的CO_2得到了富集。

采用乙醇胺洗涤的具体问题是，乙醇胺被氧化为腐蚀性的草酸和氨基乙酸。在辐射场中，这种氧化过程可能会被加速。

· 氟碳溶剂吸收

CO_2易溶于液态制冷剂-12（R-2，二氯二氟甲烷）中。美国橡树岭国家实验室（ORNL）和德国卡尔斯鲁厄（Karlsruhe）核研究中心开发了用 R-2 从后处理厂尾气中吸收 CO_2的过程。研究者原先试图用 R-2 捕集^{85}Kr，但后来发现 CO_2在 R-2 中的溶解度大于^{85}Kr，于是想到采用同一套装置去除 CO_2和^{85}Kr[26]。

美国橡树岭国家实验室最初的设计包括一个吸收器、一个分馏器和一个脱气器，后经改进和简化，将上述三步操作放在一个分离柱中进行。由脱气段得到的产物是 Kr-Xe-CO_2的混合物，再通过冷阱将它们进一步分离。当采用单柱操作模式，在柱子的不同位置可以观察到各组分的浓度峰值。可利用不同组分在不同位置的富集进行选择性分离。

德国卡尔斯鲁厄核研究中心开发的过程采用两个分离柱，每个柱子都包括吸收、分馏和脱气三段，在第一个柱子中实现 Xe 和 CO_2的去除和富集，在第二个柱子中实现 Kr 的去除和富集[27]。

（4）活性表面的物理吸附

采用分子筛固定床可以捕集 CO_2，但需要一个预吸收步骤，以干燥待处理的尾气。钠沸石是一种广泛采用的能有效去除 CO_2的分子筛。床温是最重要的参数，装载沸石的固定床的温度需维持在－75～－78 ℃，以达到良好的吸附效果。

固定床中负荷分子筛可以通过加热进行再生，先加热到 150～350 ℃，使气体逸出，气体在更高温度下通过两级碱性过程去除 CO_2，将^{14}C转化为稳定形态。

13X 型分子筛是几种适于去除 CO_2的分子筛之一。通过适当的固定床再生，可以得到很高的去除效率，去污因子达到 100 以上是可行的[27]。

Mineo[28]研究了天然发光沸石、氢化沸石和改性氢化沸石从后处理溶解槽尾气中去除$^{14}CO_2$的性能。发现用 NaOH 改性的氢化沸石的吸附容量更高，但尾气中有 1％NO_x 存在时，吸附容量降低。

（5）其他方法

Mg 在 600 ℃下与 CO_2的反应可用于^{14}C的固定：

$$^{14}CO_2 + 2Mg \rightarrow 2MgO + {}^{14}C$$

固体碳产物适于进行固定化处理后送去最终处置。

Sakurai 等[29]采用干法将$^{14}CO_2$分解为^{14}C元素。他们用微波放电器使 CO_2与 H_2反应，生成中间产物 CO，最终生成元素碳：

$$CO_2 + H_2 \rightarrow CO + H_2O$$

$$CO + H_2 + C_n \rightarrow C_{n+1} + H_2O$$

式中，C_n表示已沉积在放电管壁上的碳。

研究表明，在减压条件下（～0.67 kPa），对 CO_2-H_2的微波放电可以将 CO_2还原成元素碳，CO_2还原成 CO 的反应为快速反应，CO 转化为碳的反应为慢速反应。

日本学者研究了从辐照石墨慢化剂中回收^{14}C 的技术[30]。如图 2-13 所示，回收过程主要包括 3 步：石墨燃烧、^{14}C 富集和$^{14}CO_2$的固定化。^{14}C 的富集采用 CO_2与氨基甲酸盐之间的碳同位素交换，其交换反应如下：

$$^{14}CO_2 + R_2N^{12}CO_2^{-1} \longleftrightarrow {}^{12}CO_2 + R_2N^{14}CO_2^{-1}$$

$$^{14}CO_2 + R_2NH^{12}CO_2^{-1} \longleftrightarrow {}^{12}CO_2 + R_2NH^{14}CO_2^{-1}$$

^{14}C 的分离操作要求基于下列计算：

(1) 排放气流中$^{14}CO_2$浓度低于环境排放标准（3 Bq/cm^3）；

(2) 排放气体量占进料 CO_2的 99%。

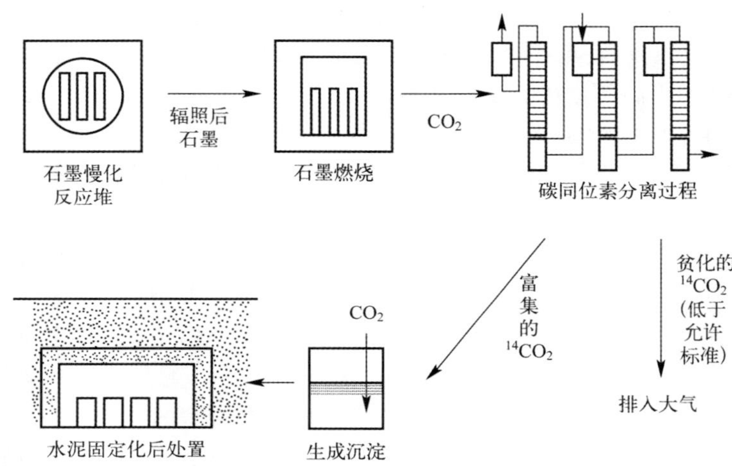

图 2-13　从辐照石墨慢化剂中回收^{14}C 的过程示意

基于日本 CalderHall 型反应堆（Tokai 1 166 MWe）退役所产生的 1 600 t 石墨中^{14}C 的回收，如采用常规的二丁胺（DBA）—辛烷体系，估计连续操作所需交换柱尺寸为 ϕ5.2 m×16 m。如采用二乙胺（DEA）—辛烷体系，并在较高压力（0.2 MPa）下操作，则估计交换柱尺寸可减小为 ϕ3.2 m×5.7 m。研究表明，CO_2-氨基甲酸盐交换法对从辐照石墨中回收^{14}C 具有实用意义。

已提出了从辐照石墨焚烧尾气中富集^{14}C 的处理系统，如图 2-14 所示。该分离系统基于喷嘴过程（Helicon 过程），曾用于铀浓缩和气体同位素分离。系统包括两级分离器，第一级分离器将较轻的气体（如 N_2、O_2和水蒸气）与较重的气体

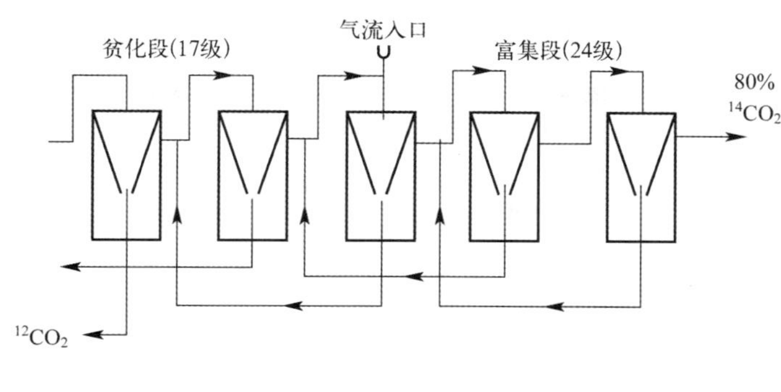

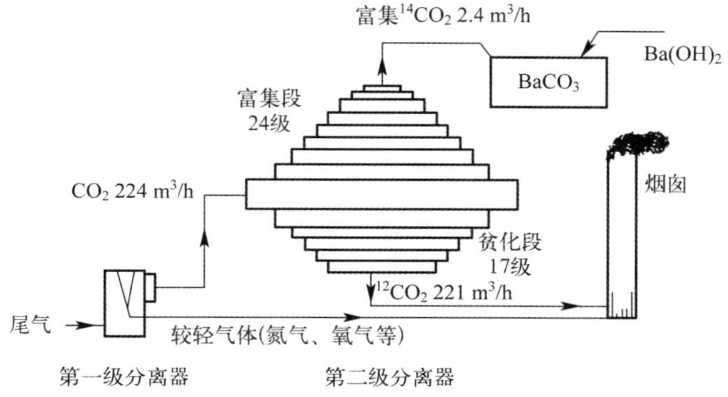

图 2-14　从辐照石墨焚烧尾气中富集^{14}C 的处理系统

($^{12}CO_2$和$^{14}CO_2$)分离；第二级分离器基于$^{12}CO_2$和$^{14}CO_2$的密度差($^{12}CO_2$和$^{14}CO_2$的密度分别为 1.96 g/L 和 20.5 g/L)而将二者分离。^{14}C 富集的气流中$^{14}CO_2$的丰度约为 80%，该气流用 $Ba(OH)_2$中和，生成不溶性碳酸钡。

关于反应堆石墨的处理，另见本书第 9.5.2 节。

2.4.5　氡的控制

氡气是一种普遍存在而被低估的人类健康杀手。事实上，人们所受天然辐射中，60%以上来自氡气。

医学研究表明，大量接触氡气的主要健康危害是患肺癌风险加大。对铀矿工人进行的许多研究证实了这一点。根据这些研究，国际癌症研究机构(世卫组织专门从事癌症工作的机构)以及美国国家毒理学规划将氡气定为一种人类致癌物质。科学家们还调查了家居及其他地方的氡气对健康造成的危害。对欧洲、北美和中国重点研究项目的汇总分析，已确认家居中的氡气在世界范围内显著促成肺癌的发生。据最近估计，有 6%～15%的肺癌是氡造成的。

据最近对欧洲重点研究的汇总分析估计，氡的放射性浓度每升高 100 Bq/m^3，肺癌风险就增加 16%。剂量反应关系似乎呈线性的，这意味着肺癌风险与氡接触量的增加成正比上升。

同一项研究的结果显示，当非吸烟者接触氡的浓度为 0、100 Bq/m^3 和 400 Bq/m^{3}时，到 75 岁时的相应癌症风险约为 0.4%、0.5%和 0.7%。但是对吸烟者，肺癌风险约高 25 倍，即相应地达到 10%、12%和 16%。所以，氡引起的大多数肺癌病例发生在吸烟者中。

根据中国室内环境监测委员会最近发布的消费警示，肺癌已居北京恶性肿瘤发病与死亡的首位，而室内氡气污染继吸烟外成为引起肺癌的主要原因。

2005 年 6 月 22 日，为了在全球范围内进一步防止肺癌，世界卫生组织发起了“国际氡气项目”，目的是帮助各国政府制定应对氡气的政策和措施，并提高各国民众对氡气危害的认识。

2.4.5.1 氡的物理化学性质[1]

氡是一种无色、无味、无臭的惰性气体，后来人们发现氡气其实一点也不“懒惰”。氡在水中的溶解度很小，但由于 1 Ci 氡的质量仅为 6.5 μg 左右，故溶于水中的氡的放射性水平可能会很高。当含有氡的空气与水接触，氡在水中和在空气中的比例可以用分配系数来表示。有人测定，在 20 ℃时，当水溶液中氡和空气中的氡之间达成动态平衡之后，每 1 单位体积水中氡的含量为同体积空气中氡含量的 0.23(分配系数)。如果空气中氡的含量小于达成动态平衡所需之值时，氡即开始从水中析出，而且在流动水或以某种形式搅拌水时，析出尤甚。

氡极易溶解于脂油，如温度为 37 ℃时，1 g 橄榄油可溶解氡的量比在同体积水可溶解的高 124 倍。由于氡在脂油中有良好的溶解度，就使得受到它作用的人和动物的脂肪组织能有效地吸收它。因为人体含脂肪极多，氡在人体中的“溶解度”比在水中为高。在动态平衡的条件下，1 cm^3 人体中的含氡量为 1 cm^{3}空气中含氡量的 0.45(分配系数)。

2.4.5.2 从空气中吸入氡的剂量的估算

进入人呼吸系统的氡，在衰变时放出 α 粒子，其数量与氡在空气中的含量成正比。实验证明，RaA 带正电荷，因此可以推测，它在极细的呼吸道和肺泡中，由于电力和布朗运动之作用就很快地沉积下来。这样的推测只能增大计算剂量值，从而不致使氡的最大允许浓度偏高。

氡 α 衰变时所生成的 RaA 也是 α 辐射体，它衰变为 RaB。RaB 经过两次 β 衰变后，又生成一种 α 辐射体 RaC’。

进一步的假设则是：所有在肺内生成的氡的衰变产物一直在原地停滞，直到

RaC'衰变完为止。这也只能够增大计算剂量值。

当空气中氡的浓度为 1×10^{11} Ci/L 时，根据上述推测与假设(考虑最严重的状况)，可以估算肺内由吸入的氡及其衰变子体产物所造成的辐射剂量。估算依据为：

(1) 人体每天 24 h 不停地吸入氡气；

(2) 所有肺内生成的子体产物均滞留在肺内；

(3) 健康人肺重 $W_1=455$ g；

(4) 人肺的平均体积 $V_1=2\ 750\ cm^3$。

氡浓度为 1×10^{-11} Ci/L 时，在人肺 V_1体积内氡的衰变数为：

$$2.75\times1\times10^{-11}\times3.7\times10^{10}=1.02\ (Bq)$$

Rn、RaA 和 RaC'的 α 粒子能量之和等于 19.6 MeV，每秒钟释放出之能量为：

$$1.02\times19.16=19.50\ (MeV)$$

一年内(31 536 000 s)，每 1 g 肺组织的总剂量为：

$$\frac{31\ 536\ 000\times19.50}{455}=1.35\times10^{6}(MeV/g)$$

已知 1erg(10^{-7} J)$=6.242\times10^{5}$ MeV，1 rad= 100 erg/g，故吸入空气中氡所造成的吸收剂量为：

$$\frac{1.35\times10^{6}}{6.242\times10^{5}\times100}=2.17\times10^{-2}(rad/a)$$

空气中氡的辐射必须加上溶解于肺组织的氡的辐射。若假设肺组织内的氡浓度与空气中的氡达成动态平衡(分配系数为 0.45)，并假设肺组织的比重为 1 g/cm^3，则肺中吸收的氡量为：

$$10^{-11}\times0.455\times0.45=0.2\times10^{-11}(Ci)=0.074\ (Bq)$$

由这种被溶解的氡所造成的吸收剂量为：1.57×10^{-3} rad/a。

由此算出总吸收剂量为：2.33×10^{-2} rad/a。

考虑到氡及其子体的 α 辐射的强电离作用对肌体的损伤，取品质因数 $Q=20$，则人员所受剂量当量为：$2.33\times10^{-2}\times20=4.66\times10^{-1}$(rem/a)= 4.66 (mSv/a)。

已知工作人员的职业照射水平的剂量当量限值为：(a) 连续 5 a 内的年平均有效剂量为 20 mSv；(b) 任何一年中的有效剂量为 50 mSv。

由上述的估算可见，当矿井空气中氡的浓度控制在 1×10^{-11} Ci/L (370 Bq/m^3)时，工作人员所受的年剂量当量(4.66 mSv)远低于剂量当量限值，因而是安全的。

目前，我国规定氡的职业照射行动水平(补救计划)为 1 000 Bq/m^3(波动范围为 500～1 500 Bq/m^3)。

2.4.5.3　铀矿氡气的控制

(1) 几个专用术语

(a) α 潜能　氡或其衰变链中，某原子的 α 潜能是该原子按衰变链分别衰变到 ^{210}Pb (RaD)或 ^{208}Pb 的过程中所发射的总 α 能量，单位为 J。

(b) 空气中 α 潜能浓度　单位体积空气中存在的所有氡或子体的短寿命衰变产物原子的 α 潜能的总和，单位为 J/m^3。

(c) 空气中长寿命 α 辐射体浓度　单位体积空气中所含长寿命 α 辐射体的总和，单位为 Bq/m^3。通常在氡短寿命子体衰变完以后由分析单位体积中的总 α 浓度而得到。

(d) 工作水平(WL)　铀矿山、地质经常使用的一种表示氡子体 α 潜能浓度的单位。当 1 L 空气中的氡及其子体(不论各种短寿命子体的组成如何)的总 α 潜能为 1.3×10^5 MeV(相当于氡气浓度 1×10^{-10} Ci/L)时，其 α 潜能浓度称为 1 WL。用 SI 单位表示时，1 WL 相当于 $2.08\times10^{-5}J/m^3$。

(2) 铀矿井氡气的控制

在矿山大气中，工作安全的基本条件是具备良好的总体通风。若供给矿井以氧气，进入矿井的新鲜空气就能降低有害于矿工健康的物质(如矿尘、各种物质的燃烧产物、岩石裂隙中析出的气体) 的大气含量。此外，通风还能保持矿井中必要的温度和湿度。

设计矿井总体通风系统时，通风巷道的布置必须便于使新鲜空气尽可能经过短的线路进入工作地点。不用的和已经废弃的坑道必须与送入新鲜空气的坑道完全隔绝，所有的门和隔墙在设计制造时应考虑防止漏气。

在总体通风不能保证安全工作条件的地方，必须采用辅助的人工通风。但是辅助通风的作用只有在矿井总体通风布置合理的条件下才是有效的。在空气污染度超过安全工作水平的坑道内设置辅助通风机，能获得降低空气中矿尘和气体含量的良好效果。可见，矿山通风系统必须是总体通风和局部通风(以软风管或硬风管装备的辅助通风机)的综合体。

显然，根据假设所做的矿井通风计算，即每一矿工必须供给一定数量的新鲜空气，这在许多情况下是不适用的。实际上，有的大型矿井在一班内就有 2 000 名矿工工作，但也有很多矿井，其直接参与采矿和矿石运输的工人不超过 6 人。制定矿山通风系统和解决降低矿尘和有害气体大气含量的问题，必须结合具体条件和该矿井的全部特点；疏忽其中任何一点都会引起严重的后果。

铀矿工作条件有以下主要特点：

(a) 铀矿和普通矿在开采方法上有所不同。这是因为铀矿床经常呈窄层状，致使矿井形成交错平巷群的形状。

(b) 因为铀矿的开采是在一个水平层中进行，在主要运输平巷附近形成平巷和采区，所以矿尘的形成在很大程度上受到区域的限制。各开采工作面之间一般只是通过通往主要运输平巷的通道来联通。于开采工作面附近测定的空气中矿尘的计算浓度比所建议的浓度要低很多。

(c) 氡的射气及其衰变产物之生成是不间断的。如果在工作班结束之后停止通风,则氡及其子体产物在矿井大气中的浓度即显著增加。因此,在下一班开始以前就必须将其浓度降低到允许数值。在铀矿井中降低氡气浓度的最好办法是建立不间断的总体通风系统。废坑道必须严密封闭,因为它可能是使通风地区受放射性污染的根源。

(d) 计算铀矿通风时,必须特别注意与空气中放射性氡气及其衰变产物有关的特点。该特点是随着矿山空气中已有的子体产物被排除,重新进入大气的氡又生成氡的衰变产物。这表明存在某种限值,低于此限值时,在给定的通风速度下,这些产物的浓度就不会减少。该限值取决于氡的射气速度。所以,射气速度乃是决定矿井需要通风量的主要因素之一。

氡及其子体产物的大气含量,在任何坑道中均取决于:1)氡从铀矿石和邻近坑道向本坑道大气中扩散的速度;2)由于放射性衰变、通风或过滤结果,氡及其子体产物从该坑道中被排除的速度;3)氡的子体产物沉降到墙壁上去的速度。

由于通风的作用,氡子体产物浓度减小的程度比氡浓度减小的程度大得多。鉴于氡的子体产物的相对危害性大于氡本身的危害性,因此,对铀矿中空气放射性污染的控制,基本上是控制氡的衰变产物。建议以每升空气中 1.3×10^{5} MeV (2.08×10^{-5} J/m^3)的“潜能”值(即 1 WL,或氡气浓度 1×10^{-10} Ci/L)作为矿山大气中氡子体产物含量的允许水平。铀矿井下氡子体 α 潜能浓度超过 4.16×10^{-5} J/m^3 (2 WL)时,原则上该场所应停止工作;浓度为($2.08\sim4.16$)$\times10^{-5}$ J/m^3 ($1\sim2$ WL)时,应采取有效的防护措施。

氡及其子体产物含量可以根据有关换气次数和氡的射气速度方面的数据提前求得。

已求得铀矿井中的射气速度范围为 $1\times10^{7}\sim1\times10^{11}$ 个/min(每 28.3 m^3 空气)。由此可知,铀矿的通风系统必须预先考虑到通风速度由一个坑道到另一个坑道的变化(10 000 倍)。

在铀矿坑道中氡的射气速度尚未确定,所需的通风速度必须根据最坏条件进行选择,也就是采取每 28.3 m^3 空气中 1×10^{11} 个/min 的射气速度。

对普通(非铀)矿山提出的通风设计要求,对于铀矿也是必要的。但是铀矿井的工作特点又提出一系列的补充要求,根据这些补充要求提出以下建议:

(a) 在所有的工作地点,通风速度必须足以保证氡的子体产物含量不超过所建议的允许工作水平,即 1.3×10^{5} MeV/L “潜能”。

(b) 对每两个直接从事开采矿石的工人,必须供应数量不小于 1 700 m^3/h 的新鲜空气，而且新鲜空气的供应距工作面之距离不大于 9 m。

(c) 平巷中的空气线性速度不应小于 15 cm/s。

(d) 在氡的射气速度尚未确定以前，通风必须保证在所有工作地点 15 次/h 的换气。

我国在铀矿地质辐射防护和环境保护的国家标准中[31]，对铀矿井的防尘降氡作了如下规定：

(a) 井下作业场所，必须采取“加强通风、坚持湿式作业、密闭氡尘源、做好个人防护、加强防护设施管理和经常检查”等综合措施，把空气中有害物质浓度降至国家标准以下。

(b) 凡产生放射性粉尘和有害气体的地面作业场所，必须有通风装置，通风系统应防止污染物的回流，进风口的粉尘浓度不应大于 0.1 mg/m^3，氡浓度不应大于 150 Bq/m^3。

(c) 井下通风要求：平巷和斜井深度超过 20 m、竖井或浅井超过 10 m、天井超过 5 m，均应采用机械通风。工作面应采用压入式通风，压入风筒末端距工作面不得超过 10 m，开支巷或巷道转弯掘进，深度超过 5 m 时，应有专门的通风。进坑道工作时，必须先通风，使坑内平衡当量氡浓度降至 2.08×10^{-5} J/m^3 左右，且通风时间不得少于 15 min。坑内有人时不得停风；通风量的确定，应首先满足巷道内的氡及其子体降到限制浓度以下所需的风量。坑道的排气风口应位于进风口最小风频的上风侧，出风口与进风口应有一定距离，使坑道主进风口粉尘浓度不大于 0.1 mg/m^3，氡浓度不大于 150 Bq/m^3；工作面的粉尘浓度不大于 2 mg/m^3。

(d) 井下密封降氡措施：已完工的巷道应及时封闭。封闭要严密牢固。如因工作需要进入封闭坑道，必须经防护部门同意，戴好防毒呼吸器和个人剂量计，事后应立即重新封好。主巷道的见矿和裂隙发育地段，应喷涂防氡覆盖层，以减少氡的析出。并尽可能减少矿石在未封闭巷道内的存留时间。坑道排水沟应经常清理，保持水流畅通，对氡气浓度高的井下水，应设专用管将水直接排出坑外废水处理设施中。沿脉坑道必须设计在矿脉外。施工中应将副产矿石和废石分开。

2.4.5.4 家居环境氡的控制

家居环境的氡气问题不属于放射性废气范畴而属于天然存在的放射性物质，但由于此问题于人类健康关系很大，所以本节稍加叙述。

(1) 氡气进入家居环境的途径

我们知道，氡的主要来源是天然铀。地球上所有的岩石都或多或少地含有铀，平均含量为 $1\times10^{-6}\sim3\times10^{-6}$(体积分数)。土壤中的铀含量与从土壤中取出的岩石的铀含量相当。有些岩石的铀含量较高，如浅色火成岩、花岗岩、深色页岩和含磷沉积岩等岩石与周围土壤的铀含量为 100×10^{-6}(体积分数)左右。如图 2-15

所示，岩石晶体中生成的氡气，可能会逃逸出而进入晶间孔隙，孔隙中的水可增加氡气滞留在孔隙中的机会。在矿物结晶中生成的氡气约有10%～15%逃逸出而进入晶间孔隙。进入孔隙的氡气可以通过石缝逃逸，从而脱离岩石而进入土壤颗粒间的细孔。

大多数土壤内的矿物质中的氡气比活度为0.3～1.0 pCi/g，土壤中空气中的氡气比活度为200～2 000 pCi/L(7 400～74 000 Bq/m³)。

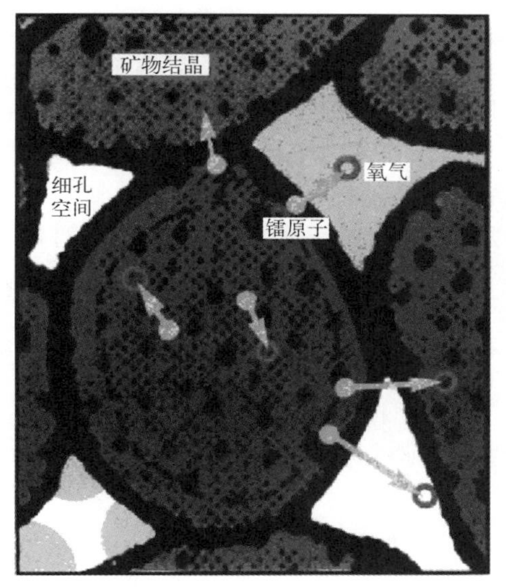

图2-15　岩石晶体间细孔空间和水中氡气的产生途径

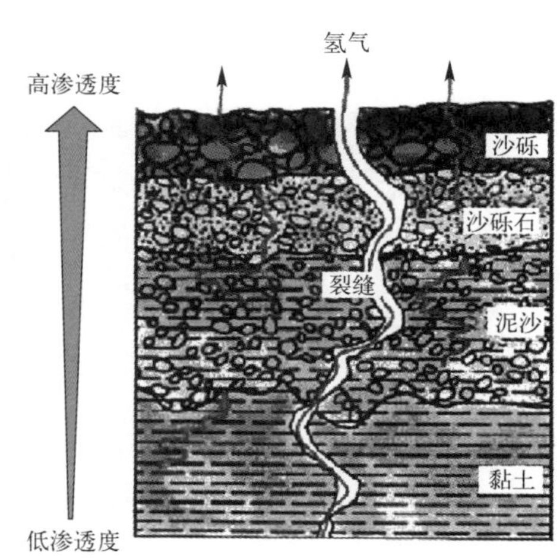

图2-16　氡气在土壤中的渗透情形

氡气在土壤中的迁移速率与土壤的性状有关。如图2-16所示，从黏土到沙砾，随着土壤颗粒度的增加，土壤中的孔隙变大，氡气的渗透速率也提高。同时，土壤中的裂缝也显著提高氡气的渗透速率。

氡气在土壤中的迁移最终将进入地下水、大气和建筑物内。溶解在地下水中氡气的浓度范围为$1\times10^{2}\sim3\times10^{6}$ pCi/L；室外空气中氡气的浓度范围为0.1～30 pCi/L，一般为0.2 pCi/L；建筑物室内空气中氡气的浓度从<1 pCi/L至3 000 pCi/L，一般为1～2 pCi/L(37～74 Bq/m³)，比室外空气中氡气的浓度要高得多。

房屋内氡气的来源包括：

1）从房基土壤中析出的氡，沿着地的裂缝扩散到室内。从北京地区的地质断裂带上检测表明，三层以下住房室内氡含量较高。

2）从建筑材料中析出的氡，是室内氡的最主要来源。如花岗岩、砖沙、水泥及石膏之类，特别是含有放射性元素的天然石材，易释放氡。

3）从供水及用于取暖和厨房设备的天然气中释放出的氡。

（2）降低室内氡水平的措施

我国对于控制室内氡污染有明确的标准。据国家标准《民用建筑工程室内环境污染控制规范》[32]规定，对于Ⅰ类民用建筑（住宅、医院、老年建筑、幼儿园、学校等），室内氡浓度不应超过 200 Bq/m^3，对于Ⅱ类民用建筑（办公楼、商店、旅馆、公共场所等）室内氡浓度不应超过 400 Bq/m^3。国家推荐标准[33]规定，室内氡的平均浓度不应超过 400 Bq/m^3。而根据我国 1996 年颁布的《住房内氡气浓度控制标准》[34]，新建住房内氡浓度的控制标准为平衡当量氡浓度平均值 100 Bq/m^3，已建成住房内的氡浓度控制标准为平衡当量氡浓度值 200 Bq/m^3。

在室外空气中，氡能稀释到很低的浓度，通常情况下可以不必担心氡的问题。但当氡从住宅的地基、土壤、墙壁和天花板中逸出，并在室内积累时，氡浓度就会比室外高，而且地下室和底层房间氡浓度要比上层的高，越往上层，氡浓度逐渐降低。

针对氡在环境中存在和扩散途径，可采取如下防氡降氡措施：

1）在花岗岩、断裂带地区的房屋内氡浓度通常都比较高。所以在购房选址时，应避开土壤中铀、钍、镭等放射性含量偏高的地区。例如：花岗岩、辉绿岩及断裂带地区。流行病学调查显示，我国肺癌发病区与花岗岩分布呈现明显的相关性。然而，目前我国还没有关于土壤的检验标准，普通居民难以获得有关土壤中铀、钍、镭含量的资料，因此可行的办法是事先进行调查，如在相同的地质区域内，现有的住宅是否存在高的氡水平？如果采用就地井水作为水源，其他井水是否探测到过高的氡水平？当水中氡浓度超过 10 000 Bq/m^3 时，它对室内氡的“贡献”将达到 37 Bq/m^3 以上，成为室内氡的主要来源之一。

2）在建筑选材方面，不要使用那些铀、钍、镭含量高的建材，特别是不要使用石煤渣建房，这类房屋内氡浓度约为普通建材住房的 6 倍。

3）在装修居室时，应慎选装饰材料，尽量不使用花岗岩铺地面或装饰台面，因为花岗岩中天然放射性含量比较高，这势必大大增加室内氡浓度。而木材、瓷砖、通体砖、墙纸等材料的放射性含量一般较低，应选用这类装饰材料。

4）在以平房或楼房底层或地下室作为卧室的地方，应采取密封地面裂缝及房间内各种管道缝隙的办法，减少氡从地下土壤进入室内。因此，室内粉刷、装饰壁纸、铺通体砖（或塑料）地板等都可以减少氡从墙壁和地面逸出，降低室内氡浓度。

5）加强室内通风。室外空气中的氡浓度比室内低数倍甚至低十几倍，因此加强通风是降低室内氡浓度最简单而又行之有效的办法。监测表明，房屋门窗关闭或全开时室内氡的浓度可相差 2～5 倍之多。因此，每天务必开窗通风，使室内积蓄的氡及时释放出去。据专家试验，一间氡浓度在 151 Bq/m^3 的房间，开窗通风 1 h后，室内氡浓度就降为 48 Bq/m^3。从防氡的角度看，分体式空调器是最不可取的，因为它与室外空气隔绝，势必增加室内氡的积累，应当避免采用这类空调器，以防止氡的危害。

6）一般天然气中氡含量较高，因此厨房应与其他房间隔开，以防止氡进入卧室。

探测氡需要专门的设备。目前国内通常使用的有两种类型仪器：一种是累积型测量仪，如活性炭盒探测器、α 径迹探测器。这类仪器需要在室内放置一段时间（3～7 d 或 3～6 个月），然后送往实验室分析。另一种为氡连续监测仪，可以快速测出室内氡浓度。通常测量氡的方法有两种：一是筛选测量法，快速判定建筑物是否对其居住者产生高辐射的潜在危险；二是跟踪测量法，估计居住者的健康危险度以及对治理措施作出评价。氡连续监测仪是筛选测量中最常使用的监测设备。它能快速鉴别出氡水平高的房屋，以避免把时间或金钱浪费在那些对健康不构成危害的住宅内。累积型测量仪则是跟踪测量中优先选用的仪器，它能更准确地估计长期平均氡浓度，以便就其危险度和需要的补救行动作出决定。

参 考 文 献

1 邓坎 A. 霍拉第．铀矿中的氡气问题[M]．智惠，译．北京：中国工业出版社．1962.

2 中华人民共和国标准，轻水堆核电厂放射性废气处理系统技术规定[S]．GB9136-88. 1988.

3 姜圣阶，任凤仪，马瑞华，等．核燃料后处理工艺学[M]．北京：原子能出版社，1995．322～323.

4 Lazelere J. New and novel technologies in particulate filtration[R]. Report No. A077444, Naval Surface Warfare Center, Dahlgren Division, 2006. www.cngspw.com/vBooks/

5 天津大学化工学院．化工原理[M]．中国气体分离设备商业网行业书库．www.cngspw.com/vBooks/

6 闵茂中，陈式，郭亮天，等．放射性废物处置原理（高等教育试用教材）[M]．北京：原子能出版社，1998，30～32.

7 中华人民共和国核行业标准，核空气净化系统的现场检验[S]．EJ/T 791-93．中国核工业集团总公司，1993.

8 核科学技术情报研究所．动力堆乏燃料后处理综合调研报告[R]．核科学技术情报研究所资料．1991.

9 动力堆乏燃料后处理中间试验工厂培训教材参考资料之九：放射性废物管理[M]．核工业总公司四〇四厂与核科学技术情报研究所，1996.

10 蒋云清．乏燃料后处理最新进展（1991 年 4 月日本仙台会议译文集）[M]．北京：核科学技术情报研究所，1992.

11 袁良本，谈德清．核工业中的氪和氙[M]．北京：原子能出版社，1983.

12 Grimes W R. An evaluation of Retention and disposal options for tritium in fuel reprocessing[R]. Report ORNL/Tm-8261. Oak Ridge, TN, USA: Oak Ridge Natl. Lab., 1982.

13 McKayH A C. Background considerations in the immobilization of volatile radionuclides. Management of gaseous wastes from nuclear facilities[C]//Proc. Int. Symp., Vienna, 1980: Vienna: IAEA, 1980: 59～78.

14 Holtslander W J, TsyplenkovV. Management of tritium at nuclear facilities[C]//IAEA. Int. Conf. on Radioactive Waste Management, Seattle, WA, USA, 1983. Vienna: IAEA, 1984. Vol. 2: 191～204.

15 Boyle R, Durigon D D. Tritium removal and retention device. Canada: 1081673[P]. 1980.

16 IAEA. Management of waste containing tritium and carbon-14[R]. IAEA Technical Report Series No. 421. Vienna: IAEA, 2004.

17 Lakner J F, Morris G, CoopeS. Tritium storage in molecular seives[C]//Proc. of 9th Symp. on Eng. Problems of Fusion Research. Chicago, IL., 1981. New York: Inst. of Electrical and Electronics Engineers, 1981. 2075～2077.

18 Miller J M, ShmaydaW T, Sood S K. Technology developments for improved tritium management[R]. PeportAECL-10964. Chalk River: Atomic Energy of Canada Ltd., 1994.

19 Seddon W A, Chuang K T, HolstlanderW J. Wetproofed Catalysis: A new and effective solution for hydrogen isotope separation and hydrogen/oxygen recombination[R]. Report AECL-8293. Chalk River: Atomic Energy of Canada Ltd., 1984.

20 Holladay D W. Experiments with a lime slurry in a stirred tank for the fixation of carbon-14-contaminated CO_2 from simulated HTGR fuel reprocessing off-gas[R]. Report ORNL/TM-5757. Oak Ridge, TN: Oak Ridge Natl Lab., 1978.

21 Cheh C H. Removal of ^{14}C from nitrogen annulus gas[C]//Proc. of 18^{th}Conf. on Nuclear Air Cleaning, Vol. 2. Baltimore MA, 1984. Springfield, VA: National Technical Information Service, 1985. 1283～1299.

22 Chang S D, Cheh C H, Leinonen P J. Demonstration of carbon-14 removal at CANDU nuclear generating station[C]//Proc. of 21th Conf. on Nuclear Air Cleaning. San Diego, CA, 1990. Springfield, VA: National Technical Information Service, 1990. 530～542.

23 Haag G L. Carbon-14 immobilization via the CO_2-$Ba(OH)_2$ hydrate gas-solid reaction[R]. Report OGNL/TM-7693. Oak Ridge, TN: Oak Ridge Natl. Lab. 1981.

24 Haag G L. Application of the carbon dioxide-barium hydroxide hydrate gas-solid reaction for the treatment of dilute carbon dioxide-bearing gas streams[R]. Report OGNL-5887. Oak Ridge, TN: Oak Ridge Natl. Lab. 1983.

25 Haag G L, Nehls J W, Young G C. Carbon-14 immobilization via the $Ba(OH)_2 \cdot 8HO_2$ process[C]//Proc. of 17th Conf. on Nuclear Air Cleaning[C]. Denver, CO, 1982. Springfield, VA: National Technical Information Service, 1983. 431～453.

26 Bush R P, Smith G M, White F. Nuclear Science and technology, carbon-14 waste management[R]. Report EUR 8749. Luxembourg: Office for Official Publications of the European Communities. 1984.

27 Haag G L. Removal of carbon-14[M]//Goossens W R A, Eichholz G G, Tedder D W. Eds. Radioactive Waste Management Handbook. Vol. 2, Treatment of gaseous effluents at nuclear facilities. New York: Harwood Academic. 1991. 269～311.

28 Mineo H. Development of treatment technology for carbon-14 indissolver off-gas of spent fuel[C]//Proc. of 7th conf. on Waste Management and Environmental remediation. Nagoya, Japan, 1999. New York:

American Society of Mechanical Engineers，1999.（CD-ROM）.

29 Sakurai T，Yagi T，Takahashi A. A method of decomposing carbon dioxid for fixation of carbon-14[J]. Nucl. Sci. Technol. 1998，35:76.

30 Arai T. A study on removal of $^{14}CO_2$ from dissolver off-gas of a reprocessing plant—construction of two-step adsorption separation process[C]//Fall Meeting of the Atomic Energy Society of Japan. 1998.

31 中华人民共和国国家标准．GB15848-1995. 铀矿地质辐射防护和环境保护规定[S]. 北京:标准出版社，1995.

32 中华人民共和国国家标准．GB50325-2001. 民用建筑工程室内环境污染控制规范[S]. 北京:标准出版社,2001.

33 中华人民共和国国家标准．GB/T18883-2002. 室内空气质量标准[S]. 北京:标准出版社,2002.

34 中华人民共和国国家标准．GB/T 16146—1995. 住房内氡浓度控制标准[S]. 北京:标准出版社,1995.

第3章 低中放废水的化学沉淀处理

按照我国对放射性废物的分类，放射性浓度低于 3.7×10^5 Bq/L 的废水为低放废水，放射性浓度介于 3.7×10^6 Bq/L 与 3.7×10^9 Bq/L 之间的废水为中放废水。一些中放废水，经过蒸发处理后，其冷凝液一般也属于低放废水。对于这类废水的处理，常用的做法是将废水中的放射性核素提取出来而使废水得到净化。净化后的低放废水可以循环复用，或按国家规定的放射性浓度排放限值，掺入江河或海洋，借助于大量河水或海水与放射性废水的充分混合，使之高度地稀释扩散而安全排放。

必须指出，允许稀释排放的放射性废水，其放射性浓度必须低于排放管理限值，超过限值的放射性废水一律不准稀释排放。排放标准和管理限值视各个厂址的具体情况而定。有的厂址允许将低放废水排入湖泊，有的则要求将排水管深入海中几 km 远处，或要求排入港湾内潮汐所及水域。这样处置废液的安全性是依赖水流的扩散稀释作用，排放限值应根据对影响关键核素的重新浓集、转移到人类的途径等一切可能的因素进行详尽评估后作出规定。

3.1 化学沉淀的特点

化学沉淀法是处理中低水平放射性废水的常用的成熟方法[1]，这是因为废水中放射性核素的氢氧化物、碳酸盐、磷酸盐等化合物大都是不溶性的，因而能在化学处理中被全部或部分地除去，而在化学絮凝剂或载体投量较大形成大量凝絮沉淀时，其去除率更高。化学凝聚沉淀处理的目的是使废水中的放射性核素转移并浓集到小体积的污泥中去，而使大体积的废水中残留的放射性水平降低，从而能够达到允许排放标准而安全地排入环境。所以，化学沉淀法特别适合于处理大体积的低放废水。化学凝聚沉淀也常常作为离子交换或蒸发处理的预处理步骤，其主要目的是除去悬浮物、盐分、放射性元素并适当降低废水硬度，为下一步处理创造有利条件。

有几种特殊的放射性核素，如 ^{137}Cs、^{129}I、^{106}Ru、^{60}Co 等，用普通絮凝剂不能除去或者去除效率很低，为此需在废水中加入特效化学试剂以使这些特殊的放射性核素形成不溶的沉淀物而从水中沉下，或者被普通絮凝剂形成的凝絮夹带沉下。

早期的低放废水化学沉淀处理主要是借用一般水处理工业技术，但在最近的20多年里，为了满足越来越严格的放射性和其他污染物的排放要求，开发了许多新的技术。采用各种新型化学试剂和沉淀方法，以进一步提高去污效果。

总体来说，化学沉淀处理法的主要优点是：应用范围宽，适用于大多数放射性核素的去除；方法灵活，能够处理那些非放射性成分及其浓度和流量变化相当大的废水；方法成熟，使用的处理设备和技术都有相当成熟的经验；费用低廉，仅为蒸发法的1/20～1/50。此外，处理后的水质，在悬浮物、生化需氧量等项目上往往符合排入水体的要求。

该方法的主要缺点是去污因子较低，一般在10～100，采用特殊方法才能达到100～200[2-3]。另外，该方法产生的放射性污泥量较多，需要妥善的处理与处置。

3.2　化学沉淀的基本过程

低放废水的化学沉淀或化学凝聚(Coagulation)法是在废水中投加一定量的化学凝聚剂而使废水中的放射性核素沉淀的处理方法。凝聚剂在水中发生水解反应。例如，将 $Al_2(SO_4)_3$、$Fe_2(SO_4)_3$ 或 $FeSO_4$ 投放到废水中，它们在水中的溶解和水解反应生成氢氧化物溶胶。在特定的条件下，溶胶胶核可选择性地吸附阳离子，生成带正电荷的胶体颗粒，或者吸附阴离子(如羟基离子)，生成带负电荷的胶体颗粒。在胶体颗粒凝聚和絮凝(Flocculation)的过程中，载带废水中的放射性核素沉降下来。

化学沉淀一般通过以下四个步骤实现[2-3]：

第一步是将化学絮凝剂加入待处理废水中，调节pH，并快速搅拌和混合，使化学试剂迅速和均匀地分布于废水中，以防止因絮凝剂的缓慢扩散而使最初的化学反应仅限于絮凝剂的投加点附近，而使其余部分得不到充分的混合和反应。

第二步是化学絮凝剂在水中发生水解和凝聚，通过复杂的化学和物理化学反应，形成细分散胶体颗粒。这一步需慢速搅拌，以协助沉淀颗粒的凝聚。

第三步是通过和缓的搅拌使之发生絮凝，亦即一些细分散颗粒互相接触和黏附而逐渐形成大絮团。这种不溶的凝絮物(或称凝絮，Floc)将夹带废水中的吸附了放射性核素的胶体(通常带负电荷)一同沉淀。

第四步是固液分离，将携带放射性核素的沉淀物从废水中分离出去。

凝絮通过下述三种方式捕集胶体：1)简单的机械裹挟；2)胶体被吸附在凝絮上；3)废水中原有的带负电荷的胶体颗粒与带正电荷的胶体颗粒互相吸引、并合而中和。

絮凝反应受到被处理水的化学杂质(阳离子和阴离子)、pH、离子浓度、混合程度、反应温度以及可以作为絮凝核的浮游物等因素的影响。某一种絮凝剂作用的最佳 pH 范围与水中其他离子浓度之间有一定的关系。例如,色度高而浊度和溶解固体浓度低的废水最难处理,在处理这种废水时絮凝的 pH 范围很窄,明矾絮凝的 pH 在 5 左右,而铁盐絮凝的 pH 更低。但是,随着无机盐浓度的增加,明矾絮凝的最佳 pH 范围可延至 7.5,而铁盐则可延至 9.0 以上。

混合、凝聚和絮凝三个阶段均需要有足够的时间。在絮凝阶段应使胶体凝粒和缓运动,以提供与带异电荷的胶体充分接触和聚结的机会,最后形成大的絮团。一般是无机盐含量或絮凝剂投量越大,所需的混合和絮凝反应的时间越短。反应时间与水温成反比,因此处理低温水时往往需要投加更大量的絮凝剂。例如,曾发现用石灰-苏打法处理水,在 96 ℃反应 10 min 比在 10 ℃反应 24 h 更完全些。由于在投加的化学试剂与被处理水的成分之间的互相关系非常复杂,致使实际上不能够根据水的分析结果来确定絮凝剂的适宜投量。因此,在实践中广泛地应用烧杯试验,即在烧杯中对少量水进行絮凝处理实验,以确定絮凝剂的适宜投量。现在许多水厂和一些核研究设施中都使用 ξ 电势试验确定絮凝剂的最佳投量。絮凝反应的有效时间和絮凝剂的投量与搅拌程度有关。采用较长的搅拌时间可以适当降低絮凝剂的投量。搅拌时间和程度往往取决于处理设备的特性,而投量也要随水温、浊度、pH 等因素的变化而变。

衡量沉淀操作性能的两个常用的参数是减容因子(Volume Reduction Factor,VRF)和去污因子(DF)。VRF 指沉淀处理前的初始废水体积与处理后的放射性泥浆体积之比。沉淀操作的 DF 可用下式表示:

$$\mathrm{DF} = \frac{\text{原始废水总放射性}}{\text{净化废水总放射性}} = \frac{a_{\mathrm{f}} \cdot V_{\mathrm{f}}}{a_{\mathrm{c}} \cdot V_{\mathrm{c}}}$$

式中:a_{f} 和 a_{c} 分别为原始废水和净化废水的比放;V_{f} 和 V_{c} 分别为原始废水和净化废水的体积。

沉淀过程的 VRF 和 DF 与所采用的固一液分离方法关系很大。一般情况下,重力沉降的速度很低,故总 DF 值取决于沉降时间。有些絮凝物(如凝胶状的金属氢氧化物絮凝)的物理性质使其重力沉降的效果较差,这就需要进行凝絮的二次脱水,以适应后续的处理过程。近年来已开发出了两种高效的凝絮脱水方法,即错流过滤和动电技术,两种方法均可将固含量仅为 5%的铁凝絮脱水到 40%的固含量[1]。

一般而言,从废水中去除放射性核素的沉淀法可通过如下一种或几种机理实现:

(1) 与载体共沉淀　在所用的工艺条件下放射性核素被溶液中的沉淀主体载带下来;或者,放射性核素进入同类离子沉淀结晶的晶格中,如放射性锶被硫酸钡沉淀的载带。必须指出，废水中的放射性核素，就其质量浓度而言，通常是微量的，其氢氧化物、碳酸盐、磷酸盐等化合物的浓度远小于其溶解度。例如，作为难溶的碳酸锶的溶解度是 1.1×10^{-2} g/L，而与^{90}Sr 在水中的最大允许放射性浓度（7×10^{-11} Ci/L）相对应的最大允许质量浓度约为 5.0×10^{-13} g/L（按^{90}Sr 的下列衰变公式计算：$\frac{\mathrm{d}N}{\mathrm{d}t}=\lambda N=\frac{\lambda Am}{M}$。式中 N、M 和 m 分别为^{90}Sr 的原子数、质量数和质量，λ 为衰变常数，A 为阿伏加德罗常数）。因此，它们不能单独地从废水中析出沉淀，而是通过与其常量的稳定同位素或化学性质近似的常量稳定元素的同类盐发生同晶或混晶共沉淀而从废水中除去。

(2) 颗粒吸附沉淀 已经吸附在溶液中固体颗粒上的放射性核素，将随同颗粒一起沉淀下来。

(3) 凝絮吸附 放射性核素以离子交换、化学吸附或物理吸附等形式吸附在凝絮（或添加的吸附剂）上，并随之沉降下来。大多数沉淀法都是在中性或碱性条件下，利用金属的氢氧化物絮凝去除废水中的放射性核素。在这些过程中，许多放射性核素将被水解，它们很可能被共沉淀下来，或者被吸附到凝絮上。

有些沉淀反应是在弱酸性条件下进行的，此时，锕系核素随镧系核素的草酸盐共沉淀下来。

必须注意，废水中有些高浓度的非放盐分或离子可能会干扰后续的固化操作。例如，水泥固化过程不容许废水中存在高浓度的铵离子。

3.3 废水预处理[1]

为了改善沉淀操作的去污效果，废水往往需要进行预处理，包括废水中有机污染物的氧化、络合物或络合剂的分解、改变元素的价态或者调节离子形态，使之对沉淀有更大的亲和力。

有些废水在化学处理之前需要进行物理预处理，包括粗过滤、油污/溶剂的去除。例如，地面冲洗水中可能含有一些碎屑，它们会损坏泵、堵塞管道或影响后续的处理过程。

对于放射性废水的预处理，在考虑 pH 调节、氧化或还原过程时必须注意到，某一特定的处理过程可能会同时有正、反两个方面的效果。例如，使用还原剂常可改善沉淀阶段的钌的去污，但有可能将其他放射性核素的价态降低，提高其水溶性而使其难以去除。利用计算机模型可以为确定某一具体处理过程的总体效果提供很大帮助。

3.3.1 pH 调节

对于含有金属络合物的废水处理，调节溶液的 pH 至某一范围，可以使溶液中的酸或碱处于未离解状态而破坏金属络合物，以利于沉淀处理。

各种金属与乙二胺四乙酸(EDTA)的络合物的水解倾向的顺序如下：

$$Ni < Co < Cd < Mn < Zn < Cu < Fe(\mathrm{III})$$

上述所有络合物均很难生成氢氧化物沉淀，除非将 pH 调得很高。在某些情况下，先将溶液 pH 降低(例如 pH＝1～2)，在此条件下络合物解络，生成自由络合剂；再提高 pH(如 pH＝12)并加入氢氧化钙，强化 OH^- 和 Ca^{2+} 的质量作用效应，使放射性核素随氢氧化钙一起沉淀，从而改善上述金属的沉淀效果。然而，这种处理方法并不去除络合剂，它们可能会影响后续的处理过程。

中性氨分子对金属有显著的络合作用，金属氨络合物属于阳离子，在低 pH 条件下解络。可以利用这一特性，在银氨络合物溶液中添加过量的氯化物，沉淀出氯化银。对于镍的去除，采用简单的 pH 调节法从镍的氨络合物中沉淀往往难以奏效。但锌的氨络合物可以用氢氧化钙处理而得到满意的结果。

废水中络合物的存在是个麻烦的问题，在废水收集时对不同的废物来源缺少必要的归类，对废水处理设施的运行带来问题，这些处理设施一般并未考虑络合物的影响。解决这一问题有两种办法，一是分类收集，并尽可能地回收络合剂，使之循环使用；二是采用氧化或还原等方法破坏络合剂。

调节溶液 pH 可以改变废水中核素的离子形态，影响沉淀方法和处理条件的选择。计算机模型可以预示溶液中的离子形态及其对其他组分溶解度的影响。图 3-1 和图 3-2 为计算机模型研究的示例[1]，其中图 3-1 给出了铁离子化学形态随 pH 变化的改变，图 3-2 表示 EDTA 的存在对铁溶解度的影响。

3.3.2 化学氧化

为了改善沉淀效果，需采用化学氧化法将废水除味、脱色、破坏有机物，并将某些离子(如铁和锰)氧化到更高的价态，以提高这些元素在沉淀处理过程中的去除率。常用的氧化剂及其应用如下：

氧气　氧气在原理上是一种优良的氧化剂，但由于氧气在水中的溶解度很低(在 0.1 MPa 时为 10^{-3} mol/L)，故它作为废水处理氧化剂的用途受到限制。pH 对氧化反应的影响极大，在中性和碱性条件下反应进行得很快，在酸性条件下则很慢。只有在高温、高压下或在催化剂的存在等条件下，才能加速氧气对有机物的氧化过程，除非采用酶催化的生物处理过程。有些阴离子可以用氧气氧化，如亚硝酸根、硫离子、含硫氧的阴离子(SO_3^{2-}、$S_2O_3^{2-}$、$S_4O_6^{2-}$)等。

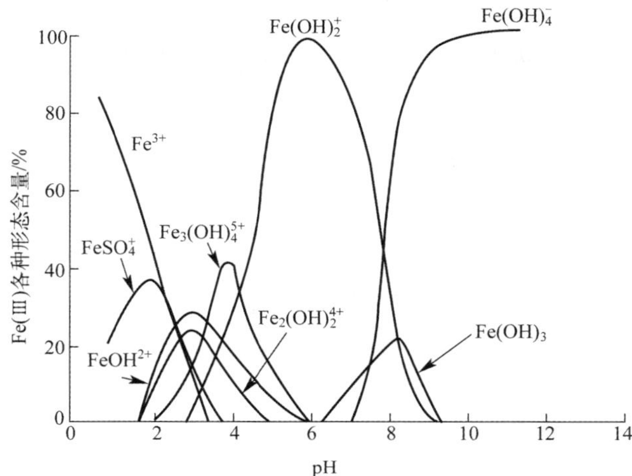

图 3-1　铁离子化学形态随 pH 变化的变化曲线

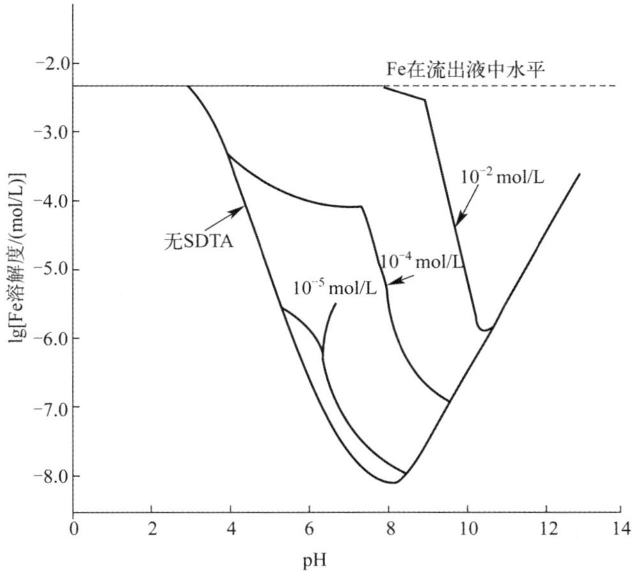

图 3-2　EDTA 的存在对铁溶解度的影响

臭氧　臭氧是一种高效消毒剂和氧化剂，能破坏络合剂和螯合剂，反应后不留下分解产物。臭氧与氯气一样，具有凝结、漂白、除臭等效果。一个例外是，在痕量锰的存在下，臭氧会起染色作用。

许多有机化合物能用臭氧氧化分解成二氧化碳和水，但多为部分降解。金属与 EDTA 的络合物比 EDTA 本身更易被臭氧破坏（高一个数量级）。

臭氧的寿命很短（在室温下水中存在约 25 min），在参与副反应时有强烈的分解倾向（在高 pH 条件下，其半衰期大大缩短）。虽然臭氧比氧气更易溶于水，但由于电发生器产生的臭氧浓度本身就很低（1%～2%），所以在 10 ℃、0.1 MPa 的条件下水中臭氧的浓度只能达到 10 mg/L 左右。这使得臭氧氧化处理的成本很高。

氯气　氯气是一种强氧化剂，它与氧气一样有助燃作用，所以存在着火危险。相比之下，次氯酸钠更为适用。氯气或次氯酸钠除了具有杀菌和氧化作用之外，它们还通过对有机物的漂白作用使废水脱色和除臭，从而使废水变得清澈。

氯在 $pH<5$ 时以分子形态存在，在 $pH=5\sim6$ 时以次氯酸（HClO）形态存在，在 $pH>10$ 时以次氯酸根离子（ClO^-）形态存在。

对于 EDTA 的氯化处理，在低 pH 时反应很慢且不完全；在 $pH=6$ 附近效果最佳。重金属的酒石酸和柠檬酸络合物的氯化破坏也呈现类似情形。

二氧化氯（面粉漂白剂）　二氧化氯是水处理用强氧化剂，主要起消毒和除味、除臭作用。这是一种极易溶于水的黄色爆炸性气体，当其分压超过 70 mmHg 时即自发爆炸，但当它在水溶液中的浓度不超过 1～2 g/L 时是安全和足够稳定的。当它在水溶液中的浓度达到 8 g/L 时，会慢速分解为 HCl 和 HClO，强光或碱性溶液会加速分解。尽管二氧化氯的氧化效果很好，但在使用过程中的危险性较大。

过氧化氢　过氧化氢是一种强氧化剂，它可以氧化许多有机物，尤其是具有不饱和碳键的有机物。过渡金属催化剂的存在会加速氧化过程，这种催化氧化过程可以在氧化溶液中以金属-EDTA 络合物形态存在的 EDTA 时显现出来。

过氧化氢可以氧化大多数含硫化合物、亚硝酸根和肼，而且是一种无盐过程（Salt Free），即氧化产物为水和气体，而不是盐类，这有利于减少废物产生量。紫外光照射可以加速氧化过程。

高锰酸钾　高锰酸钾是一种强氧化剂，它氧化 Fe^{2+}、Mn^{2+}、硫化物和许多有机物的速率很高。在废水处理通常遇到的 pH 范围（$pH=3\sim11$）内可生成 MnO_2（一种阳离子吸附剂）。在过量高锰酸根离子的存在下，可以在更低的 pH 条件下生成 MnO_2。

3.3.3 化学还原

废水预处理中的化学还原的目的是将污染物转化为固体形态。常用的还原剂及其应用如下：

二氧化硫　二氧化硫是一种具有刺激性气味的生理毒性气体，在潮湿条件下对金属有腐蚀性。亚硫酸盐水溶液的还原性比二氧化硫水溶液更强。在酸性水溶液(pH＝2)中二氧化硫可以将硒酸盐和碲酸盐还原至金属形态,但反应不完全。

硫(Ⅳ)化合物可以将铬阴离子中的Cr(Ⅵ)还原为Cr^{3+},使之以水合氧化物形式沉淀。在放射性废水处理中,亚硫酸盐可在高pH下部分还原Fe^{3+},使之以磁铁矿形式沉淀。

硫代硫酸钠($Na_2S_2O_4$)　在碱性溶液中,硫代硫酸根的还原电位为＋1.12 V,这表明硫代硫酸钠可以将几种金属离子还原至金属形态,如银、镍和铜。生成的金属可能以胶体形态存在,需要进一步的分离处理。当废水中金属以络合物形态存在时,调节pH不能完全使金属以水合氧化物的形式沉淀下来,采用还原金属离子的做法将会奏效。在碱性溶液中,被络合金属离子的还原速度较低,可能需要降低pH使金属络合物解离,但在较低的pH下硫代硫酸根的还原能力较弱,所以需综合考虑。

硫代硫酸根可将高锝酸根离子(TcO_4^-)还原为不溶性TcO_2,但再氧化过程很容易发生。所以,必须在惰性气氛下操作,或者维持废水中锝还原剂在一定水平。

铁(Ⅱ)离子　Fe(Ⅱ)离子是一种中间还原剂。它可以将Cr(Ⅳ)还原为Cr(Ⅲ),但当pH＞2时,还原反应产生的Fe(Ⅲ)将会沉淀下来,从而增加了固体废物量。

金属　Al、Mg或Zn粉末可以还原另一些金属(如Ag、Cd、Cr、Ni、U)的离子,但较易形成胶体产物。

肼(N_2H_2)　肼的还原能力很强,但有一些危害,肼残留物被认为是一种潜在的致癌物,还可能形成不稳定的重金属叠氮化合物。

硼氢化钠($NaBH_4$)　硼氢化钠是一种极强的还原剂,它可以还原许多金属离子,不论是简单的水合离子还是络合物均可被还原为较低的氧化态,甚至被还原到金属形态。硼氢化钠水溶液在高pH下是稳定的,但在中性或酸性条件下便快速水解。硼氢化钠在废水处理中的主要用途是回收金属,可还原回收的金属包括钴、镍和银。尽管许多金属能以金属形态沉淀下来,但钴和镍则分别以Co_2B和Ni_2B形态沉淀。

过氧化氢　通常情况下过氧化氢是作为氧化剂使用的,但有时也用作还原剂。例如,在弱碱性溶液中,过氧化氢可以将高锰酸根中的Mn(Ⅶ)还原为Mn^{2+},将铬酸根中的Cr(Ⅵ)还原为Cr^{3+}。

3.4　常用的凝聚方法

铁盐、铝盐、磷酸盐、苏打-石灰絮凝沉淀等水处理的普通方法已经成功地应用于放射性废水的处理实践中，并积累了丰富的经验。此外，在用锰盐、高分子絮凝剂处理放射性废水，以及使用特种化学沉淀剂去除废水中用普通絮凝剂难以去除的某些放射性核素等方面也有不少的研究和实践。表 3-1 列举了一些简单的沉淀处理过程的操作 pH 范围及预期的去污因子(DF)[1]。

表 3-1 一些简单的沉淀处理过程的操作 pH 范围及预期去污因子

核素	沉淀形态	pH 范围	预期 DF
Pu，Am	氢氧化物(尤其是氢氧化铁)	7～12	＞1 000
	草酸盐	1	
^{51}Cr	氢氧化亚铁	＞8.5	＞100
^{54}Mn	氢氧化锰	＞8.5	＞100
	二氧化锰		
^{58}Co，^{60}Co，^{59}Fe	氢氧化铁或氢氧化亚铁	＞8.5	＞100
^{90}Sr	氢氧化亚铁	7～13	
	钙或铁的磷酸盐	＞11	＞100
	碳酸钙	10.5	＞100
	二氧化锰	＞11	＞100
	硫酸钡	＞8.5	＞100
	多锑酸	～1	＞100
Zr，Nb，Ce	氢氧化物(尤其是氢氧化铁)	＞8.5	100～1 000
Sb	氢氧化亚铁	5～8.5	5～10
	氢氧化钛	5～8.5	10～100
	多锑酸和二氧化锰	～1	20～40
	二铀酸盐	8.5～10.5	20～30
Ru	氢氧化亚铁	5～8.5	5～10
	氢氧化亚铜＋氢氧化亚铁	8.5	10～25
	硫化钴	1～8.5	30～150
	硼氢化钠	8.5	50
Cs	铁氰化物	6～10	＞100
	沸石	7～11	10
	四苯基硼酸盐	1～13	100～1 000
	磷钨酸	～1	＞100
	磷钼酸氨	0～9.5	＞10

3.4.1　氢氧化物沉淀法[2-3]

在废水中加入铝盐或铁盐等，再加入石灰、苏打灰或苛性碱提高 pH，使金属形成氢氧化物沉淀载带放射性核素，从而可达到净化低放废水之目的。可使用的试剂包括明矾、铝酸钠、三价铁盐和粗制的氯化绿矾（用氯氧化硫酸亚铁制成）。许多高价阳离子的氢氧化物和碱式碳酸盐是共沉淀的，并且有被絮凝沉淀物吸附的倾向，只有碱金属和某些碱土金属不受其影响。大量的氢氧化铝或氢氧化铁沉淀物，除了在固体含量很低的溶液中起沉淀强化剂的作用（否则能沉降的沉淀物总量可能太小）以外，如果将处理设备设计得使处理后的液体通过由氢氧化铝或氢氧化铁沉淀构成的凝絮层流出，则由于大量的氢氧化铝或氢氧化铁的过滤作用，可使最后的流出液得以进一步净化。

在碱性条件下形成的凝絮，由于吸附羟基离子而带负电荷，因而将吸附阳离子而不是阴离子（如 I^- 等）。带正电荷的悬浮物也被有效地去除，此种悬浮颗粒可以起使凝絮增长的晶核作用。

3.4.1.1　铝盐絮凝沉淀法

使用明矾凝聚时，对于矿物质含量低的软水，在 pH 为 5.8～6.4 的范围时凝聚得最好。而稍硬的水，在 pH 为 6.8～7.8 时很容易凝聚；pH 更高时，可采用氢氧化铁凝聚。

聚合铝絮凝除去放射性核素的效率与其价态有密切的关系，价态越高的放射性核素其去除率也越高，对几个不同价态的放射性核素的去除率按如下顺序降低：

$$^{95}Zr(\mathrm{VI}) > {}^{147}Pm(\mathrm{III}) > {}^{144}Ce(\mathrm{III}) > {}^{106}Ru(\mathrm{III}) > {}^{90}Sr(\mathrm{II}) > {}^{137}Cs(\mathrm{I})$$

在同价的放射性核素中，原子序数（或原子量）越大的核素其去除率也越高。

上述现象是由放射性核素在水溶液中的存在状态和行为以及铝盐的絮凝规律决定的[4]。

铝盐加入水溶液后，首先解离形成 Al^{3+}，随后通过水合作用与 6 个水分子配位形成水合铝离子 $Al(H_2O)_6^{3+}$，然后通过一系列水解反应发生如下的羟基化过程：

$$\begin{aligned}Al(H_2O)_6^{3+} &\rightleftharpoons [Al(OH)(H_2O)_5]^{2+} + H^+\\ &\rightleftharpoons [Al(OH)_2(H_2O)_4]^{+} + 2H^+\\ &\rightleftharpoons Al(OH)_3(H_2O)_3 + 3H^+\end{aligned}$$

由于羟基具有架桥联结的作用，所以这些羟基水合铝离子可以通过羟基架桥相互结合：

$$\left[\begin{matrix} & H_2O & \\ H_2O & | & OH \\ & Al & \\ H_2O & | & H_2O \\ & H_2O & \end{matrix}\right]^{2+} + \left[\begin{matrix} & H_2O & \\ H_2O & | & H_2O \\ & Al & \\ HO & | & H_2O \\ & H_2O & \end{matrix}\right]^{2+} \rightleftharpoons \left[\begin{matrix} & H_2O & & H_2O & \\ H_2O & | & OH & | & H_2O \\ & Al & & Al & \\ H_2O & | & OH & | & H_2O \\ & H_2O & & H_2O & \end{matrix}\right]^{4+} + 2H_2O$$

即：$2[Al(OH)(H_2O)_5]^{2+} \rightleftharpoons [Al(OH)_2(H_2O)_8]^{4+} + 2H_2O$

上述反应为两个单体通过两个羟基架桥联合放出两个水分子而形成双羟基桥二聚体。两个单体也可以形成单羟基桥二聚体或三羟基桥二聚体：

$$[(H_2O)_5Al\text{-}OH\text{-}Al(H_2O)_5]^{5+} \quad 即\ [Al_2(OH)(H_2O)_{10}]^{5+}$$

$$\left[\begin{matrix} H_2O & & OH & & H_2O \\ H_2O & Al & OH & Al & H_2O \\ H_2O & & OH & & H_2O \end{matrix}\right]^{3+} 即[Al_2(OH)_3(H_2O)_6]^{3+}$$

上述二聚体进一步聚合，可形成三聚体、四聚体、直至多聚体：

$$\left[\begin{matrix} & H_2O & & H_2O & & H_2O & & H_2O & \\ H_2O & | & OH & | & OH & | & OH & | & H_2O \\ & Al & & Al & & Al & & Al & \\ H_2O & | & OH & | & OH & | & OH & | & H_2O \\ & H_2O & & H_2O & & H_2O & & H_2O & \end{matrix}\right]^{6+} 即[Al_4(OH)_6(H_2O)_{12}]^{6+}$$

铝盐絮凝除去多价放射性核素的效率较高，其原因在于后者在水溶液中的化学性质和行为与其稳定同位素相同，而且与铝离子在水溶液中化学性质和行为相似，亦即由于它们的电荷大，极化能力强，从而也能通过解离一水合一水解过程而形成羟基水合离子，在铝盐的絮凝过程中，这些放射性羟基水合离子能与羟基水合铝离子发生桥联，形成混合的二聚体乃至多聚体。例如，三价的铈、钷、钌能形成如下的羟基水合离子：$Me(OH)(H_2O)_5^{2+}$，它们可与 $Al(OH)(H_2O)_5^{2+}$ 桥联形成如下的混合二聚体：

$$\left[\begin{matrix} & H_2O & \\ H_2O & | & OH \\ & Al & \\ H_2O & | & H_2O \\ & H_2O & \end{matrix}\right]^{2+} + \left[\begin{matrix} & H_2O & \\ H_2O & | & H_2O \\ & Me & \\ HO & | & H_2O \\ & H_2O & \end{matrix}\right]^{2+} \rightleftharpoons \left[\begin{matrix} & H_2O & & H_2O & \\ H_2O & | & OH & | & H_2O \\ & Al & & Me & \\ H_2O & | & OH & | & H_2O \\ & H_2O & & H_2O & \end{matrix}\right]^{4+} + 2H_2O$$

直至多聚体：

$$\left[\begin{array}{c} \text{H}_2\text{O} \quad \text{H}_2\text{O} \quad \text{OH} \quad \text{H}_2\text{O} \quad \text{OH} \quad \text{H}_2\text{O} \quad \text{OH} \quad \text{H}_2\text{O} \quad \text{H}_2\text{O} \\ \text{Me} \qquad \text{Al} \qquad \text{Me} \qquad \text{Al} \\ \text{H}_2\text{O} \quad \text{H}_2\text{O} \quad \text{OH} \quad \text{H}_2\text{O} \quad \text{OH} \quad \text{H}_2\text{O} \quad \text{OH} \quad \text{H}_2\text{O} \quad \text{H}_2\text{O} \end{array}\right]^{6+}$$

即$[Al_4Me_2(OH)6(H_2O)12]^{6+}$

其中：Me代表具有相同配位数的三价放射性核素，如放射性铈、钜、钌等；另外，高于三价的多价放射性核素，如锆、铌等，只要具有6个配位水分子，能通过水解形成羟基水合离子者，也能与羟基水合铝离子发生羟基桥联。

羟基水合铝离子在聚合反应的同时，还进行水解反应，例如：

$$[Al_4(OH)_6(H_2O)_{12}]^{6+} \rightleftharpoons [Al_4(OH)_7(H_2O)_{11}]^{5+} + H^+$$
$$\rightleftharpoons [Al_4(OH)_8(H_2O)_{10}]^{4+} + 2H^+$$

由水解产生的羟基为继续进行桥联聚合创造了条件，在中性或弱碱性的水中，OH^-离子的浓度适当，使水解与聚合反应达到恰当的平衡，结果生成电荷适当而聚合度高的胶核。其极限状态是生成聚合度无限大的难溶的氢氧化铝沉淀：

$$[Al(OH)_3(H_2O)_3]_\infty$$

通常情况下，许多个$Al(OH)_3$分子聚合成胶核，可用$[Al(OH)_3(H_2O)_3]_m$表示，而一些具有与铝相同的配位水分子的多价放射性核素（Me^*，*指放射性）通过水解和聚合反应，最后与铝形成混合氢氧化物沉淀或混合胶核：

$$(m-p)[Al(OH)_3(H_2O)_3]p[Me^*(OH)_3(H_2O)_3]$$

其中：m——氢氧化铝胶核中原有的氢氧化铝的分子数（常量的）；

p——混合胶核中的放射性核素氢氧化物的分子数（微量的）。

式中，$m \gg p$。

这就是说，在水中含有一些具有与铝相同的配位水分子以及离子直径大致相同和同晶型的多价放射性核素时，它们的羟基水合离子能取代或置换一些羟基水合铝离子而与其他羟基水合铝离子发生羟基桥联，从而形成混合胶核。

在酸性或中性介质中，$Al(OH)_3$会发生如下的解离：

$$Al(OH)_3 + 3H^+ \rightleftharpoons Al(OH)_2^+ + 2H^+ + H_2O$$
$$\rightleftharpoons Al(OH)^{2+} + H^+ + 2H_2O$$
$$\rightleftharpoons Al^{3+} + 3\ H_2O$$

氢氧化铝胶核具有很强的吸引力，能将$Al(OH)_2^+$、$Al(OH)^{2+}$等离子吸附作为其电位离子，因此其胶粒带正电荷，其胶团结构为：

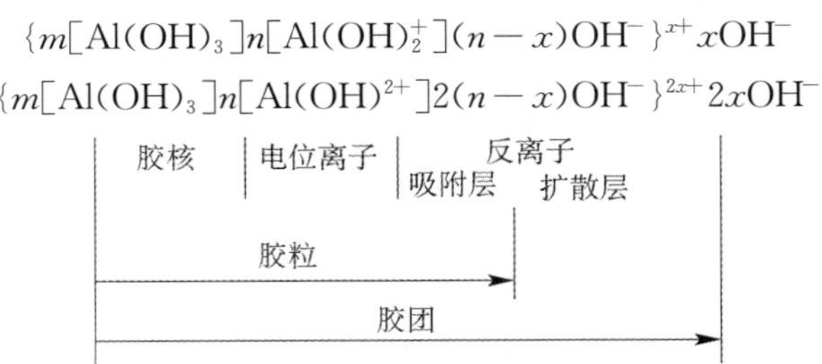

在含有放射性核素的水中，通过如前所述的羟基桥联作用聚结成的氢氧化铝与一些条件适合的多价放射性核素的氢氧化物的混合胶核 $[(m-p)\ Al(OH)_3\ pMe^*(OH)_3]$，不仅能吸引羟基铝离子，而且还能吸附多价放射性元素的羟基阳离子和低价放射性元素的裸露阳离子作为其电位离子，其胶团结构可以表示为：

$$\{[(m-p)Al(OH)_3 \cdot pMe^*(OH)_3] \cdot [(n-q)Al(OH)_2^+ \cdot qMe^*(OH)_2^+] \cdot (n-x)(OH^-)\}^{x+} xOH^-$$

其中，q——电位离子的多价放射性核素的羟基阳离子总数，$q \ll n$，胶粒带正电荷。

在碱性介质中，$Al(OH)_3$发生如下的解离：

$$Al(OH)_3 + OH^- \rightleftharpoons Al(OH)_2O^- + H_2O$$
$$\rightleftharpoons AlO^{2-} + 2H_2O$$

同样，一些多价放射性核素的氢氧化物也会发生这样的解离而形成带负电的羟基氧化物。它们都可以作为 $Al(OH)_3$胶核的电位离子而使胶粒具有负电荷。

溶液中的碱金属等阳离子可以作为反离子，其胶团结构可表示为：

$$\{[(m-p)Al(OH)_3 \cdot pMe^*(OH)_3] \cdot [(n-q)AlO_2^- \cdot qMe^*O_2^-] \cdot (n-x)Na^+\}^{x-} \cdot xNa^+$$

其中，q——作为电位离子的多价放射性核素的氧化物或羟基氧化物阴离子的数目，$q \ll n$。

上述胶团结构中的 Na^+ 也可以是 Cs^+ 或 $1/2Sr^{2+}$。

无论是在酸性、中性或碱性介质中，具有相同配位数的多价放射性核素首先通过羟基桥联作用与氢氧化铝聚结成胶核，其次，其解离的羟基阳离子〈在酸性或中性介质中〉被胶核吸着作为电位离子；而银、铯、碘等二价或单价放射性核素，因其电荷小，极化能力小和溶解度大，不能形成羟基水合离子，因而不能与羟基水合铝离子桥联而总是以裸露的离子存在，所以只能被吸引作为电位离子或反离子。因此，多价放射性核素被吸收入氢氧化铝胶粒的整个体积中，而且结合牢固，相应的去除率较高；而 Sr^{2+}、Cs^+、I^- 等只被吸附在胶粒的表面上，因而去除率较低，特别是 Cs^+、I^- 等放射性离子，由于被氢氧化铝胶体吸附后不能生成难溶的化合物，因此去除率很低。在 pH≥9 时，Sr^{2+} 去除率有所提高，这是因为带负电荷的氢氧化铝胶体吸附 Sr^{2+} 作反离子后，形成难溶的偏铝酸锶 $Sr(AlO_2)_2$。

在 pH>8.5 的碱性水溶液中，氢氧化铝开始水解形成络合阴离子：

$$[Al(OH)_3(H_2O)_3 \rightleftharpoons Al(OH)_4(H_2O)_2]^- + H^+$$

而使桥联聚合减少，从而形成较少的胶核，并导致产生较少和较小的凝絮，于是降低了对某些高价放射性核素的去除效率。

3.4.1.2 铁盐絮凝沉淀法

尽管氢氧化铝沉淀法广泛应用于常规的水处理工程中并在放射性废水处理的早期研究中也做了大量研究，但实践表明，氢氧化铁絮凝作用比氢氧化铝更好，具有絮凝快、凝絮大而密实、沉降快、沉渣体积较小等优点。而且，有些废水中本来就存在 10～200 mg/L 的 Fe(Ⅲ)。铝盐沉淀法去除放射性核素的适宜 pH 范围为 pH=7～9，最佳值为 pH=8.5（Sr^{2+} 除外）。铁盐沉淀法去除放射性核素的 pH 可以更高。

关于铁盐絮凝的净化机理也可按水合—水解—羟基桥联的理论来解释氢氧化铁胶核的形成。

铁盐在 pH<9 的水溶液中可形成如下的氢氧化铁胶粒：

$$\{[Fe(OH)_3]_m \cdot nFe^{3+} \cdot 3(n-x)Cl^-\}^{3x+}$$

三价稀土元素及 Ru^{3+} 等可与其中的 Fe^{3+} 交换而被吸附在氢氧化铁胶粒之中，最后它们与铁形成混合的氢氧化物沉淀。

三价稀土等离子之所以能与胶体中的 Fe^{3+} 交换，是因为它们具有相同的配位数和十分相近的离子半径[5]，而 $Fe(OH)_3$ 胶体双电层的外层的吸附作用几乎可以载带各种阳离子。

pH>9 时，$Fe(OH)_3$ 胶体因吸附带负电荷的 FeO_2^- 而形成带负电的胶粒：

$$\{[Fe(OH)_3]_m \cdot nFeO_2^- \cdot (n-x)Na^+\}^{x-}$$

因此对带正电荷的多价放射性核素的离子或胶体具有大的吸附能力。此时对 Sr^{2+} 的吸附能力也较大，Sr^{2+} 被吸附后与 FeO_2^- 化合形成难溶的偏铁酸锶。Cs^+ 等碱金属离子的极化能力很小，其氢氧化物是可溶的，且又不能形成其他难溶化合物，因此，无论是氢氧化铁正胶体还是其负胶体都不能有效地吸附和载带它。在废水 pH=4.2～10 的范围内，放射性锆、铌能形成氢氧化锆、铌负胶体，由于其电荷大，从而能与氢氧化铁正胶体发生强有力的互相吸引和聚合；而在 pH>9 以后形成的氢氧化铁负胶体，对其吸附仅靠其双电层外层的较弱的次级吸附，因而不如对多价正电荷放射性离子或胶体吸附得那样有效。

铁盐沉淀过程除了氢氧化铁絮凝沉淀之外，还有其他沉淀的协同作用，如硫酸盐、磷酸盐沉淀等。

氢氧化铁絮凝沉淀对 Pu、Am 等锕系元素的 DF 可达到 10^3(Np 的 DF 较低),对活化产物的 DF 可达 10^2,高于二价的放射性核素的 DF 为 5～10,而一价或二价金属的放射性核素以及形成阴离子的放射性核素的去污因子不超过 2。在废水中只含有易于水解的放射性核素的情况下,氢氧化铁絮凝沉淀可以使它们在废水中的含量达到极限允许浓度。将铁盐絮凝剂的投量增至 300 mg/L 并将 pH 增至 10,可使稀土元素和锶的去污因子提高一个数量级。

一般认为高价阳离子,例如钇、铈、钜、钌等,被吸收于整个凝絮体积中,而锶、钙、铯等仅被吸附在凝絮的表面上,因此碱土金属和碱金属比高价元素更容易释出。

氢氧化铁絮凝沉淀还能除去部分有机物质和皂类物质,在废水中含有高浓度皂类物质或其他表面活性物质时,用钙盐使其沉淀或用活性炭吸附除去表面活性物质和皂类物质,能加速氢氧化铁絮凝和沉淀。

氢氧化铁生成大体积的凝胶状沉淀,对固液分离带来麻烦,常规过滤效果较差,需要较大和较贵的设备进行重力沉降。氢氧化铁沉淀还可能载带细小的凝絮颗粒悬浮在上清液中。一般情况下,铁凝絮需要进一步脱水,然后才能进行固化处理,上清液则需进一步净化,以达到去污目标。其他沉淀(如钙盐)的存在有可能改善凝絮的物理性质。

在放射性废水处理实践中,氢氧化铁絮凝沉淀应用得比氢氧化铝广泛得多。例如,中国原子能科学研究院的低放废水处理车间的絮凝段中就使用了氢氧化铁等试剂,效果很好。

3.4.2 石灰-苏打软化法

用铝盐和铁盐絮凝法都不能有效地除去放射性核素锶($^{89,90}Sr$),这主要是因为锶通常溶解于水中并以离子状态存在,而不像放射性稀土元素那样以胶体状态存在;其次,锶不能与铝盐、铁盐等普通絮凝剂形成难溶化合物,故不能通过沉淀、共沉淀、同晶交换等作用而被有效地分离。能有效地除去锶的化学处理方法,除了使用高分子电解质以外,还有石灰-苏打软化法。

石灰-苏打软化法是人们熟悉的除去水中硬度物质的经典方法。当水中只含有暂时硬度(亦即碳酸氢钙和碳酸氢镁)的时候,只需加入足够量的石灰形成碳酸钙和氢氧化镁沉淀便能将其除去。但是当水中含有永久硬度(即硫酸钙、硫酸镁〉的时候,则还须加入过量的苏打以保证和碳酸盐一样完全除去钙和镁。石灰和苏打的用量,应根据对暂时硬度和永久硬度的分析结果来计算。

在含永久硬度的水中首先加入与其等当量的苏打,随后加入石灰使 pH 达到处理所需之最佳值。在含有高浓度的镁(>60 mg/L)时,需要加入过量石灰以便在 pH>10.5 的条件下形成氢氧化镁沉淀。化学反应式如下所示：

$$Ca(HCO_3)_2 + Ca(OH)_2 = 2CaCO_3\downarrow + 2H_2O$$

$$Mg(HCO_3)_2 + 2Ca(OH)_2 = 2CaCO_3\downarrow + Mg(OH)_2\downarrow + 2H_2O$$

$$MgSO_4 + Ca(OH)_2 = Mg(OH)_2\downarrow + CaSO_4$$

$$CaSO_4 + Na_2CO_3 = CaCO_3\downarrow + Na_2SO_4$$

钙和锶的紧密的化学亲合性使得可能出现这样的现象，即在水中溶解的钙发生碳酸钙沉淀时能够缔合溶解的锶，并主要以混晶形式与锶一起沉淀[6]。所以，最大限度地去除废水的硬度，有助于提高对锶的去污因子。

3.4.3　磷酸盐沉淀法

磷酸盐沉淀法能从放射性废水中去除 99%的 α 放射性和 90%左右的 β 放射性（如 ^{90}Sr）。对钌的去除率随其在废水中的离子形式而变，对铯的去除率一般很低，因为铯不能形成不溶的磷酸盐沉淀，而仅靠在磷酸钙沉淀表面的吸附。

在不含常量离子的放射性废水中，放射性核素仅靠自己是无法形成磷酸盐沉淀的，因为它们在这种水中的浓度达不到相应的溶度积。所以，废水中微量的放射性核素必须通过与常量的磷酸盐（如磷酸钙等）一起共沉淀，才能被去除。

通常用磷酸三钠作凝聚剂，但有些地方也使用磷酸一钠（即磷酸二氢钠）。如果钙浓度小于 50 mg/L 时，则应加入氯化钙以使 Ca^{2+}、PO_4^{3-} 摩尔分数比达到 5/8。为了生成密实的凝絮，还要加入硫酸高铁（或硫酸亚铁，但要在高 pH 下进行氧化）作为调节剂[7]。研究表明[8]，对于废水除锶，当 Ca^{2+}、PO_4^{3-} 和 Fe^{3+} 的浓度分别达到 50 mg/L、80 mg/L 和 40 mg/L，在pH≥11时出现最适宜除锶条件，在 pH=11.5 时除锶率最高，DF 可超过 100。

关于磷酸钙共沉淀法的结晶形式，有些学者认为[9]并不是简单地形成 $Ca_3(PO_4)_2$沉淀，而是形成大致为 $3Ca_3(PO_4)_2\cdot Ca(OH)_2$的羟基磷灰石，这种化合物具有相当大的阳离子交换能力，尤其能有效地吸附锶、钚等阳离子并使之并合于其晶格中。

中国原子能科学研究院的低放废水处理车间将絮凝沉降作为废水蒸发处理前的预处理，以除去水中的硬度和部分放射性核素。采用了 $Na_3PO_4\cdot 12H_2O$ 作凝聚剂、$FeSO_4\cdot 7H_2O$ 作助凝剂进行凝聚。实践经验表明，Ca^{2+}/ PO_4^{3-} 之比为 1/1.6比较适宜，相应的 PO_4^{3-} 的浓度控制在 80～100 mg/L 为宜。该车间还在废水中添加 $KMnO_4$，其目的是破坏水中的部分有机物，氧化 Fe^{2+} 至 Fe^{3+}；同时 $KMnO_4$本身被还原为 MnO_2沉淀并载带放射性核素。试验表明，投加的 $KMnO_4$ 的浓度控制在 5～10 mg/L 为宜。投加的铁的浓度（以 Fe^{3+} 计）为 10～20 mg/L。高 pH 有利于去除水中的硬度离子、悬浮物和部分放射性核素。磷酸盐沉淀的最佳 pH 为 11.3～11.6，氢氧化铁沉淀也需要高 pH 条件，但由于该车间的絮凝段是蒸发前的预处理，过高的 pH 会影响蒸发操作的效果，权衡各种因素，该车间将废水的 pH 控制在 8.5～9.0。

除了磷酸钙之外，磷酸铝沉淀也能有效地除去锶[10]。用硝酸铝和磷酸三钠作沉淀剂，用氢氧化钠调节 pH，当 pH＝6～7 时，磷酸铝絮凝沉淀的条件最佳，相应的除锶率也最高。当 pH＞10 时，尽管絮凝也很完全，但由于颗粒太细而悬浮于水中，故除锶率有所下降。

如果水中含有一定量的钙离子，则会形成磷酸铝－磷酸钙复合沉淀物。在这种情况下，除锶率随 pH 升高而提高，直到 pH＞10 时，除锶率明显提高；pH＞11 时达到最高值。这是因为磷酸钙的最高除锶率发生在 pH＞11 时。

在相同条件下，几种磷酸盐的除锶效果如下列依次递增：

磷酸铝 ＜ 磷酸铁 ＜ 磷酸钙

磷酸盐共沉淀法的缺点是，絮凝小，沉淀慢，在沉淀池的工作条件较差时会因部分凝絮的夹带而降低处理效率。另外，为了提高去污效率而采用适当过量的磷酸盐，会导致水中微生物的繁殖，形成粘絮而黏附在设备中或堵塞管道，使维护困难。

3.4.4 锰盐絮凝沉淀法

用 $KMnO_4$ 和 $FeSO_4$ 处理 ^{90}Sr 污染自来水可得到很高的除锶率。这两种化学试剂在从强酸性反应到强碱性反应的几乎整个的 pH 范围内都能反应，形成大而密实的迅速沉降的凝絮，尤其在碱性范围内，在 $KMnO_4$ 投加量 20～100 mg/L 和 $KMnO_4$/ $FeSO_4$ 的配比为 1∶0.5～1∶3 的条件下，能形成很大的、密实的和下沉很快的凝絮，在 5～10 min 内便沉淀完毕，上层清液则透明清澈，在 $KMnO_4$/$FeSO_4$ 的配比为 1∶3 和 $KMnO_4$ 投加量 50～100 mg/L 和 pH＝11 的条件下，去除 ^{90}Sr-^{90}Y 的效率达到 99.1%～99.8%。

实验证明，水合氧化锰－氢氧化铁复合沉淀的除锶率与 pH 有很大的关系，除锶率在酸性范围内很低，但随 pH 上升而急剧升高。当 pH＝8 时，除锶率达到 90%（$KMnO_4$/$FeSO_4$ 投量为 50/150 mg/L）。

$KMnO_4$-$FeSO_4$ 氧化还原沉淀法还能有效地除去 ^{144}Ce-^{144}Pr，在 $KMnO_4$/$FeSO_4$ 投量为 50/150 mg/L 和 pH≥10 的条件下，其去除率＞99%，^{95}Zr-^{95}Nb 的去除率约为 95%，^{147}Pm 的去除率约为 85%，而 ^{106}Ru-^{106}Rh 的去除率约为 75%，对 ^{137}Cs 的去除率很低。

有些实验表明，$KMnO_4$-$FeSO_4$ 氧化还原沉淀法的除锶效率要比铝盐、铁盐沉淀法高得多，也比石灰-苏打法、磷酸盐沉淀法高，且除铈、锆、铌、钷等放射性元素的效率也很高或较高。该方法所形成的絮团大而密实，沉降迅速。这在实际应用中可大大缩短沉降时间，缩小沉降设备的尺寸，从而节省投资费用。

3.4.5 几种重要放射性核素去除法

前面介绍的凝结—絮凝处理法，基本上沿用了城市废水或工业废水的处理方法，往往不能足够有效地去除某些特殊的放射性核素。对于某些核素（如^{106}Ru、^{137}Cs、^{129}I等），需要开发专门的处理技术。

3.4.5.1 钌的去除[2-3]

钌是一种具有几个价态的过渡金属。由于钌能以阳离子、阴离子、非离子状态存在，因而成为最难去除的元素之一。钌很易被络合，例如，在硝酸介质中，钌以亚硝基钌和亚硝酰基钌的络合物存在。

钌的几种放射性同位素的半衰期较短（接近1 a），含有显著量的这些同位素的废水可以在处理之前，用储存的方式让它们衰变掉。

废水除钌的方法因水中钌的形态不同而异。对以阳离子形态存在的钌，可很容易用氢氧化物沉淀或离子交换法去除。已试验了各种氢氧化物沉淀（如Ti、Fe、Mn、Al、Zr、Co），效果最佳者为Fe（Ⅱ）和Ti（Ⅲ）的氢氧化物沉淀，对所有形态钌的DF为2～10。这意味着溶液中还原剂的存在有利于钌的去除。还原处理方法包括仲高碘酸铅沉淀、$Cu(OH)_2$与$Fe(OH)_2$共沉淀、金属硫化物沉淀和使用硼氢化钠。在硝酸介质中，以金属硫化物（尤其是铁和钴的硫化物）沉淀效果最佳。在酸性介质中，钌与硫化钴共沉淀的DF可达100。

由于不大可能总是在低pH条件下工作（酸性溶液对设备腐蚀严重），所以有些处理法中，在pH大于8的条件下，加入硫酸亚铁和硫化钠以生成硫化亚铁沉淀[11]，最佳加入量是20 mg/L Fe^{2+}和20 mg/L S^{2-}。对某些废液还需要加钙盐（20 mg/L Ca^{2+}），才能获得令人满意的沉淀物。这个过程一般是在磷酸盐处理后进行，可使废水中总β去除率提高50%。

在法国马库尔（Marcoule）工厂，试验了中间工厂规模的处理法，能特别有效地除去硝基、亚硝基钌络合物。它主要是在酸性介质中预氧化后进行仲高碘酸铅共沉淀。该法处理钌得到的去污系数要比该厂曾使用过的氢氧化铁沉淀法高5倍多。

日本研究了“有机黏土络合物”处理法[2]。使用了叔胺和季胺纤维素衍生物，并用膨润土絮凝。在中性条件下，其去除效率达到95%～99%。

3.4.5.2 铯的去除[1-2]

已研究开发的放射性废水除铯的沉淀过程有：过渡金属（Cu、Ni、Co）的铁氰化合物;磷钨酸盐或磷钼酸盐;四苯基硼酸盐;无机磷酸盐(Zr、Ti)吸附。

过渡金属的亚铁氰化物共沉淀法能有效地去除铯。亚铁氰化物对铯的吸附可能属于离子交换过程,DF值常可高于100。最常用的是铜和镍的亚铁氰化物,在废水pH=2～10.5范围内并在较高盐含量条件下除铯效果很好,但进一步提高盐含量除铯效果变差。当pH>11,过渡金属的亚铁氰化合物开始分解,生成亚铁氰离子和过渡金属氢氧化物沉淀。

过渡金属的亚铁氰化合物共沉淀法除铯的实例[12]如下:将体积分数为40×10^{-6}亚铁氰化钾和体积分数为20×10^{-6}硫酸铜加到废水中,经混合后,用氢氧化钠调节pH至8,并加入体积分数为100×10^{-6}三氯化铁,铯的去除率可大于98%。除了在废水中添加铜离子外,采用的其他金属有铁、锌、钴,而更经常使用的是镍。亚铁氰化高铁和亚铁氰化铜分别在pH大于6和8时,便失去其效能。而亚铁氰化亚铁(可部分有效地去除钌)的有效pH范围为4～9,亚铁氰化钴和亚铁氰化镍的有效pH可高达10[12]。

在硝酸介质中,磷钨酸颗粒对铯的去除效果很好,室温条件下的DF>100[1]。磷钼酸氨也可在酸性介质中除铯。

无论在碱性或酸性介质中,添加四苯基硼酸钠均可将铯以四苯基硼酸铯的形态沉淀下来。在pH=10～13时,废水与试剂混合30 min后除铯的DF>10^3。然而,溶液中存在阳离子的激烈竞争,除铯的DF将受溶液中K^+和Na^+浓度的影响。该方法的问题是,含有四苯基硼酸钠的沉淀泥浆黏稠如凝胶,难以进行固液分离。此外,四苯基硼酸根离子的辐解产物为有毒和易燃的苯及其衍生物。

3.4.5.3 锶的去除

放射性废水中的锶一般可以用常用的沉淀方法去除,如磷酸盐(钙或铁)、氢氧化铁(pH=7～13)、碳酸钙等沉淀。

很多具体的沉淀处理过程也引入其他的吸附剂,如硫酸钡和锰、钛和锑的水合氧化物。采用硫酸钡沉淀法可以将锶以同晶形态从废水中沉淀下来,锶的去除率随溶液pH的升高而提高,当废水pH=8.5时,除锶的DF=100～200。

文献上有许多无机吸附剂吸附锶的报道,如多锑酸、钛的水合氧化物、钛酸钠和二氧化锰。多数采用颗粒状吸附剂,其吸附速率较慢。降低吸附剂颗粒粒度,可以提高吸附速率。

在高盐含量的废水中,多锑酸除锶的效果下降。废水中钙、镁离子的存在使废水的硬度升高,从而影响锶的吸附。

3.4.5.4 锝的去除

对于中性或碱性含锝废水,加入连二亚硫酸($S_2O_4^{2-}$)、硫化物或Fe^{2+},高锝酸根离子(TcO_4^-)很容易被还原为+4价(TcO_2)。TcO_2不溶于水,容易通过过滤去除。但是,在有空气存在或水中存在溶解氧的情况下,锝很容易被重新氧化至+7价,除非溶液中存在过量的还原剂。四苯基膦可形成低溶解度的高锝酸根,从而有可能改善锝的去污。

3.4.5.5 铀、钍、镭等天然放射性元素的去除

含铀废水一般可以用石灰进行处理。

含镭废水可用硫酸钡沉淀法处理[13],使用直链脂肪酸絮凝剂,能促进硫酸钡形成快速沉淀的凝絮。

在用 CaO,$FeCl_3$,Na_3PO_4 和 $Al_2(SO_4)_3$ 等四种化学沉淀剂处理含有镭、钍激活夜光剂的废水的研究中[14],石灰的处理效率最高,在投加量为 500 mg/L、pH=9 的条件下,经充分搅拌和静止沉淀 1.5h 后,总 α 和总 β 的去除率均为 99%[14]。生产性设备运行的实验条件为:在 300~400 mg/L 投量下,通压缩空气搅拌 0.5 h,沉淀 2 h。废水中总 α 的去除率为 75%~96%(平均 88%);总 β 的去除率为 72%~97%(平均 87%);镭同位素 α 放射性的去除率为 75%~93%(平均 86%);镭同位素 β 放射性的去除率为 87%~96%(平均 91%)。

3.4.5.6 超铀元素的去除

对于含有超铀核素的废水排放标准越来越严格。例如,美国能源部早期规定的^{238}Pu、^{239}Pu、^{240}Pu和^{241}Am的排放限值为 1×10^{-7} Ci/L,而现在则降低至(3~4)$\times10^{-11}$ Ci/L。如此严格的排放限值采用现有的沉淀处理(如铁盐或亚铁盐)很难达到要求。

一项美国专利披露[15],将废水 pH 调至 6.5~14,加入高铁酸盐(如 K_2FeO_4)至体积分数为 2×10^{-6}~25×10^{-6},可以有效地去除废水中的超铀核素。在作为凝聚剂的高铁酸钾、硫酸铁和高锰酸钾的对比试验中,采用高铁酸钾的 DF 值比两种常规凝聚剂所达到的高一个数量级。

研究表明,废水中添加某些高价金属离子(最佳投入量为 0.05~0.5 g/L)可以强化高铁酸盐沉淀过程。这些高价金属离子包括 Ti^{4+}、Zr^{4+}、Hf^{4+}、$V^{(4+\sim5+)}$、$Nb^{(3+\sim5+)}$、$Ta^{(3+\sim5+)}$、$Mo^{(3+\sim6+)}$、$W^{(3+\sim6+)}$等,其中以 Zr^{4+} 的效果最佳。这些金属离子以水溶性的含氧金属离子(如锆氧离子,ZrO^{2+})的形式加入。水溶性的锆化合物有八水氯化氧锆($ZrOCl_2\cdot8H_2O$)、溴化氧锆或碘化氧锆。这类水溶性含氧金属离子可能对废水中污染核素的有机络合物具有解络作用和吸附作用,从而促进了高铁酸盐沉淀过程。实验结果表明,高铁酸钾和氯化氧锆联合使用后的沉淀效果比单独使用高铁酸钾好,处理后的上清液中总 α 计数低于规定的排放限值。

高铁酸盐沉淀法的另一个优点是产生的泥浆量少,从而可以降低后续的整备

和处置费用。对于锕系核素的去除,只需添加体积分数为 $1\times10^{-6}\sim25\times10^{-6}$ 的高铁酸盐即可达到满意效果;如果采用常规的处理方法,一般需要添加体积分数为 100×10^{-6} 的铁盐或亚铁盐和体积分数为 300×10^{-6} 的石灰。相比之下,前者所产生的泥浆量要少得多。

3.4.6 放射性废水的组合处理过程

一般而言,化学沉淀过程获得的 DF 和 VRF 比较低,只有当废水体积很大时才采用化学沉淀法;另外,有些无法采用其他更有效方法处理的废水,也只能采用化学沉淀法。例如,有些废水的盐含量或悬浮固体颗粒含量很高,使得蒸发浓缩和离子交换法无法采用。在有些情况下,沉淀法可以作为另一种技术(如离子交换或蒸发)的预处理手段。

在核工业系统,化学沉淀法主要用于处理核研究中心和乏燃料后处理等核设施产生的放射性废水。当废水的化学组成或放射性组成变化较大时,采用单一的沉淀法难以达到处理要求。为了取得较好的去污效果,常常需要将上述的一些处理方法组合使用。最终的组合过程往往是每个单一过程最佳条件之间的折中,以获得去除某个核素或者废水中总 α 和/或总 β-γ 水平的最佳 DF。

不同单一过程的组合可以是多级的间歇过程,也可以是连续过程。不同技术的组合方式取决于各核设施的具体需求、地区管制当局制定的放化和化学成分的排放标准等。

3.5 化学沉淀设施示例[1]

采用化学凝聚—絮凝沉淀过程的放射性废水去污工厂的选择和设计,取决于废水的放射性与化学组成以及废水的日处理量。各国设计的废水处理设施按处理能力可分为几类。第一类属于小型处理单元($<0.5\ m^3/a$),有时这类小规模设施可以作为设计、建设大厂之前的中试厂;第二类属于中等规模处理厂($2\sim3\ m^3/a$),一般拥有反应堆和放射性同位素应用的核研究中心都有这种规模的废水处理厂;第三类属于大规模处理厂($25\sim100\ m^3/a$),许多大型核研究中心拥有这种大型废水处理厂。拥有废水处理能力大于 $500\ m^3/a$ 的研究中心很少,这种厂的废水通过管道收集,一般采用连续操作方式,并在线排放泥浆和澄清液。

对于小型废水处理厂,废水收集在一个大罐中,其容量应相当于一个工作日的废水处理量。这样可以减少控制措施,并使得实验室试验结果更能预期合适的凝聚处理方法。如将废水的收集控制在废水的产生地点并单独进行适当的处理,则采用上述批式操作是合适的。对于这种处理方式，废水先收集在便于转运的容量小于 30 L 的瓶子或小桶中。处理方式有两种：

(1) 积累足够量待处理的废水后集中处理；

(2) 日处理量等于每日产生的废水量。

对于前一种处理方式，尽管投资费用较高，但分析、控制与处理方法的试验费用较省，可降低人工费用。对于后一种处理方式，费用情况正好相反。选用何种处理方式，取决于场地的具体条件和废水的性质(例如腐蚀性、毒性、发泡剂或螯合剂的存在等)。

图 3-3 为埃及的放射性废水处理设施流程示意图，该设施处理低放废水的能力为 10 m^3/d，其中化学沉淀过程在 pH＝8～9 下采用氢氧化铁沉淀。经过重力沉降之后，上清液用沙过滤器过滤，再经过离子交换处理后复用或排放。中放废水

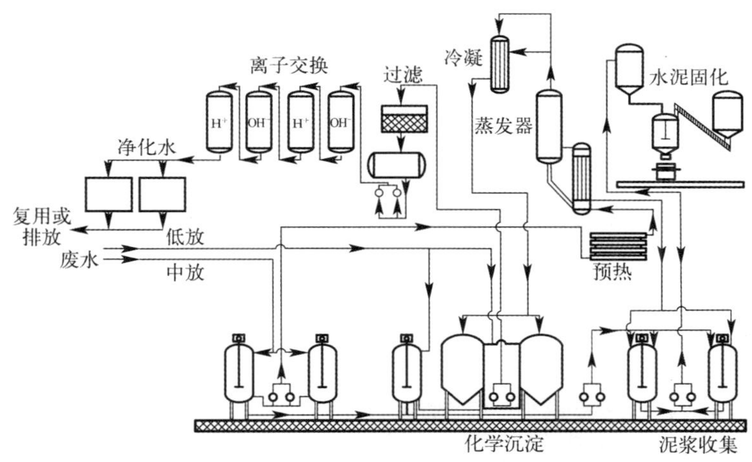

图 3-3　埃及的放射性废水处理设施流程示意图

采用蒸发处理，其蒸残液采用水泥固化处理。

德国卡尔斯鲁厄核研究中心的中放废水处理厂的流程示意如图 3-4 所示。中放废水经过脱硝后进行化学沉淀，采用铁氰化镍钾或四苯基硼酸盐除铯，采用氢氧化铁沉淀去除其他核素。

法国 Cogema 公司在阿格(La Hague)后处理厂区建造了一个集中式低中放废水处理厂(STE2)，它包括低放和中放两条处理线，其最大处理能力均为 6 m^3/h (如图 3-5 所示)。低放废水沉淀操作产生的上清液用砂过滤器过滤后，还要用离子交换进一步处理。中放废液处理的步骤如下：

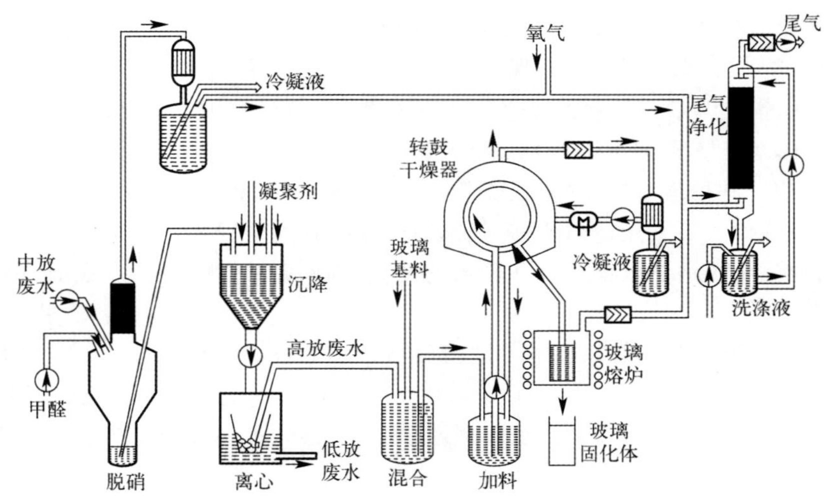

图 3-4 德国卡尔斯鲁厄核研究中心中放废水处理厂流程示意图

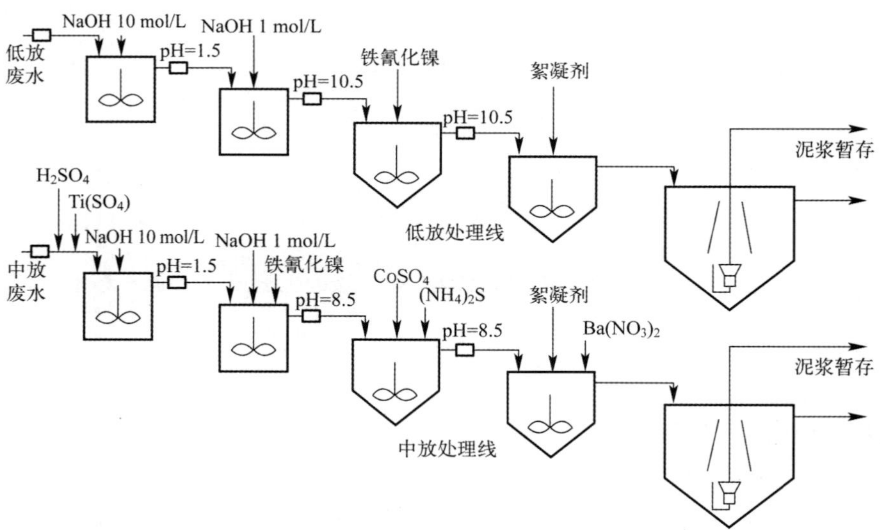

图 3-5 法国阿格后处理厂区低中放废水处理厂流程示意图

(1) 加入硫酸，再用氢氧化钠调节 pH=1.5；

(2) 加入铁氰化镍(Nickel Hexacyanoferrate)，并用氢氧化钠调节 pH=8.5；

(3) 加入硫化铵和硫酸钴，生成硫化钴沉淀；

(4) 加入硝酸钡，生成硫酸钡沉淀；

(5) 加入聚电解质。铁氰化镍的作用是吸附铯，硫化钴沉淀用于除钌，硫酸钡沉淀可载带锶。

如有必要，还可在调节 pH＝1.5 之前增加两个补充操作：

(1) 用肼破坏亚硝酸盐，以排除对钌去污的干扰；

(2) 加入硫酸钛，生成水合氧化钛沉淀，以改善锑的去污。

该废水处理厂的去污效果如表 3-2 所示。

表 3-2　法国阿格厂区低中放废水处理厂去污效果

核素	^{106}Ru	^{90}Sr	^{137}Cs	总 α	总 β-γ
DF	6～30	100	100	1 000	20～50

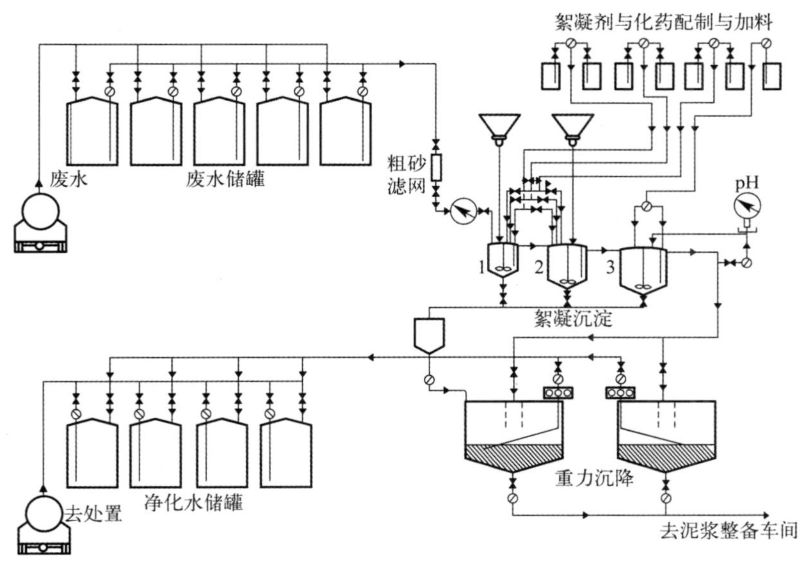

图 3-6　法国 Saclay 核研究中心低放废水处理流程示意图

法国 Saclay 核研究中心的处理能力为 3～6 m^3/h 的低放废水处理厂流程如图 3-6 所示。截至 1975 年，该中心的低放废水暂存在若干 50 m^3 大罐中。废水处理前，先将其中一个大罐中的废水搅匀，取样分析，确定废水性质和添加絮凝剂的用量；再将废水经沙滤网泵入凝聚槽，调节 pH，并在 750～1 500 r/min 的搅拌速度下加入凝聚剂，凝聚废水重力输送到絮凝槽(3.2 m^3)，以 40 r/min 的转速搅拌；絮凝槽中加入聚电解质后，物料输送至重力沉降槽(每个容量为 70 m^3)进行相分离。沉淀泥浆与蒸发残渣一起进行沥青固化，上清液进行蒸发处理。

法国 Chooz 核电厂产生的低放废水，自 1985 年以来一直采用化学沉淀法处理。处理设施的处理能力为 5 m^3/h，采用氢氧化铁和铁氰化铜沉淀去除 ^{134}Cs、^{137}Cs、^{54}Mn、^{58}Co 和 ^{60}Co。絮凝沉淀在 1 个 70 m 长的管状絮凝器中进行，絮凝剂与废水在一管线混合器中混合后进入絮凝器。在管状絮凝器的不同位置加入诸如聚电解质一类的助凝剂。处理过的废水经过层状分离器澄清后，进行深床活性炭过滤。废水的总 β-γ 放射性水平在沉淀处理前为 $2\times10^3\sim5.8\times10^5$ Bq/L，沉淀处理后降至管制限值(370 Bq/L)以下。每处理 1 m^3 废水所消耗的试剂为：25 g $CuSO_4\cdot5H_2O$、23.4 g $K_4Fe(CN)_6\cdot3H_2O$、108 g $FeCl_3$、70 g NaOH 和 1 g 聚电解质。

法国 Cadarache 马库尔核研究中心产生的含 α 核素的废水，早期在进行蒸发处理之前先将废水中和与过滤，以去除大多数放射性核素。由于蒸发法的费用高，还有发泡问题，故后来改为化学沉淀一超滤法。化学沉淀段所用试剂为铁氰化镍和活性炭。对铯和钴等的去污 DF=100。

法国马库尔后处理厂产生的低放废水收集在 50 m^3 大罐中后，采用连续过程进行处理。废水中先加入硫酸铜和亚铁离子，然后调节至 pH=8.5，生成氢氧化铁沉淀，将钌载带下来。再加入铁氰化镍和硫酸钡沉淀，去除废水中的铯和锶。该过程去除废水中 β-γ 放射性的 DF=100，去除 α 核素的 DF>1 000。化学沉淀产生的泥浆采用沥青固化。

印度核研究中心产生的低放废水，首先调至适当的 pH，再输送到混合罐中，加入化学试剂(如硫酸盐、亚铁氰化物、铁离子等)后，输送到絮凝澄清槽，将含有的大多数放射性沉淀泥浆分离出来后，经过滤脱水，进行固化处理。上清液则通过串联蛭石柱进一步净化，经检测合格后稀释排放。处理过程的总去污 DF=200。

IAEA 的 Seibersdorf 实验室需要处理的水平为 40～150 Bq/L 的放射性废水约 2 600 m^3/a，水平为 150～1 500 Bq/L 的放射性废水约 200 m^3/a。采用凝聚一絮凝过程，将核素以共沉淀形式去除(见图 3-7)。如果需要，可进行二次和三次絮凝沉淀，但不能超过三次，以免废水盐分过高。含铯废水可用亚铁氰化铜沉淀处理。为了提高去除 ^{60}Co 的 DF 值，可在絮凝段之前(尤其是在二次和三次絮凝段之前)加入钴盐。

比利时 Mol 的 CEN/SCK 核研究中心产生的各种低放废水由一个设施集中处理，该设施主要包括两条平行的连续絮凝处理线，总处理能力为 70 m^3/h。采用的基本方法是在 pH=11 的条件下的磷酸钙沉淀，所处理的低放废水的放射性浓度范围为 $3.7\times10^2\sim3.7\times10^5$ Bq/L。在连续絮凝处理线投产之前，该中心采用容量为 125 m^3 的批式絮凝槽，采用的主要试剂为亚铁氰化铜、亚铁氰化铁、碳酸钡和

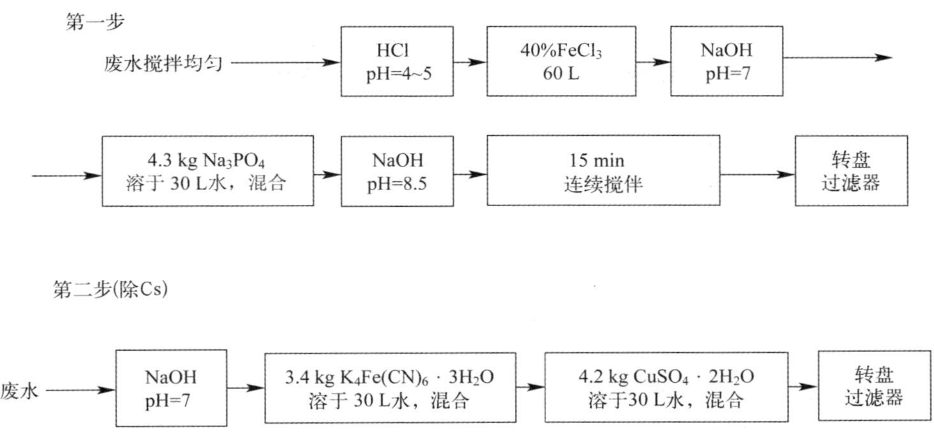

图 3-7　IAEA Seibersdorf 实验室的废水处理流程示意图

氢氧化铁。现已建成一座新的废水处理厂，增加了过滤和阳离子交换，使^{90}Sr的DF值提高到100。

Ispra联合研究中心产生的低放废水也采用两条平行的连续絮凝处理线进行化学沉淀处理，处理能力为2 m^3/h。废水先收集在一个200 m^3大罐里，需要处理时，将大罐中的废水泵入一混合槽，加入化学试剂（硝酸钙、磷酸钠、硝酸镍和氯化铁），低速搅拌。混合均匀后，废水流入连续絮凝槽内，在pH=9的条件下进行沉淀。絮凝槽的流出液经过离心处理，使沉淀泥浆的固体质量百分含量达到10%左右。上清液或作进一步处理，或者排放。浓缩泥浆进行沥青固化或水泥固化处理。

美国萨凡那河(Savannah River)厂区产生的低放废水采用化学沉淀作为反渗透和离子交换段的预处理，处理过程的平均流量为38 m^3/h。废水的放射性水平为10^3 Bq/L，并含有2 g/L的硝酸钠和含量为几mg/L的各种金属（如铁、铜、铝）。首先在pH=7的条件下沉淀铁和铝，并采用孔径<0.2 mm的陶瓷或不锈钢过滤器，将生成的沉淀用错流过滤除去。滤液进行反渗透和离子交换处理。

美国橡树岭国家实验室从1975年以后采用“清扫沉淀离子交换”(Scavenging Precipitation Ion Exchange，SPIX)过程处理废水。SPIX过程采用氢氧化钠调节pH=12，进行$CaCO_3$沉淀，载带约50% Sr；接着加入硫酸亚铁清扫剂，再澄清、过滤，上清液通过离子交换柱进一步去除Sr和Cs，最后用硫酸中和。

美国洛斯·阿拉莫斯(Los Alamos)国家实验室产生的低放废水中主要含α核素（如Pu和Am），放射性水平约为3.7×10^4 Bq/L。废水沉淀处理设施的处理能力为10 m^3/h，采用连续供料方式，将氯化铁、氢氧化钙和聚电解质在线注入废水中进行沉淀处理，并在位于底部的絮凝槽中进行沉降。沉淀泥浆经真空转鼓过滤器脱水后，固体质量百分含量达到 35%～40%。上清液经过进一步过滤后，对 α 核素去污的 DF=50～1 000。

英国核武器研究中心(Atomic Weapons Establishment)产生的放射性废水采用氢氧化铁沉淀处理。首先用硫酸调节料液至 pH=3～4，接着加入硫酸亚铁使铁的浓度达到体积分数为 70×10^{-6}，再加入次氯酸钠，然后加入氢氧化钙至体积分数为 500×10^{-6}，生成氢氧化铁沉淀。该过程去除废水中 α 核素的 DF=40～1 000。

英国 DounreayPFR 后处理厂采用铀沉淀法处理低中放废水。废水与铀溶液汇合，加入浓氨水，生成重铀酸铵凝絮。该方法被证明在废水排入大海之前对钚的去污有效，去除废水中 α 核素的 DF=100～500，去除 β-γ 放射性的 DF=4～11。

英国 Sellafield 后处理厂建成了名为锕系核素深度去除工厂(Enhance Actinide Removal Plant，EARP)的废水处理厂，用以处理后处理活动产生的大量放射性废水，处理能力超过 60 000 m^3/a。该厂简化的处理流程如图 3-8 所示，在废水中加入氢氧化钠，将 pH 提高到 9～10.5，利用废水中已存在的铁离子进行氢氧化铁沉淀。再根据废水中铯含量的高低，加入铁氰化镍至体积分数为 10×10^{-6}～200×10^{-6}。采用两级超滤错流过滤，水质分析合格后可排放。脱水泥浆进行水泥固化处理。

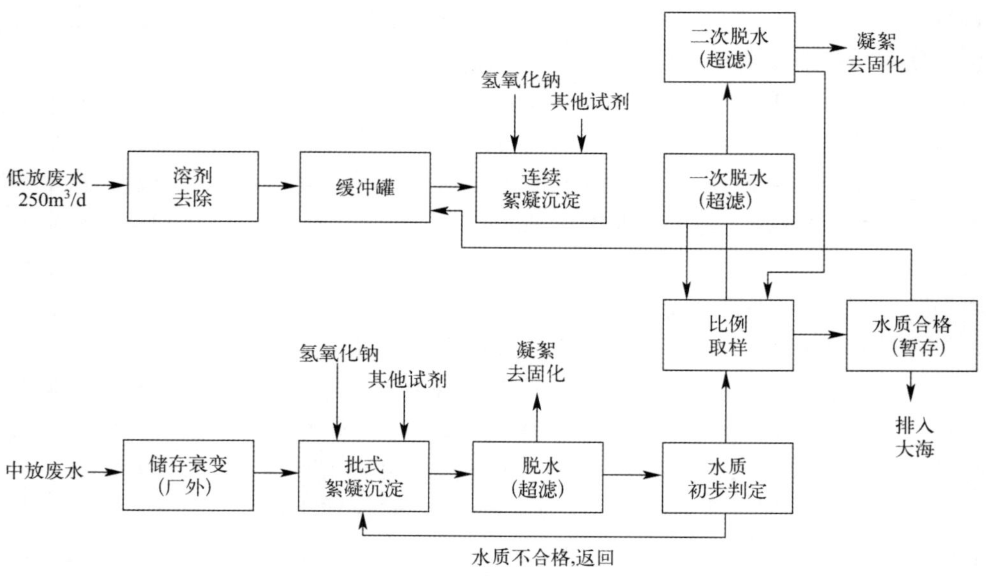

图 3-8 英国 Sellafield EARP 废水处理厂流程示意图

英国哈威尔(Harwell)核研究中心在实验室规模和较大规模试验的成功经验基础上，建成了低放废水处理中间工厂，采用化学沉淀一超滤工艺，处理能力为 1 m^3/d。常规化学沉淀采用亚铁氰化铜和氢氧化铁沉淀，超滤膜组件由 37 根膜管构成，膜面积为 0.85 m^2。对于直接超滤处理，其总 α 放射性去污的 DF 比常规化学沉淀法高 2 倍；如果再添加体积分数为 10×10^{-6} 高分散的氢氧化钛，则 DF 可提高 7 倍。该过程有较高的减容因子，VRF 达到 200 左右，浓缩液中固体质量百分含量达 1%。

中国原子能科学研究院的低放废水来自反应堆运行、同位素生产、放化实验研究以及各种冲洗过程。该院产生的废水比放较高，放射性与化学组成比较复杂，1973 年低放废水的总 β 水平为 2×10^{-4} Ci/L，盐含量最高时达到 23 g/L。该院低放废水处理车间将废水先进行化学沉淀和砂过滤后，再进行蒸发处理。图 3-9 为该处理车间沉降一砂滤段简化流程。沉降槽尺寸为 ϕ4.5 m×H3.5 m，圆锥体高 2.25 m，容积为 68 m^3。砂过滤器尺寸为 ϕ1.03 m×H2.34 m，砂层高 1.2 m，砂层为粒径 0.7 mm 的白色石英砂，两个沙滤柱交替使用。废水处理能力为 4 m^3/h。作为蒸发的预处理，沉降段的主要作用是：

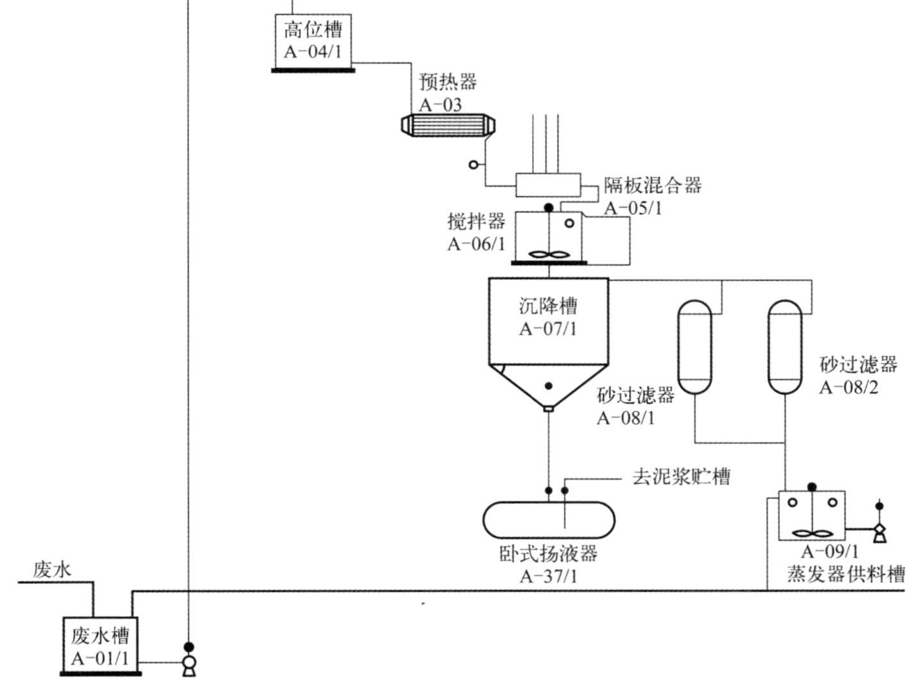

图 3-9　中国原子能科学研究院低放废水处理车间沉降-沙滤段简化流程

(1) 去除不利于蒸发的硬度离子,以减少蒸发器结垢,提高蒸发器效率;

(2) 去除废水中的胶体和悬浮物质;

(3) 去除废水中的部分放射性核素。沉降段对$^{89,90}Sr$的净化率为95%~99%,对总稀土的净化率为90%~95%,对^{95}Zr-^{95}Nb的净化率为90%以上,但对^{137}Cs和^{106}Ru的净化效果较差。

3.6 化学沉淀法的过程设备

化学沉淀处理工厂一般由三个部分组成,即废水的接收罐、沉淀处理设备和流出液暂存罐。废水首先送至收集罐内,接着进行某种化学沉淀处理,这种沉淀操作既可在接收罐中进行,也可在单独的沉淀器内进行。将沉淀泥浆去除后,处理过的上清液经过过滤和/或离子交换等进一步处理后,送至流出液暂存罐,监测合格并调节pH后排入环境。

所有槽罐的结构材料必须仔细选择,以确保工厂的正常运行。接收罐将接收各种废水,其中有些酸度很高,有些则是强碱性的。故接受罐的内衬必须在各种条件下具有耐腐蚀性。一般而言,墙面和地板必须光滑少孔,接头很少,以减少腐蚀和放射性的存留。表面应该抛光,以便于去污操作。罐内的搅拌和附属设备也必须有类似的防腐措施。可用的材料包括不锈钢、橡胶衬里软钢、陶瓷衬里混凝土和特种合金。类似的防腐措施对沉淀器或沉降槽以及料液罐也是必需的。废水处理厂最终的接收罐接收处理过的往往是中性的废水,所以对大罐材料没有很高的防腐要求,但应考虑到接收不合格废水的情况。各种附属设备也必须很好选择和维护。由于污染设备的维护存在潜在的危害,所以这些设备必须简单而有效。

化学试剂准备车间应设在单独的建筑物中,它包括若干个配料小槽和泵。对于连续处理过程,必须配备计量装置,如转子流量计和计量泵。

必须注意,化学沉淀泥浆的放射性水平较高,所以在废水处理厂的设计阶段必须认真考虑含有泥浆的部件的屏蔽问题,还应考虑泥浆处理的远距离操作与设备清洗。另外,如果泥浆中含有相当量的易裂变物质,则需考虑出现临界的可能性,尽管这种可能性一般很小。

3.6.1 预处理设备

对于许多化学沉淀絮凝反应,可能需要预处理操作,将废水中的某些组分氧化或还原。尽管在许多情况下(例如过氧化氢的使用),这一步无需另加设备,但有些预处理过程需要附加设备。另外,有些废水可能需要进行预过滤,以除去水中固体碎屑。

3.6.1.1　氯化

氯气一般可采用两种方法加料，即直接加料和溶液加料，后者被广泛采用。直接加料是通过一扩散器(一般为金刚砂石、玻璃粉料或烧结金属过滤器)将氯气分散为细小的气泡，以利于被水吸收。溶液加料是将氯气在微小压力下溶解到少量水中，再将含氯溶液计量加入待处理废水中。

有许多种市售的氯化器，其中有些氯化器的氯气流量可低至 50 g/d，它们一般都配备氯气流量记录仪，有些情况下配备氧化还原电位计。在使用气态氯时必须注意氯气缸外壁的温度不能低于 10 ℃，为此，在 24 h 之内氯气的使用量不能超过氯气缸中氯气容量的 1/3，以免因氯气蒸发过快而使温度降低过快。

次氯酸盐溶液比氯气更适于使用，通常所用试剂为次氯酸钙或次氯酸钠溶液，制备方法为将浓溶液(约 70%次氯酸钙)用水稀释至 0.5%～1%。次氯酸盐溶液的储罐材料一般为混凝土、橡胶衬里钢板、未塑化 PVC 或 UV 稳定化的聚乙烯或聚丙烯。次氯酸盐溶液应避光、避热保存，并避免与金属接触，否则会加速其分解成氯化钠、氯酸钠和氧气。次氯酸盐溶液采用小型隔膜泵输送。

除了氯气和次氯酸盐之外，二氧化氯是在水处理中已经使用的试剂。它的氧化性很强，在储存和输送过程中需有专门的安全措施。

3.6.1.2　臭氧氧化

与氯气直接加料一样，臭氧加料也可通过多孔介质扩散加入废水中。为了确保快速分散，可采用机械涡轮喷射器将臭氧溶入废水。为了提高臭氧利用率，最好使臭氧在接触塔内与废水逆流接触，或者在低温下将臭氧从深层注入。

空气中臭氧的最高允许浓度非常低(体积分数为 0.2×10^{-12})。所以，使用臭氧的场所必须有良好通风，不允许漏气。泄漏出的臭氧必须收集，或者进行分解，或者循环使用。不允许臭氧从处理设备中泄放到周围环境。处理过废水中残留的臭氧必须滞留 30 min，使其分解为分子氧。

臭氧处理的效果很好，但设备成本很高，静电臭氧发生器的能耗为 20～25 W/g 臭氧。所以，成本较低的氯化法更多地被采用。

3.6.2　絮凝沉降设备

如前所述，沉淀(通常称为凝聚)和絮凝是形成凝絮(或沉淀物)的两个步骤。在凝聚段，加入的化学试剂与待处理废水迅速混合，确保试剂的均匀分布。凝聚段生成的不溶物质最初以细小的颗粒悬浮在上清液中，为了使生成的沉淀颗粒长大，形成大的凝絮团而较快地沉降，可加入助凝剂，在慢速搅拌下与生成的凝絮缓慢混合。上述反应可以在同一反应槽内分段而不连续地进行，也可采用连续过程，即在两个串接的设备分别连续进行凝聚和絮凝操作。

絮凝沉降槽有好几种类型，其中立式沉降槽最为简单，如图 3-10 所示[16]，立式沉降槽为一带锥底的圆形槽，锥底用于收集及定期排除沉淀泥浆。原水从混合器流入沉降槽的中心管，在这里完成凝聚过程。中心管端头为喇叭口（伞形罩），其功用是降低水的流速，以便使水过渡到沉降槽工作区（中心管和沉降槽壁之间的环形空间）。为了收集澄清水，在沉降槽上部装有带溢流缘的环形集水槽。为了使凝聚后的泥浆滑溜到泥渣排放管，沉降槽的锥底角度以 90°为宜。为了使装配有中心管的立式沉降槽正常运行，沉降槽的直径与其高度之比不应大于 1.5。沉降槽截面积按如下经验公式确定[16]：

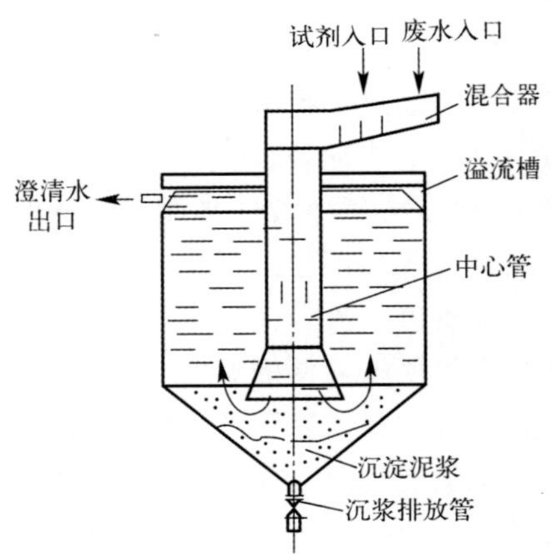

图 3-10 立式沉降槽示意图

$$F = \frac{\alpha \cdot Q(B - A)}{3.6(1.2B - 0.2A - y)}$$

式中：F——沉降槽截面积，m^2；

α——在沉降槽工作截面区上升水流速度分布不均匀系数（采用 1.5～1.8）；

Q——通过沉降槽的流量，m^3/h；

A——沉降速度≥1.2 mm/s 时，截留的悬浮物量与其初始含量的比值，%；

B——沉降速度为 0.2 mm/s 时，截留的悬浮物量与其初始含量的比值，%；

y——沉淀槽对悬浮物的截留百分率，% 。

在重力作用下，水中悬浮物的等体积球形粒子的沉降速度 v 为：

$$v = 1.16\sqrt{\frac{g \cdot d(\rho_p - \rho_w)}{\lambda \cdot \rho_w}} \quad (m/s)$$

式中：g——重力加速度，m/s^2；

d——悬浮粒子的粒径，m；

λ——与水流过悬浮物的条件有关的阻力系数，即雷诺数的函数；

ρ_p——悬浮粒子的密度，kg/m^3；

ρ_w——水的密度，kg/m^3。

悬浮粒子通常具有各种不同的粒径，因此其沉降速度也各异。为了说明悬浮物的沉降性质，需要确定粒子的沉降特性。

沉降槽需要的容积为：

$$V = 24Q' \cdot \tau \text{m}^3$$

式中：Q'——被处理水量，m^3/h；

τ——水在沉降槽中的滞留时间，h。

沉降槽的主要尺寸，即直径和高度，可根据上述计算方法来确定。

立式沉降槽的结构简单，操作方便，但其处理能力小（原水的平均上升流速为 0.22 mm/s），沉降时间长（水通过沉降槽约需 6 h）。立式沉降槽适用于处理能力不大的放射性废水处理站。

一种新型的沉降槽如图 3-11 所示[16]。废水与试剂混合后通过沉降槽的下部的穿孔布水管进入，再流经早先沉降下来的处于悬浮状态的泥渣层，这种泥渣层能使原水中的悬浮粒子相互混合、附聚，加速固相物质的沉降，还能起到过滤器的作用。沉降槽底部还设有泥渣浓缩室，以实现泥浆的浓缩。

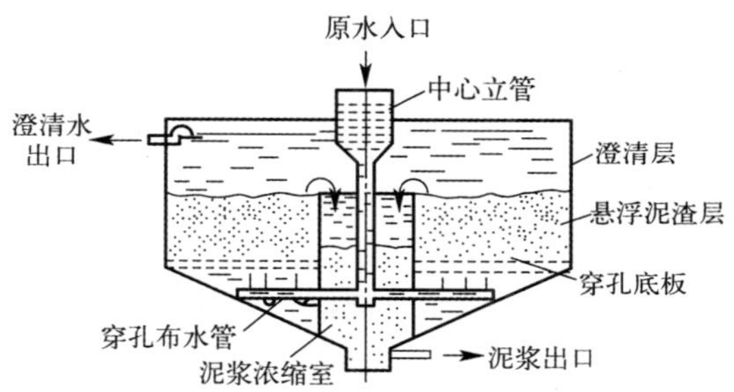

图 3-11　新型沉降槽示意图

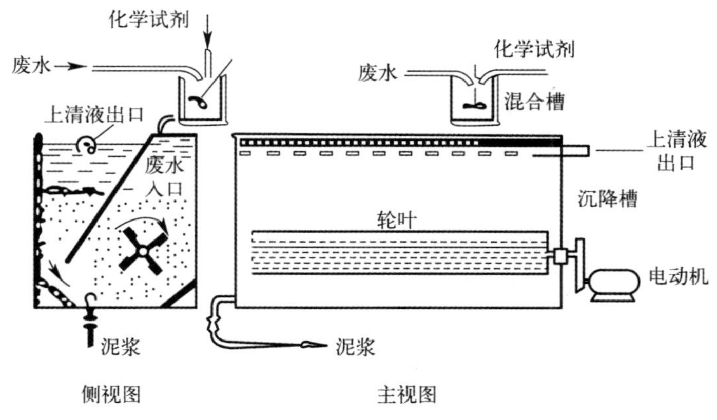

图 3-12　带有泥渣过滤层的混合沉降槽示意图

使含有絮凝体的液流通过泥渣层的另一种沉降槽如图 3-12 所示。首先将废水与凝聚剂在混合槽中快速搅拌混匀，然后流入沉降槽的絮凝区。在沉降槽下部装有低速叶轮搅拌器，液流中的细小沉淀颗粒在慢速搅拌作用下形成凝絮并逐渐增大。在沉降槽的中央装有一倾斜挡板，带有大量凝絮的液流缓慢地由絮凝区经挡板下面进入过滤区，在这里废水向上的流速逐渐减小，形成了泥渣过滤层。由于沉淀下来的颗粒物与早先形成的泥渣紧密接触，使泥渣层逐渐增厚并变得密实，形成了能限制液体向上运动的稳定层。较重的大颗粒将沉积到槽子底部，生成的泥浆定期排走。在稳定运行情况下，泥渣过滤层具有一定的厚度和密度。透过泥渣过滤层澄清的上清液逐渐上涨，从沉降槽顶部的溢流口排出。

废水在沉降槽中的上升速度和停留时间对废水去污效果的影响很大。有些处理装置将废水的上升流速控制在 3～3.6 cm/min，采用较低的上升速度可以防止凝絮转入上清液。装置中废水的停留时间一般大于 2 h，有些装置选用 6～8 h。

对于泥浆的排放，应注意到放射性核素在泥浆中的富集使得泥浆的放射性水平较高，所以，必须采取相应的辐射防护措施。

3.6.3 过滤设备[1,17]

过滤设备常用于分离沉淀处理得到的上清液与其中的难以沉降的细小固体颗粒，也可用于废水的预处理，去除废水中的碎屑。

过滤器按操作方法可分为间歇式和连续式；按过滤介质的性质可分为粒状介质（如沙粒）过滤器、滤布介质过滤器和膜过滤器等；按过滤推动力可分为重力（包括离心力）过滤器、加压过滤器和真空过滤器等。

常用于放射性废水处理的过滤设备包括沙过滤器、筒形过滤器、预涂层过滤器（加压或真空）、离心过滤器和膜过滤器。

3.6.3.1 沙过滤器

沙过滤器包括各种过滤材料，如石英沙、无烟煤、活性炭等。按过滤速率可分为两类：

1）慢速沙过滤器（过滤速率：2～5 $m^3/m^2 \cdot d$）

这类过滤器效率高、成本低、制作方便。但由于这类过滤器体积大，不适于过滤大流量废水。另外，这类过滤器会造成藻类和细菌繁殖，除非经过氯化消毒处理。

2）快速沙过滤器（过滤速率：3～20 $m^3/(m^2 \cdot h)$，平均速率：5 $m^3/(m^2 \cdot h)$）

这类过滤器有时可以设计成敞口槽，但敞口槽仅限于过滤放射性水平极低的废水。广泛采用的是密闭的加压过滤器，一般情况下废水自上而下流过过滤层。

快速沙过滤器的压力一般由离心泵提供，压力为 3～10 kg/cm^2。过滤介质的过滤效率主要取决于滤材，还有有效粒径和均匀度系数。

沙过滤器由过滤床构成，床上覆盖粒径由粗而细的若干沙过滤层（0.1～0.4 mm）。目前倾向于采用均匀粒径的一个滤层。过滤器前后的压差反映运行情况，当压差超过设定值时停止运行，进行过滤器的再生处理。所以，若采用连续运行方式，则必须建两套过滤设备，一套运行，另一套备用和再生。用水反冲可以实现过滤器的再生，反冲时也可辅以气吹和机械搅拌。再生过程使截留产物与沙粒分离。不正确的再生会导致以后的过滤操作出现短路而降低过滤的有用时间，或者形成“污泥球”而干扰过滤，还会导致过滤介质的夹带损失。

过滤器必须定期检查有无污泥或碳酸钙之类的化学试剂在沙层上的堆积，防止过滤器的堵塞。用酸化水(极稀的 HNO_3、HCl 溶液)循环冲洗可恢复滤层性能。

快速沙过滤器(或活性炭无烟煤过滤器)广泛用于处理凝聚－絮凝－沉降处理之后的废水，尤其适用于处理过的废水放射性水平较高时的情形。如果沉降之后的废水放射性水平很低，则可直接排放。

3.6.3.2　筒形过滤器

筒形过滤器由皱褶纤维组件(见图 3-13(a))或卷式纤维组件(见图 3-13(b))构成[17]，组件安装在压力钢筒内。筒形过滤器可用于去除亚微米级颗粒，收集的颗粒很容易包容在一次性过滤组件中一起处置。压力钢筒可以多次使用。过滤器前后的压差高于设定值或者辐射场过强，就需更换过滤器芯子，可采用远距离更换操作。适当选择滤材，使废过滤器芯子可进行焚烧处理。筒形过滤器操作方便，在市场上能买到各种规格的产品，特别适合于处理小体积的废水。

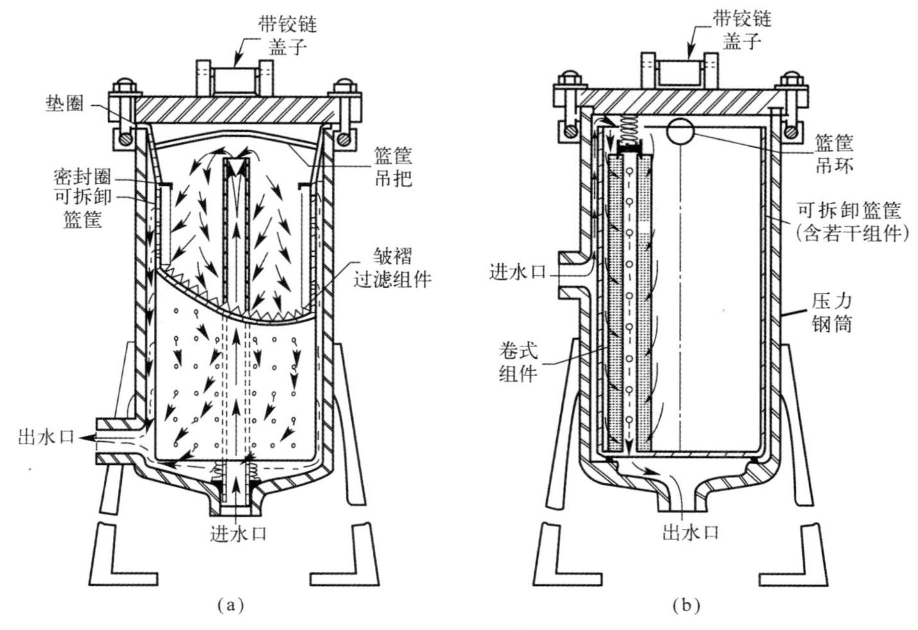

图 3-13　筒形过滤器结构示意图

3.6.3.3 预涂层过滤器

预涂层过滤器是在一密闭容器的内侧配置一多孔介质，其表面附着一层预涂助滤剂的过滤层。这种过滤器可以进行加压过滤或真空过滤。在运行过程中，当压差超过设定值，表明过滤层已失效，此时可用反冲法将过滤层取下。如有必要，对于过滤凝胶状或胶体沉淀，可在运行过程中连续添加助滤剂，以维持一可接受的过滤速率。这种过滤器的水流速率与沙过滤器相似，一般为 5～15 $m^3/(m^2 \cdot h)$。

预涂层过滤器结构比较紧凑，对于同样的过滤面积，所需的再生液比快速沙过滤器少。但是，预涂层过滤器需要一个预涂层回路，工作压差较大，过滤持续时间较短。另外，涂层的条件需要准确确定，在过滤过程中一旦压力或真空度下降，预涂层会脱落。

预涂层过滤器一般具有较高的分离效率，截留的颗粒较细(＜1 mm)，可以作为离子交换或吸附过程的预处理。

3.6.3.4 离心过滤器

离心过滤设备通常利用比重力大几千倍的离心力进行固液分离。离心过滤器的构造形式颇多，但主要部分为一安装在直立或水平轴上的快速旋转的多孔鼓，鼓壁复以滤材层。当鼓在约 1 000 r/min 高速旋转时，加入鼓内的废水借离心力作用透过滤层进入鼓外，固体颗粒则被滤层所截留。图 3-14 为一种间歇式的上悬式离心过滤器的结构示意图。离心设备过滤效率高，体积比相同处理能力的重力沉降槽小得多。但是，在放射性环境下采用复杂的高速设备会造成很多困难。所以，离心分离技术只有当待分离沉淀不具备触变性(Thixotropy)的情况下才使用。

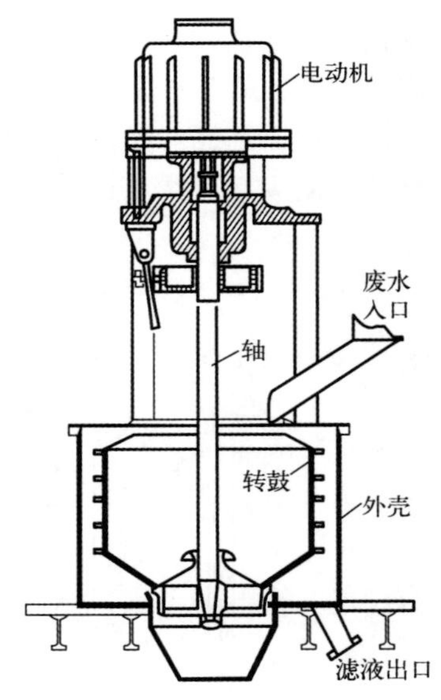

图 3-14 上悬式离心过滤器的结构示意图

3.6.4 辅助设备

放射性废水沉淀处理设施的辅助设备，除了处理前后的储罐之外，主要包括管线连接、阀门、泵、流量计、液位指示计、pH 计等。

3.6.4.1 管线连接

输送废水的管线绝不能与其他系统(尤其是饮用水系统)的管线交叉，所以废水管线必须容易识别。

在管线和连接件的选材方面，不能选用常规排水系统常用的铸铁、混凝土或石棉-混凝土，应根据废水的化学成分、维护的方便与安全性以及可去污性进行选择。常用的材料有玻璃、塑料、不锈钢和特种合金。

玻璃的优点是耐腐蚀、耐热、透明、轻便、表面易于去污；其缺点是容易碰碎、容易被氟离子腐蚀。在有些可能会因玻璃破碎而导致放射性或危险化学物溢出的地方，玻璃管道外面应使用保护套管。

当选用塑料管线时，必须考虑其较高的热膨胀系数。塑料易于辐射分解，所以在处理过程中放射性较强的部位应尽量避免使用塑料管线，防止管道变脆甚至破裂。塑料分热塑性和热固性两类。常用的热塑性塑料有 PVC 和 ABS(Acrylonitrile Butadiene Styrene)，常用的热固性塑料有酚醛树脂等。

不锈钢除了不耐过量氯离子腐蚀外，对大多数试剂有良好的耐腐蚀性能，广泛用于化学沉淀处理过程。

近年来研制成的大量特种合金具有卓越的耐腐蚀性能，尽管其价格昂贵，但在某些特殊场合使用还是合理的。应该特别注意的是不同类金属接口处的电化锈蚀问题，在输送高离子强度流体时，这种腐蚀尤为显著。

3.6.4.2　阀门与泵

阀门类型的选择依赖于流体性质和运行要求。在化学沉淀处理过程中需控制的流体包括清液(腐蚀性或非腐蚀性)、悬浮液(放射性或非放射性)、泥浆等。放射性回路的阀门必须远程操作，如电磁阀、气动阀和马达驱动阀，以尽量减少对操作人员的辐射照射。最常用的阀门如下：

对于清液回路或压缩空气回路，采用旋塞阀和球阀，可以进行流量粗调。对于清澈化学试剂溶液，可用润滑旋塞阀，采用针形阀可以实现流量细调。对于输送低固含量流体的粗管道，采用闸门阀。对于输送高固含量流体和泥浆的管道，宜选用球阀或隔膜阀。大罐底部的排料采用平底柜阀。

常用的泵有正位移泵和离心泵。正位移泵主要包括隔膜泵、齿轮泵和叶轮泵等，这类泵适合于输送含有固体颗粒的流体。离心泵适合于输送清液。此外，对于低固含量流体的输送也可采用空气提升器。

大型废水处理厂对阀门、泵和液位指示等进行自动控制并实现可视化，运行情况在控制室的图示板上显示。

3.6.4.3　流量计、液位指示计和 pH 计

对于清液的流量测量可采用转子流量计，对于清液或稍微浑浊的液体可用孔板流量计。对于放射性回路，更适用的是磁流量计和超声流量计，它们属于非接触式流量计。磁流量计适于测量导电流体的流量，它测量环绕在输送导电流体的管

道上的电磁传感器感生的电荷。超声流量计测量确定流体速度的声波的 Doppler 位移。

液位指示有直接法和间接法两种方法。直接法有玻璃管目视法、线绳-浮子法、电导和热传导法。线绳-浮子法是最常用的方法。

间接法包括水静压法、浮子-水压法、气动压力法、浮子-指针法、差压计、磁液位计和电容液位计，主要用于储罐液位指示。其中浮子-水压法是最常用的方法。超声液位指示也越来越受到重视，它可以连续测量大罐中液体液位。

在连续显示 pH 的同时，经常需要控制与调节 pH。在实践中，pH 测量点一般设在大罐的溢流口或管道中。经常采用的装置由一个旁路回路组成，回路中有一个可安装测量电极的小池，测量后的液体流回大罐。该回路可定时运行，自动测量 pH。对于 pH 控制，通过 pH 信号反馈，启动一计量泵，调节试剂的供应。

由于凝聚-絮凝操作需要准确的 pH 测量，所以必须配备质量好的 pH 计。在高盐（尤其是高 pH）条件下，必须考虑溶液的活度系数效应，否则很难准确测量 pH。

离子选择电极可用于测量溶液中的其他组分，如氯和溶解氧等。将各种测量结果输入自动计量控制系统，以控制流体的相关性质。

3.7 小 结

低中放水的化学沉淀处理主要包括凝聚-絮凝过程和固液分离过程。上述过程最终产生两股物流，即净化后的废水和浓集了放射性的泥浆。

净化后的废水暂存在大罐中，经过各种分析检测之后，按下述三种方式处理：

1）直接排入环境（稀释排放或直接排放），对于直接排放方式，废水排放前的 pH 需调至 6～9。并可能还需进行氯化处理。

2）检测结果未达标的废水，送回重新进行凝聚-絮凝处理。

3）送去进行进一步净化处理，如蒸发、离子交换等。

浓集了放射性的泥浆在储罐中积累一定量后，往往需要进行脱水、固化、包装等整备处理过程，使之转化为可处置的形态。

泥浆在固化处理之前，常需要进行初步浓缩，使泥浆的固含量从初始的 1%～10%提高到 20%～50%。浓缩方法包括重力或离心沉降、微波干燥和过滤。有些固化过程（如水泥固化）并不需要用干泥浆，所以泥浆无需脱水。

泥浆固化的基材可选用水泥、沥青、塑料和玻璃。除了泥浆的放射性水平之外，泥浆的各种物理和化学性质也对固化方法的选择有重要影响。有关泥浆的固化技术在第八章中论述。

参考文献

1 International Atomic Energy Agency. Chemical Precipitation Process for the Treatment of Aqueous Radioactive Waste[R]. Technical Reports Series No. 337. Vienna: IAEA, 1992.

2 国际原子能机构. 放射性废液的化学处理[R]. IAEA Technical Report No. 49. 王宝贞,邵刚,赵哲石,译. 北京:原子能出版社,1978.

3 王宝贞. 放射性废水处理(上册)[M]. 北京:科学出版社,1979.

4 Matijevic E, Stryker L J. Coagulation and reversal of charge of lyophobic colloid by hydrolyzed ions of aluminum sulfate[J]. Colloid and Interface Science. No. 9. 1966,

5 群力. 放射化学(上册)[M]. 北京:人民教育出版社,1961.

6 Mc Cauley R F, et al. A study of lime-soda softening process as a method of decontaminating radioactive waters[R]. Report NYO-4439, 1953.

7 Collins J C. Radioactive Wastes, their Treatment and Disposal[M]. E&F. N. Spon. Ltd. London, 1960.

8 Seedhouse K G. Effluent treatment[J]. Nuclear Engineering, 1957, 2:413.

9 Burns R H. Radioactive waste control at the United Kingdom Atomic Research Establishment, Hawell, Disposal of Radioactive Wastes[C]//Proc. Conf. Monaco, 1959, Vol. I. Vienna: IAEA 1960.

10 Eschele K F. Eine studie ber die aluminium phosphate flokulation als behandlungs methode von schwach radioaktiven abwässern[J]. Neue Technik, 1961, 3:151.

11 Amphlett C B. Treatment and Disposal of Radioactive Wastes[M]. New York: Pergamon Press, 1961.

12 IAEA. The Management of Radioactive Wastes Produced by Isotope Users[R]. Technical Addendum, Safety Series No. 19. Vienna: IAEA, 1966.

13 Tsivoglou E C., O'Connell R L. Radiological health and safety in mining and metallurgy[C]//Proc. Symp. Vienna: IAEA, 1963:119.

14 王宝贞,肖春. 含有镭钍激活夜光剂的废水处理[J]. 原子能,1966,No. 5:336.

15 Deininger J P, Chatfield L K. Method of Treating Waste Water: US 5380443[P]. 1995-01-10.

16 霍尼克维契 A A. 实验室和研究堆的放射性废水处理[M]. 芮尊元,罗淑元,译. 北京:原子能出版社,1980.

17 International Atomic Energy Agency. Handling and Processing of Radioactive Waste from Nuclear Applications[R]. Technical Reports Series No. 402. Vienna: IAEA, 2001:89-114.

第4章　低中放废水的蒸发处理

4.1　放射性废水蒸发处理法概述

4.1.1　放射性废水蒸发处理的基本原理及适用范围

将含有不挥发溶质的溶液加热沸腾，使其中的挥发性溶剂部分汽化从而将溶液浓缩的过程称为蒸发。按照分子运动学说，当液体受热时，靠近加热面的分子不断地获得动能。当一些分子的动能大于液体分子之间的引力时，这些分子便会从液体表面逸出而成为自由分子，即分子的汽化。因此溶液的蒸发需要不断地向溶液提供热能，以维持分子的连续汽化；另一方面，液面上方的蒸汽必须及时移除，否则蒸汽与溶液将逐渐趋于平衡，汽化将不能继续进行。蒸发法适合于处理低中放废水和高放废水，本章仅讨论低中放废水的蒸发处理。

放射性废水蒸发处理的简单工作原理如下：将废水送入蒸发器加热段的加热管中，同时将加热蒸汽通入加热段的外侧空间，通过管壁的热传导将废水加热沸腾。废水中的水分（挥发性溶剂）被逐渐汽化形成水蒸气，随后经冷却便凝结成水（冷凝水）。由于废水中大多数放射性核素是不挥发溶质，因此，只有极少量易挥发的放射性核素随废水蒸气进入冷凝水，而大部分放射性核素留在蒸残液中。其结果是，大量的冷凝水中的放射性水平远远低于原来的废水，体积大为缩小的蒸残液中则浓集了放射性核素。

蒸发法具有如下优点：

（1）处理效率高，其去污因子一般可达 10^4～10^6[1-3]，尤其是对于废水中盐类较多、成分较为复杂的情况，该方法具有许多别的方法无法比拟的效能；

（2）操作简单，灵活性大，适于处理高放、中放和低放废水，既可以单独使用，也可以与其他方法联合使用；

（3）技术成熟，是一种比较经典的化工单元操作，在理论上和实践中均已积累了比较完整的资料。

蒸发法也存在一些缺点：

（1）蒸发法的能耗很高，一般情况下，普通单效蒸发器每蒸发 1 m^3 废水所消耗的加热蒸汽为 1 t 左右[1]，处理费用为化学沉淀法的 20～50 倍[4]；

（2）不适合处理含有易挥发放射性核素（如 ^{106}Ru、^{129}I）的废水，也不适合处理含有易起泡沫(如某些有机物)、结垢、腐蚀性和爆炸性物质的废水[4]。遇到这些情况,需要进行妥善的预处理将它们除去。例如,针对不同废水的特点,在蒸发之前进行化学预处理,除去某些易挥发裂变产物,破坏发泡物质,在蒸发操作时添加消泡剂,附加软化水装置,等等。

基于蒸发法的上述特点,可见蒸发法最适于处理总固体浓度大,化学成分变化大,需要高的去污因子和体积较小的废水,特别是中放和高放废水。用蒸发法处理大量的低放废水一般是不经济的,但是处理某些少量低放废水却是颇为可取的,因为它比其他方法操作更简单、有效和可靠。

4.1.2 放射性废水蒸发处理的去污因子和浓缩倍数

对废水的去污因子和浓缩倍数是衡量蒸发操作效果的两个重要指标。去污因子和浓缩倍数越高,意味着排放的二次冷凝液体积越大,冷凝液中的放射性水平越低,而剩余的浓缩液体积越小,后续的浓缩液储存、处理和处置也更方便与经济。下面简单介绍这两个概念。

去污因子(DF)是指废水处理前的放射性浓度与废水蒸发后二次蒸汽冷凝水放射性浓度之比。蒸发法的最大优点之一是用它处理废水所达到的去污因子一般比化学沉淀法和离子交换法高,在使用单效蒸发器处理只含有不挥发性放射性核素的废水时,其去污因子一般可达到 10^4 以上(在许多情况下高达 10^5);而使用多效蒸发器和除雾沫装置,则能达到更高的去污因子(10^6～10^8)。

用蒸发法处理含有挥发性放射性物质(如氚、碘、钌等)的废水时,去污因子显著降低。以氚水形式存在的氚无法用蒸发法进行分离;碘在碱性废水中能被有效地保留于浓缩液中,但是在酸性溶液中可能有很大一部分碘因挥发而进入冷凝水;钌在强烈的氧化条件下(例如在沸腾的硝酸中或在含有臭氧或高锰酸根离子的废水中),能形成挥发性的化合物,如四氧化钌,由此会使总去污因子降低。例如,在蒸发处理含 7～9 mol/L 硝酸的废液时,钌的去污因子可能比其他核素低一个数量级。

在废水的蒸发过程中,由于雾沫(细小的放射性废水滴)被水蒸气挟带于冷凝水中而使去污因子有所降低。在废水中不含挥发性放射性元素(如氚、碘、钌等)的条件下,总去污因子是雾沫夹带量的函数。雾沫是废水蒸发过程中的必然产物,而废水中如果含有泡沫剂(如肥皂、洗涤剂、去污剂等表面活性物质),则能加剧雾沫的产生和逸出,致使去污因子更加降低。因此,为了保证达到所要求的净化系数,往往在蒸发器中设置除雾沫装置,并且对废水进行除泡沫剂的预处理或往蒸发废水中投加抗泡剂。

浓缩倍数是指初始放射性废水与蒸残液体积之比。从经济角度考虑,希望能得到尽可能高的浓缩倍数，以便将浓缩物贮存设备的尺寸和费用降至最低。废水蒸发处理所能达到的最大浓缩倍数，取决于废水的化学组成，特别是总固体含量。一般含盐量越高，能够达到的最大浓缩倍数就越小。例如，美国萨凡那河核燃料工厂用蒸发设备处理放射性废水，由于其总固体含量高达 32.4%～34.5%，浓缩倍数仅达到 2.5～3.4；前苏联莫斯科放射性废物处理站用蒸发法处理离子交换树脂再生废液，由于其总固体含量仅为 60～90 mg/L，浓缩倍数达到 100～110；中国原子能科学研究院低放废水处理中心接收的废水含盐量仅为 1 g/L 左右，经两级蒸发，浓缩倍数为 100～150。在实际应用中，通常首先要决定在环境温度下溶液的结晶浓度，然后根据蒸发设备的工作参数决定一定的安全系数。例如，如果蒸发器的贮液容积很小，就会很容易由于不正常的操作而发生过浓缩，因此需要采用较大的安全系数(可取为 2)，并且应将浓缩液排放管道尽可能设计得短、粗、直；在运行中还要认真地控制浓缩液的浓度，如果认为蒸发设备不会发生事故过浓缩，则可取较小的安全系数，将蒸发器设计得接近于饱和点工作。

废水中的悬浮物含量较多时，会影响其浓缩倍数，因此在蒸发以前宜进行化学沉淀或机械过滤预处理以除去悬游物。

废水的浓缩倍数越大，则浓缩液的放射性水平就越高，因而需要更为可靠的生物防护屏蔽。

为了使废水达到最大限度的浓缩，有时可能使冷凝水中出现较高的放射性浓度。在这种情况下可对冷凝水进行化学沉淀或离子交换处理，亦可使用多级蒸发装置做进一步蒸发处理。采用多级蒸发系统又会使设备投资费用和运行费用提高，为此，欲找出最佳的浓缩倍数，应进行详细的成本-效益估算。

4.1.3 蒸发系统中各段去污因子的分配

由图 4-1 可见，蒸发法处理废水流程由五部分组成：

(1) 蒸发器：这是进行浓缩的主设备。在化工中应用着不少类型的蒸发器，但用于放射性废液的蒸发是有一些特殊要求的。

(2) 除雾沫装置：一般在沸腾式蒸发器中，有少量液体被二次蒸汽带走，从而降低了净化的效率。如何从二次蒸汽中除掉夹带的雾沫是蒸发法处理中决定净化效果的关键。目前采用的方法是利用旋风分离器、泡罩塔、填料塔等设备来净化二次蒸汽。

(3) 二次蒸汽冷凝器：这实质上就是各种类型的换热器。常用管式和平板式，新型的有滑动管板式列管冷凝器。在冷凝器后一般都设有放射性监督槽。

(4) 料液贮存槽：废水贮槽、蒸残液贮槽和净化水储罐等。

(5) 必要的液体输送设备和抽真空系统：计量泵、扬液器、高位槽、喷射泵、真

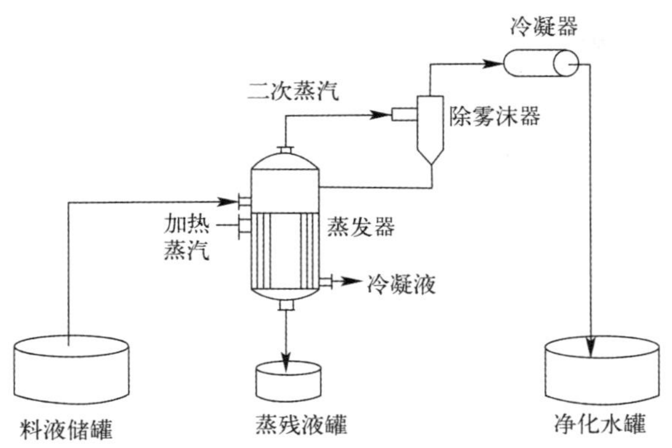

图4-1　放射性废水蒸发处理过程示意图

空泵等。

蒸发法处理放射性废水的总去污因子由蒸发器主体、蒸汽管路和雾沫分离装置的分去污因子合成：

$$DF_{总}=DF_{蒸发}\times DF_{管路}\times DF_{去沫}$$

式中：$DF_{总}$——总去污因子；

$DF_{蒸发}$——蒸发器主体去污因子；

$DF_{管路}$——蒸发器上部蒸汽管路去污因子；

$DF_{去沫}$——雾沫分离装置去污因子。

总去污因子主要取决于蒸发操作，其次，雾沫分离装置也有很好的去污效果。一般而言，在放射性废水的蒸发过程中，其二次蒸汽中夹带的放射性液滴量占蒸发量的1%～3%，蒸发器本身对放射性液滴的阻挡效率为80%～95%，即使在最高的阻挡效率下，仍有约0.1%的放射性液滴被夹带出蒸发器。所以，在二次蒸汽冷凝之前设置高效的雾沫分离装置的十分重要的。

一般情况下，蒸发过程对放射性核素的去污贡献分配如下：蒸发器主体的$DF_{蒸发}$为10^3左右，蒸发器上部蒸汽管路的$DF_{管路}$为2～3，雾沫分离装置（如旋风除雾器、填充塔）的$DF_{去沫}$为$10^2\sim10^3$。

4.1.4　蒸发操作应注意的主要问题

蒸发操作过程中遇到的主要问题是起泡、结垢、腐蚀以及爆炸危险。

起泡：在蒸发处理中，由于废水中含有肥皂和去污剂等而引起泡沫，往往成为一个主要的问题。含有大量起泡沫剂的废水不适于蒸发处理。即使废水中含有少量的起沫剂，在蒸发器中剧烈沸腾的条件下也能严重地产生泡沫，这将使实际的处理水量大大低于设计值。因此，需要在蒸发处理以前进行除沫的预处理，或者在蒸发器中设置泡沫破碎装置，或者往其中投加抗泡剂以抑制泡沫的产生。

结垢：蒸发器的工作完全依赖于良好的热传导，而在蒸发过程中在传热壁上形成结垢将使传热效率越来越低。因此，在蒸发器的设计中必须考虑有效的和方便的去垢措施。在蒸发器的工作过程中，有时为了保持设计生产率，需要采取各种防垢或除垢措施，必要时还得停工进行除垢维修。

腐蚀：在蒸发器中的腐蚀和侵蚀，一般要比其他处理设备严重，因为前者是在接触高温、高速的蒸汽和高温、强酸性（或强碱性）、高含盐量的液体的条件下工作的。因此设计处理放射性废水的蒸发器时，要选用耐腐蚀的材料，如不锈钢。

爆炸危险：在用蒸发法处理含有少量有机溶剂的废液时，必须考虑到这种材料在强的氧化环境中可能发生剧烈反应的问题。例如，在核燃料后处理过程中产生的中放废水，通常是含有一些无机成分和少量的磷酸三丁酯的硝酸溶液。这种有机物被认为在高温下能与浓硝酸发生爆炸反应。因此，在蒸发器的设计和使用中必须考虑防爆安全问题。

4.2 蒸发器的类型及其选择原则[5]

4.2.1 釜式蒸发器

这种类型的蒸发器虽然现在在化学工业上已很少应用，但在处理放射性废水方面却常常使用，尤其适用于处理小型核设施中的少量放射性废液。

釜式蒸发器的加热釜可以采用蒸汽加热套锅，也可以在釜内安装蒸汽盘管或 U 形管。若蒸发少量的废液时，还可采取直接加热法或电加热法以代替蒸汽加热。釜式蒸发器结构简单，可用于简单的批式蒸发，其处理能力为 160～2 700 L/h。在热负荷小的小型装置中，可以使用套锅（最简单的釜式蒸发器），典型的套锅如图 4-2 所示。与夹套底部连接的管子是蒸汽冷凝液的出口管，另一根管子是锅中浓缩液的排放管。蒸汽入口管和不冷凝

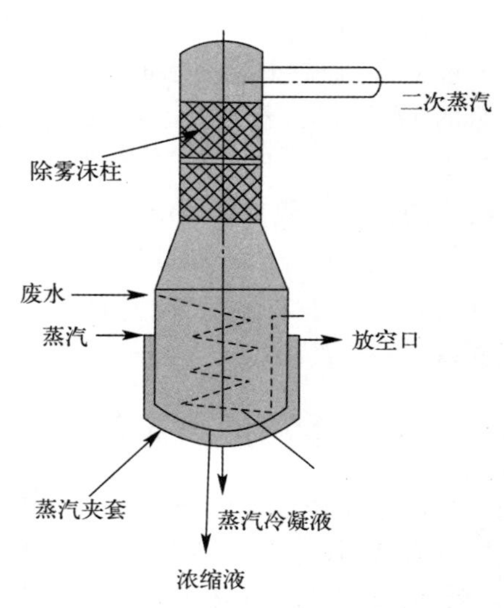

图 4-2 套锅蒸发器示意图

气体出口管分别接在夹套上部的两侧。这种套锅中的总传热系数可达 900～1 200 W/(m^2·K)。图 4-3 为加拿大乔克河核研究所的釜式蒸发器的流程示意图。该蒸发器用 347 号不锈钢制造，有效容积 900 L，废水处理能力为 900 L/h。蒸发器的顶部安装了一个 ϕ91 cm 的圆柱形双层去雾沫装置，第一层是一块挡板，第二层是网状去雾沫装置。

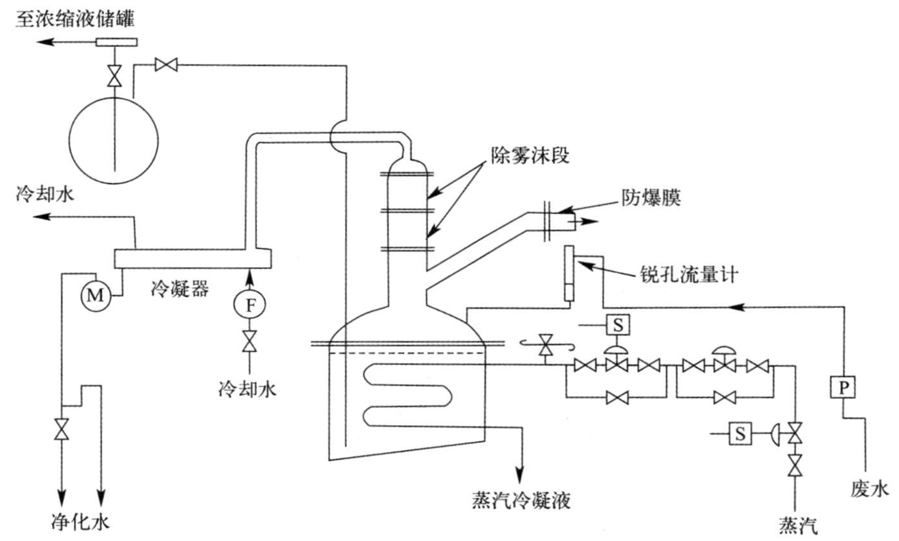

图 4-3　釜式蒸发器流程示意图

4.2.2　自然循环式蒸发器

自然循环式蒸发器分卧管蒸发器和立式蒸发器两种。

卧管蒸发器早期在化学工业中广泛地使用，但是现在除了用于准备锅炉供水外，作其他用途却很少。在废水处理中，当厂房高度受到较大限制时，可采用这种类型的蒸发器。这种类型的蒸发器大多数有卧式圆筒形外壳，蒸汽在卧式管道内流动，而废液在管道外面流动。因为它的汽-液分离表面与外壳直径的比值最大，所以产生雾沫很少。卧式直管蒸发器的造价相当低，但不适于处理易结垢的废液。卧管蒸发器也不适于处理起泡沫的废水，因为蒸发器内没有破坏泡沫的设施。

立式中央循环蒸发器(见图 4-4)现已得到广泛应用。这种蒸发器的壳体为焊接结构，可用普通碳钢制成，但也可用各种型号的不锈钢来制作。它的主体通常为一圆筒，其加热室由一垂直的加热管束（沸腾管束）构成，在管束中央有一根直径较大的管子，称为中央循环管，其截面积一般为加热管束总截面积的40%～100%。在这种蒸发器中，加热蒸汽从沸腾管之间的蒸汽空间上部送入，而蒸汽冷凝液则从下部排出。当加热蒸汽通入管间加热时，由于加热管内单位体积液体的受热面积大于中央循环管内液体的受热面积，因此加热管内液体的相对密度小，从而造成加热管与中央循环管内液体之间的密度差，这种密度差使得溶液自中央循环管下降，再由加热管上升的自然循环流动。溶液的循环速度取决于溶液产生的密度差以及管的长度，其密度差越大，管子越长，溶液的循环速度越大。由于有中央循环管和较大的蒸汽空间，可使溶液进行有组织的循环（可达几十次）。但这类蒸发器由于受总高度限制，加热管长度较短，一般为1～2 m，直径为25～75 mm，长径比为20～40。在该蒸发器的蒸汽空间设有分离挡板，以便分离废水蒸发生成的二次蒸汽所夹带的液滴。

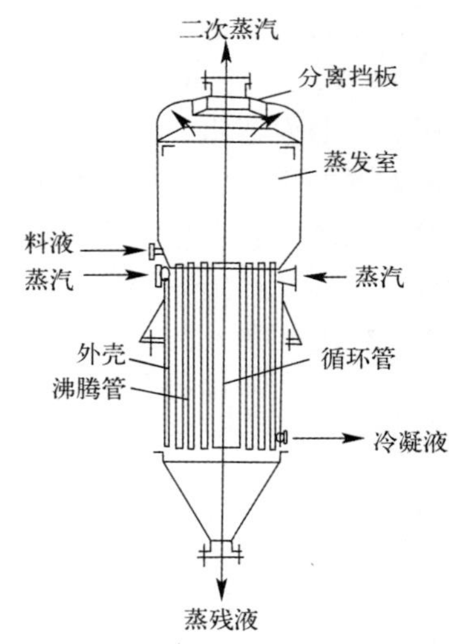

图 4-4 立式中央循环蒸发器

这种类型的蒸发器在温差很大时，其传热系数很高。但是，随着温差的变小，其传热系数也就变得很低。液体通过加热面进行循环运动，是由于在管中形成水蒸气的抽吸作用引起的。

由于自然循环速率可以比供料速率大好多倍，所以在连续操作中，进入底部的液体与出料的浓度相同。当液位到达管高的一半时，传热系数最高。而液位稍低于最佳值时，则使管壁不能完全湿润，接着就会增加污垢，并将很快地降低处理能力。

当蒸发产生结垢或盐析的废液时，通常使液面明显高于最佳值工作。为了便于用机械设备来清除管道中的结垢，因此管道的长度受到了一定的限制。

立式中央循环管蒸发器具有结构紧凑、制造方便、操作可靠等优点，故在工业上的应用十分广泛，有所谓“标准蒸发器”之称。但实际上，由于结构上的限制，其循环速度较低（一般在0.5 m/s以下）；而且由于溶液在加热管内不断循环，使其浓度始终接近完成液的浓度，因而溶液的沸点高、有效温度差减小。此外，设备的清洗和检修也不够方便。废水处理站可应用这种形式的蒸发器来蒸发含少量起泡物质的废水。

悬筐式蒸发器（见图 4-5）是对中央循环管蒸发器的改进。其加热室像个悬管，悬挂在蒸发器壳体的下部，可由顶部取出，便于清洗与更换。加热蒸汽由中央蒸汽管进入加热室，而在加热室外壁与蒸发器壳体的内壁之间有环隙通道，其作用类似于中央循环管。操作时，溶液沿环隙下降而沿加热管上升，形成自然循环。一般环隙截面积约为加热管总面积的 100%～150%，因而溶液循环速度较高(约为 1～1.5 m/s)。由于与蒸发器外壳接触的是温度较低的沸腾液体，故其热损失较小。悬筐式蒸发器适用于蒸发易结垢或有晶体析出的溶液。它的缺点是结构复杂，单位传热面需要的设备材料量较大。

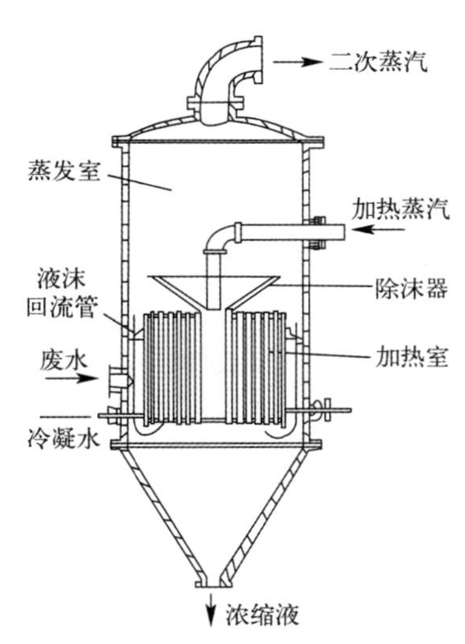

图 4-5　悬筐式蒸发器

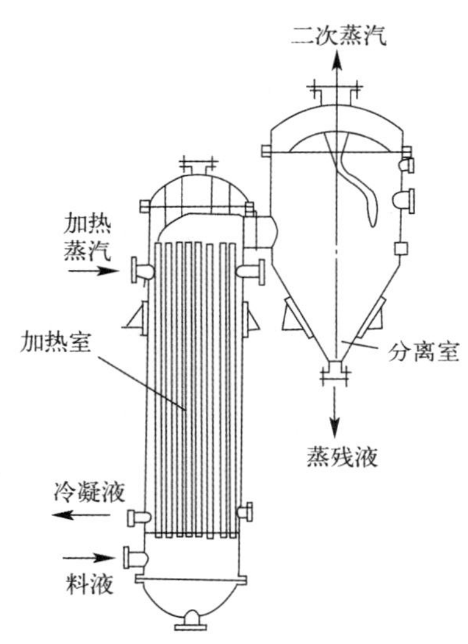

图 4-6　外加热式蒸发器

对于含较大量起泡物质的废水蒸发，可采用外加热式蒸发器(见图 4-6)。因其加热管较长(管长与管径之比为 50～100)，同时由于循环管内的溶液不被加热，故溶液的循环速度大，可达 1.5 m/s。由于这种蒸发器的加热室与分离室分开，工作人员可接近沸腾管，从而便于蒸发器的清洗与检修。外加热式蒸发器可大大减少随二次蒸汽夹带出去的液滴和泡沫。

中国原子能科学研究院的低放废水处理车间采用一个立式中央循环蒸发器和一个外加热式蒸发器串联，获得良好的处理效果。

4.2.3　强制循环蒸发器

上述各种蒸发器均为自然循环型蒸发器，即靠加热管与循环管内溶液的密度差引起溶液的循环，这种循环速度一般都比较低，不宜处理黏度大、易结垢及有大量析出结晶的溶液。对于这类溶液的蒸发，可采用强制循环型蒸发器（见图4-7）。这种蒸发器是利用外加动力（循环泵）使溶液沿一定方向作高速循环流动。循环速度的大小可通过调节泵的流量来控制。一般循环速度在2.5 m/s以上。

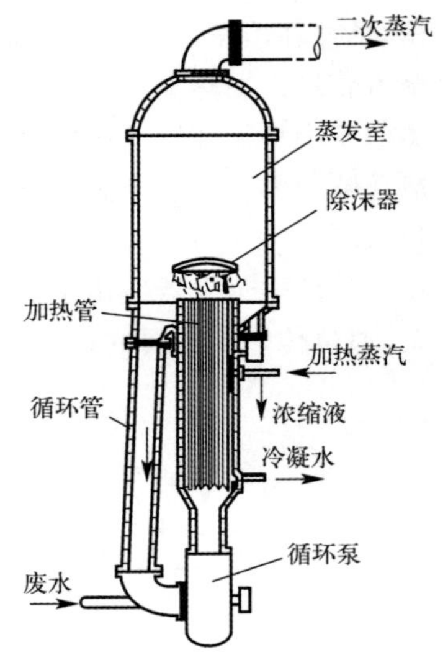

图4-7　强制循环蒸发器

强制循环蒸发器适合于处理易产生结垢的废水，因为废水在加热管中的流速很高，这就有效地减少了结垢物质的沉积，近来倾向于将加热元件安装成独立的单元，以便于清洗和更换管道。可以将加热元件（卧管式或竖管式）安装在远低于液面以下，以避免在加热表面上形成沸腾，同时可以大为降低结垢的沉积，从而提高平均传热系数。液体通过加热管的流速受泵送能力的限制，也受到在高速下腐蚀和侵蚀加剧的限制。

强制循环式蒸发器的选择，取决于造价、液体循环的动力费用和可能达到高的传热系数等各方面的经济平衡。处理放射性废液还需考虑的另一个重要因素是便于维修。循环泵的维修工作（大多是离心泵）必须进行直接操作，而由于放射性的沾污，给这种维修工作增加了困难。

强制循环式蒸发器的优缺点如下：

优点：传热系数高；循环良好；很少产生盐析、结垢和污垢。

缺点：成本高；循环泵能耗高。

4.2.4　单程型蒸发器

这类蒸发器的特点是，溶液沿加热管壁成膜状流动，一次通过加热室即达到要求的浓度，而停留时间仅数s或十几s。单程型蒸发器的主要优点是传热效率高，蒸发速度快，溶液在蒸发器内停留时间短。

按物料在蒸发器内的流动方向及成膜原因的不同，可以分为以下几种类型：

（1）升膜蒸发器；

（2）降膜蒸发器；

（3）升-降膜蒸发器；

（4）刮板薄膜蒸发器。

4.2.4.1　升膜蒸发器

升膜式蒸发器的结构如图4-8所示，这种蒸发器由单一行程的立式壳管式热交换器构成，其加热室由一根或数根垂直长管组成，通常加热管直径为25～

50 mm，管长与管径之比为 100～150。废水经预热后由蒸发器的底部进入，加热蒸汽在管外冷凝。被管外蒸汽不断加热的废水沿管道上升，到某一位置时开始沸腾后迅速汽化，所生成的二次蒸汽在管内高速上升，带动液体沿管内壁成膜状向上流动，上升的液膜因受热而继续蒸发。故溶液自蒸发器底部上升至顶部的过程中逐渐被蒸浓，浓溶液进入分离室与二次蒸汽分离后由分离器底部排出。常压下加热管出口处的二次蒸汽速度不应小于 10 m/s，一般为 20～50 m/s，减压操作时，有时可达 100～160 m/s 或更高。

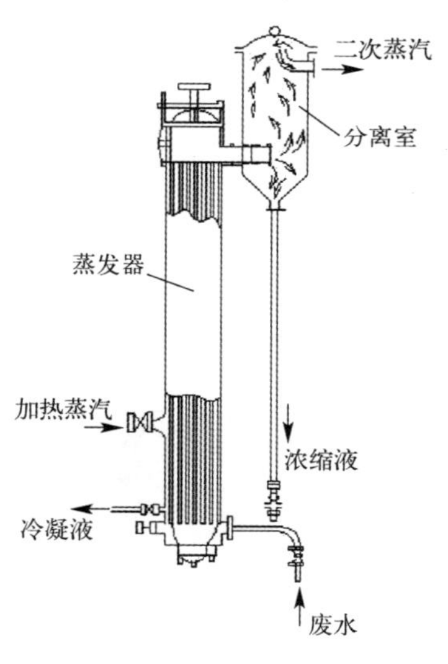

图 4-8　升膜式蒸发器

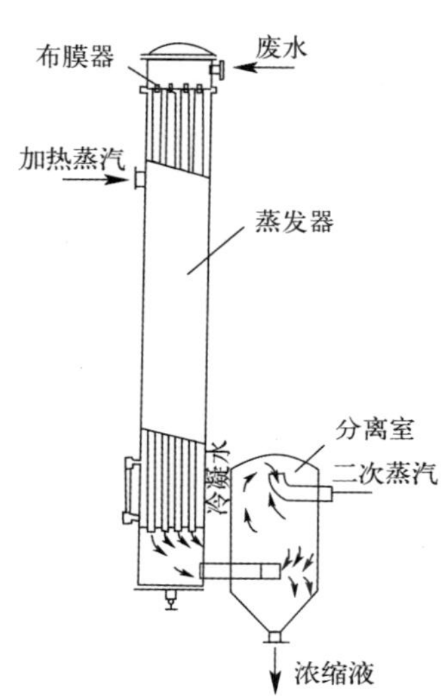

图 4-9　降膜式蒸发器

升膜蒸发器不适于高黏度、有晶体析出或易结垢的废水，但适用于蒸发量较大(即稀溶液)的废水，也非常适于蒸发易起泡沫的废水，这是因为当汽液混合物从加热管中高速喷射到安装在加热管出口处的异型折转板时，能将泡沫破坏，并将液体从蒸汽出口截留下来。在需要得到很高的浓缩倍数时，可使液体通过外部循环管进行自然循环。

4.2.4.2　降膜蒸发器

降膜式蒸发器如图 4-9 所示。它与升膜蒸发器的区别在于原料液由加热管的顶部加入。溶液在自身重力作用下沿管内壁呈膜状下流，并被蒸发浓缩，汽液混合物由加热管底部进入分离室，经汽液分离后，浓缩液由分离器的底部排出。

降膜蒸发器可以蒸发浓度较高的溶液，对于黏度较大的物料也能适用，还适合于蒸发易于发泡的废水，但对于易结晶或易结垢的溶液不适用。

由于液膜在管内分布不易均匀，与升膜蒸发器相比，其传热系数较小。为使溶液能在壁上均匀成膜，在每根加热管的顶部均需设置液体布膜器，即在每根加热管顶部管内设置导流管，通常导流管可以选用带螺旋形沟槽的圆柱体，或是底部内凹的圆锥体，也可将加热管顶部管口制成齿缝状，液体可通过齿缝沿加热管内壁成膜状下降。

在降膜蒸发器的运行过程中，可能有部分加热管道因供料不足而使在此管中的废水蒸干。此问题随着所需浓缩倍数的提高而更为严重。

4.2.4.3 升-降膜蒸发器

将升膜和降膜蒸发器装在一个外壳中，即构成升-降膜蒸发器，如图 4-10 所示。原料液经预热后先由升膜加热室上升，然后由降膜加热器下降，再在分离室中和二次蒸汽分离后即得浓缩液。这种蒸发器多用于蒸发过程中溶液的黏度变化很大，水分蒸发量不大和厂房高度有一定限制的场合。

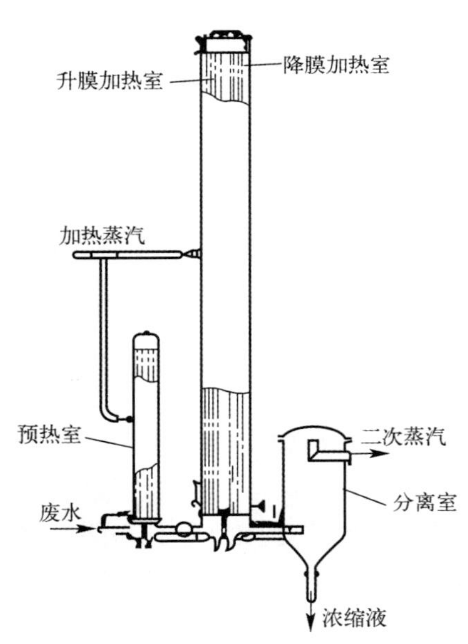

图 4-10　升-降膜蒸发器

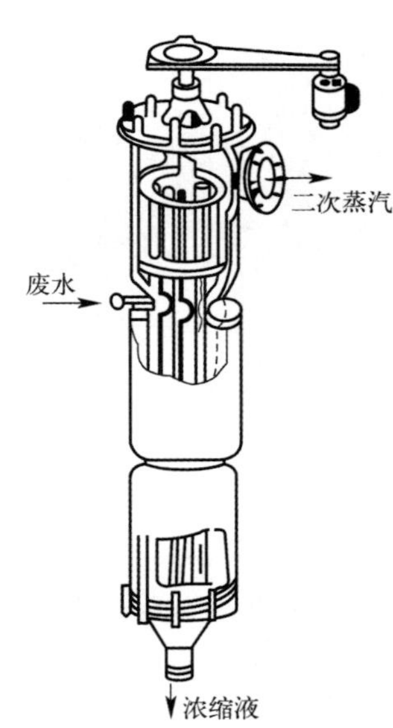

图 4-11　刮膜蒸发器

4.2.4.4 刮膜薄膜蒸发器

这种蒸发器是利用旋转刮片的刮带作用，使液体分布在加热管壁上。它的突出优点是对物料的适应性很强，例如对于高黏度、热敏性和易结晶、结垢的物料都能适用。刮膜薄膜蒸发器的结构如图 4-11 所示。它的壳体外部装有加热蒸汽夹套，其内部装有可旋转的搅拌刮片，旋转刮片有固定的和活动的两种。前者与壳体内壁的缝隙为0.75～1.5 mm，后者与器壁的间隙随搅拌轴的转数而变。废水由蒸发器上部沿切线方向加入后，在重力和旋转刮片带动下，溶液在壳体内壁上形成下旋的薄膜，并在下降过程中不断被蒸发浓缩，在底部得到浓缩液。在某些情况下，可将溶液蒸干而由底部直接获得固体产物。这类蒸发器的缺点是结构复杂，动力消耗大，传热面积小，一般为3～4 m^2，最大不超过20 m^2，故其处理量较小。

4.2.5 其他类型蒸发器

4.2.5.1 蒸汽压缩式热泵蒸发器

在采用常规蒸发器的废水蒸发过程中，废水蒸发产生出的蒸汽（二次蒸汽）要用冷却水将其冷凝成水。在二次蒸汽冷凝成水的过程中所释放的潜热，被冷却水带到冷却塔上排到大气中，造成了大量的热量（低温余热）的浪费。所以，充分利用二次蒸汽的潜热，是降低蒸发器操作能耗、提高经济效益的重要措施。

采用热泵技术可以将低温余热作为二次能源加以利用。在蒸发器的工作过程中，通过汽化能的重复利用能够使热获得充分和经济的使用。蒸汽压缩式蒸发器中产生的低压蒸汽的潜热，在较高的温度下也可以利用，从而提高了总的热效率。我们知道，热量可以自发地从高温物体传递到低温物体，但不能自发地沿相反方向进行传递。然而，根据热力学第二定律，若以机械功作为补偿条件，热量也可以从低温物体转移到高温物体中去。热泵就是根据这一定律，靠消耗一定能量（如机械能、电能）或使一定能量的能位降级，迫使热量由低温热源（物体）传递到高温热源（物体）的机械装置。热泵的工作原理与制冷机相同，只是目的不同而已。用于供冷的称制冷机；用来供热的则称热泵，二者均按逆卡诺循环方式工作。

蒸汽压缩式热泵按其工作原理可分为机械压缩式和蒸汽喷射压缩式两种。

机械压缩式热泵蒸发处理放射性废水的基本原理如图4-12(a)所示。废水经热交换器预热后进入蒸发器被蒸发浓缩，二次蒸汽经压缩机压缩，提高压力、温度和焓值，然后将压缩后的蒸汽送回蒸发器加热室中，作为加热蒸汽用于蒸发料液，被加热料液吸收其潜热后又变成二次蒸汽，后者再进入压缩机压缩。如此不断循环，以少量高质能机械功、电能等，通过热泵蒸发装置把大量的低温位热能转化为有用的高温位热能加以利用，从而节省大量加热蒸汽，达到节能目的。在热泵蒸发过程中，二次蒸汽是用压缩机将其回收，经升压升温后送回蒸发器的加热室代替锅炉房来的一次蒸汽。即用升压升温的二次蒸汽再去蒸发废水，由于二次蒸汽把热量传递给废水使其蒸发，所以二次蒸发本身在蒸发废水的同时被冷凝成冷凝水，即最终的净化水。废水在蒸发器中不断蒸发而被浓缩，其浓缩了的放射性废液从蒸发器底部收集后另作处理。

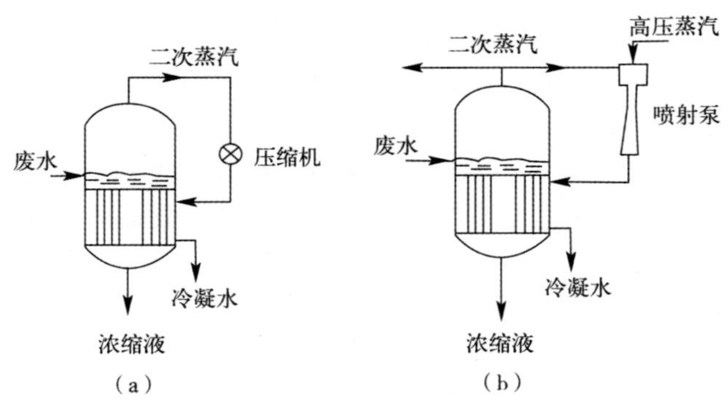

图 4-12　热泵蒸发原理图

在废液处理中，一般使用离心压缩机和罗茨型(Roots-type)正压移动鼓风机。鼓风机或压缩机由电动机或蒸汽轮机带动，当电能较其他燃料便宜的情况下，以电力作为能源是经济的。这种类型蒸发器的供料液应尽可能预热到接近沸点，目的是为了使压缩机的费用和动力费用保持在合理的范围内。

蒸汽喷射压缩式热泵蒸发处理放射性废水的基本原理如图 4-12(b)所示。使用蒸汽喷射泵，以少量高压蒸汽为动力，将部分二次蒸汽压缩并混合后，一起进入加热室进行加热。

蒸汽喷射压缩式热泵蒸发器是采用蒸汽喷射器来代替压缩机。因此这种类型的蒸发器只有在有高压蒸汽时才可使用。蒸汽喷射器的效率较低，只有 25%～35%，而且高压蒸汽和低压蒸汽之间的压力差越大，则蒸汽喷射器的效率越低。当蒸汽流速和蒸汽压差偏离设计值时，蒸汽喷射器工作也不稳定。因此，要想在较大的范围内变化蒸发速率时，必须使用 2～3 个并联的喷射器。蒸发器排出的冷凝水是锅炉蒸汽和蒸发器含有冷凝水蒸气的混合物，后一种蒸汽一般为放射性沾污，当重复用作锅炉用水时，必须进行纯化处理。

蒸汽喷射器的效率比机械压缩机的效率低，但其起始费用低，能够处理大量的蒸汽，没有转动部分。使用蒸汽喷射器可以降低必须在低温下工作的蒸发器的费用。

热泵蒸发器耗能低、净化效果好、浓缩倍数大、装置结构紧凑、操作简便、安全可靠、易于实现自动化。图 4-13 为中国原子能科学研究院热泵蒸发处理放射性废水的台架试验流程示意图[6]。

英国核武器机构股份公司(AWE)在奥尔德玛斯顿村(Aldemaston)场址建造了一座新的废水处理厂，该厂于 2005 年开始进行验证性运行。如图 4-14 所示，废水经粗过滤和预热之后，采用压缩蒸发和反渗透膜法处理，净化水经检测合格后排放[7]。

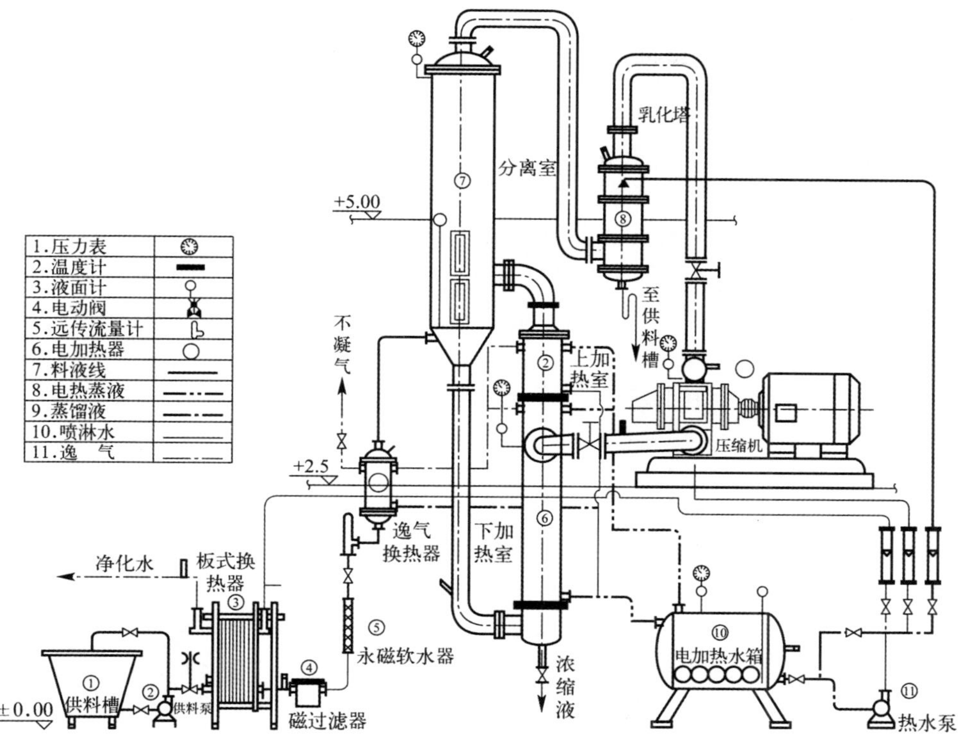

图 4-13　中国原子能科学研究院热泵蒸发处理放射性废水的台架试验流程示意图

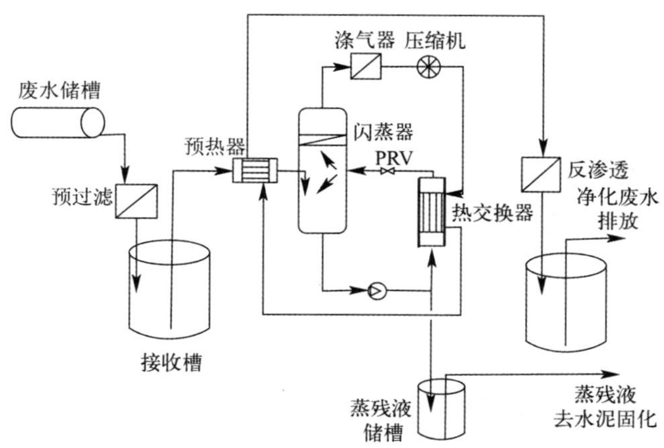

图 4-14　英国奥尔德玛斯顿村场址废水处理厂流程示意图

4.2.5.2 太阳能蒸发处理设施

对于极低放(比放为 10^{-10}～10^{-11} Ci/L)废水的排放,一般采取大量河水或海水稀释后排放的方式。但对于内陆地区,缺乏稀释用水。韩国原子能研究院(KAERI)开发了一种太阳能蒸发装置。该装置蒸发区是一间玻璃房子,太阳光透射进来提供热能。房内挂满了布条,造成巨大的蒸发面积。如图 4-15 所示,极低放废水经过滤后从挂在蒸发区中的一系列布条顶部引入,湿润布条后逐渐下降。空气经过滤后由空气分布器从布条底部引入,空气的向上流动加快了布条上废水的蒸发,并夹带水汽从蒸发区顶部经监测后排出。浓缩液由集水池收集后,送至低放废水处理系统[8]。

关于蒸发器的具体的热工计算过程本书从略,读者可参阅相关的书籍资料[9-10]。

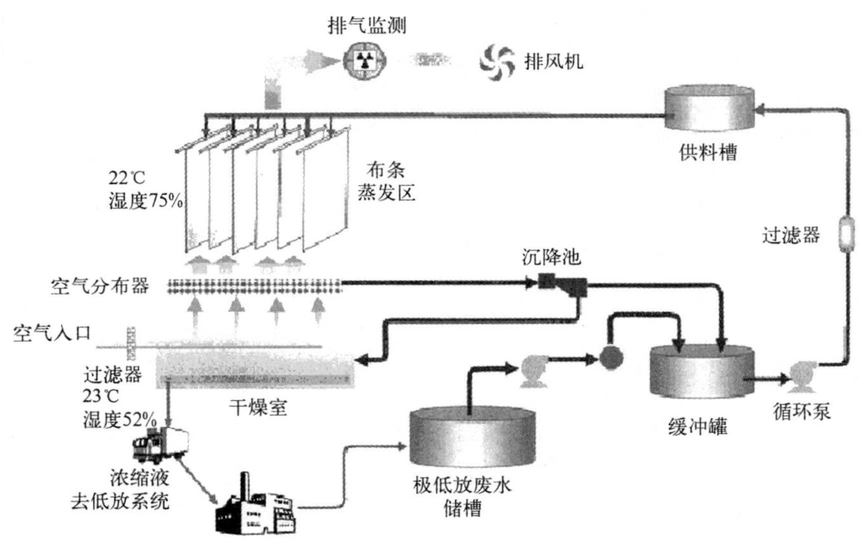

图 4-15 韩国原子能研究院的太阳能蒸发处理流程

4.2.6 蒸发器选择原则

上面介绍的蒸发器的种类结构很多,在选用和设计时,既要考虑一般蒸发设备的指标,又要考虑蒸发放射性废水的特殊要求。蒸发设备由两个重要指标:

(1) 设备的经济指标,要求蒸发单位重量的溶剂(在这里指水)所需要的加热蒸汽量越小越好；

(2) 设备的生产强度，要求单位时间内单位面积所产生的二次蒸汽量越多越好。

由于放射性废水具有放射性，成分复杂，且往往带有腐蚀性，所以放射性废水的蒸发对设备有一些特殊的要求：

(1) 设备抗腐蚀性好；

(2) 浓缩能力大，以尽量减少浓缩液的体积；

(3) 雾沫夹带少，以尽量降低二次冷凝液的放射性水平；

(4) 不易产生结垢和堵塞，不需要经常检修；

(5) 设备密封良好，有足够的屏蔽。

在各种蒸发器中，最简易的蒸发器是蒸汽夹套式球形底的金属容器。这种蒸发器的特点是结构简单可靠，但其根本缺点是传热强度低、生产能力小、蒸汽空间不大。由于这些原因，可能会使液滴发生大量夹带。在废水处理站，这种蒸发器只能适用于极个别情况，即所需蒸发装置的生产能力很小且在被蒸发水中存在大量的发泡物质。蛇管式蒸发设备借助于蛇管系统来加热液体，它是由蒸汽夹套式蒸发器演变而来的。蛇管式蒸发器比较紧凑，就单位体积蒸发液而言具有较大的加热表面。这种蒸发设备的缺点是：清洗加热表面和检修蛇管复杂、长蛇管中的冷凝液排出困难。在废水处理站，这种蒸发设备只能用作单效蒸发器，且被蒸发水中不能含有大量引起结垢的盐分。

表 4-1 给出了几种常用蒸发器的主要性能比较[11]。由表可见，对于稀溶液和有固体析出的溶液，中央循环管式和外加热式蒸发器比较适用。

表 4-1　几种蒸发器的主要性能比较

类　型	蒸发稀溶液的总传热系数 $W/(m^2 \cdot K)$	管束内溶液流速 (m/s)	停留时间	稀溶液	黏稠溶液	起泡性溶　液	有固体析出的溶液
中央循环管式	良好(800～2 500)	0.4～0.5	长	好	不行	不行	可以
悬筐式	良好(800～2 500)		长	良好	不行	不行	可以
外加热式	良好(800～2 500)	0.3～2.0	长	良好	良好	良好	可以
强制循环式	高(800～5 000)	1.5～3.5	长	良好	良好	良好	良好
升膜式	高(800～3 800)	20～25	短	良好	良好	良好	不行

4.3 蒸发器中的传热

蒸发器依靠传热进行工作。对于连续生产的单效蒸发器的热工计算，可应用普通传热方程式：

$$Q = K \cdot F \cdot \Delta t$$

式中，Q——单位时间传热量，W(1 W=0.86 kcal/h)；

K——传热系数，W/(m^2 · K)；

F——热交换面积，m^2；

Δt——加热蒸汽与废水之间有效温度差，K。

根据热量衡算，单位时间传热量 Q 应等于单位时间内蒸发水分所需要的热量，即：

$$Q = W \cdot r = K \cdot F \cdot \Delta t$$

式中，W——单位时间内蒸发的水量，kg/h；

r——蒸发潜热，J/kg。

设 U 为蒸发强度[kg/(m^2 · h)]，则有：

$$U = \frac{W}{F} = \frac{K \cdot \Delta t}{r}$$

由上式可见，对于蒸发一定物料的蒸发器而言，其蒸发强度取决于有效温度差 Δt 和传热系数 K 的大小。

有效温差 Δt 的确定非常困难，因为废水的温度在加热表面的所有部分并不相同。因此，Δt 往往取为在加热单元的加热蒸汽一侧的压力下加热蒸汽的温度与在闪蒸室的压力下跟蒸汽平衡的沸腾液体的温度之间的温度差。这样计算的温度差称为“表观温差”，而两侧加热面的实际温差往往低于这一数值，因为沸腾液体的温度由于液体沸点上升而比较高。

由于纯溶质存在而导致的沸点上升值，就在相同的溶剂中有相同的浓度(g/L)来说，是与其分子量成反比的，即 $\Delta T \infty 1/T$。由于这种原因，沸点上升对多数无机盐来说可能很显著，但是对于那些含有大分子量的胶体物质或者有机物的溶液可能是微不足道的。在处理放射性废水时，溶质的成分变化很大，因而在蒸发过程中往往由于间歇操作而使沸点上升值有很大的变动。在这种情况下应当计算最后阶段蒸发的沸点上升值。对于浓溶液，沸点上升值可用称为“Dühring 定律”的经验公式计算。根据这一定律，如果将溶液的沸点对应于相同压力下纯溶剂(例如水)的沸点绘制曲线，则对于某一特定浓度的溶液可得到一条直线。

在蒸发操作中，通过提高 Δt 来提高蒸发器的蒸发强度，常常受到一定的限制，更多的应该从提高传热系数 K 着手。

蒸发过程的传热系数 K 可用下式表示：

$$K = \frac{1}{\frac{1}{\alpha_{汽}} + \frac{\delta_{锈}}{\lambda_{锈}} + \frac{\delta_{管}}{\lambda_{管}} + \frac{\delta_{垢}}{\lambda_{垢}} + \frac{1}{\alpha_{液}}}$$

式中，$\alpha_{汽}$——加热介质一侧蒸汽膜的传热系数，W/(m² · K)；

$\alpha_{液}$——液膜的传热系数，W/(m² · K)；

$\delta_{锈}$——加热管外侧表面的铁锈厚度，m；

$\delta_{管}$——加热管壁的厚度，m；

$\delta_{垢}$——加热管壁上结垢层厚度，m；

$\lambda_{锈}$——铁锈的导热系数，W/(m · K)；

$\lambda_{管}$——加热管的导热系数，W/(m · K)；

$\lambda_{垢}$——结垢的导热系数，W/(m · K)。

上式中总传热系数 K 值的倒数为传热的总阻力，它是加热蒸汽膜的热阻、加热管外侧表面的铁锈层热阻、加热管壁热阻、加热管废水侧液膜热阻以及废水侧结垢层热组的总和。

加热蒸汽膜的热阻（或传热系数）的计算在任何传热手册中都有介绍。加热蒸汽中含有的不凝气体，会大大降低传热系数，所以在对多效式或蒸汽压缩式蒸发器进行传热计算时必须仔细，蒸发器的设计应考虑提供适当的流动通路，以将蒸汽中的不凝气体排挤出去。

加热管本身的导热系数很高，所以加热管热阻往往很小，可以忽略不计。

加热管废水侧液膜热阻往往是起决定性作用的热阻，它取决于使用的蒸发器的类型。在强制循环蒸发器中这种热阻随循环速度的不同而大不相同。在低的循环速度下，能够在远低于管顶的位置开始沸腾，并且用 Nusselt 型公式计算的膜传热系数可能小于实测系数的一半。但是，对于速度＞1 m/s 的循环来说，在管中几乎是压缩沸腾，因而计算的系数与实测值接近。对于自然循环蒸发器，膜的传热系数大致与黏滞度成反比，其值既可以用 Colburn 型公式也可以用 Nusselt 型公式计算，还可以使用因次型经验公式计算。

除了液膜的热阻之外，在加热管的废水一侧可能由于盐析或结垢而形成沉积层，增加了热阻，增加的热阻与结垢的厚度成正比。由于结垢的导热系数 $\lambda_{垢}$ 非常低，当结垢层 $\delta_{垢}$ 足够厚时，垢层的热阻（$\delta_{垢}/\lambda_{垢}$）将成为总热阻中的主导项，致使总传热系数 K 大大降低，从而大大降低蒸发强度，严重影响传热效果，使经济性变差。关于结垢问题在 4.6 节中还要讨论。

4.4 蒸发器的操作方法

4.4.1 废水的预处理

放射性废水的成分(包括放射性核素组成和化学组成)一般都比较复杂,有些废水含有固体悬浮物质,有些废水的硬度较高,蒸发过程中容易结垢。所以,低中放废水在蒸发处理之前往往需要进行预处理,去除部分固体悬浮物,降低废水硬度,并适当去除部分放射性核素,从而减轻蒸发器负担,提高蒸发效果。

如在第三章中所述,中国原子能科学研究院的低放废水处理车间在废水蒸发处理之前,先进行了化学沉淀和沙过滤预处理。在絮凝段,采用采用了 $Na_3PO_4 \cdot 12H_2O$ 作凝聚剂、$FeSO_4 \cdot 7H_2O$ 作助凝剂进行凝聚。$c(Ca^{2+}):c(PO_4^{3-})$ 为 1∶1.6,相应的 PO_4^{3-} 的投加量控制在$(80\sim100)\times10^{-6}$ mg/L。该车间还在废水中添加$(5\sim10)\times10^{-6}$ mg/L $KMnO_4$,其目的是破坏水中的部分有机物,氧化 Fe^{2+} 至 Fe^{3+},同时 $KMnO_4$本身被还原为 MnO_2沉淀并载带放射性核素。化学沉降段废水的 pH 用 NaOH 控制在 8.5～9.0。

通过化学沉降和沙过滤处理,废水的总硬度离子(Ca^{2+}、Mg^{2+})浓度从 25 mg/L 降低到<0.01 mg/L,对$^{89,90}Sr$ 的净化率为 95%～99%,对总稀土的净化率为 90%～95%,对^{95}Zr-^{95}Nb 的净化率为 90%以上。

进入蒸发器的放射性废水的 pH 一般控制在 6～7。较低的 pH 有利于减少蒸发过程中的起泡,但会加剧蒸发器的腐蚀。

4.4.2 蒸发器操作[5]

4.4.2.1 浸没式蒸发器操作

放射性废水靠重力或用泵从料液槽往蒸发器供给料液时,如使用预热器,则废水在进入蒸馏釜以前先通过预热器。流量用锐孔或转子流量计进行测量,用手动或自动调节阀控制。蒸发速率用手动或自动控制蒸汽阀来调节。蒸馏釜中的液面用一台仪器控制,它的作用是:

(1) 当供给的蒸汽保持恒定时,推动进料液控制阀工作;

(2) 当供料量保持恒定时,推动蒸汽控制阀工作;

(3) 同时控制进料阀和蒸汽阀。如果蒸汽或料液供应不正常,后一种控制系统提供了安全的措施。

机械热力压缩蒸发器需要使用蒸汽,这与简单的蒸发器一样需用外热源。热力压缩蒸发器，不论是机械压缩式还是蒸汽喷射器压缩式，通常需要比压缩蒸汽中的有效热量更多的热量。为维持蒸发器工作所需的其余热量，必须从外热源中得到，而且这种蒸汽要用蒸汽流量控制阀来调节。根据进料液的数量和蒸发器的大小可以采用连续式、半连续式或间歇式的不同操作方法。蒸馏液冷凝后收集在贮槽中，经过检测，如放射性水平低于允许排放水平时，便可直接排到环境中去。如果放射性强度超过允许水平，则需进行进一步处理。

蒸馏釜中的浓缩液一直浓缩到最佳浓度。而最佳浓度是通过测量固体含量或放射性浓度来确定的。能够达到的最大浓度取决于进料废水中溶解固体的性质。在许多蒸发装置中，从蒸发器底部排出的浓缩液再送到浓缩器中选一步处理。而这种浓缩器实际上也是一种蒸发器。连续蒸发过程中，浓缩液的排料采用间歇排料方式。

多数蒸发器在大气压下工作，但有少数蒸发器在减压下工作。真空蒸发器的压力，通常是通过调节冷凝器的排气进行控制。

4.4.2.2　薄膜式蒸发器操作

薄膜式蒸发器的启动运行几乎与浸没式加热管的蒸发器相同。废水通过一次升膜或降膜蒸发器，体积浓缩倍数增加的比较少，因此在需要高的体积浓缩倍数时，必须将浓缩液进行反复循环蒸发。在重复循环过程中，务必防止浓缩液通过供料管返回料液槽中。料液一次通过卧式刮膜蒸发器，由于浓缩液在蒸发器中停留时间可调范围很大，因而可以得到较高的体积浓缩倍数。由于薄膜式蒸发器的贮存容积小，所以必须很好地调节液体流量和蒸汽流量。管中贮液量很小则容易起泡。起泡量还往往随着浓缩液中固体含量的增加而增加。薄膜式蒸发器一般不适于处理易盐析和结垢的废液。污垢的积累导致传热效率的降低，相应的增加了蒸汽的压力和运行中的不稳定性。此外，污垢将会剥落在管道里，最终会堵塞部分或全部的排料管路。

4.4.3　蒸发条件控制[11]

蒸发操作过程中的真空度、液面高度、蒸汽压力等对雾沫的形成与夹带有重要影响。

在蒸发操作中，蒸发器内真空度的稳定与否对蒸发器的净化效果影响很大。当真空度突然降低时，会产生“瞬间蒸发”现象，引起瞬间雾沫的激烈增加，从而使二次蒸汽水质变坏。这是因为，溶液的沸点随液面上所受的压强变化而变。在一定的压力下，蒸发(汽化)温度是一定的。如在一个大气压($1.013\times10^5\ N/m^2$)下，水加热至 100 ℃时，水的温度就不再上升了，一部分水开始蒸发。假如此时不再供热，蒸发将停止；但如突然降低液面上的压力，水可以在没有供热的这一瞬间发生急剧的蒸发作用，其汽化潜热是因压力降低后汽化温度降低（$<$100 ℃）而获得的。在 0.5 个大气压下，水的沸腾温度为 80.9 ℃。所以，当 100 ℃的水上的压强突然从一个大气压降至 0.5 个大气压，就会发生瞬间蒸发，直至水的温度降至 80.9 ℃以下。

当水温每降低 1 ℃，1 kg 水将为蒸发提供 4.18×10^3 J 的汽化潜热。这种蒸发现象被称为“自蒸发”或“瞬间蒸发”。

从理论上可以计算，溶液在 100 ℃左右沸腾时，当真空度波动 25 mmHg，会引起被蒸发溶液的沸点波动 1 ℃。水在 100 ℃和 1.013×10^5 N/m^{2}条件下的汽化潜热为 2.26×10^3 kJ/kg（540 kcal/kg），设蒸发器内溶液体积为 1 m^3，则有 4.18×10^3 kJ 的热量可用于瞬间蒸发，这将使 1.85 L 溶液在瞬间暴沸，立即全部变成二次蒸汽，从而在短时间内使泡沫量急剧增加。试验中发现，在稳定的真空度下，泡沫层厚度为 40～50 mm；当真空度从 50 mmHg 上升至 100 mmHg，泡沫层厚度立即上升到 70 mm；过了 20～40 s 后，泡沫层厚度又会降至 40～50 mm。当真空度从 50 mmHg 上升至 150 mmHg，泡沫层厚度立即上升到 150 mm；过了 15 s 后，泡沫层厚度降至 80 mm；再过 30 s 后，泡沫层厚度降至 60 mm。所以，在操作中应严格控制真空度，不宜突变，以防止发生瞬间急剧蒸发。

液面高低对蒸发效果的影响较大。对蒸汽夹套式蒸发器，液面过高时必然相应减少了蒸发室的空间，使溅沫污染的可能性增加，这是不利的。对外加热式蒸发器，正常控制液面应在循环管中段附近，如果液面过高，淹没了循环管，就会造成循环阻力增大、泡沫严重。试验发现，当液面淹没了循环管时，泡沫层厚度由原来的 50 mm 上升到 150 mm，沸腾激烈。部分泡沫层冲击高度可达 500 mm，液滴飞溅高度可高于 600 mm，这会严重影响净化效果。

蒸发速率对净化效果的影响也很大。有人对含有 2 g/L $NaNO_3$、放射性浓度为 5×10^{-5} Ci/L 的混合裂变产物废水进行了蒸发试验，发现在开始阶段，随着蒸发速率的提高，去污因子不断下降，但随后又回升，出现一个峰值。从窥视镜观察，可见开始时随着蒸发速率的提高，浮在液面上的泡沫层逐渐增厚，并可明显看到二次蒸汽夹带的大量雾状液滴，此时的去污因子很低。继续提高蒸发速率，浮在液面上的泡沫层却逐渐降低直至消失，此时的去污因子较高。进一步提高蒸发速率，溅沫数量和喷溅高度迅速增加，去污因子迅速下降。

实验中还发现，在同样的蒸发速率下，要求的浓缩倍数越高，则相应的去污因子越低。

对于不同类型的蒸发器和不同成分的废液，起泡和雾沫夹带的情况各不相同，应视具体情况而进行试验，摸索出合适的蒸发速率。

4.4.4 蒸发器操作的集中控制

放射性废水蒸发处理车间必须实行集中控制，运行人员在操纵大厅，通过仪表及信号指示，操纵开关和按钮，控制生产全过程。在实际生产过程中，为了加强安全生产，现场需定点设置值班人员岗位，进行巡回检查，特殊情况下也可进行现场操作。本节以中国原子能科学研究院废水处理中心为例，介绍放射性废水蒸发处理的集中控制。

集中控制系统简要地介绍如下：

(1) 仪表信号　根据工艺流程的要求，在管道设备上设有各工艺参数检测点，包括温度、压力、压差、流量、液面及 pH 检测。各检测仪表，依工艺要求，可直读，可发送事故警报信号和指示信号。

(2) 电动机的控制　工艺生产线上的水泵电机，均设就地和远距离两处控制。在就地磁力启动器密封箱内，装有“就地”、“远距离”控制切换开关。在大厅控制盘上，装有按钮和信号灯。其中，地下室供工艺生产的废水泵，由仪表自动控制。另外还有试剂泵、搅拌泵、风机电机等，均在就地控制。其中试剂泵由液面信号自动控制。

(3) 电传动阀门的控制　电传动阀门有两种：一种是调节阀，配有自整角机位置指示器。可以将阀门开启任意位置；另一种是闭锁阀，不能调节。以上两种阀门的控制线路不同。控制盘上装有电传动阀门操作开关和表示阀门开、关的信号灯。

电气与控制设备，大部分集中安装在操纵大厅。如总配电盘、工艺操纵盘、控制继电器台架、各类电源装置等。电机的启动设备和电传动阀门的启动继电器台架，安装在各层走廊上。这样布置比较节省电缆。电缆敷设，主要采取电缆支架沿墙明设。电机与启动设备之间，采取穿管暗设。

放射性操作的特点，给电气设备选择、安装及维护带来一些特殊要求。主要考虑放射性、腐蚀性液体的冲洗问题。该车间地面、设备有时受放射性物质沾污，需要冲洗去污，用酸碱溶液冲洗时，液体易溅入电气设备内。为了防止此现象，应选用电气设备的密封性能要好，如选用封闭式电机，二区走廊上的配电柜、磁力启动器箱、继电器台架等，均采用密封式结构。楼层之间垂直敷设的电缆，采用电缆竖井保护等。

4.5 雾沫的形成及消除夹带的方法

4.5.1 蒸发过程中的雾沫夹带

在蒸发器运行过程中，二次蒸汽中混杂有微小液滴(有时混杂有固体微粒，如被腐蚀的铁锈粒子或盐类),即所谓雾沫聚集现象。这种现象使装置的效率下降,产品质量下降。

液体在沸腾条件下所产生的雾沫集聚现象比较复杂,蒸发过程中产生雾沫的原因大致可归纳如下:

(1) 汽泡爆裂　废水蒸发产生的汽泡从液体内部向上移动至液面,形成液体圆壳,然后爆裂成直径为几个微米的雾滴。由于雾滴很小,其沉降速度往往低于二次蒸汽的上升速度,从而被二次蒸汽所夹带。

(2) 液体破裂　向上喷射的液体(废水)出现一些小的液柱,这些液柱的断裂便生成直径为几百微米的较大液滴。只要蒸汽空间有足够高度,这些较大的液滴会返回液相。

(3) 瞬间蒸发　如 4.4.3 节所述,溶液在进行瞬间蒸发时其情况与传热方式的蒸发很不相同,瞬间蒸发时液体全部都发生小的汽泡,它的体积也因此而增大,引起的带沫作用就很激烈。而在传热方式蒸发时,则只在接触传热面的部分发生汽泡。由于真空度增大时,汽化潜热也增大,所产生的蒸汽比容(m^3/kg)也大,而蒸汽体积愈大,雾沫夹带也愈严重。

(4) 发泡　在处理成分复杂的综合性废水时,当蒸发器运行一定时间后,就不可避免地出现发泡而导致雾沫夹带。发泡的主要原因:(a) 有机物含量高,尤其是石油磺酸、洗衣粉、六偏磷酸钠、去污剂等。废水中有机物含量达到 40～50 mg/L 时,就足以产生发泡现象。(b) 料液含盐量越高,发泡越严重。(c) 料液 pH 越高,发泡越严重。在上述情况下,体系的界面张力降低,导致发泡。在真空蒸发时,发泡现象更加严重。这些泡沫的薄膜强度比较大,它由溶液组成,里面包着蒸汽,泡沫很不容易破碎。泡沫的上面又重叠着泡沫,就使体积迅速增加,不但能充满蒸发器本身,并且有可能进到整个系统,使系统污染。

4.5.2 消除夹带的方法

根据以上雾沫产生原因的分析,可以看到,蒸发过程中的雾沫夹带是不可避免的,应针对蒸发的废水的具体情况研究产生泡沫的原因,采取有效地消除雾沫夹带的解决方法。

4.5.2.1 蒸发器的正确设计与操作

对于液体破裂产生的直径较大的雾滴,在蒸发空间内上升的高度不会很大。经验表明,如果二次蒸汽空间的高度达到 0.6～1.1 m,则从液面喷出的直径为几百微米的液滴就不会达到二次蒸汽排出口而返回沸腾液体中。所以,设计的标准型立式蒸发器的二次蒸汽空间高度以选取 1～2 m。选取合适的蒸发器直径,控制蒸发速率,也可减少二次蒸汽带出的较大雾滴。

对于瞬间蒸发所造成的雾沫夹带，可以通过控制蒸发操作条件，如蒸汽压力、液面高度、真空度等，尤其是仔细控制真空度，防止发生瞬间急剧蒸发（见 4.4.3 节）。

4.5.2.2　控制泡沫的发生

为了减轻蒸发过程中的发泡现象所增加的雾沫夹带，可以采用各种方法来消除泡沫，包括泡沫破碎器、消泡喷射器、添加化学抗泡剂、控制 pH、声波消泡、涡旋桨消泡等。本节介绍泡沫破碎器和化学抗泡剂。

（1）泡沫破碎器

通过升温或降温可以破坏泡沫。在高温下，由于表面黏度的降低以及发泡材料的蒸发或化学降解能破坏许多泡沫，但是并不能破坏全部泡沫。在低温下，由于表面弹性的降低，可以使泡沫变得不稳定。因此，可以通过将盘管或环形管安装在蒸发器的内壁并置于顶管板上便能破坏泡沫。当出现泡沫时，将蒸汽或冷水通入管道内，泡沫便能减少。泡沫破碎器能将发泡现象减少到一定的程度，所以大多数蒸发器都有这种装置，但是它还不能彻底地抑制泡沫。例如，英国哈威尔原子能研究所的经验证明，水冷却盘管式泡沫破碎器只能在紧急关头短时间地抑制泡沫，直到切断蒸汽供应为止。

（2）化学抗泡剂的使用

对于因废水中含有易发泡物质而导致的发泡及其雾沫夹带问题，需要采用化学抗泡剂加以解决。

往发泡的溶液中加入各种化学抗沫剂，可以通过转移泡沫的表膜之下的液体而起到使泡壁扩散和变薄的作用。抗泡剂一般均有高分子的“双亲”结构，即亲水和亲油基团，抗泡剂以单分子层的形式或者以晶状体的形式在溶液的表面扩散，在泡沫表面的积聚造成表面张力局部不平衡，而使汽泡迅速被拉破，从而起到消泡作用。防沫剂的扩散速度和程度取决于发泡剂吸附层的性质。最初往起泡溶液中加入少量有效抗泡剂，一般能立即使泡沫消失，并将使其后的一段时间没有泡沫产生。但是在几小时之后，通常发现抗泡剂失效，因此必须再加抗泡剂。

一般说来，泡沫抑制剂是一种难溶于起泡溶液的化学试剂。有机抗泡剂分以下几类：

（1）醇类，如辛醇、十八醇等；

（2）脂及脂肪酸类，如油酸、甘油酸、玉米油、TBP、植物油、有机酸加醇合成的脂类等；

（3）胺类，如乙二胺聚酰胺、环胺等；

（4）醚类及聚醚类，如聚环氧丙烷、聚氧丙烯甘油醚、聚环氧丙烷环氧乙烷甘油醚（泡敌）等；

(5) 有机硅油类,即聚硅醚类。

中国原子能科学研究院低放废水处理车间在1973年的运行中,采用聚氧丙烯甘油醚(旅顺化工厂和北京化工三厂产品)作为消泡剂,取得了较为满意的结果。在没有投加抗泡剂的情况下,当运行5~7天泡沫明显出现。第一次投加抗泡剂4.5 kg,投加后泡沫明显消失,雾沫夹带也明显减少。在加抗泡剂前,通过瓷环捕集器和旋风分离器收集的捕集液量为15 L/h,比放为10^{-4} Ci/L;加入抗泡剂后,捕集液量为5 L/h,比放为10^{-5}~10^{-6} Ci/L 。实践表明,间歇投加抗泡剂能持续一定时间起抗泡作用,投加量为废水量的1/70 000~1/10 000。该车间后来将间歇投加抗泡剂改为连续投加方式,达到了持续稳定的抗泡效果。

抗泡剂聚氧丙烯甘油醚为非离子型表面活性剂,其分子结构为:

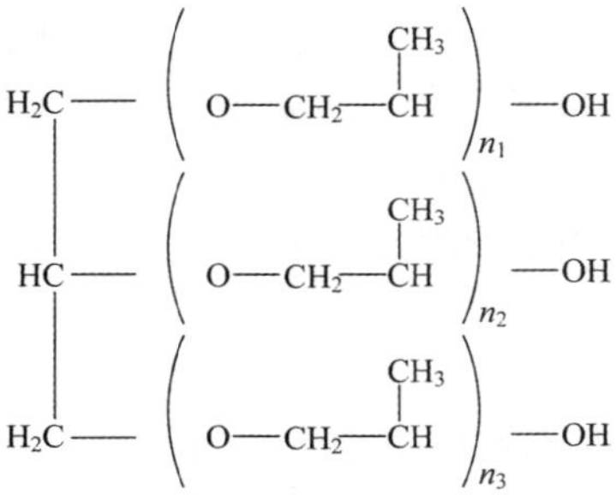

$$
\begin{array}{l}
H_2C-\left(O-CH_2-\underset{|}{\overset{CH_3}{CH}}\right)_{n_1}-OH \\
\;\;| \\
HC-\left(O-CH_2-\overset{CH_3}{\overset{|}{CH}}\right)_{n_2}-OH \\
\;\;| \\
H_2C-\left(O-CH_2-\overset{CH_3}{\overset{|}{CH}}\right)_{n_3}-OH
\end{array}
$$

4.5.2.3 雾沫的去除

对于放射性废水的蒸发处理,由于二次蒸汽中夹带出大量的放射性雾滴,因而使处理达不到所需要的效果。

通过合理设计蒸发器、控制蒸发操作条件或投加抗泡剂等措施,可以有效地遏制蒸发过程中雾沫的形成,但不可能彻底消除雾沫,尤其是一些细小的雾沫,其直径在1~50 μm之间,这些微米级雾沫的沉降速度低于蒸发器蒸发室的二次蒸汽上升速度而被蒸汽流带出蒸发器。当分散物质的微粒小于1 μm时,则在分散介质中发生布朗运动,如果小于0.1 μm时,则发生显著的布朗运动,而呈悬浮状态。如果没有完备的除沫装置,则将有大量放射性雾滴被二次蒸汽夹带出来,从而降低去污因子。

实践表明,一般随二次蒸汽带出的放射性液滴占蒸发量的1%~3%。而安装在蒸发设备中的各类挡水板的效率是80%~95%。即使在挡水板效率很高的情况下,从蒸发设备中带出的放射性液滴也有0.15%左右,这些放射性液滴会进入冷凝液,因此限制了去污因子的提高,通常不超过10^3。如果废水浓缩倍数大或起泡现象严重，带出的放射性数量更多，去污因子还要低。可见，为了提高蒸发处理的去污因子，要特别注意除去二次蒸汽中的雾沫。二次蒸汽中雾沫的去除对提高蒸发操作的总去污因子至关重要。

雾沫分离器一般可分为三种类型：(1) 惯性型，包括简单惯性型(如除沫罩、捕集器)和湿法惯性型(如泡罩塔、筛板塔)；(2) 离心型(如旋风分离器)；(3) 表面型，包括各种填料塔。在上述各类雾沫分离器中，事实上没有哪类只是单纯运用一种原理进行分离的。当气流方向有任何改变时，气流中必然会产生离心力；同时，所有的雾沫分离器中，都具有一定的分离液沫用的表面，表面积越大，液沫分离效果越好。因而，上述三类雾沫分离器中，往往兼有惯性力、离心力和表面积的作用，只是各有侧重而已。

(1) 简单惯性分离器

惯性分离器又称动量分离器，是利用夹带于汽流中的液滴的惯性而实现分离的。在惯性分离器中，带有液滴的蒸汽流突然改变自己的方向，由于惯性的作用，液滴尽量要维持原来的运动方向和速度，因而离开蒸汽的流动范围。二次蒸汽(其密度要比液体的密度小很多倍，并和液滴不同，是沿设备的整个横截面流动的)则改变自己的流动方向，并和液滴的运动路径不同。为了使得效率更高，在改变方向的同时还要突然改变蒸汽流的速度，一般速度的变化不小于 9～11 倍，这样就可使带走液滴的力减少(近百倍)，因而能更加充分地将液体与汽相分开。蒸发器及塔器顶部的折流式除沫器、冲击式除沫器等等，是简单惯性分离器的常见形式。

图 4-16 为装置在蒸发器顶部壳体内的 2 种除沫罩。图 4-17 为单独装置的 3 种雾沫捕集器。

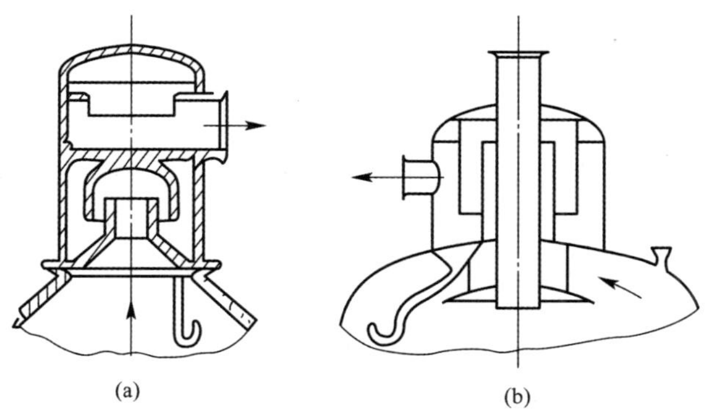

图 4-16　装置在蒸发器顶部壳体内的除沫罩

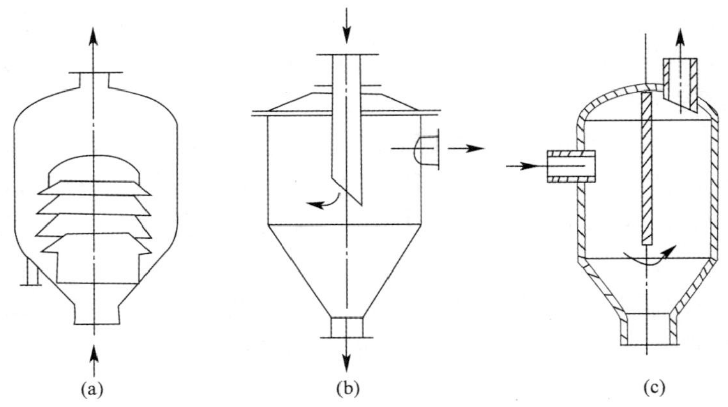

图 4-17　简单惯性雾沫捕集器示意图

惯性分离器与旋风分离器的道理相近，雾沫颗粒的惯性愈大，汽流转折的曲率半径愈小，则其效率愈高。一般说来，惯性分离器能有效的捕集 10 μm 以上的雾沫。

简单惯性分离器在构造上应注意之处：

(1) 不要使压力损失过大。当压力损失较大时，除沫器中的真空度就比蒸发器中高很多，这时，由除沫器分离的液体向蒸发器回流时，应装置水封，否则，分离的液体不但不能回流，反而会被蒸发器中的蒸汽吹上去，失掉除沫作用。所以水封的液体回流管要常检查，以防堵塞。

(2) 在设计装有辅助护板的惯性型分离器(见图 4-17(a))时，缝隙的宽度大约在 30～50 mm。以保证液滴碰到挡板与蒸汽分离后能立即导至回流管。否则，由挡板落下的水滴正落在猛烈的蒸汽汽流中，会将刚分离出的水滴又被蒸汽带定，失掉分离作用。

(3) 分离器的直径一般要比入口管的直径大 2.5～3 倍，否则液沫将不能充分的回收。

简单惯性分离器内也可充填疏松的纤维状物质以代替刚性挡板，如丝网除沫器。在此情况下，沉降作用、惯性作用及过滤作用都产生一定的分离效果。

丝网除沫器的结构如图 4-18(a)所示，除沫原理如图 4-18(b)所示。当带有雾沫的二次蒸汽以一定速度上升通过丝网时，由于雾沫上升的惯性作用，雾沫与丝网细丝相碰撞而被附着在细丝表面上。细丝表面上雾沫的扩散、雾沫的重力沉降，使雾沫形成较大的液滴沿着细丝流至两根丝的交接点。细丝的可润湿性、液体的表面张力及细丝的毛细管作用，使得液滴越来越大，直到聚集的液滴大到其自身产生的重力超过二次蒸汽的上升力与液体表面张力的合力时，液滴就从细丝上分离下

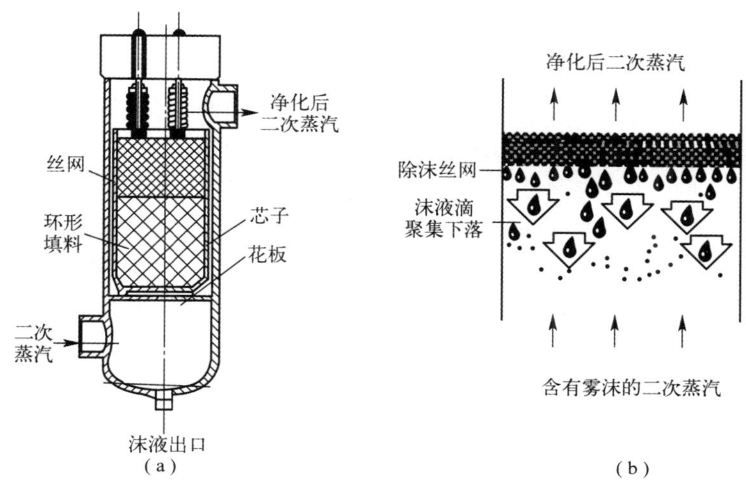

图 4-18　丝网除沫器示意图

落。丝网除沫器适合于分离直径大于 3～5 μm 的液滴。

(2) 湿法惯性分离器

湿法惯性型的分离装置，一方面利用塔结构使二次蒸汽与液滴进行惯性分离，另一方面由于二次蒸汽与加入液体密切接触中，使蒸汽中带有的液滴被阻挡在液体中，而蒸汽通过液体后又带出新的液滴，这些液摘必然比蒸汽在没有通过液层时所带的放射性强度有所降低，这样气体在通过许多层塔板后得到净化。同时当二次蒸汽被淋洗之后，其中的液滴粒径有所增加而容易从上升的汽流中沉降到液层上。湿法惯性分离器有泡罩塔和筛板塔。

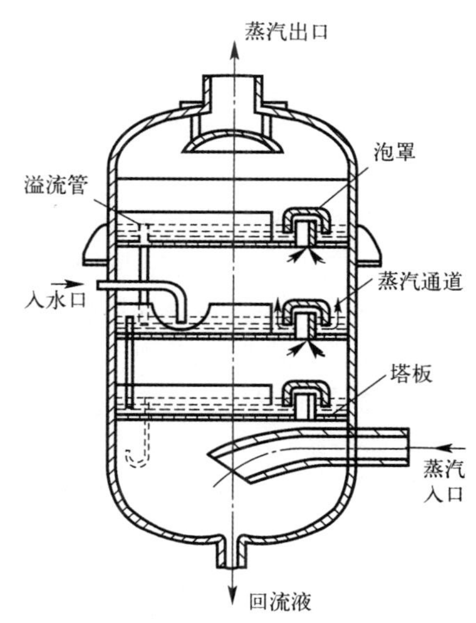

图 4-19　泡罩塔结构示意图

泡罩塔是最常用的一种除沫装置(如图 4-19)。塔内有若干层塔板，每层塔板上都有液层。蒸汽沿蒸汽通道上升，经过泡罩周围上的齿缝分散成小汽泡穿过液层达液面，再升到上一层塔板。液体沿溢流管流到下一层塔板。溢流管的下端和饱罩的底椽都浸没在液层中形成水封。

塔板上的泡罩是主要零件，常用的是圆形。圆形泡罩彼此之间有着较短的距离(泡罩的中心距离一般为泡罩直径的 1.2～1.5 倍)，以便从相邻各泡罩涌出的蒸汽泡，能够彼此相冲撞，以增加接触的激烈程度。溢流管的作用是使液体在塔板上保持一定高度的液层，并使液体在塔板上停留一定的时间，再溢流到下一层塔板，这就促使蒸汽流穿过液层鼓泡而出，造成与液体的充分接触。

溢流管有圆形的，也有弓形的。溢流管安置位置也有所不同：有的安在塔板直径的两端，有的安在周边，有的在溢流管间加隔板，目的是控制塔板上液体流动方向，增加蒸汽和液体两相间的接触面积和接触时间，提高塔板的操作效果。

二次蒸汽速度直接影响分离效果，在一定限度内，汽体速度愈大；汽液两相鼓泡剧烈，分离效果愈好，而且处理量也大。但蒸汽速度受到下述三方面的限制不能任意增大。① 液泛现象：蒸汽速度增大到一定程度，上升的蒸汽流阻止液体下流，甚至下塔板的液体会涌到上一塔板，这就是液泛。所以塔内容许汽速必须小于能引起液泛的汽速。② 雾沫夹带现象：汽速加大，雾沫夹带也增加，这与塔板间距也有关系，塔板间距小的塔，雾沫容易带到上一块塔板，容许汽速就小。板间距大，容许汽速就大。但板间距太大则塔身太高，材料浪费，安装也不便。通常塔板间距为 0.1～0.6 m。③ 接触时间：汽速太大，则汽液两相接触时间减少，塔板效率也降低。所以，蒸汽速度不能太大，在常压下操作的塔，蒸汽速度一般为 0.3～0.9 m/s，在减压下操作时为 1.5～3.5 m/s。

泡罩塔操作十分稳定，气体负荷变动较大时，对操作影响不大，但它的结构比较复杂，制造泡罩将消耗许多材料(不锈钢)，安装也很费工时。

筛板塔(图 4-20)也属于湿法惯性型分离器，它的基本构造、鼓泡原理与泡罩塔相似，不同是它的塔板上打有许多小孔，形如筛孔，所以叫做筛板塔。

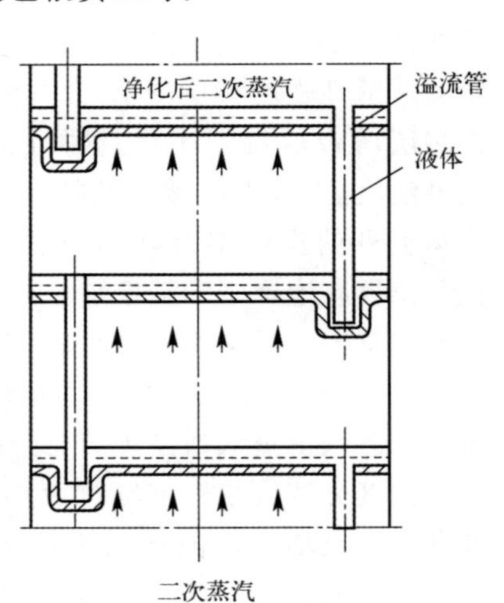

图 4-20 筛板塔结构示意图

筛板塔与同塔径的泡罩塔相比，处理能力大，效率高 15%，压力降可降低 30%，造价为泡罩塔的 40%，主要缺点是必须维持恒定的操作条件，只能在范围比较窄的负荷下进行操作。突然停止送入二次蒸汽或蒸汽的压强大为降低时筛板上的液体将经筛孔全部漏完。这对净化二次蒸汽是很不利的。此外板孔容易堵塞。

筛板塔的设计可参考泡罩塔的设计。筛板塔的塔板数要根据试验确定每块塔板的效率后，再按工艺所要求的效率进行计算或通过经验公式计算。

(3) 旋风分离器

在各种离心式雾沫分离器中，旋风分离器结构简单而除沫效果较好，因而被广泛使用，其除沫效率一般为 70%～90%。图 4-21 为旋风分离器工作原理示意图。如图所示，二次蒸汽(或气体)从切线方向由入口进入后，在分离器内旋转，雾沫(或悬浮颗粒)在离心力的作用下，被甩向周边，延器壁落下；净化后的二次蒸汽(或气体)从中央汽体(或气体)出口管导出，捕集液(或颗粒)从下部出口引出。

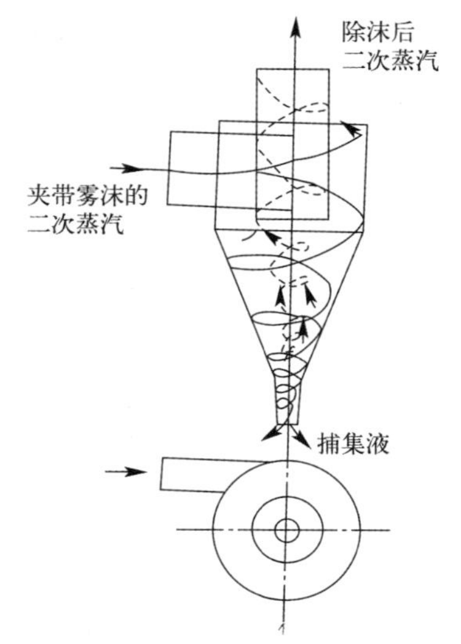

图 4-21　旋风分离器工作原理示意图

旋风分离器是一种构造简单，效率较高的设备。效率大约为 70%～90%。缺点是：对 10 μm 以下的微粒效果不好；流体阻力大(约 40～85 mmH_2O)；对气体流量的变动敏感。为了保证一定的分离效率，气体流量不能太小。

上述几种除沫设备的组合，可以收到良好的除沫效果。中国原子能科学研究院[6]低放废水处理车间的设计中，在蒸发器后采用旋风分离器和泡罩洗汽塔〈五块搭板〉作为除沫设备，起到了较好的作用。运行中还发现，当蒸发操作不稳定、雾沫夹带严重时，二次蒸汽冷凝液中的放射性水平显著上升，最高时达到 10^{-8} Ci/L。为了进一步改善除沫效果，提高去污因子，该车间在旋风分离器之前增设了瓷环捕集器，取得了明显效果。即使蒸发操作不大稳定时，也能使二次蒸汽冷凝液的放射性水平控制在 1×10^{-10} Ci/L 左右，保证了蒸发段的效果。捕集液的放射性水平与蒸残液基本相同。当原水比放为 10^{-5} Ci/L 时，捕集液的比放在 10^{-3}～10^{-4} Ci/L。中国原子能科学研究院低放废水处理车间的流程如图 4-22 所示，该流程由废水供料槽、沉降槽、沙过滤器、第一蒸发器(中央循环)、第二蒸发器(外加热式)、旋风分离器、泡罩涤气器、冷凝器等组成。整个处理过程的总去污因子(DF)为 10^6～10^7，其中沉降-过滤段的 DF＜10，蒸发器主体的 DF 为 10^2～10^3，除沫设备的 DF 为 10^2～10^3。当废水含盐量为 1 g/L 左右时，第一蒸发器的浓缩倍数为 20 左右，第二蒸发器浓缩 5 倍左右，两级蒸发的总浓缩倍数为 100 左右，浓缩液含盐量为 15%左右。

(4) 填料塔

一般当雾滴的大小和密度属于可以用离心或惯性法分离的范围时，那么增加蒸汽的速度就可以增加净化效率。但当增加蒸汽速度后反而使分离效率降低时，说明离心和惯性法已不适用，而需要进一步采用扩散法来消除雾沫。这种方法除

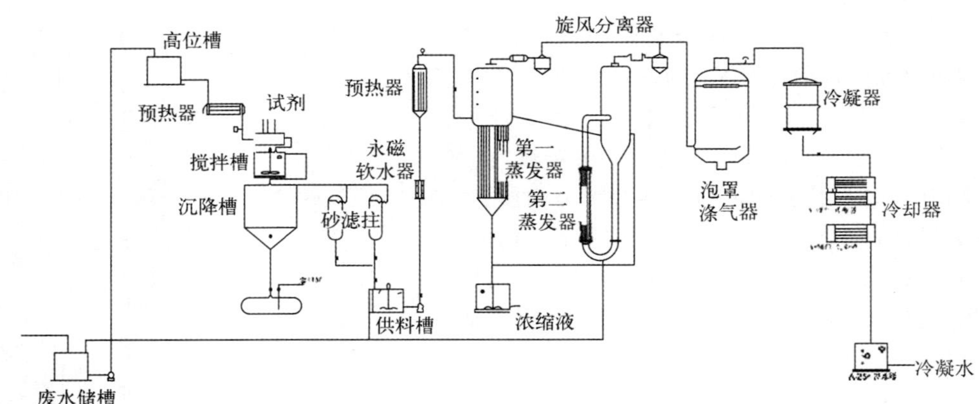

图 4-22 中国原子能科学研究院低放废水处理车间的流程

了也有重力沉降和惯性作用原理外，主要是靠气体分子在扩散过程中，受到具有巨大表面积的填料的阻拦，使气体中带有的微粒被填料层过滤掉。如果用液体湿润填料的表面则分离效率还可以增大，因为液膜的作用像一层有效的过滤膜，阻止雾滴被二次蒸汽流带走。

填料塔是目前常用的一种表面型分离器。塔中没有塔板，而充以填料。填料用瓷环、金属环、金属丝网、玻璃纤维等。填料塔的特点是构造简单，制造方便，流体阻力小适于减压操作。

填料的选择是填料塔设计的关鍵。对填料的基本要求是：除沫效率高，为此要求填料单位体积的表面积，即比表面积（m^2/m^3）要大；流体阻力小，为此要求填料的自由体积要大些；经久耐用，即有良好的化学耐腐蚀性和机械强度，价格便宜。常用的填料如图 4-23 所示。

图 4-23 填料的种类

4.6　结垢问题

4.6.1　结垢的形成原因及对蒸发效果的影响[4]

一般认为，结垢可分为硬垢和软垢两种：

(1) 硬垢　某些具有逆溶解度（溶解度随温度升高而降低）的物质，从溶液中沉淀析出而形成的沉积层被称为硬垢，它们大都在加热表面上结成硬石膏，如硫酸钙、硫酸镁、硅酸钙和硅酸镁等。

(2) 软垢　某些不具有逆溶解度的物质，由于其溶解度很小，在加热表面上可结成软垢，如碳酸钙、碳酸镁、氢氧化钙和氢氧化镁等。

当加热含有重碳酸盐或硫酸钠和重碳酸钠的水溶液时，在水通过预热器而尚未到达快速蒸发区前，将按照如下反应析出碳酸钙：

$$2HCO_3^- \longrightarrow CO_3^{2-} + CO_2 \uparrow + H_2O$$

CO_2 在温度增高和存在固体表面的条件下，将加速释出。所以 CO_2 主要是在加热面释出的，从而导致结垢的形成。碳酸根离子进一步分解产生羟基离子：

$$CO_3^{2-} + H_2O \longrightarrow CO_2 \uparrow + 2OH^-$$

产生的羟基离子接着与镁离子反应生成氢氧化镁沉淀。不论是碳酸钙还是氢氧化镁，其结垢主要取决于温度，一般在较高的温度下大多趋向于形成氢氧化镁结垢。

核设施中产生的放射性废水，一般含有各种各样的化学试剂，与非放射性物质相比，放射性物质含量往往很低。处理酸性废液时，蒸发前一般都用碱溶液将其中和。在此情况下，废水中就会含有钠盐。对含有结垢物质的废水进行蒸发处理时，结垢成分随废水一同进入蒸发器，其浓度取决于料液浓度与流量、冷凝液中的夹带量以及浓缩液的排放速率。

结垢对蒸发操作的经济性影响很大，如 4.3 节所述，由于结垢的导热系数 $\lambda_{垢}$ 非常低，当结垢层 $\delta_{垢}$ 足够厚时，垢层的热阻（$\delta_{垢}/\lambda_{垢}$）将成为总热阻中的主导项，致使总传热系数 K 大大降低，从而大大降低蒸发强度，严重影响蒸发效果。

4.6.2　防垢与去垢方法[12]

解决结垢问题可从两方面入手，一是采取防止结垢形成的措施，二是清除已形成的结垢层。

为了防止在蒸发表面形成黏附的硬垢，在工业上（如海水蒸发）可以采取如下措施：

(1) 加入小的晶种，使过饱和溶液变成不饱和溶液。粒径大于5～10 μm的晶体对蒸发不会有显著影响。因此，在废水中加入这样一些小晶种，沉淀就会在晶种表面发生，从而避免在加热表面产生结垢。

(2) 加入卤水(硫酸镁)，以增加浓缩液中硫酸根离子浓度，析出细小的非黏附性的硫酸钙晶体。

(3) 加入有机络合剂(如EDTA)，与钙、镁离子形成可溶性络合物，避免生成结垢沉淀物。

应当指出，对于放射性废水的蒸发，采用上述方法防止结垢未必合适，需要采取一些特殊措施。

中国原子能科学研究院的低放废水处理车间将废水在蒸发之前进行了絮凝预处理，在去除废水中部分放射性核素的同时，也降低了废水的硬度，延缓了蒸发器表面结垢的形成。

为了更有效地减少和防止蒸发器和预热器的结垢，该车间还在预热器前安装了永磁软水器，其原理是当含有硬度离子的水通过永磁软水器的磁场(磁通密度3 000～4 000 Gs)时，由于磁场的作用，改变了结晶条件，由原来坚硬的定形结晶改变为疏松的无定形结晶，与蒸残液一起被排走，从而防止了蒸发器的结垢。

软水器由20块锶铁氧体永磁铁块组成，每面5块，每块磁铁尺寸为85 mm×65 mm×20 mm；外壳为不锈钢，尺寸为120 mm×120 mm×370 mm，厚度6 mm；铁芯为碳钢棒，布水板用铜板做成。为了避免水中的氧化铁或铁质杂物流经软水器被吸住而造成磁场闭路，在永磁软水器前加一个用不锈钢网罩住的碎铁过滤器。

实践表明，废水经过絮凝预处理和永磁软化后，蒸发段的结垢得到了明显的抑制，延缓了结垢层的生长速度。但蒸发器运行一定时间以后，去垢操作仍然是必需的。

去垢的方法包括机械法和化学法。对于处理放射性废水的蒸发器，采用机械法容易造成放射性二次污染，并会增加对操作人员的辐照剂量。所以，采用化学去垢法比较合理。

中国原子能科学研究院的低放废水处理车间在1965—1972年，对蒸发器进行了三次洗垢。前两次洗垢均采用8% HNO_3浸泡19 h，但效果不明显。

在1972年第三次洗完前，先打开蒸发器窥视窗，观察结垢情况，发现垢层的厚度均在1 mm左右，且垢质坚实，为红棕色(可能由MnO_2和铁的氧化造成)。为了提高洗垢的效果，做了1次结垢和洗垢的小实验。将光滑的不锈钢片分别放入盛有自来水及软化水的烧杯中，加热煮沸使其结垢。结垢实验：自来水体系煮沸500～600 h，便在不锈钢片上结了一层约1 mm厚的白色坚硬水垢；软化水体系煮沸

1 400～1 500 h，才结成约 1 mm 厚的水垢。两者相差的时间约为 3 倍。洗垢实验：将已结垢的不锈钢片分别浸泡在 5%、10%、60%的 HNO_3 溶液中静泡 3d。用 5% HNO_3 溶液溶浸泡后，垢层无明显脱落。用 10% HNO_3 溶液溶浸泡后，以片状明显脱落；再在搅拌条件下加热 10 h，垢层被全部洗下。

实验结果表明，提高酸度、加热搅拌有利于加速去垢。考虑到除垢效果、经济性、设备保养等因素，低放废水处理车间第三次洗垢选用 10%的 HNO_3 溶液作为洗垢液，白天用泵打循环，晚上静泡；清洗了 7 d 之后，更换新鲜洗垢液后又如法清洗 4 d；再用软化水进行冲洗，最后得到了满意的除垢效果。为了避免气溶胶污染空气，洗垢液没有加热。

4.7　腐蚀问题[5]

蒸发低中放废水时，如果料液在进入蒸发器之前先进行中和处理，则腐蚀问题一般不很严重。但是，蒸发酸性废水时，结构材料的选择是很重要的。此外，蒸发器管道要进行酸洗除垢。在高温下进行酸洗，是蒸发器去污的一种常用方法。氯化物、硫酸盐、磷酸盐等盐类是有腐蚀性的，而且浓的 NaOH 溶液对某些金属也有侵蚀作用。

处理放射性废水的蒸发器通常采用不锈钢材料。结构材料的选择，最好根据待处理的料液在操作条件下进行实际试验的情况来决定。但是往往不可能做到这一点，因为不可能预料在蒸发器整个使用过程中，料液可能发生的变化。

不锈钢在氧化条件下能防止腐蚀，归因于其表面能生成一层惰性的氧化层。在还原条件(如具有还原性的盐酸)和氯离子能破坏氧化层，并引起迅速的侵蚀。奥氏体不锈钢实际上对任何浓度和任何温度的硝酸都有很好的抗腐蚀能力，但对不含抑制剂的硫酸，在温度低于沸点时，只能耐浓度低于 5%和高于 85%的硫酸的腐蚀。

在硝酸介质中如果存在有其他金属离子可能对不锈钢的腐蚀速率有很大的影响。例如，铬、铈、铁、钒等金属离子，或者氯化物、氟化物、氢氟酸和草酸等物质，能显著增加不锈钢的腐蚀速率。

在蒸发器的设计、制造和运行时，应考虑以下几点：

(1) 腐蚀速率的允许值是一个重要参数。由于在设计时难以对腐蚀速率作出确切的估计，因此必须增加安全系数；

(2) 观测和维修通路的布置应当方便合理；

(3) 一般应避免性质不相近似的金属互相接触；

(4) 为保证使用的材料达到所要求的成分并提供热处理和表面精加工的正确条件,必须有很详细的技术说明;

(5) 废液成分的变化可能引起的腐蚀程度亦大不相同;

(6) 降低温度往往有利于减少腐蚀;

(7) 降低液体流速和减少其湍流一般会减缓腐蚀;

(8) 将 pH 调节到弱碱性一般有助于防止腐蚀;

(9) 添加抑制剂也是减少腐蚀的一种措施。

4.8 含有机物或可爆物的问题[5]

核设施运行中产生的废液往往含有少量的有机物质。因此,如果应用蒸发法处理那些含有在强氧化条件下可能爆炸的有机物质时,就不应忽视产生剧烈反应或爆炸的可能性。例如,常用有机溶剂在硝酸溶液中萃取并净化铀,而硝酸是一种强氧化剂。在蒸发含有有机溶剂的硝酸溶液时,必须考虑在蒸发之前除去有机物质。最有代表性的是对乏燃料后处理研究和生产中产生的废液(中放废液)的蒸发。这些废液通常含有硝酸和少量的磷酸三丁酯(TBP),TBP在高温下与浓硝酸发生剧烈的反应。对于处理含有可爆性有机物的废液时,须采取如下的安全措施:

(1) 保证废液中不含有易爆炸有机物质;

(2) 浓缩液中硝酸根的浓度不应超过规定限值;

(3) 保证蒸发器中任一点的温度不超在规定值(TBP和硝酸的极限温度为130 ℃)。除了对可爆性有机物给予重视外,还应记住诸如硝酸铵等一些无机物,因为在特定条件下,这类物质也会发生爆炸。

防爆方法:只要废水中含有可能产生爆炸的有机物,就必须在蒸发前将它们去除。当有机物与水相不能互溶时,可以用简单的重力分离方法去除。但是当它与废水溶液互溶时,就必须用汽提法去除。

防止设备损坏的措施:由激烈的化学反应可能造成的危害事故,可以通过设置防爆膜来降低到最小限度,或者通过限制最大蒸汽压从而限制浓缩液的温度来消除。

参考文献

1 霍尼克维契 A A. 实验室和研究堆的放射性废水处理[M]. 芮尊元,罗淑元,译. 北京:原子能出版社,

1980.

2 IAEA. Conditioning of low- and intermediate-level radioactive wastes[R]. IAEA Technical Reports Series: No. 222. Vienna: IAEA, 1983.

3 IAEA. Advances in technologies for the treatment of low and intermediate level radioactive liquid wastes [R]. IAEA Technical Reports Series: No. 370. Vienna: IAEA, 1994.

4 IAEA. Handling and processing of radioactive waste from nuclear applications[R]. IAEA Technical Report Series: No. 402. Vienna: IAEA, 2001.

5 IAEA. Design and operation of evaporators for radioactive wastes[R]. IAEA Technical Report Series: No. 87. Vienna: IAEA, 1968.

6 庞合鼎,王守谦,阎克智. 高效节能的热泵技术[M]. 北京:原子能出版社, 1985.

7 Keene D, Gilmour P, Fowler J, et al. Aldemaston Wastewater treatment plant[C]//WM'05. Tucson, AZ, USA, February 27～March 3, 2005[2007-08-15]. http://www.esdred.info/medias/WM05_Tueson.pdf.

8 Korea Atomic Energy Research Institute. Nuclear fuel cycle facilities[R]. Taojeon: KAERI, Korea, 2005.

9 化学工程手册编辑委员会. 化学工程手册[M]. 北京:化学工业出版社,1985.

10 天津大学. 化工传递过程[M]. 北京:化学工业出版社,1980.

11 张坤民. 放射性废水处理和利用[M]. 北京:清华大学出版社,1975.

12 王宝贞. 放射性废水处理(上册)[M]. 北京:科学出版社,1979.

第 5 章　低中放废水的离子交换处理

离子交换分离法是应用最广泛的化学分离法之一。有关离子交换法的一般性理论与实践，读者可参阅有关专著。本章对离子交换法的基本原理仅作概要介绍，着重讨论离子交换分离法处理放射性废水的相关问题。

5.1　离子交换法去除水中放射性核素的特点及其适用范围[1-2]

随着一些新型离子交换剂的出现和离子交换技术的发展，离子交换法已广泛应用于放射性废水处理领域。有机离子交换剂热稳定性和辐射稳定性差的缺陷正在被新型的合成或天然无机离子交换剂所克服，从而使工作温度和照射剂量的限值分别提高到 150 ℃和 10^8 rad(1 rad=10^{-2} Gy)以上。特制的很纯的核级有机交换树脂已有效地用于净化反应堆冷却水和工艺废水。一些高选择性的无机离子交换剂(天然的和合成的)适用于处理一些特殊的放射性废水，例如含 Cs 和 Sr 的废水。

有机离子交换树脂失效后大都进行再生，使之重复地处理放射性废水，再生废液一般经浓缩和固化处理后做最终处置。天然无机离子交换剂由于价格便宜，可以不必再生，失效后作为固体废物处置。

许多放射性核素在水中呈离子状态，特别是经过化学沉淀处理后的放射性废水，由于除去了悬游的和胶体的放射性核素，致使剩下的几乎全是呈离子状态的核素，其中大多数是阳离子，另有少数是阴离子，例如碘常以碘离子或碘酸根离子存在，磷以磷酸根离子存在。碲、钼、锝、氟等放射性元素在溶液中也往往以阴离子形态存在。因此，用离子交换法处理放射性废水，尤其是经化学沉淀处理后的放射性废水以及含盐量少和浊度很低的放射性废水(如反应堆冷却水、乏燃料冷却池水等)，往往能获得很高的净化效率。

放射性核素在水中是微量存在的，因此用离子交换剂从水中除去放射性核素离子时，在水中不存在非放射性常量杂质离子的情况下，能够很长时期地工作而不失效。但实际上放射性废水中往往含有常量的非放射性离子，特别是钙、镁等阳离子和氯离子、硝酸根、硫酸根等阴离子。在离子交换过程中，它们通常能以常量对微量的优势与放射性离子竞争，结果将占据离子交换剂上的绝大部分交换位置，从而严重影响了对放射性离子的去除效能，主要表现为去除放射性的效率降低和离子交换剂失效快。而且，水中杂质离子的含量越高，这种干扰就越严重。因此，离子交换法不适于处理含有高浓度竞争离子的放射性废水，一般认为，常量竞争离子的浓度低于 1 000～1 500 mg/L 的放射性废水适于使用离子交换法处理。在进行离子交换处理时，为了有效地除去放射性离子，往往需要首先除去常量竞争离子。为此可以使用二级离子交换柱，其中第一级主要用于除去常量竞争离子，而第二级则主要用于除去放射性离子。在离子交换柱以前附加电渗析等除盐设备也能有效地除去水中的常量竞争离子。有些核研究和生产设施供应去离子水作实验用水或生产用水，由此产生的废水含非放射性竞争离子很少，因而适于离子交换处理。使用对某些放射性离子具有高度选择性的离子交换剂也能有效地克服竞争离子的干扰。

在研究放射性废水的离子交换处理时，不但要掌握常量离子交换的一般规律，更要了解和掌握废水中放射性微量离子在非放射性常量离子的竞争下进行交换的特殊规律。

离子交换法处理放射性废水的效能，通常用两个指标评价：一是去污因子(DF)，即进水与出水的放射性浓度之比。二是体积减小因子，对于再生的离子交换剂来说，为被有效处理的废水体积与再生液的最后浓缩液的体积之比；对于使用一次后即行废弃的离子交换剂来说，为被有效处理的废水体积与失效的离子交换剂的体积之比。

影响离子交换处理废水去污因子的因数很多，包括废水类型、成分、废水中核素及其存在形态、交换剂的类型、再生方法和操作程序等。体积减小因子也随上述诸因数而异。离子交换剂以再生方式处理废水时，再生废液的体积及其含盐浓度对体积减小因子有决定性的影响。废有机离子交换剂通过焚烧处理将提高体积减小因子，而再生废液经过中和和水泥固化处理将增加最终处置的废物体积，从而降低体积减小因子。

离子交换法有一定的适用范围，对相应的待处理的放射性废水也有一定的要求[1-2]：

(1) 待处理废液的悬浮固体含量要低。因为悬浮固体能盖住离子交换剂的表面和吸着放射性核素而干扰离子交换过程。在大多数情况下，需要在离子交换之前进行机械或化学预处理。但是在使用廉价的天然离子交换剂(如沸石和黏土矿等)时可以例外，它们可以按一次用完废弃或分批处理的方式进行过滤和离子交换。研究表明，废水中悬浮固体的浓度应小于 4 mg/L[3]。

(2) 废液中溶解的总固体含量应足够低。如前所述，大多数溶解固体会离子化并且能够与放射性离子竞争交换位置。因此离子交换剂的有效交换容量将由于溶解固体浓度的增加而受影响。一般情况下，废液的总固体含量应小于2 500 mg/L。某些特种离子交换剂（通常为无机离子交换剂）允许溶液的含盐量很高，甚至高达240 g/L[4]。

非离子的溶解固体通常对有机合成离子交换剂的影响不大。但是对于那些主要是吸着而不是交换离子的材料，如分子筛，许多吸着容量能够被这些溶质所消耗，而它们是可以用更经济的方法或措施除去的。

这里也有例外的情况，即在耗用离子交换剂的容量反而比单独地去除非放射性离子的预处理更经济。如使用廉价的天然沸石和黏土矿。

(3) 废水中有机污染物的量必须很低。如果有机污染物的量较大，则会很快污染离子交换剂而使其丧失交换容量。有些有机溶剂会使有机树脂降解。

(4) 废水中以非电解质和胶体形式存在的放射性核素应当很低。离子交换法不适于吸附大多数非电解质的放射性核素，因为放射性胶体会滤出，以致包盖住交换剂，干扰呈离子形态的放射性核素的去除。遇到这种情况，废水应当进行化学沉淀或机械过滤等预处理，放射性胶体也可以通过应用吸附剂和电渗析等方法进行分离。

5.2 离子交换原理简介[2,5-6]

离子交换是溶液中的离子与在固体骨架的功能团上以静电力结合的离子进行交换的过程。当功能团带有负电荷，则将与溶液中的阳离子进行交换，反之，将与溶液中的阴离子进行交换。在某种条件下，离子交换剂对溶液中的某些离子较其他离子有更高的亲和力。利用这一特点便可实现离子间的分离。例如，下面的反应式表示氢型阳离子交换剂将释放氢离子到溶液中，并从溶液中“捡起”一个Cs离子：

$$\text{R-H} + \text{Cs}^+ \longleftrightarrow \text{R-Cs} + \text{H}^+$$

式中，R表示离子交换树脂骨架。在离子交换过程中，带负电荷的Cs的反离子不受影响，因为从溶液中每去除一个Cs离子便有一个氢离子取代，溶液维持电中性。

离子交换是一种特殊的吸附过程。吸附是基于某些物质在两相（固-液或固-气）之间的不同分配的分离过程，按照结合力的不同，吸附可以分为三类：第一类称作物理吸附，它基于物质之间的分子间吸引力。这种吸附过程的活化能很低，只有在较低温度（<150 ℃）下才能稳定；第二类称作化学吸附，它涉及材料表面与溶质分子之间的电子交换而形成化学键。化学吸附过程的活化能远高于物理吸附，故比较稳定；第三类称作离子交换吸附，它基于离子与功能团之间的库仑引力。在物理吸附或化学吸附过程中，吸附材料在吸附了某种溶质之后，并不释出另一种物质

与被吸附的溶质交换。而离子交换吸附过程是一种化学计量过程，离子交换剂从溶液中取走的离子的同时，按等当量释出相同电荷的离子到溶液中。当然，离子交换与化学吸附之间的不同之处实际上有时很难区分，因为差不多每一个离子交换过程均伴随有电解质的吸附或解吸作用，而最普通的吸附剂如矾土或活性炭均能作离子交换剂使用。

5.2.1 离子交换类型

按照功能团的类型，离子交换剂可以分为若干类：强酸性、强碱性、弱酸性和弱碱性。表 5-1 给出了一些有机离子交换剂常见的功能团的解离常数（pK）。含有磺酸基和磷酸基和含有季铵基的离子交换剂分别称为强酸性和强碱性交换剂；含有酚基和伯胺基的离子交换剂则分别称为弱酸性和弱碱性交换剂；含有羧基和叔胺基的离子交换剂分别介于强-弱酸性和强-弱碱性交换剂之间。此外，还有螯合性离子交换剂（含有胺羧基等功能团）、两性离子交换剂（含有强碱-弱酸或弱碱-弱酸等基团）和氧化还原离子交换剂（含有硫醇基、对苯二酚基等功能团），等等。

表 5-1 一些有机离子交换剂常见的功能团的解离常数(pK)

离子交换剂	功能团	pK
阳离子	$—SO_3H$(强酸性)	1～2
	$—PO_3H_2$	2～5
	—COOH	4～6
	—OH(弱酸性)	9～10
阴离子	≡N	1～2
	=N	4～6
	=NH	6～8
	$—NH_2$(弱碱性)	8～

为了同时去除溶液中的阳离子和阴离子，常采用阴、阳离子混合树脂在混床中进行操作。例如，从溶液中去除 NaCl 的离子交换过程可表示如下：

$$R\text{-}H + Na^+ \longleftrightarrow R\text{-}Na + H^+$$

$$R^1\text{-}OH + Cl^- \longleftrightarrow R^1Cl + OH^-$$

$$2H^+ + OH^- = H_2O$$

由于水的弱离解性，驱使上述两个离子交换方程式向右进行。

5.2.2 离子交换平衡与选择性

离子交换树脂在溶液中溶胀后，交换功能团所解离出的离子可在树脂网状结构内部的水中自由移动。如果溶液中存在着其他离子，则树脂和溶液之间可能发生等当量的离子交换，并且保持两相都呈电中性。这个过程是可逆过程，经过一段时间后就能达到平衡。

例如，氢型的阳离子交换树脂和溶液中的钠离子发生交换，反应式可写为

$$\overline{H^+}+Na^+ \Leftrightarrow \overline{Na^+}+H^+$$

式中，离子符号上加一横线表示为树脂相内可交换离子。该交换反应的平衡常数为：

$$K=\frac{(H^+)(\overline{Na^+})}{(Na^+)(\overline{H^+})}$$

式中，(　)表示离子活度。

若推广到一般情况，在树脂和溶液间发生带正电荷分别为 n_1 和 n_2 的阳离子 M_1 和 M_2 之间的离子交换反应，其交换反应和平衡常数可表示为：

$$n_2\ \overline{M_1}^{n_1^+}+n_1 M_2^{n_2^+} \Leftrightarrow n_2 M_1^{n_1^+}+n_1\ \overline{M_2}^{n_2^+}$$

$$K=\frac{(\overline{M_2})^{n_1}(M_1)^{n_2}}{(\overline{M_1})^{n_2}(M_2)^{n_1}}$$

$$K=\frac{[\overline{M_2}]^{n_1}[M_1]^{n_2}\ \overline{\gamma_2}^{n_1}\gamma_1^{n_2}}{[\overline{M_1}]^{n_2}[M_2]^{n_1}\ \overline{\gamma_1}^{n_2}\gamma_2^{n_1}}$$

式中，[　]——离子浓度；

γ_1 和 γ_2——分别为溶液中两种离子 M_1 和 M_2 的活度系数；

$\overline{\gamma_1}$和$\overline{\gamma_2}$——分别为树脂相中两种离子 M_1 和 M_1 的活度系数。

由于适于离子交换过程的溶液一般为离子强度很低的稀溶液，可以认为活度系数接近 1，离子活度可以用浓度代替，平衡常数 K 可简化为下式：

$$K=\frac{[\overline{M_2}]^{n_1}[M_1]^{n_2}}{[\overline{M_1}]^{n_2}[M_2]^{n_1}}$$

若离子交换反应发生于一价阳离子之间，且不计活度系数，则离子交换反应的选择性系数 K_{M_2/M_1} 可表示为：

$$K_{M_2/M_1}=\frac{[\overline{M_2}]/[M_2]}{[\overline{M_1}]/[M_1]}$$

式中，[　]表示离子浓度。

应当指出，选择性系数反映离子交换剂对不同离子亲和力的差异，它不是常数，而随实验条件（如浓度、温度和溶液中其他离子的存在）变化而变。由于选择性

系数的确定比较复杂，一般在废水处理系统的设计中不常使用这一参数。

为了更方便地反映树脂对不同离子的亲和力大小，常以分配系数 K_d 来表示。分配系数 K_d 类似于溶剂萃取过程中的分配比 D，以达到平衡时离子在树脂相和溶液中的含量之比来表示。即

$$K_d = \frac{[\overline{M}]}{[M]} = \frac{1\ \text{g 干树脂中}\ M\ \text{离子的量}}{1\ \text{mL 溶液中}\ M\ \text{离子的量}}$$

显然，对一价离子之间的离子交换反应，分配系数与平衡常数的关系（忽略活度系数）为：

$$K_d = \frac{[\overline{M_2}]}{[M_2]} = K\frac{[\overline{M_1}]}{[M_1]}$$

假定 M_1 为常量离子，M_2 为微量放射性离子，则发生交换反应前后，$[\overline{M_1}]$ 及 M_1 维持不变。在此条件下，K_d 值与热力学平衡常数有关。不同离子的 K_d 值的大小也反映离子对树脂的亲和性。

为了表示离子交换树脂对于两种离子的分离能力，又常以两种离子的分配系数之比，即分离因子 α 表示：

$$\alpha = \frac{K_{d_2}}{K_{d_1}}$$

如果分离因子接近于 1，表示两种离子被树脂吸附的能力相近，两者难以分离。反之，若分离因子偏离 1，则表示两种离子被树脂的吸附能力有差别。偏离 1 愈大，则愈易实现分离。

对于一般的设计目的，一些经验规则可以采用。对于在废水处理过程中常遇到的低浓和常温条件下，有机阳离子交换剂对阳离子的亲和力的一般规律如下：

(1) 随交换阳离子电荷的升高而升高，如：

$Li^+ < H^+ < Na^+ < K^+ < Cs^+ < Mg^{2+} < Co^{2+} < Ca^{2+} < Sr^{2+} < Ce^{3+} < La^{3+} < Th^{4+}$

(2) 随交换阳离子原子序数的升高（水化离子半径的减小）而升高，如：

$Li^+ < H^+ < Na^+ < K^+ < Cs^+$（$Li^+$ 的水化能高，属于例外）

有机阴离子交换剂对阴离子的亲和力大小的顺序如下：

$F^- < CH_3COO^- < Br^- < CrO_4^- < NO_3^- < I^- < C_2O_4^{2-} < SO_4^{2-}$

在实践中希望得到较高的分配系数，改变功能团的物理参数和浓度将影响分配系数和离子交换过程的推动力。表 5-2 给出了不同条件下分离 Cs/Na 的选择性系数（$K_{Cs/Na}$）。

表 5-2 不同条件下分离 Cs/Na 的选择性系数($K_{Cs/Na}$)

离子交换剂	Na^+ 浓度/(mol/L)	$K_{Cs/Na}$
强酸性树脂	1.0	<10
Cs 选择性树脂	6.0	11 400
沸石(发光沸石)	0.1	450
钛酸硅	5.7	18 000
高铁酸六氰	5.0	1 500 000

5.2.3 离子交换容量

交换容量表示一定量离子交换树脂内含有可交换离子的量。对于给定的离子交换树脂,交换容量是个常数,它取决于树脂中功能团的数目。通常有全交换容量和工作交换容量两种表示方式。全交换容量是以树脂中所含有的交换基团的总数来表示,即为树脂内所有可交换离子全部发生交换时的交换容量,这也是树脂可能达到的最高交换容量。工作交换容量也称为有效交换容量,指在一定的操作条件下,实际所测得的交换容量。它的数值与操作条件有关,其中主要影响因素是料液的离子浓度、树脂床高度、流速、树脂粒度大小以及交换基团的形式等。

常有两种单位来表示树脂的交换容量。一是用单位重量干树脂所能交换的离子的毫克当量数(meq)来表示,即 meq/g 干树脂。另一种是用单位体积的经充分溶胀后的湿树脂所能交换的离子的毫克当量数来表示,即 meq/mL 湿树脂。当被交换的离子为 1 价时,毫克当量数即为毫克分子数;当被交换的离子为 2 价或多价时,毫克当量数为毫克分子数×被交换离子的价数。必须指出,树脂的全交换容量是树脂的特征常数,不随实验条件变化。但其数值上总是与所吸附的离子有关。例如,某氢型磺酸型阳离子交换树脂的交换容量为 5.2 meq/g 干树脂。若转化成钠型后,因 1 g 氢型树脂将增重至 1.114 g,由此可以算出按钠型树脂计算其交换容量将为 4.67 meq/g 干树脂。为了避免由此造成的混乱,一般阳离子树脂的交换容量均指干燥的氢型树脂的交换容量,而阴离子树脂则以干燥的氯型树脂来表示。

离子交换柱的穿透容量取决于设计和操作参数、溶液中待去除离子浓度和其他离子的干扰影响。在离子交换柱操作系统,穿透容量决定流出液中待去除离子浓度急剧上升之前可以处理的溶液体积。穿透点的出现表示离子交换树脂已经失效,必须更换或再生。穿透容量在离子交换柱的设计中更受关注,设计中常用床体积数(穿透点之前流出液体积与离子交换柱床的体积之比)这个参数。

影响穿透容量的参数包括:树脂上功能团的性质、树脂交联度、溶液中离子浓度、离子价态、离子大小和温度。

5.2.4 离子交换动力学

在设计离子交换处理系统时，希望离子交换的反应速率足够高，因为所需的接触时间将影响处理厂设备的尺寸。

当离子交换树脂颗粒与溶液接触，在颗粒表面将形成一静止液膜，其厚度随液体流过树脂颗粒的速度而变，为 10～100 μm。树脂颗粒与溶液之间的离子交换反应分 5 步进行：

(1) 离子从溶液主体向树脂颗粒扩散；

(2) 离子透过颗粒外围的水化膜扩散；

(3) 离子透过膜-颗粒界面扩散；

(4) 离子透过颗粒扩散；

(5) 发生离子交换反应。

如果溶液中离子浓度不是很低，则步骤(1)、(3)、(5)将是快速过程而非速率控制段。只有步骤(2)(水化膜扩散)或步骤(4)(颗粒内扩散)是整个过程的速率控制段，尽管有时两者同时控制速率。这是一个简化的离子交换动力学机理，实际上影响离子交换动力学的参数很多，如树脂性质、温度、溶液中反离子的性质和浓度、搅拌程度，等等。

树脂的颗粒度显著影响离子交换动力学，树脂颗粒愈小，则交换速度愈快。因为从膜扩散过程而言，树脂颗粒愈细，其比表面积愈大，每单位量的树脂可能有更多的离子通过膜扩散到达树脂表面，使总的膜扩散过程加快而从粒内扩散过程而言，树脂颗粒愈细，离子在树脂内所需扩散距离缩短，也使粒内扩散过程加快。当然，树脂颗粒大小对于粒内扩散过程的影响要比膜扩散过程更大。

树脂交联度愈大，则反应速度愈慢。这主要是由于交联度增加后，树脂溶胀性差，使树脂内网孔减小，从而减小离子在树脂粒内扩散速度，使粒内扩散过程逐渐成为整个交换反应的速率控制步骤，最终使总的交换反应速度变慢。

升高温度将加快离子交换速度。因为这对于离子的粒内扩散过程或膜扩散过程都是有利的。相比之下，温度对粒内扩散的影响更大。因而，在粒内扩散是交换速度的速率控制步骤的条件下，温度升高对提高交换速度更为有利。

溶液的浓度对交换速率也有影响。在稀溶液中，交换反应速度的决定步骤可能为膜扩散过程。在一般情况下，当溶液浓度在 0.001 mol/L 以下时，交换速度主要由膜扩散过程决定。因此在该浓度范围内，随着溶液浓度的增加，膜扩散过程加快，将使整个反应速度成正比增加。但是，随着溶液浓度的进一步增加，则交换过程的速度将同时受到粒内扩散和膜扩散过程的支配。当溶液浓度进一步增加时，则粒内扩散过程将逐渐成为反应速度的决定步骤，从而将使交换速度趋于一极限值。溶液中的盐浓度对离子交换动力学的影响如表 5-3 所示。

表 5-3 溶液中的盐浓度对离子交换动力学的影响

盐浓度/(mol/L)	速率控制段
<0.001	液膜扩散
0.001～0.3	膜-颗粒界面扩散
>0.3	颗粒内扩散

除上述各种因素外,溶液搅拌的速度,树脂的类型等因素也将影响离子交换速度。例如,搅拌速度愈快,则愈有利于提高交换速度。弱酸或弱碱性树脂,它们的溶胀性比较小,交换速度也比较慢。但大网孔结构的树脂,虽然它们溶胀性并不很大,由于其骨架网孔大,因而交换速度仍很高。

还应指出,在非水介质中,特别在非极性溶剂中,离子交换速度通常都是非常缓慢的,有时仅为水中的千分之一。其原因之一是非极性溶剂中树脂溶胀性很小。另外,也可能因为在非极性溶剂中可交换离子仍被键合于树脂内功能团上而未能扩散自由运动。

对于特定的溶液与离子交换剂的组合,溶液中每个放射性核素或组分的分配系数(K_d)可以测出。对于设定的一定量溶液中某个核素的去污目标,可以利用K_d直接计算出所需离子交换树脂的总量。

在柱操作中,由于共存反离子的干扰,所以无法得到床的总容量。在实践中,运行人员将设定所需的去污因子。例如,当设定的去污因子为 100,则当出现 1%穿透时就必须更换离子交换床。满足这一去污目标的容量称为离子交换床的穿透容量。典型的穿透曲线如图 5-1 所示。穿透从 c 点开始,穿透程度越来越高,直至 e 点,完全失去交换能力(饱和)。穿透容量与 $abcd$ 所包络的面积成正比。

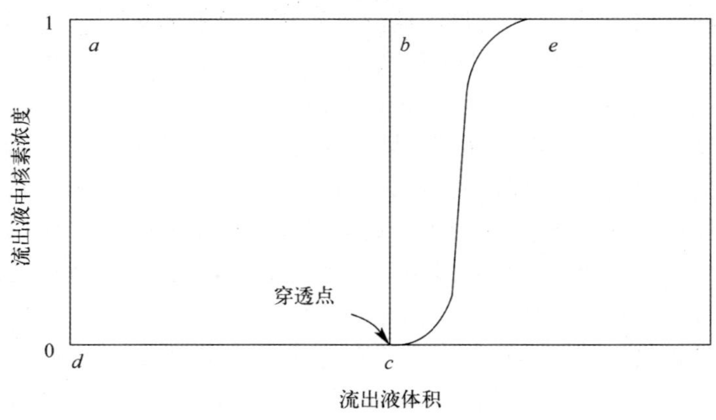

图 5-1 离子交换穿透曲线

穿透曲线的形状依赖于操作条件(如树脂粒度和液体流速)和系统中交换离子的扩散速度。在实际操作中希望穿透曲线尽量陡峭,以提高交换柱的利用程度,即穿透容量与总交换容量之比接近 1。如果所需的去污因子很高,则对于不同的树脂,离子交换柱的利用程度差别很大。

放射性核素的穿透将导致去污因子的降低。在实际操作中,流出液中离子浓度达到预定值即是穿透的开始,此时交换柱将停止运行。在操作中必须监测穿透起始点,因此,必须采用能及时指示穿透的测量系统。

穿透点前的动态交换容量测定——当流经交换柱的液体中开始有交换离子出现时,称为穿透点(或称漏出点),这时在交换树脂上所占有的交换离子之量即为穿透点前的动态交换容量。

测定方法是:将一定量的树脂装于直径约为 20 mm 的柱中,树脂装的高度约 200 mm,通入电解质溶液(对强酸或强碱性树脂通入 $CaCl_2$ 或 NaCl 溶液,对弱酸性树脂通入 CH_3COONa 溶液,对弱碱性树脂则通入 HCl 溶液),控制流速约在 150 mL/min,每流过 50 mL 取样滴定其酸碱度,当流出液之酸(或碱度)开始降低时,记录流过交换柱的溶液量,并根据滴定结果计算出树脂上占有的交换离子量,将此值用每克干树脂之量表示之。

全动态交换容量——继续上项试验,每流出 50 mL 溶液取样滴定一次,当通过交换柱之溶液前后酸碱度没有发生变化时,表示树脂的交换量已达饱和,根据流过的溶液量可求出树脂的全动态交换量。

5.3　离子交换材料

反应堆一回路或乏燃料储存水池等的水净化过程需要采用核级的有机离子交换树脂。核级离子交换树脂与普通的商用树脂类似,但对树脂的粒度和成分有更加严格的规格。有机树脂在使用过程中一般需要再生并反复利用多次。

无机离子交换材料常用于净化要求不是甚高的废水处理过程。例如,无机离子交换剂可用于某些循环使用的水的净化或需适当降低废水放射性浓度的场合。无机离子交换材料的高选择性,使之也可以在竞争离子浓度很高的情况下用于离子交换过程。无机离子交换剂几乎都是一次性使用。

即使某个无机离子交换剂对某个放射性核素具有很高的选择性,它还必须满足其他几个条件,才能作为工业产品投入使用。有些无机离子交换剂可以制成粒状形态,但这些颗粒的机械强度往往不够,一旦与水溶液接触便破碎,并形成胶体状颗粒。为了克服具有交换价值的无机离子交换颗粒机械强度差的缺点,人们开发了将无机离子交换剂掺和到无机或有机的支撑骨架材料上的方法。

无机离子交换剂是否具有化学稳定性(尤其是低溶解度)，是它能否被使用的重要因素。例如，大多数沸石溶于酸性或碱性介质中，所以，它们只能在很窄的pH范围内(pH=4～9)使用。在迄今已开发的各种无机离子交换材料中，那些用钛基的纯氧化物或混合氧化物制成的无机离子交换剂显示出最好的稳定性，即使对于高碱性的废水中，也能有效去除其中的放射性核素。已经制得一些化合物，它们在高酸溶液中维持稳定，并能有效地摄取诸如^{137}Cs一类的放射性核素。

对于后处理厂的废水处理过程，废水中硝酸的浓度很高，所以离子交换树脂在硝酸介质的稳定性十分重要。一般而言，单一的离子交换材料难以在废水的整个pH范围内均能去除特定的核素。在不同的溶液介质和不同的pH范围内，放射性核素(尤其是过渡金属)可以有几种水解或络合形态。络合离子的形成常使放射性离子的电荷极性反转而使离子交换剂无法提取这些核素。另外，有些离子交换剂(如水合氧化物)在酸性溶液中，将作为弱酸性离子交换剂会从优先提取氢离子而失去离子交换功能。

由于有机离子交换材料的辐照稳定性较差，对于放射性浓度较高的废水处理，目前的发展趋势倾向于避免使用有机材料。

在考虑离子交换剂的成本时，应该将采用该交换剂后的废物处理成本和最终处置费用一起考虑。表5-4给出了有机与无机离子交换剂的总体比较。

表5-4 有机与无机离子交换剂的总体比较

性能	有机交换剂	无机交换剂	评价
热稳定性	较好-差	好	无机交换剂具有长期稳定性
化学稳定性	好	较好-好	对于任何给定的pH范围，均能找到特定的有机或无机交换剂
辐照稳定性	较好-差	好	高温、有氧条件下有机交换剂很差
交换容量	高	低-高	交换容量与待去除离子性质有关
选择性	有	有	无机交换剂对Cs的选择性更好
再生	好	不一定	多数无机交换剂吸附性强，难再生
机械强度	好	多变	无机交换剂在其适用pH范围外易脆、易软、易破碎
成本	中-高	低-高	常见的无机交换剂较便宜
可获得性	好	好	两种类型均有大量商用产品
固定化	好	好	无机交换剂可转化未矿物结构，有机树脂可固定到各种基材或焚烧
转运	好	较好	有机树脂坚固，无机交换剂易碎
使用是否方便	是	是	粒状交换剂对罐式和柱才作均合适

5.3.1 天然存在的离子交换材料

5.3.1.1 天然有机离子交换剂

许多有机材料具有离子交换功能,包括多糖类(如纤维素、藻酸、稻草和泥炭)、蛋白质(如骨胶原等)和含碳材料(如木炭、褐煤和石炭)等,但作为商用的仅有木炭、石炭、褐煤和泥炭。与人工合成离子交换剂相比,天然材料的交换容量很低,但它们来源广泛,成本低廉。它们通常作为吸附剂使用,其次才考虑其离子交换性能。市场上买到的材料常常经过处理,以改善其均匀度或稳定性。有些材料(如木炭)可掺加一些化学试剂,以提高其容量和选择性。

天然有机离子交换材料的主要局限性是:交换容量低;过分溶胀并易于形成胶体;纤维素和蛋白质材料的辐照稳定性很差;物理结构不稳定;物理性质不均匀;缺乏选择性;偏离中性 pH 范围便不稳定。

为了提高交换容量和选择性,可以对一些天然有机离子交换材料进行改性处理。例如,通过引进硫酸根、碳酸根和其他酸性功能团,可以对纤维素阳离子交换剂进行改性。

5.3.1.2 天然无机离子交换剂

具有离子交换功能的无机材料很多,包括黏土(如膨润土、高岭土和伊利石)、蛭石和沸石(如方沸石、菱沸石、方钠石和斜发沸石)。天然沸石首先被用于离子交换过程。黏土的离子交换性质,使其在核废物处置场常被用作回填或缓冲材料。黏土还能用于批式离子交换过程,但由于黏土的物理性质将使液体在柱中的流动受限制,所以一般不适于柱式操作。

英国核燃料公司(BNFL)用天然斜发沸石离子交换剂,于1985年建成并投产了一座就地离子交换水处理厂,去除乏燃料冷却水池中的 Cs 和 Sr[7]。

其他的天然铝硅酸盐材料(如绿砂)也在一些废水处理过程中获得应用,一般采用柱设计和大型深床设计。它们可以与离子交换器和粒子过滤器联合使用。

黏土材料和天然沸石尽管在很多场合已被合成离子交换剂所取代,但由于其来源广泛,成本低廉,在有些场合仍在继续被使用。

天然无机离子交换材料的主要缺点:交换容量较低;耐磨性和机械耐久性差;孔隙度不可控;黏土材料于形成胶体;沸石难以研磨到所需尺寸;在酸性或碱性介质会部分分解;由于在许多溶液(尤其是低盐溶液)中的化学稳定性不够,有时需要进行化学或热处理。

通过化学和/或热处理可以对天然材料进行改性。例如,用稀酸溶液或盐溶液处理斜发沸石,可以提高其去除特定核素的选择性[8]。

5.3.2 人工合成离子交换剂

人工合成离子交换剂包括有机和无机离子交换剂两类，前者以有机高分子聚合物为骨架，后者以矿物质为骨架。

5.3.2.1 合成有机离子交换剂

有机离子交换剂是迄今最主要的离子交换剂。离子交换树脂的骨架具有立体的、碳氢链的网状结构，树脂因其碳氢链的交联而不溶于水，交联度决定骨架网眼宽度、溶胀性、迁移离子的流动性和树脂的机械耐久性，交联度高的树脂较硬、机械强度较好、孔隙率较低、溶胀率较低。

人工合成有机离子交换剂的主要优点：交换容量高；应用范围广；灵活性强、成本比某些合成无机离子交换剂低。有机离子交换剂的主要缺点是辐照稳定性和热稳定性较差。当总的辐射吸收剂量达到 $10^9 \sim 10^{10}$ rad，大多数有机离子交换剂的交换容量将大大降低（容量损失 10％～100％）。有机阳离子交换树脂的工作温度限于 150 ℃以下，阴离子树脂的工作温度限于 70 ℃以下。这就需要在进行离子交换处理之前对某些液流（如反应堆冷却水）进行冷却预处理。

（1）苯乙烯-二乙烯苯共聚物

合成有机离子交换剂的骨架，目前最常用的是苯乙烯-二乙烯苯共聚物。二乙烯苯作为交联剂，其含量决定树脂的交联度。树脂的交联度一般以交联剂的百分含量表示之。

通过诸如磺化一类的处理过程可以将功能团引入树脂骨架，生成阳离子交换树脂。对于磺化过程，每 10 个苯环上引入 8～10 个—SO_3H 基团。—SO_3H 基团上的 H^+ 便成为流动离子或对离子。

在树脂骨架上引入胺基功能团，便生成阴离子交换树脂。常用的季铵型强碱性阴离子交换树脂的制备，是将树脂骨架先经氯甲基醚进行氯甲基化处理，然后再用叔胺进行胺化处理。

将高选择性的有机螯合试剂引入树脂骨架，可以制成选择性很高的各种螯合型离子交换树脂。

将苯乙烯-二乙烯苯与有机液体萃取剂混合后再共聚，可以制得所谓萃淋树脂（Levextrel 树脂）。它们兼有离子交换法和溶剂萃取法的优点。此外，还可以制备选择性吸附（配位结合）阳离子的大环聚醚和穴醚树脂。

（2）酚醛缩聚树脂

酚醛树脂由苯酚和甲醛经缩合反应而制得，其上的酚基—OH 作为离子交换基团，是一种弱酸性离子交换树脂，其交联度受甲醛含量控制。在缩聚反应之前将苯酚进行磺化处理，可以使酚醛树脂具有双功能团，即强酸性的—SO_3H 基团和弱酸性的—OH 基团，从而增强酚醛树脂的酸性。

近年来，印度合成、表征并广泛试验了一种间苯二酚和甲醛的缩聚树脂，这种树脂可以从含有高浓度竞争离子钠的后处理碱性废水中有效地去除放射性Cs[9-10]。在碱性条件下，酚基—OH 电离成为对 Cs 选择性很高的阳离子交换基团。在树脂中掺入亚胺基二乙酸（Iminodiacetic Acid）功能团，使树脂具有通过螯合作用提取 Sr 的功能。目前，这种树脂正用于印度塔拉普尔的一座工业规模的中放废水处理厂[11]。美国也在开发类似的树脂，用于回收中性高放废液中的放射性 Cs[12]。

其他类型的采用间苯二酚和甲醛缩聚的酚类树脂，有掺入磷酸或砷酸功能团的离子交换树脂。

（3）丙烯酸树脂

将丙烯酸或甲基丙烯酸和二乙烯苯共聚，可制得一种带有弱电离的羧酸基团的弱酸性离子交换树脂。—COOH 功能团对盐的分离能力很小，但是它们在碱性条件下对 Ca^{2+} 和相似离子（如 Sr^{2+}）的亲和力很强。通过引入磷酸衍生物基团，可以提高树脂的酸性。

5.3.2.2 合成无机离子交换剂

（1）合成沸石

众所周知，各种天然沸石是一些具有不同组成和结构的铝硅酸盐。合成沸石已有许多种，大多数为天然沸石的结构类似物，但也有一些结构与天然沸石不同的新型沸石。

合成沸石是具有良好晶体结构的一类铝硅酸盐，按其结构可分为纤维状、层状和立体网状三种类型。但通常都以立体网状结构的铝硅酸盐来代表沸石。沸石虽然有着各种形式的晶体结构，但它们的基本单元仍是 $Si(O/2)_4$ 和 $Al(O/2)_4^-$ 四面体。这里 O/2 代表氧桥原子。由此可知，每一个含铝的四面体将使晶体结构带一个负电荷。这些负电荷就由在网格空隙中的 Na^+、K^+、Ca^{2+}、Mg^{2+}、Sr^{2+} 等阳离子所平衡。当沸石浸入水溶液后，这些离子也可以移动，从而使沸石具有离子交换性质。

合成沸石既具有一定的离子交换性质，同时在它的晶体结构中含有一定直径的孔道和洞穴。因此，沸石只能容许某些小于其孔穴直径的分子或离子进入晶体内，而将大的分子或离子排除在外，具有分子筛和离子筛的作用。由此可知，沸石对离子的选择性，一方面是由热力学亲和力的差别所造成；同时，沸石的空间结构所造成的离子筛作用也会影响其对不同元素的选择性。

与天然沸石相比，合成沸石的化学性质和孔径可以在工程上得到控制，在高温条件下更加稳定。但是，合成沸石的成本较高，在极端 pH 范围内的化学稳定性欠佳，对某一离子的吸附容易受到同类离子的干扰，机械强度有限。

合成沸石的交换容量比较低，适于处理离子强度比较低的溶液；对于高盐溶液（蒸发浓缩液和后处理废液），其处理能力很低。例如，对于从高盐溶液（6.9 mol/L Na^+）中去除^{137}Cs，沸石的处理能力仅为 10 L/kg。在多数情况下，如此低的处理能力是不可接受的。

合成沸石曾广泛用于处理美国三里岛核电站事故产生的大量污染水，去除^{137}Cs和^{90}Sr的效果很好。印度学者还系统地评估了他们合成的沸石从废水中去除Cs、Sr、Th 的性能[13-15]。

（2）钛酸盐和钛酸硅等水合氧化物

钛的氧化物和氢氧化物是人们早就熟知的阳离子离子交换剂。英国学者早在 1955 年就确认钛的水合氧化物是良好的海水提 U 离子交换剂。后来的研究表明，该材料对溶液中的锕系核素和化合价为 2＋以上的金属离子有很高的亲和力。

已知钛酸盐和钛的水合氧化物对 Sr 的选择性很高[16]，但对 Cs 的去除效果不佳。美国桑迪亚（Sandia）国家实验室和得克萨斯 A&M 大学合成了一类新的钛酸盐交换剂，称作结晶钛酸硅[17]。试验表明，这些离子交换剂对 Cs 和 Sr 的选择性都很高。

（3）磷酸锆等多价金属酸性盐

某些金属的水合氧化物在酸或碱中溶解度比较大，使它们的应用受到限制。例如第 V 族元素磷的氧化物 P_2O_5，其酸性很强，等电点 pH 很小，可以期望在酸性介质中也能具有阳离子交换性质。但 P_2O_5 的溶解度很大，无法用作离子交换剂。若将 P_2O_5 和 ZrO_2 结合起来，可以得到组成为 $x ZrO_2 \cdot y P_2O_5 \cdot z H_2O$ 的化合物，即磷酸锆。这样就可获得溶解度小并具有良好的阳离子交换性质的化合物。这种多价金属酸性盐是无机离子交换剂中最重要的一类。

在这类无机离子交换剂中，磷酸锆被研究的较早，应用也最为广泛。磷酸锆是以 $ZrO_2 \cdot n H_2O$ 为骨架，接上 $P_2O_5 \cdot m H_2O$ 后而形成阳离子交换基团，其中还有一部分羟基—OH 存在。磷酸锆的交换容量随 P/Zr 的摩尔比的增加而增加。根据其结构推测，P/Zr 的摩尔比的上限为 1.67～2.00。超过此上限，多余的磷酸遇水会溶解而流失。另外，磷酸锆产物中的 H_2O/Zr 摩尔比也对其离子交换速度有显著影响。若 H_2O/Zr 的比值增大，即水化程度大，将有利于提高交换速度。此外，磷酸锆的离子交换容量还与溶液的 pH 有关。pH 增大，则其离子交换容量也随之增大。这表明磷酸锆具有弱酸性阳离子交换剂的性质。

（4）磷钼酸铵等杂多酸盐

杂多酸盐是另一类重要的无机离子交换剂，其中最常用的是 12-杂多酸盐。

它的一般分子式可表达为：$H_mXY_{12}O_{40} \cdot nH_2O(m=3,4,5)$，式中X为P、Si、As、Ge、B等元素，Y为Mo、W、Y等元素。大多数杂多酸盐也呈现对碱金属（特别是Cs）有良好的选择性。

杂多酸盐可以用磷钼酸铵（AMP）作为代表，它对Cs的亲和性最好。此外，磷钼酸铵的溶解度小，且其制备方法对交换性质的影响不大。它在从pH=6的溶液到强酸性溶液中都是稳定的，呈现阳离子交换性质，对Cs的交换容量达1.0 meq/g。磷钼酸铵对一价离子的亲和力次序为：$Cs^+=Tl^+>Rb^+>Ag^+>K^+>H_3O^+>Na^+>Li^+$。杂多酸盐不但对Cs的选择性比有机离子交换树脂要高得多，而且对碱金属之间的分离有很高的分离因子。

磷钼酸铵已成功地用于对Cs的选择性分离。但是磷钼酸铵难以制成适合于装柱操作的颗粒，淋洗效果也较差。

研究发现，以焦磷钼酸锆为基体制备的Cs离子筛材料，不但具有较好的耐酸性、化学稳定性和热稳定性，而且对Cs的选择性很高（吸附分配比在400 000 mL/g以上），交换容量也较高（>1.82 meq/g），从3 mol/L HNO_3的模拟高放废液中对Cs的吸附率高于96%[18]。

(5) 亚铁氰化物

许多金属的不溶性亚铁氰化物都呈现离子交换性质。作为无机离子交换剂，已研究Ag、Zn、Cd、Cu(Ⅱ)、Ni、Co(Ⅱ)、Pb、Mn(Ⅱ)、Fe(Ⅲ)、Bi、Ti、Zr、V、Mo、W、U(Ⅵ)等的亚铁氰化物。其中以二价金属离子或含氧的阳离子如UO_2^{2+}、TiO_2^{2+}等的亚铁氰化物的研究为最多。亚铁氰化物可以由$H_4Fe(CN)_6$、$Na_4Fe(CN)_6$或$K_4Fe(CN)_6$溶液与金属盐溶液相互作用而制备。一般的分子式可写成：$M^{2+}[N^{2+}Fe(CN)_6]$，这里M和N为不同的金属，其中N^{2+}、Fe^{2+}、CN^-结合为一个基团，而M^{2+}是可在晶格中自由移动的可交换的离子。

亚铁氰化物在酸性溶液中稳定。在盐酸介质中，最稳定的酸度范围为0.01～2 mol/L。当与硝酸溶液接触，则有些Fe(Ⅱ)会氧化为Fe(Ⅲ)。在碱性介质中，则可观察到发生水解。Co、Ni和Fe(Ⅲ)的亚铁氰化物对硝酸的稳定性最好。它们的耐γ辐射性能也很好。

亚铁氰化物一般都呈现阳离子交换性质，然而其交换机理也是相当复杂的。如亚铁氰化铜也显示出阴离子交换性质。

亚铁氰化物作为无机离子交换剂也已经获得了一些实际的应用。大多数仍是用于碱金属的相互分离和提取。例如亚铁氰化锆可用于从海水中选择性吸附Cs和Sr。已制备出亚铁氰化物与阴离子交换树脂相结合的交换剂，这些交换剂既有阳离子交换性质，又有阴离子交换性质，对酸、碱及硬γ辐射都非常稳定。其阳离子交换容量一般都很高。它们特别适用于^{137}Cs和其他裂变产物的分离。

印度研究者合成了亚铁氰化钴钾的颗粒形式的离子交换剂，有希望用于离子交换柱操作而无需树脂作为支撑体。采用了一个 5 L 的吸附柱处理了 12 000 L 含^{137}Cs的废水，^{137}Cs的放射性水平从 3.7×10^{7} Bq/L 降至 3.7×10^{3} Bq/L。该吸附剂还能从碱性高钠后处理废水中去除^{137}Cs。印度研究者还合成了适于吸附 Cs 的亚铁氰化铜[19]。

(6) 复合离子交换剂

复合离子交换剂由一种离子交换剂与另一种材料结合而成。被结合的另一种材料可以是无机或有机材料，它本身可能就是一种离子交换剂。制备复合离子交换剂的目的是，以非颗粒状或强度很差的离子交换剂为基础，生产出可用于柱操作的具有足够强度的颗粒状离子交换剂。例如，采用无机黏结剂(如氧化铝)可以制备颗粒状的合成沸石。为了改善亚铁氰化物的柱上操作性能，将亚铁氰化铁铜涂敷在聚丙烯酸纤维上，研制成了一种复合离子交换剂，并已用于核电站放射性废水处理。

捷克开发了一种造粒工艺，该工艺将各种无机离子交换材料掺入聚丙烯腈凝胶中而制成颗粒。制成的复合材料中，离子交换剂含量(干重量)高于 80%，其离子交换动力学未受添加黏合剂的影响[20]。一种含有铁氰化镍的复合交换剂已用于斯洛伐克一座核电站乏燃料冷却水池的去污处理。处理 550 m^3 池水用了80 L 离子交换剂，去除了 8×10^{13} Bq 的^{137}Cs[21]。

5.3.2.3 离子交换膜

离子交换膜(Ion-exchange Membrane)分非均相和均相两大类。非均相膜几乎可以用任何离子交换剂制成：先将胶体状或细粒状离子交换材料均匀分散在一种惰性热塑性黏结料(如聚乙烯、聚苯乙烯或合成橡胶)中，再将混合料滚压或积压成薄片、薄膜或条状物。嵌在黏合料中的离子交换颗粒约占膜重的 50%～70%，比例过高会降低膜的强度。

均相膜是磺化苯酚与甲醛或者含氮化合物与甲醛的缩聚产物。将缩聚产物在水银或耐酸平板上展开便制得均相膜；也可以将缩合的黏稠反应混合物夹在两块板中加热而制得。为了提高膜强度，可以将膜附在网状或纤维状支撑体上。

采用互聚合和接合聚合技术，已经制成了商用离子交换膜。互聚合膜是通过蒸发线型聚电解质和线型惰性聚合物溶液而制成的，这种膜尽管没有交联，但不溶于水。接合聚合技术采用 γ 辐照(^{60}Co)将掺合在聚乙烯膜中的苯乙烯或苯乙烯-二乙烯苯接合到聚乙烯基体上。将接合共聚物磺化处理，可以得到强酸性阳离子交换膜。

离子交换膜过程(5.4.1.3 节)以电渗析过程为主，其主要缺点是：成本较高；机械稳定性有限；膜表面的沉淀物的积累影响其使用寿命；在低电解质浓度情况下的电阻甚高;水的渗透和电渗透较高。

为了改善某些氧化物吸附剂(如 TiO_2)的机械强度,可以将它们掺入多孔不锈钢膜中。在多孔无机膜中掺入 TiO_2 后,可以从放射性废水中有效地去除放射性核素和腐蚀产物[22]。

5.4 放射性废水的离子交换处理

离子交换技术应用于核燃料循环和其他活动产生的放射性废水的处理已有多年历史[23]。离子交换在核电站的主要应用为:一回路冷却水净化;一回路流出液处理;乏燃料储存池水处理;蒸汽发生器排水去离子化;排放废水处理;硼酸净化与再循环;沸水堆冷凝液净化。

5.4.1 放射性废水的离子交换处理方式

离子交换法处理放射性废水的操作方式有间歇(批式)操作、柱式操作和膜过程。表 5-5 比较了这三种操作方式的优缺点。

表 5-5 间歇操作、柱式操作和膜过程操作方式的优缺点比较

操作方式	优 点	缺 点
间歇操作	装置简单,操作方便	仅适于常温、常压操作
	适于小规模应用	处理大量废水时操作麻烦
	可使用许多离子交换剂	离子交换剂与液体需要分离
	很容易根据具体处理需要而定制	仅适于一次通过式操作
柱操作	操作简单,处理量大	大型设备成本高
	可使用许多离子交换剂	需要附加设备再生机交换剂
	可在较高温度压力下操作	有些无机离子交换剂难以通过管道输送
	去污因子较高	需要预过滤
膜操作	可作为废水处理或液体浓缩技术	大型设备成本高
	无需预过滤	
	去污因子较高	

5.4.1.1 间歇操作

间歇操作是最简单的离子交换操作方式，它无需复杂设备，在常温常压下可进行任意规模的操作，但一般情况下仅用于小规模操作(如几百升废水以内)。

间歇操作系统是将一定量的废液和离子交换剂放入容器中，充分搅拌混合，直至达到离子交换平衡为止，然后将溶液滤出(倾析、过滤或离心)。离子交换的程度受树脂在平衡条件下选择性的影响。因此除非对放射性离子的选择性特别高，否则去除效率将偏低。

对于一定量的废水和所需的去污因子，所需的离子交换剂的量可以通过实验得到或者用下式计算：

$$K_d = (\mathrm{DF} - 1) \times V/m$$

式中，K_d——测得的分配系数；

DF——所需去污因子；

V——待处理废水体积；

m——达到所需去污因子的离子交换剂量。

细粉粒状或珠状离子交换剂均适合于间歇过程操作，珠状离子交换剂很容易通过过滤分离，但细粉粒状离子交换剂的比表面积大，所以吸附动力学快，所需交换时间短。

5.4.1.2 柱式操作

柱式操作是处理放射性废水常用的操作方式。柱式操作系统包括如下几种类型：

(1) 固定床，包括：(a) 单柱(阳离子交换柱、阴离子交换柱、单床或混合床)；(b) 串联柱(串联阳离子交换柱、串联阴离子交换柱、混合床串联柱)；(c) 双柱(阳离子交换柱后接阴离子交换柱)。

(2) 移动床，即连续逆流交换器或脉动床接触器。包括(a)阳离子交换柱；(b)阴离子交换柱。

(3) 装有离子交换滤层的离心机。

柱式操作实质上是由许多间歇操作串联而成。它不象间歇法那样非常依赖选择性。从理论上说，不管选择性如何，只要使用足够的树脂便能有效地除去废液中的放射性核素。但是，随着对放射性核素的选择性的提高，柱式操作就更加有效。图 5-2 为固定床式离子交换柱的示意图。这种交换柱通

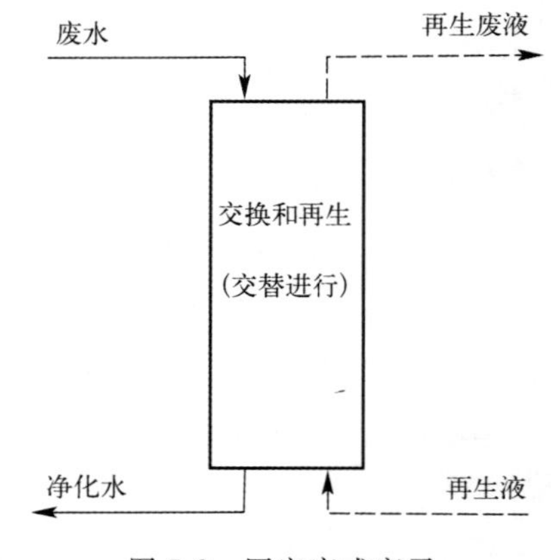

图 5-2 固定床式离子交换柱的示意图

常采用半连续方式操作，在运行过程中，当离子交换剂失效即停止运行，再生或更换离子交换剂。如果在交换剂再生或更换过程中不希望中断运行，则需采用多柱并联的方式操作，当一个交换柱在运行时，另一个进行交换剂的再生、更换或者备用。

许多废液中放射性核素以阳离子形态存在，因此阳离子交换剂的单柱或串联柱将达到足够高的去污因子，往往使用高交换容量的有机树脂，因为它们具有良好的流速特性曲线、快速的交换、稳定和易于再生等优点。其他交换材料则根据情况使用。当废液体积很小时，用无机交换剂除去阳离子，在失效后废弃它们比再生还要便宜。选择性好的合成无机交换剂用于处理含某种特定核素的废液。

图 5-3 为日本原子能研究所的小型离子交换柱废水处理流程示意图，每个交换柱装填 1 L 离子交换剂，用于从 1 mol/L HNO_3 介质中去除 Pu、Sr 和 Cs。

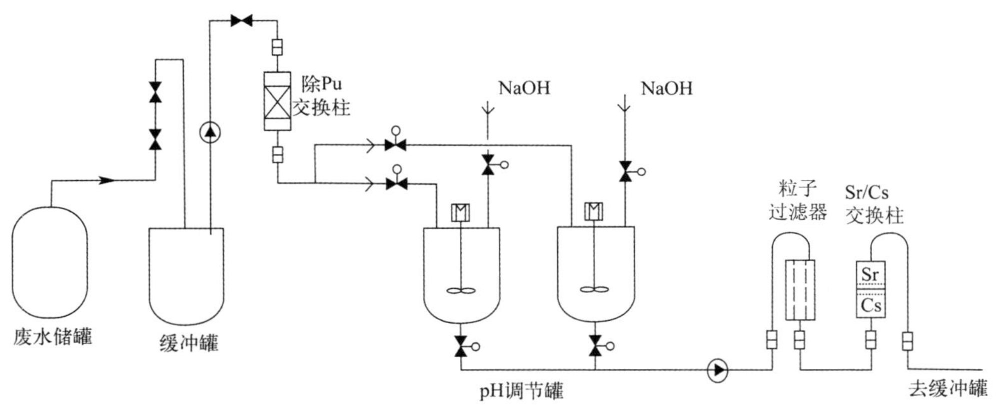

图 5-3　日本原子能研究所的小型离子交换柱废水处理流程示意

图 5-4 为英国 BNFL 公司在 Sellafield 建立的废水离子交换处理流程（SIXEP）示意图。废水先经过砂过滤去除其中的悬浮固体颗粒，再用二氧化碳调节废水 pH（由 pH＝11.5 调至 pH＝8.1），然后通过离子交换柱去除 Cs 和 Sr。

通常很少使用单柱或串联的阴离子交换柱，因为这将要求放射性废液只存在阴离子，但是只含有放射性阴离子而不含放射性阳离子的废液是很少有的。

混合床（单床）离子交换柱如图 5-5 所示，即在同一个容器中既装有阳离子交换剂，又装有阴离子交换剂。通常使用强酸和强碱型合成有机树脂。但是在工业上，可以将强酸、弱酸与强碱、弱碱型树脂结合起来应用。在混合床交换柱的运行过程中，阳离子和阴离子交换剂充分均匀混合以保证在与 H 型阳离子交换树脂接

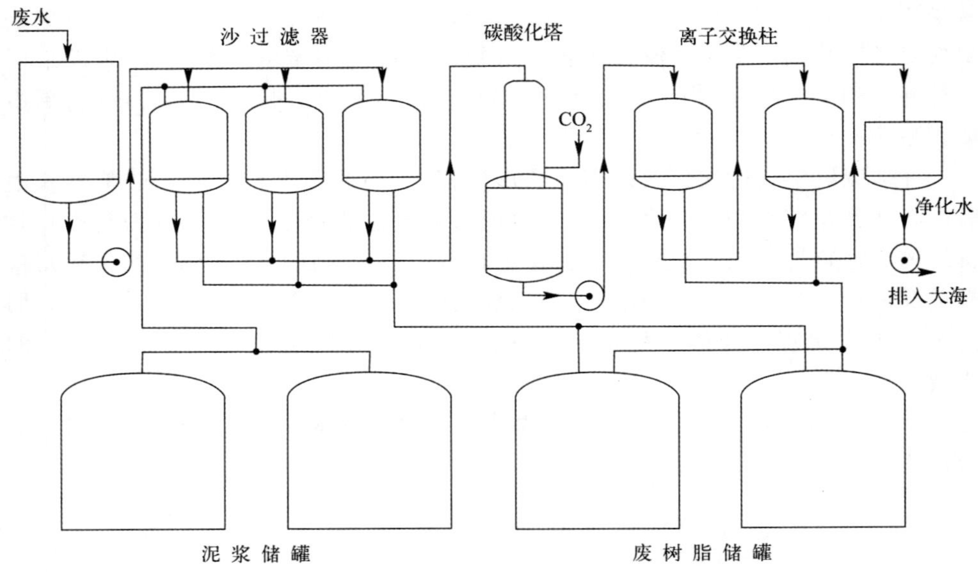

图 5-4　英国 BNFL 公司的废水离子交换处理流程(SIXEP)示意图

触后形成的酸液立即被 OH 型阴离子交换树脂中和。于是废液的 pH 保持在中性,这样交换柱就不需要特殊的耐酸结构材料。单床或混合床系统用于固体含量低的废液的脱除矿质比蒸馏法经济。用这种净化系统制成的纯水,SiO_2 含量极低,其电阻率高达 $2\times10^7\ \Omega\cdot cm$。

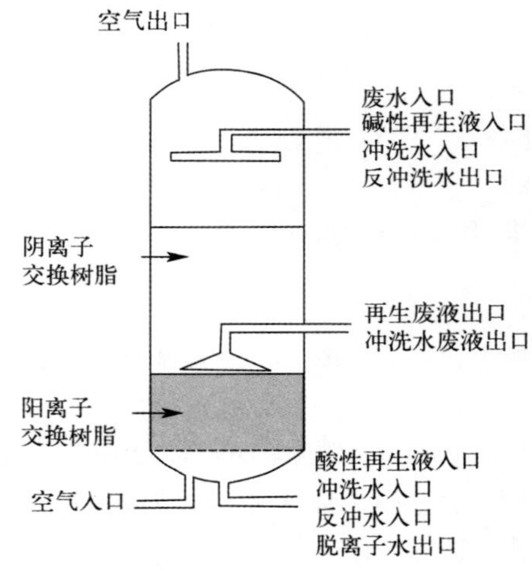

图 5-5　混合床(单床)
离子交换柱示意图
(两种树脂分别再生)

混合床系统在原子能工业上主要是用来净化反应堆冷却水。在许多情况下设置两套单床交换柱,以确保总有一套设备在有效地工作。其基本工作包括:失效树脂的再生,放射性再生废液的贮存(使短寿命放射性核素衰变),处理过的极低水平废水用大量水稀释后排放或返回循环使用。

混合床系统也适用于处理在核设施中产生的一般放射性废液。间歇应用时,混合床系统比多级床系统优越之处在于离子泄漏后停工时间很短。用混合床处理含有混合裂变产物的废液，由于除去了阴离子，故要比单用阳离子交换柱的效率高。

双柱是将阳离子和阴离子交换树脂分别装在两个柱中串联工作。它们比单床系统的优点在于再生简便。但是 H 型阳离子交换树脂柱需要使用耐酸的结构材料，因为柱的流出液是稀酸。如果其后的阴离子交换柱是 OH 型，则最后流出液将是脱除离子的水。在许多情况下，使用几组双柱串联流程能提高去污因子。

移动床是一种连续逆流接触的离子交换柱，移动床系统有如下优点：

(1) 稳定的均质流出液；

(2) 需要的空间比其他离子交换装置小；

(3) 需要的基建投资比相同规模的其他离子交换系统小；

(4) 需要的劳动力比其他离子交换系统少；

(5) 能够处理固体含量较高的废液。

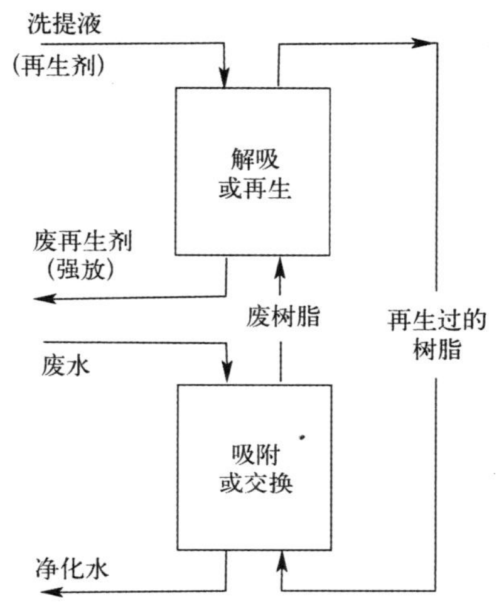

图 5-6　连续逆流(移动床)离子交换器示意图

在移动床系统中，树脂、废水和再生液都是循环的。废水用阳离子交换处理，树脂被连续地再生并连续回收再生废液。与固定床一样，移动床也受流速和压力降的支配，但程度不同。图 5-6 是该方法的简单示意图。由于移动床系统比较复杂，难以操作与控制，在核工业系统较少采用。

5.4.1.3　离子交换膜过程

(1) 电渗析

渗析(Dialysis)是指溶液中溶质透过半透膜的现象。在直流电场的作用下，离子透过选择性离子交换膜的现象称为电渗析(Electrodialysis)。

离子交换膜是由高分子材料制成的对离子具有选择透过性的薄膜。主要分阳离子交换膜(CM，简称阳膜)和阴离子交换膜(AM，简称阴膜)。阳膜由于膜体固定基带有负电荷离子，可选择透过阳离子；反之，阴膜可选择透过阴阳子。

电渗析过程最基本的工作单元称为膜对。一个膜对构成一个脱盐室和一个浓缩室。它由一张阳膜、淡水隔板、阴膜和浓水隔板组成。一台实用电渗析器由数百个膜对组成。图 5-7 为电渗析器工作原理示意图。

电渗析器的主要部件为阴、阳离子交换膜、隔板与电极三部分。隔板构成的隔

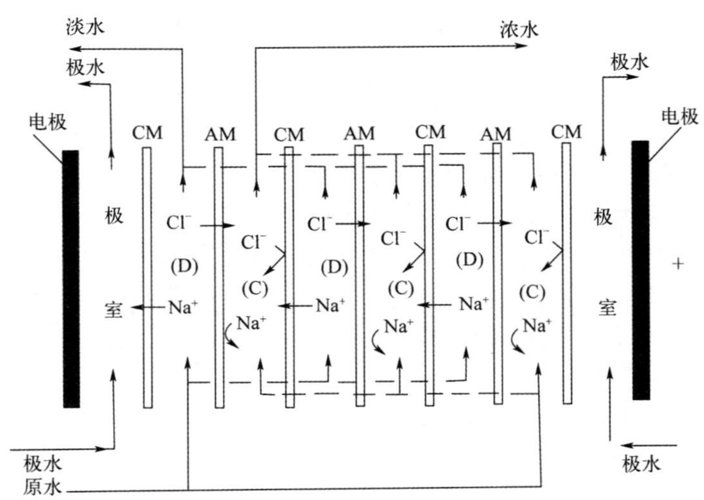

图 5-7 电渗析器工作原理示意图

室为液流经过的通道。淡水经过的隔室为脱盐室，浓水经过的隔室为浓缩室。若把阴、阳离子交换膜与浓、淡水隔板交替排列，重复叠加，再加上一对端电极，就构成了一台实用电渗析器。

若电渗析器各系统进液都为NaCl溶液，在通电情况下，淡水隔室中的Na^+向阴极方向迁移，Cl^-向阳极方向迁移，Na^+与Cl^-就分别透过CM与AM迁移到相邻的隔室中去。这样淡水隔室中的NaCl浓度便逐渐降低。相邻隔室，即浓水隔室中的NaCl浓度相应逐渐升高，从电渗析器中就能源源不断地流出淡化水和浓缩液。

电渗析处理放射性废水的实验研究在20世纪60—80年代比较活跃，前苏联于1964年开始运行一台处理能力为100 m^3/d的两级电渗析实验装置[24-25]，该装置去除放射性的总去污因子为20～40，其流程如图5-8所示。俄罗斯在核动力破冰船上也安装了电渗析装置处理放射性废水[26]。美国洛斯·阿拉莫斯国家实验室安装了一台电渗析装置，用于减少反渗透浓缩液的体积[27]。我国[28]和日本[29]也曾开展过不少相关研究。

为了提高电渗析膜的选择性并用电场强化离子传递过程，有人研究了液膜电渗析[30]；有人将吸附剂与电场相结合，研究了电吸附过程[31]。

由于电渗析操作过程中存在产生爆炸性和有毒气体等问题，阻碍了其大规模的工业应用。

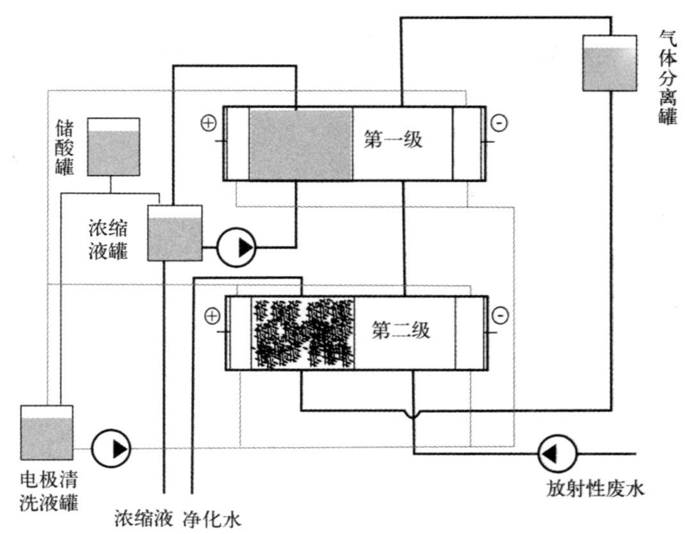

图 5-8　电渗析处理放射性废水流程示意图

(2) 连续电去离子过程

连续电去离子(Electro-deionization)过程是离子交换剂与电渗析的结合。该过程采用的装置与电渗析的构型类似,不同之处是,在离子交换膜之间的空间填充了混合阳离子和阴离子树脂,电场具有使树脂处于再生状态的附加效应,从而不需要对树脂进行化学再生。

连续电去离子过程主要用于制备超高纯水,需要与反渗透同样规格的进水,要求进水总硬度低于体积分数 1×10^{-6},以尽量减少结垢。该方法在核电站用于反渗透透过液的进一步净化。

(3) 电化学离子交换

电化学离子交换是一种先进的离子交换过程,它利用电场驱动力强化了离子交换过程的吸附与淋洗反应。该技术可以视作电渗析与常规离子交换的交叉。与后者不同,它一般不需要树脂再生用的化学试剂,从而可提高废水处理的减容因子。电场驱动力还可提高离子交换容量的利用率[32]。

早期的电化学离子交换电极的制作,是用合适的人造橡胶黏合剂,在网状电极表面涂上一厚层离子交换树脂。涂上的离子交换剂,既可以是有机的也可以是无机的,既可以是阳离子树脂也可以是阴离子树脂。组合式的阴、阳离子电化学离子交换电极也已成功运行。

作为欧共体的中试示范项目,电化学离子交换已用于两种废水的处理[33],第一次示范试验处理了比利时 Doel 压水堆一回路冷却水，第二次处理了英国原子能局 Hawell 设施的废水[34]。

经过三级处理，Doel 压水堆一回路冷却水的处理结果如下：放射性水平由 5.2×10^{4} Bq/L降至 7×10^{2} Bq/L，Cl^- 和 SO_4^- 由体积分数 36×10^{-6}降至体积分数低于 0.5×10^{-6}，硼由体积分数 $86\sim1\ 800\times10^{-6}$降至体积分数低于 23×10^{-6}，硼酸由体积分数 $6\ 500\times10^{-6}$浓缩至体积分数 $9\ 000\times10^{-6}$，过程能耗为 14×10^{-6} kWh/m^3，减容因子可大于 1 600。在 Hawell 厂区，示范装置在 350 L/h 的流量下运行 15 个月，^{137}Cs 和 ^{60}Co 的放射性水平降至低于 2.5×10^{2} Bq/L。

英国 AEA 技术公司成功开发了商用电化学离子交换装置，该装置的水流量大，电流密度高，隔室尺寸和建造成本降低到欧共体中试示范装置的 1/14，具有经济竞争性。

5.4.2 离子交换剂的再生

理论上讲，离子交换是一种可逆过程。大多数离子交换剂可以再生，即分别用适当的强酸（如 HNO_3）和碱（如 NaOH）置换阳离子交换剂和阴离子交换剂上键合的污染离子，从而恢复离子交换剂原来的化学状态。通过再生可以延长离子交换剂的寿命，节省购买新交换剂和处置废交换剂的费用。

值得注意的是，离子交换剂不能完全再生，典型的离子交换剂的再生回复率为 90%。所以，即使在最佳的再生条件下，离子交换剂的寿命也是有限的。

离子交换剂再生的不完全性对核级离子交换剂很重要，因为离子交换剂产品的核级质量只能维持到第一次再生之前。

通常，再生操作在单独的容器中进行。混床系统一般需要用水力分离法将阳树脂与阴树脂分开，如将酸性和碱性再生剂引入混床，则它们在对树脂再生之前就会中和。利用阳树脂与阴树脂一定的密度差异，在交换柱内缓缓地反洗，可以实现阳树脂与阴树脂的水力分离。随后将两种树脂分别排入各自的容器，分别进行再生。也可以在阴、阳离子交换剂的界面处分别注入两种再生液，其中一种再生液向上流动，从交换柱顶部排出，另一种再生液向下流动，从交换柱底部排出。再生完毕后将两种离子机交换剂重新混合。

对于放射性废水的处理，许多国家不采取离子交换剂再生的做法，因为采用浓酸、浓碱的再生操作比较困难，费用也较高。而且，设备本身也较复杂，需要存放树脂再生用试剂的槽罐及相应的阀门、管线和泵。考虑到再生操作的费效比，一般采用一次性离子交换的方式。然而，对于更换离子交换剂更加昂贵的情况，还需进行再生操作。在一些核电站的非放水处理系统（如二回路锅炉给水和去离子水制备），水处理量很大，所用的离子交换剂量也很大，还是需要树脂的再生操作。

5.4.3　离子交换与其他处理技术的组合应用

第 3 章至本章分别介绍了三种比较成熟的废水处理技术，即化学沉淀、蒸发和离子交换。这三种处理方法各自的主要特点见表 5-6[35]。在实际应用中，往往需要将几种方法组合使用。离子交换法通常用于废水的最终处理或对其他方法处理过的废水进一步净化。例如，废水用过滤法去除固体颗粒之后，其滤液可以用离子交换处理。废水中的可溶性总固体含量可以用化学沉淀降低之，其上清液可用离子交换进一步处理。废水经蒸发处理产生的蒸汽冷凝液，也可以用离子交换进一步去除冷凝液中载带的放射性核素。膜过滤（如反渗透）产生透过液也可以用离子交换进一步处理，由于反渗透的透过液中的盐含量极低，故离子交换剂的寿命可以很长。

表 5-6　化学沉淀法、蒸发法和离子交换法的主要特点

	化学沉淀	蒸发	离子交换
废水处理适用范围	可处理高盐溶液，受油、洗涤剂、络合剂的影响较大	适于处理低洗涤剂废水，以免发泡	适于处理低悬浮固体、低盐、无非离子型活性组分的废水
去污因子	10～100(β-γ) 10^3(α)，个别＞10^3(α)	10^4～10^5	10～10^4 10^2～10^3(平均)
减容因子	10～100(泥浆) 10^2～10^4(干固体)	取决于盐含量	10^2～10^4
去除组分	对各种组分可采用特种试剂	比较广泛	针对各种组分可使用相应交换剂
与其他方法的组合	蒸发和超滤	冷凝液可用离子交换处理	蒸发或沉淀
过程缺点	泥浆需脱水，所用试剂会有化学毒性	对结垢、发泡、盐沉淀和腐蚀敏感	辐射稳定性和热稳定性有限
应用类型	浓集放射性核素	浓集放射性和非放溶液	去离子-去污 (盐含量＜1 g/L)

离子交换法与其他方法组合使用的实例如图 5-9 所示[2]。该图给出了加拿大安大略省 Bruce A 核电厂的废水处理系统的简化流程，该流程包含了过滤、离子交换、沥青固化、超滤、反渗透等的放射性废水综合处理过程。根据废水处理的要求，系统的不同单元可以单独或串连运行，所以该系统的操作十分灵活。

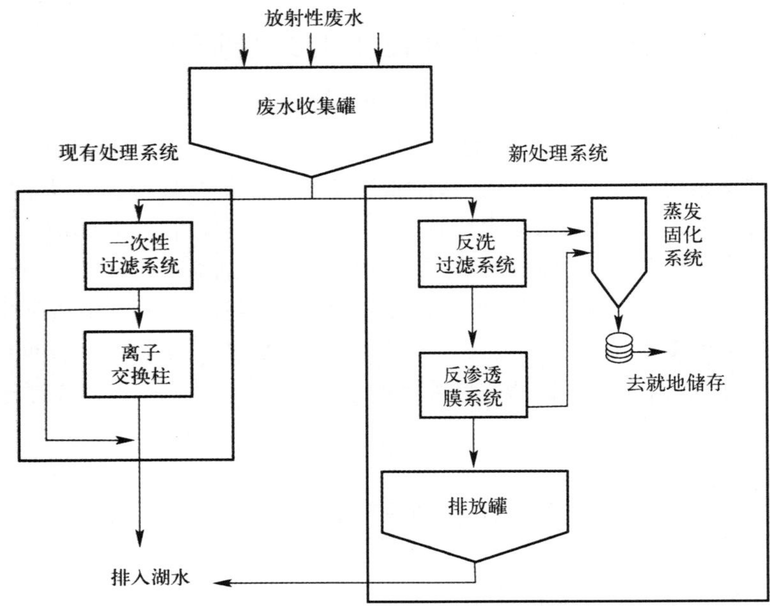

图 5-9 加拿大 Bruce A 核电厂的废水综合处理系统简化流程

5.5 放射性废水的离子交换处理系统设计

5.5.1 离子交换法处理反应堆水的设计[1]

用作冷却剂、慢化剂和屏蔽材料的反应堆用水必须保持很低的离子含量，以便最大限度地减少中子活化产物及其伴随的放射性屏蔽问题；必须去除水中的腐蚀性离子(如 Cl^-)，以免腐蚀反应堆结构材料；还必须去除水中容易引起沉淀的离子，以尽量减少反应堆系统中的沉积结垢。

采用的净化方法几乎是通用的，即用混合床或单床有机合成离子交换树脂脱除水中的矿质。使用的树脂应当细粒含量少，在阳离子交换树脂中的含钠量和阴离子交换树脂氯化物含量应当非常低。树脂中可溶性有机物的含量必须保持很低的水平，因为它会被浸出并且最后被辐射分解，其分解产物会腐蚀金属表面，所以是非常有害的。

为了最大限度地减少反应堆结构材料腐蚀，水的最佳 pH 可能不是 7.0，可以通过添加剂或选择适当型式的离子交换剂来调节 pH。钠是有害的，因其活化后的放射性将带来屏蔽问题，使用锂或铵型阳离子交换树脂可维持水的弱碱性条件而不会产生活化产物。如果需要弱酸性条件，氢型阳离子交换柱可以与氢型-氢氧型混合床并联工作，混合的流出液可以达到适宜的pH。

有许多种混合床商品核纯级树脂可专用于反应堆水的处理。这类树脂的粒度很小，并且经过特殊处理除去了可溶性有机物和无机杂质。阳离子交换树脂采用氢、锂、铵型的，其含钠量特别低。阴离子交换树脂则采用OH^-型的，其氯化物含量特别低。

在补给水处理中，为了达到高度的脱矿质效果，根据原水水质情况，可单独使用混合床交换柱，也可与其他方法一同使用。在任何情况下都可将离子交换柱的进水与出水进行过滤。

往往在旁路系统对第一回路冷却水进行脱矿质处理。一般处理总循环水量的0.2%左右的水量，便能保持低电导度的水。在这个处理系统中，宜采用筒型可更换的滤器进行预滤和后滤。在所有情况下，如果旁路系统中水的温度超过60 ℃(即建议的合成阳离子交换树脂的最大允许温度)，则需要冷却。

离子交换柱可用外壳包铅的方法或放置在屏蔽墙后面的方法进行屏蔽防护，或者进行远距离操作。

确定交换柱失效或运行周期结束的主要参数有：柱的放射性、去污效果以及水的电阻率。在许多情况下，需要综合考虑这些因素。反应堆用水的电阻率必须达到15～20 MΩ·cm，其计量装置可以安装在系统的几个位置上(水回路、水槽、离子交换柱出口)，电阻率数据能够传递给相距很远的控制中心。当测定的水质降到需要使用新树脂的程度时，则处理装置便停止工作，进行树脂换料或再生。树脂再生或更换周期的长短决定于系统的设计和预计的腐蚀速度，树脂体积的变化也直接影响工作的周期。美国洛斯·阿拉莫斯实验室的奥米噶维斯特反应堆(OWR)，其水净化系统的离子交换柱每6～12周再生一次。

树脂的再生可在原地进行，或者转移到单独的再生设备中进行。混合床必须反冲洗以除去细粒状物质并使阳离子和阴离子交换树脂分离。用这种方法分离是可能的，因为阴、阳树脂的比重不同。H^+型阳离子交换树脂和OH^-型阴离子交换树脂使用的再生剂分别为稀的无机酸和稀的苛性碱。在美国最通用的再生剂是稀硫酸和稀氢氧化钠溶液。再生剂的用量在很大程度上决定着树脂的再生容量。

总交换容量的概念在实践中很少使用，根据一般的规则，从再生剂费用和基建费用相抵来看，总交换容量可以恢复到50%～75%。在处理反应堆用水时，往往采取恢复更大程度的交换容量以保证最小泄漏(穿透)。但实际利用的交换容量是比较小的，这是因为不但需要最小的泄漏，还希望交换柱中保持低的放射性。

泄漏是指交换柱的流出液中含有某种本应除去而没有去除的离子。影响泄漏的因素很多，再生剂的用量是主要控制因素之一。泄漏量与再生剂的浓度成反比。

须知再生废液的体积要比使用的树脂的体积大，并且再生废液存在废物处理问题。在许多情况下，再生废液中大多数放射性核素的半衰期很短，依靠贮存就能将放射性降低到允许排入环境的水平。在含有长寿命核素的情况下，可用化学处理法将放射性核素转入泥浆中，然后进行水泥或沥青固化。也可将再生废液蒸发并将蒸残夜固化。因再生产生的废物体积比废弃的树脂量大，所以，废弃失效的树脂往往比再生要经济些。对于再生废液在较短的时间内不能衰变到预期的低水平而需要处理的情形失效树脂更适于废弃而不是再生。失效的树脂可从特殊设计的交换柱中排放出来，如果原来装在筒型容器中则可作为一个整体全部取下和更换。关于废树脂的整备处理将在第 8 章中讨论。

讨论离子交换柱设计以前，首先以从溶液中除去^{137}Cs为例，扼要地介绍离子交换柱的工作原理。对于从溶液中除去^{137}Cs，如果^{137}Cs以$^{137}CsCl$的形式存在，则应使用H^+型阳离子交换剂。似乎用间歇法就能完成交换反应，亦即把足够数量的离子交换剂放入溶液中并使其充分接触直达平衡。但是，在平衡时$^{137}Cs^+$并未完全被H^+置换。为了达到完全的置换则必须使用过量很大的离子交换剂，或者用一批批新的离子交换剂反复多次地达到平衡。后一种方法的替换物便是交换柱的工作。在溶液通过交换柱的过程中，电解质反复地与层层新的交换剂接触。在适当的流速和交换柱高度条件下，溶液中的$^{137}Cs^+$在流出交换柱以前就能完全被H^+置换。

加入柱中的溶液，与首先接触的交换剂发生$^{137}Cs^+$与H^+的交换反应，于是在柱的进口处的一小段中将成为载带$^{137}Cs^+$的交换剂。然后随着流入更多的溶液，这一载带$^{137}Cs^+$的段逐渐扩展，一直达到柱的出口。最终在柱的流出液中检出$^{137}Cs^+$，即所谓“穿透”。在$^{137}Cs^+$穿透时，交换柱通常需再生，以将交换剂恢复成H^+型。这种离子交换剂的穿透容量，亦即在流出液测出$^{137}Cs^+$以前从通过交换柱的溶液中除去的$^{137}Cs^+$的量，并不是总交换容量。因为此时交换柱的底部区域还没有完全转变成$^{137}Cs^+$型。总的交换容量当然是交换剂容量与交换剂体积的乘积。穿透交换容量与总交换容量之比，称为利用的程度，其定义是交换柱中有效交换剂体积的分数。

下述条件或因素能提高交换柱的利用率：

(1) 离子交换剂对溶液中平衡离子有高度的选择性；

(2) 离子交换剂有小而均匀的粒径；

(3) 离子交换剂有大的交换容量；

(4) 离子交换剂有低的交联度；

(5) 溶液的温度较高；

(6) 溶液的流速较低；

(7) 在供料溶液中的平衡离子浓度低；

(8) 柱高与直径的比值很大。

上述条件中有些系树脂固有的缺点，因此必须综合考虑，例如：树脂不能承受高温；颗粒越小，水流阻力越大；交联度越低，树脂的溶胀越强，并导致出现沟流；增加柱高与直径的比也会增加水流的阻力。

交换柱淋洗吸附离子时，还必须考虑交换柱工作时再生相的变化。再生液流经交换柱时，吸附的离子在树脂上反复地进行释出与吸附。这些离子在交换柱流出液中的浓度从零逐渐增加到最大值，然后又下降到零，并且几乎为一对称性的曲线。这种淋洗离子的浓度与废再生剂的床体积的关系曲线，形象地表示了再生过程的情况。在流速和选择性良好的条件下产生窄而陡的曲线，而在不利的情况下则产生宽而较平坦的曲线。

可把交换柱看成是一堆叠起来的很短的柱或“板”。理论上的板可以定义为在柱的任何一部分的这样的一薄层，在溶液与树脂平衡时离开其一端的溶液与另一端的溶液具有相同的组分。理论上讲，板的最小厚度可能等于树脂颗粒的直径。但是实际的厚度，由于为了达到平衡需要一定的时间，往往为几毫米到几厘米。随着达到平衡时间的减少，板厚也减小，而每单位柱长的板数则增加。交换柱的效率与单位长度的理论板的数目成正比。

通过交换达到合乎质量要求所需的理论板的数目，是根据要除去的离子的分布系数和以分布系数为基础的具有最大纵坐标值的高斯曲线进行数学近似计算的。理论板的数目正比于交换柱的高度。所以，如果知道了理论板的数目，便可以确定交换柱的高度。

在应用大量的合成树脂时，在大多数情况下不必计算理论板的厚度。负荷、泄漏和容量曲线是对树脂考察和研究的项目。

设计计算实例：

计算从1%的一回路冷却水中除去各种离子的离子交换体系所需的树脂量。

基本数据：

(1) 冷却水循环量——15 000 L/min；

(2) 冷却水原先已脱除矿物质；

(3) 水中的阳离子和阴离子为金属表面的腐蚀产物。还有一些悬浮物，如不溶的氢氧化物。假定在这一系统中(金属、温度、流速、pH 等)阳离子浓度约为 6×10^{-5} mol/L；

(4) 回路水的温度将超过有机合成树脂的最高允许工作温度。

解法：

(1) 将回路中的旁路水冷却到 20～25 ℃；

(2) 将冷却了的回路旁路水过滤以除去所有大于 20 μm 的颗粒；

(3) 设置两套混合床离子交换柱，一套工作，而另一套备用；

(4) 使用强酸和强碱核纯级有机树脂，其总交换容量约为：阳离子交换树脂为 2.0 mol/L；阴离子交换树脂为 1.4 mol/L；

(5) 假定交换柱要再生并且打算利用阳离子交换树脂总交换容量的 85%和阴离子交换树脂总交换容量的 55%；

(6) 计算所需树脂的体积：

需要处理的废液的体积＝15 000 L/min×1%

＝150 L/min＝216 000 L/d；

需要除去的阳离子＝0.000 06×216 000＝12.96(mol/d)；

实际的交换容量＝2.0×85%＝1.7(mol/L)；

需要的阳离子交换树脂量＝12.96/1.7＝7.6(L/d)。

交换柱的尺寸可按需要的工作周期(失效时间)来确定，假定选为 20 d 的工作周期。

需要的阳离子交换树脂的总量＝7.6×20＝152(L)。为了使混合树脂含有相同克当量的 OH^- 和 H^+，则需要的阴离子树脂的体积为 $\frac{1.7}{(0.55\times1.4)}\times152=$ 336(L)(阳离子树脂的交换容量为阴离子树脂的 2.21 倍)。因此每个交换柱中将含有 152 L 阳离子树脂和 336 L 阴离子树脂，即阴、阳离子树脂总量为 488 L。

(7) 校核

交换柱的最佳流速是 0.27 L(废液)/(L(树脂)·min)，流速的正常范围为 0.2～0.3 L(废液)/(L(树脂)·min)。在这种情况下，每分钟往含有 488 L 树脂的柱中流入 150 L 废液，即相应的流速为 150/488＝0.31 L(废液)/(L(树脂)·min)。为了满足最大流速[0.3 L(废液)/(L(树脂)·min)]，所需树脂量为 150/0.3＝500 L。所以，为了保持较长的接触时间和改善水力条件，建议将树脂的总体积增至 500 L，其中阳离子交换树脂 156 L，阴离子交换树脂 344 L，工作周期将延长到 20.5 d$\left(\frac{156\ \mathrm{L}}{7.6\ \mathrm{L/d}}=20.5\ \mathrm{d}\right)$。

(8) 树脂再生与更换的比较

树脂的预期寿命受到化学降解、物理降解以及因某些离子的结焦而中毒等因素的影响。有些因素只能适度控制。在情况没有明显变化时，根据经验，冷却水的处理能力为：

阳离子交换树脂：＞667 000 L/L(树脂)；

阴离子交换树脂：133 400～266 800 L/L(树脂)。

因此，在本例中，阳离子交换树脂能够连续处理 1.04×10^{8} L 以上的冷却水，而阴离子交换树脂应能处理 9.18×10^{7} L 冷却水。对于作为反应堆冷却剂的高纯水来说，实践证明，这些数值能够增加 10 倍以上，因此必须考虑再生问题。如果为配制和投加化学再生剂和处理再生废液所需的设备的基本费用比更换树脂还贵的话，则可考虑不再生树脂。

5.5.2　离子交换法处理一般实验室和工厂废液的设计[1]

用离子交换法和吸附法去处理一般的低、中水平放射性废液，与反应堆水的净化相比较，有很大的不同。不同场所废液的化学和物理性质大不相同。虽然废液处理的基本原则普遍适用，处理方法也很相似，但是废液处理系统的设计，取决于经济、效能、场所位置等影响因素。在某种情况下宜用有机合成树脂，而在另一种情况下使用天然沸石或黏土处理废液可能更为适宜。

如前所述，离子交换树脂能很好地发挥其效用有两个主要条件：

(1) 悬浮固体含量低；

(2) 溶解性固体含量低。

只有在个别情况下才把离子交换剂当做机械过滤器使用，因为可以使用更便宜的滤料。固体的堵塞也妨碍某些离子交换剂能力的发挥。溶解性固体含量必须很小以便能有效地去除示踪量的放射性离子。离子交换位置被溶液中的非放射性离子占据时，放射性去污系数将降低，经济性变差。

在没有竞争离子存在时，用强酸阳离子交换树脂处理低、中水平放射性废液的容量几乎是无限的。

饮用水中放射性核素允许浓度很低，处理要求很高，采用离子交换法一般可以达到要求。如果废水中只含有一两种放射性核素，则可以使用对它们具有高度选择性的离子交换剂。例如，蛭石对 Cs 和 Sr 具有高度的选择性。在某些情况下，单用阳离子交换树脂便能够达到需要的去污系数；而在另一些情况下，为了有效地除去络合离子，可能需要用阳离子树脂和阴离子树脂共同处理。当然混合裂变产物用双床或混合床离子交换柱处理较好。

许多情况下，在用离子交换法处理之前，用化学法进行预处理是合理的。在某种情况下，把离子交换膜电渗析法脱除离子作为离子交换处理的预处理。有时需要调节废液的 pH，因为离子交换剂不能适应溶液的酸性或碱性条件，或者因其交换容量、交换速度等在某一 pH 下可能具有最佳值。需要处理的程度由具体条件决定。离子交换达到的程度可以用更有效的操作来调节。在某些情况下可用阳离子或阴离子树脂单柱。如欲达到更高的处理程度，可以用类似的串联柱代替单柱，双床或混合床系统能达到更高的去污系数。

对于有机合成树脂，其操作条件与处理反应堆冷却水时的操作相似。最高温度和 pH 范围由产品说明书中规定。

为了用阳离子交换树脂除去放射性核素，可以在 pH 为 2.5 的条件下操作，以保证所有的裂变产物离子化。而流速以 0.27 L/(L(树脂)·min)为宜，但有时流速也可提高 5 倍。树脂床深不应小于 60 cm。建议的逆洗流速是根据树脂床的膨胀率而决定的，而后者又决定于树脂的比重和再生的温度。对于膨胀 50%的强酸聚乙烯树脂，大约需要 4.0 L/(m^2·s)的逆洗流速。以 H^+ 型循环的树脂，用 10% HCl、1%～5% H_2SO_4 或 6 N HNO_3 再生。再生液流速和淋洗液流速如前所述。在许多情况下，将回收的再生废液用作下一步再生的前一段再生液，从而使再生液的用量减少。

各核设施产生的放射性废液成分各不相同，采用离子交换法处理废液之前必须进行实验研究。必须确定何种型号的离子交换剂是最实用的和最经济的。在某种情况下，电脱离子法可能是降低废液中固体含量的最适宜的方法，而在另一种情况下，利用附加离子交换柱或其他预处理方法则可能更经济。废液处理设备的基本设计计算与反应堆水处理设备相同。但是，要知道总硬度以便确定需要的树脂量。在处理一般放射性废液的情况下，树脂需要更加频繁的再生，因为工作周期往往较短。

在处理一般放射性废液时，按一次报废的方式，天然交换材料得到了更广泛的应用。天然交换材料的交换容量较低，但其价格低廉的优点决定了它们可以被大量应用。

离子交换处理废液主要采用立式固定床交换柱系统，废水在离子交换柱内自上而下地流动。设离子交换柱的床体积为 V_b，则废水流量通常以 16 V_b/h 为宜，即 0.27 L 废液/(L(树脂)·min)。对于较小的离子交换柱系统，如采用串联柱或混合床系统，且温度较高，则可用较高的流量操作。

在再生之前要进行从下向上流动的逆洗，必要时也可以在其他时间进行逆洗，其目的是：

(1) 除去在工作周期中从废液中过滤截留的物质；

(2) 排除在树脂中收集的任何气体；

(3) 疏松因树脂膨胀而引起的压缩块；

(4) 使树脂按颗粒大小和位置重新调整。

在逆洗过程中流速必须足以使树脂体积至少增加 50%，需要的流速取决于交换剂的密度。阳离子交换树脂比阴离子交换树脂密度大，因而需要较高的逆洗流速。适宜的流速用实验方法测定并定期检查以防淋洗时树脂流失。逆洗水往往取自贮存处理后的水，它们在用于逆洗以后，再作为原始废液返回进行处理，或者单独收集用其他方法处理。

树脂失效后，在逆洗以后立即再生。处理放射性废液时，通常用酸再生阳离子交换剂和用碱再生阴离子交换剂。再生液的最佳浓度由树脂的制造厂规定，但是对于非商品性树脂必须用实验方法测定。正如以前讨论的那样，再生液的浓度取决于树脂的交换容量。选用再生液的浓度要根据需要的交换容量和工作周期的长短与再生液的费用综合考虑。例如，对于强酸和强碱树脂，为了使总交换容量恢复的百分比很高，需要使用大大超过理论计算的用量。弱酸和弱碱树脂用比化学计算稍多一点的用量便能再生成氢型或游离碱型。再生液通常是自上而下流经离子交换柱，其流量为(4～12)V_b/h(0.06～0.2 L 再生液/L(树脂)·min)。流速低，接触时间长，可使再生液更充分地扩散入树脂中，使绝大多数离子淋洗下来。

树脂再生之后，对离子交换剂进行淋洗以除去任何过量的再生剂或洗提物，淋洗要进行到淋洗水中的放射性水平降低至表明离子交换剂已经干净的时候为止。最好用去离子水淋洗，因为这不会由于淋洗水中的离子而消耗交换容量。或者是用软化水淋洗阳离子交换剂，用“脱除阳离子”的水淋洗阴离子交换剂。淋洗水中的无机物在与过量的再生剂或从碱液再生的强碱树脂释出的离子接触要形成不溶盐，从而降低树脂的交换能力。例如，钙和镁的不溶性氢氧化物会包盖住树脂并降低其效率。

设计计算实例：

对于含^{90}Sr 1×10^{-2} μCi/mL 的废液(假设不含其他阳离子)，如用 50 L 强酸性阳离子交换树脂(其穿透容量为 1.6 mmol/mL 湿树脂)处理，试计算能处理的含 Sr 废水量。

解法：

1. 树脂的总穿透容量：$1.6\times50\times10^3=8.0\times10^4$(mmol)

2. 可交换的^{90}Sr 总量：$\dfrac{8.0\times10^4\times90}{2}=3.6\times10^6$(mg)

3. ^{90}Sr 的质量与放射性的转换关系为：0.144(Ci/mg)

4. 如果忽略树脂的辐照降解，则 50 L 树脂能够除去的^{90}Sr：5.18×10^5 Ci

5. 对于含^{90}Sr 1×10^{-2} μCi/mL 的废液，树脂失效前能处理的废水体积：

$$\frac{5.18\times10^5}{10^{-2}\times10^{-6}\times10^3}=5.18\times10^{10}\text{(L)}$$

参 考 文 献

1 国际原子能机构. 放射性废液的离子交换处理[R]. IAEA Technical Report No. 78. 邵刚，王宝贞，译. 北京：原子能出版社，1975.

2 IAEA. Application of ion exchange processes for the treatment of radioactive waste and management of spent exchangers [R]. IAEA Technical Reports Series No. 408. , Vienna: IAEA, 2002.

3 IAEA. Technology of radioactive waste management: Avoiding environmental disposal[R]. IAEA Technical Reports Series No. 27, Vienna: IAEA, 1964.

4 Harjula R, Lehto J, Brodkin L, et al. CsTreat-Highly efficient ion exchange media for the treatment of cesium-bearing waste waters[C]//Proc. Int. Conf.. Providence, RI, 1997. Palo Alto, CA: Electric Power Research Institute, 1997.

5 秦启宗,毛家骏,陆志仁,等. 化学分离法[M]. 北京:原子能出版社,1984.

6 Porter M. Handbook of Industrial Membrane Technology[M]. New York: Noyes, Pork Ridge. 1990.

7 Hutson G V. The Nuclear Fuel Cycle[M]. Chapter 9: Waste Treatment. Wilson P D. Ed. Oxford University Press, 1996.

8 Chernjjatskaja N B. Sortion of strontium on clinoptilolite and heulandite[J]. Radiochemistry, 1988. 27: 618~621.

9 Samanta S K, Ramaswamy M, Misra B M. Studies on cesium uptake by phenolic resins[J]. Sepn. Sci. Technol. , 1992. 27: 255~267.

10 Samanta S K, Theyyunni T K, Misra B M. Column behavior of a resoucinol-formaldehyde polycondensate resin for radiocesium removal from simulated radwaste solution[J]. J. Nucl. Sci. Technol. , 1995. 32:425~429.

11 Kulkarni Y, Samanta S K, Bakre S Y, et al. Process for treatment of intermediate level radioactive waste based on radionuclide separation[C]//Waste Management'96 (Proc. Int. Symp. Tucson, AZ, 1996). Arizona Board of Reagents, Phoenix, AZ, 1996. (CD-ROM).

12 Bray L A, Elovich R J, Carson K J. Cesium recovery using Savannah River Laboratory resorcinol-formaldehyde ion exchange resin[R]. Rep. PNL-7273. Richland WA: Pacific National Lab. , 1990.

13 Sinha P K, Lal K B, Panicker P K, et al. A comparative study on indigenously available synthetic zeolites for removal of strontium from solutions by ion exchange[J]. Radiochem. Acta, 1996. 73: 157~163.

14 Sinha P K, Panicker P K, Amalraj R V, et al. Treatment of radioactive liquid waste containing cesium by indigenously available synthetic zeolites: a comparative study[J]. Waste Management, 1995. 15: 149~157.

15 Sinha P K, Amalraj R V, Krishnasamy V. Study of ion exchange behavior of thorium ions with zeiolites [J]. Radiochem. Acta, 1994. 65: 125~132.

16 Samanta S K. Hydrated titanium(Ⅳ) oxide as a granular inorganic sorbent for removal of radiostrontium, I: Batch equilibrium studies[J]. J. Radioanal. Nucl. Chem. , 1996. 209: 235~242.

17 Dosch R G, Brown N E, Stephens H P, et al. Treatment of liquid nuclear wastes with advanced forms of titanate ion exchangers[C]//Waste Management'93, Vol. 2 (Proc. Int. Symp. Tuson, 1993), Arizona Board of Reagents, Phnoenix, AZ. 1752.

18 张惠源. 生态环境材料提 Cs 离子筛的研制及其机理研究[D]. 天津:天津大学. 2002.

19 Sinha P K, Amalraj R V, Krishnasamy V. Flocculation studies on freshly precipitated copper ferrocyanide for the removal of cesium from radioactive liquid waste[J]. Waste Management, 1993. 13: 341~350.

20 Sebesta F, John J, Motl A. Development of composite ion exchangers: their use in treatment of liquid radioactive wastes[R]. IAEA-TECDOC-947. Vienna: IAEA, 1997. 79~103.

21 Field D. Cesium removal from fuel pond water using a composite ion exchanger containing nickel hexacyanoferrate[J]. Czech J. Phys., 1999. 49(Suppl. SI): 965～969.

22 Bilewicz A, Schenker E. Adsorption of radionuclides on oxide sorbents and impregnated porous membranes under high temperature conditions[R]. IAEA TECDOC-675. Vienna: IAEA, 1992. 173～187.

23 IAEA. Waste treatment and immobilization techniques involving inorganic sorbents[R]. IAEA TECDOC-947. Vienna: IAEA, 1997.

24 Rauzen F V, Culeshov N F, Trushkov N P, et at., Application of ion exchange and electrodialysis for cleaning of liquid radioactive waste[J]. At. Ehmerg (in Russian), 1978, 45(1): 49～53.

25 Demkin V I, Tubashov Y A, Panteleev V I, et al., Cleaning low mineral water by electrodialysis [J]. Desalination, 1987, 64: 367～374.

26 Dyer R S, Duffey R B, Penzin R, et al., US and Russian innovative technologies to process low-level liquid radioactive wastes: the Murmansk Initiative[C]//Proc. of Int. Conf. of Spectrum'96, Seattle, WA, USA, 1996. La Grange, IL: American Nuclear Society, 1996. 470～474.

27 Del Singnore C J. Radioactive liquid waste treatment facility secondary stream study[R]. LA-UR-00-4332. NM, USA: Los Alamos National Laboratory, 2000.

28 骆大星,李恒勤,薛培发. 离子交换纤维高纯电渗析的研究[J]. 原子能科学技术, 1980,No. 6: 660～669.

29 Sugimoto S. Removal of radioactive ions from nuclear waste solution by electrodialysis[J]. J. Nucl. Sci. Technol., 1987, 15: 753～759.

30 Polonski J W, Hoberg J F, Evans D F, et al., Mixing liquid membrane with electric fields[J]. J. Membr. Sci., 1979, 53: 371～374.

31 Karlin Y, Iliasov R, Sobolev I. Elaboration of combined electrosorption method for treatment of LLRW [R]. In: Combined Methods for Liquid Radioactive Waste Treatment, IAEA-TECDOC-1336. Vienna: IAEA, 2003. 168.

32 IAEA. Advances in technologies for the treatment of low and intermediate level radioactive liquid waste [R]. Technical Reports Series No. 370. IAEA, Vienna, 1994.

33 Bruggeman A, Jones C, Roofthooft R, et al. Advanced process for the treatment of low level liquid waste at a pilot scale[R]. Rep. EUR 17446 EN. Mol, Belgium: SCK-CEN, 1997.

34 Turner A D. Electrochemical ion exchange for active wastes treatment[R]. Rep. Doe/HMIP/RR/93/008. London: Department of Environment, 1993.

35 IAEA. Handling and processing of radioactive waste from nuclear applications[R]. Technical Reports Series No. 402. IAEA, Vienna, 2001.

第 6 章　低放废水的膜分离处理

6.1　膜分离法概述

6.1.1　膜分离技术特点

分离膜是介于两相(液-液或气-液)之间的一层薄膜,不同物质因选择性透过这层薄膜而得到分离。作为一种高效、简单、经济的分离技术,膜技术在许多专著中有详细论述[1-2]。

膜分离技术有如下特点:

(1) 膜分离过程不发生相变化,与存在相变化的分离方法(如蒸发、蒸馏、萃取和吸附等)相比,由于不涉及相变化时所需巨大的潜热,故能耗很低;

(2) 膜分离过程通常在常温下进行,故除了能耗低之外,还特别适用于对热敏感的物质的分离;

(3) 膜过程可分离粒度很小的颗粒物质,以重力为基础的分离技术(如化学沉淀法)的最小粒径为 μm 级,而膜分离技术可以分离分子量为几千、甚至几百(nm 级颗粒)的物质。

(4) 膜过程适于分离一些特殊溶液,如溶液中大分子与小分子(如无机盐)的分离,共沸物或近沸点物系的分离;

(5) 膜过程分离装置简单,操作方便,控制与维护容易。正是由于膜分离过程的上述特点,使得在过去的几十年里,各种膜分离技术得到了迅速发展,并广泛应用于水的纯化和工业废水处理领域。

膜技术的上述特点,使其早在 20 世纪 70 年代就受到核工业领域研究人员的关注,中国原子能科学研究院等开展了电渗析和反渗透处理低放废水的研究,并取得了较好的结果。只是由于那时膜技术本身尚不成熟,限制了其在核工业领域的应用。

随着膜材料的不断开发和工程规模的膜分离装置在工业废水处理等领域的长期考验,膜分离技术已逐步发展成为一种成熟的分离技术,并逐渐成功地被引入放射性废水处理领域。

如前几章所述,低中放废水的处理广泛采用各种常规的处理方法与技术,如化学沉淀、过滤、吸附、离子交换和蒸发等,膜分离技术为放射性废水的处理提供了一种新的途径。对超滤膜等膜分离技术处理低中放废水的多年研究开发实践表明，膜分离技术具有一些引人注目的特点[3]：

(1) 可以获得较高的去污因子(DF)，对于一些锕系核素，DF>1 000。例如，对于 α 比放为 2×10^3 Bq/L 的超铀废水，经过膜分离之后出水的 α 比放可低于检测下限。

(2) 体积减小因子(VRF)较高，例如，可达到 50 左右。

(3) 分离过程基本不受废水中悬浮固体、发泡剂或非放高浓盐分的影响，适于处理蒸发或离子交换过程无法处理的废水。

(4) 可实现良好的固液分离，包括去除溶液中的胶体或高分子组分，适于净化沉淀过程的上清液。

(5) 对泥浆的脱水效果优于沉降法和离心法，脱水后泥浆固含量可达(30～40)质量分数%。

在大多数情况下，膜分离与各种常规分离技术的恰当组合，往往能获得更佳的处理效果。

6.1.2 膜的类型及其在放射性废水处理中应用的概述

膜的类型可按照膜的物理形态、膜材料与结构、膜构型、膜过程的传质推动力等进行划分。

按膜的物理形态可以分为固体膜和液体膜，目前工业应用的膜 99%以上为固体膜。

固体膜按膜材料的化学组成可分为有机膜和无机膜两大类，按膜断面的结构形态可分为对称膜(均质膜)、不对称膜和复合膜，按膜的构型可分为平板膜、管式膜和中空纤维膜，其中平板膜可用于板式或螺旋卷式分离装置中。

膜分离过程按其传质推动力的不同，可以分为五大类，如表 6-1 所示。图 6-1[4]给出了常用膜分离法的传质推动力及其相应的适用范围。表 6-2 给出了不同类型分离膜的分离机理和应用范围。

表 6-1 膜分离过程按传质推动力分类

传质推动力	膜分离过程
压力差(ΔP)	反渗透(RO)；纳滤(NF)；超滤(UF)；微滤(MF)
电位差(ΔE)	电渗析(ED)；电吸附(ES)；电过滤(EF)
浓度差(ΔC)	渗析；膜萃取；支撑液膜；乳化液膜；渗透蒸发
温度差(ΔT)	膜蒸馏；热渗透
组合推动力	电-渗透过滤；电-渗透浓缩；气体分离

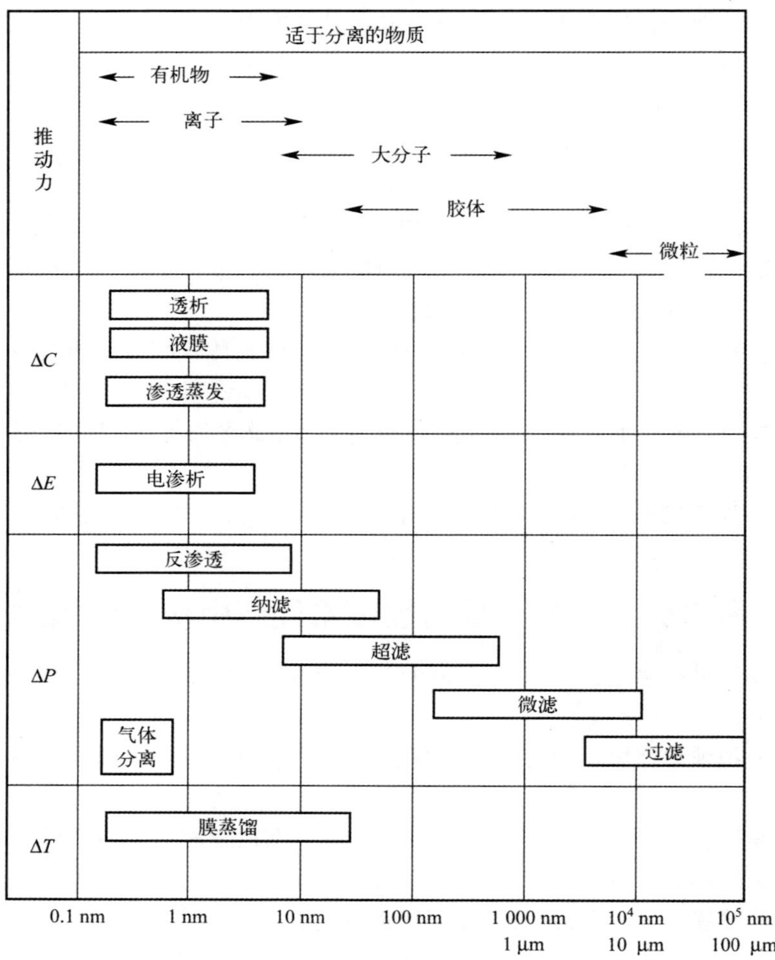

图 6-1 常用膜分离法的传质推动力及其相应的适用范围

表 6-2 不同类型膜的分离机理及其应用范围

膜分离过程	膜类型	分离机理	应用范围
微滤	对称微孔膜	按孔径大小筛分	澄清 μm 级颗粒
超滤	不对称微孔膜	按孔径大小筛分	分离大分子
纳滤	不对称纳米膜	溶液扩散	分离溶液中二价离子
反渗透	不对称“皮”膜	溶液扩散	脱盐
透析	对称微孔膜	扩散	从大分子溶液脱盐
电渗析	离子交换膜	离子选择性渗透	从离子溶液脱盐

续表

膜分离过程	膜类型	分离机理	应用范围
支撑液膜	吸附膜液的多孔支撑膜	载体促进传递	金属或生物质分离
膜蒸馏	微孔膜	蒸汽透过憎水膜	超纯水制备、浓缩
渗透蒸发	不对称膜	溶液扩散	有机物分离

在各种膜分离过程中，以压力差(ΔP)作为传质推动力的膜(即压力驱动膜，如反渗透、纳滤、超滤和微滤等)比较适合在核工业应用[5]，其理由如下：

(1) 压力驱动膜过程是成熟的技术，已积累了 30 余年的设计与运行经验，并成功应用于纯水制备和工业废水处理；

(2) 这类膜过程已成功并大规模地应用于放射性废水处理；

(3) 过程设计已实现计算机模拟，过程构型灵活，可以优化操作；

(4) 适于与常规处理步骤实现系统集成；

(5) 已生产出各种膜材料和膜器，以适应各种污染物的去除；

(6) 压力驱动膜的适用范围宽广，从较大颗粒到离子形态的污染物均可去除。

可以预期，压力驱动膜过程将在核工业应用领域保持其主导膜过程的地位，尤其是对于性质复杂多变的大体积放射性废水的处理。本章将重点介绍以 ΔP 作为传质推动力的膜分离技术在核工业领域的应用。

对于其他的膜过程，包括以电位差、浓度差、温度差为传质推动力的膜过程或者是几种推动力组合的膜过程，各国学者已开展了不少从废水中去除放射性核素的研究，但未见这些膜过程在核工业领域广泛应用的报道。例如，电渗析技术已在俄罗斯用于低中放废水的处理，但在其他国家没有得到广泛应用。中国原子能科学研究院曾在 20 世纪 70 年代开展过电渗析处理低放废水的研究，并在该院的废水处理中心使用过这一技术，后因渗漏等问题停止使用。电渗析处理废水的潜在问题是有毒爆炸性气体的形成。有些膜过程将会在今后得到进一步研究，并考虑用于低中放废水处理。

膜分离技术在核工业领域的应用，视核电站或其他核设施所产生低中放废水特定的处理要求而定，其可能的主要方向如下：

(1) 取代运行不够满意或已老化的现有废水处理设施，或使之升级；

(2) 在常规处理技术(如蒸发)之前减少废水体积；

(3) 减少待处置废水体积，降低废物处置成本；

(4) 通过核电站低放废水的内部循环，实现废水“零排放”；

(5) 提高排放水的洁净度，满足环境排放标准；

(6) 减少对运行维护人员的辐射照射；

(7) 能够处理杂质含量多变的废水，并能满足产品质量要求；

(8) 选择性去除或减少废水中特定物质(颗粒物或溶解质、有机质或无机质、放射性或非放物质)；

(9) 减少运行人员，降低运行成本，提高废水处理系统经济性。

对于低中放废水的处理，膜过程往往用于补充或提高现有废水处理设施的性能。在此情况下，需要考虑现有处理系统及其处理能力，如废水收集与储存、废水物流分类设备、现有的过滤与离子交换设备等、二次废水处理设备等，新增的膜系统必须与现有系统进行整合，形成一个新的完整的废水处理系统。膜系统一般很难从市场直接买到，而需要针对特定的应用进行现场试验之后才能进行设计。

6.2 压力驱动膜分离处理放射性废水概况

6.2.1 压力驱动膜概述

以 ΔP 为传质推动力的压力驱动膜分离法主要包括反渗透(Reverse Osmosis，RO)、纳滤(Nanofitration，NF)、超滤(Ultrafiltration，UF)和微滤(Microfiltration，MF)等。表 6-3 给出了几种分离膜的孔径范围、操作压力和适用范围。由表可见，反渗透膜可以从水中去除所有离子；纳滤膜可以截留二价离子和低分子量污染物而让一价离子透过；超滤膜可用于去除水中大分子化合物(蛋白质、病毒和小胶体)，但不能截留离子态溶质；微滤膜用于去除水中微米级颗粒、细菌和大分子胶体。

表 6-3 几种分离膜的孔径范围、操作压力和适用范围

分离膜	孔径范围/nm	操作压力/MPa	适用范围
反渗透膜	0.1～1	5～10	去除所有的离子
纳滤膜	1～10	＜4	去除二价离子和低分子量污染物
超滤膜	5～500	＜1.4	去除大分子化合物(蛋白质、病毒和小胶体)
微滤膜	50～5 000	0.05～0.5	去除微米级大小的颗粒、细菌和大分子胶体

待分离溶质或微粒越细，则所需分离膜的孔径越小，膜过程所需压力也越高。这与运行费用和投资费用紧密相关。膜过程的分离效率和膜的性能常常依赖于操作条件和对膜污染(Fouling)的敏感度，膜污染导致膜的有效孔径变小。制造商所提供的公称膜孔径只是一种粗略参考，一旦在运行过程中出现膜污染，则厂商所提供的孔径数据便失去意义。图 6-2 示意压力驱动膜的孔径与典型操作压力之间的关系。

在压力驱动膜系统，料液侧的压力使得大部分溶液透过半透膜进入另一侧。

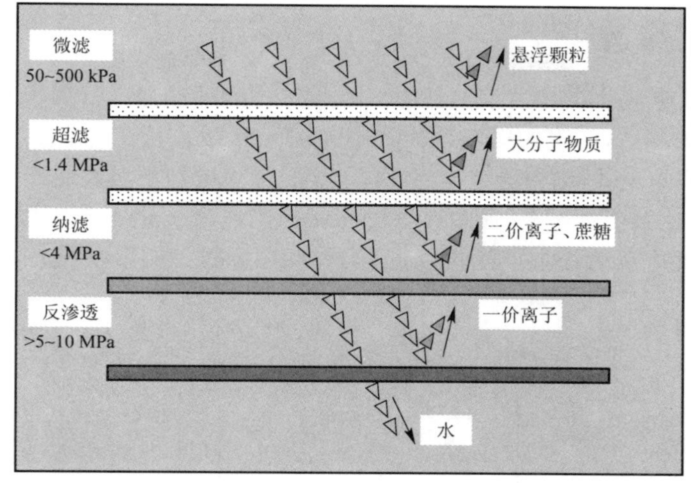

图 6-2 压力驱动膜的孔径与典型操作压力之间的关系

透过膜的溶液称为透过液或滤过液，未透过的部分称为浓缩液或截留液。图 6-3 为膜过程的简单示意图。

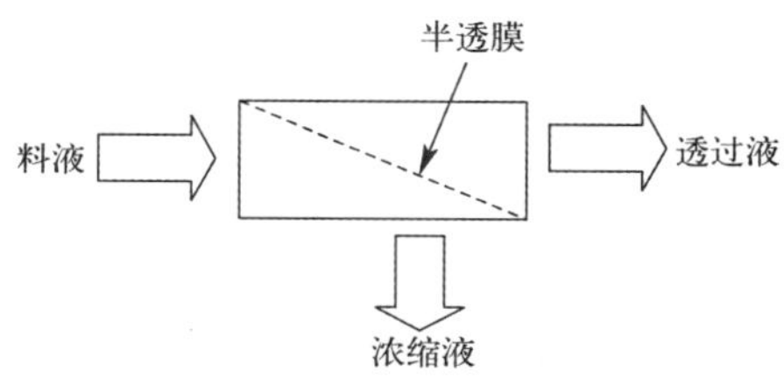

图 6-3 膜过程的简单示意

对于常规的过滤操作，料液流动方向与膜或过滤器表面垂直，最后只有得到滤过液一种产物。在这种流型下，过滤器表面积累的颗粒物会造成堵塞，使压力降显著上升。所以，必须定期清洗，如用气体或液体反冲。

对于大多数压力驱动膜分离过程，料液在压力驱动下以错流过滤的方式沿着膜表面流动，而不是垂直于膜表面流动。这种错流过滤方式可以清扫膜表面的污物，从而减少物料在膜表面的堆积。图 6-4 为常规过滤和错流过滤示意图。

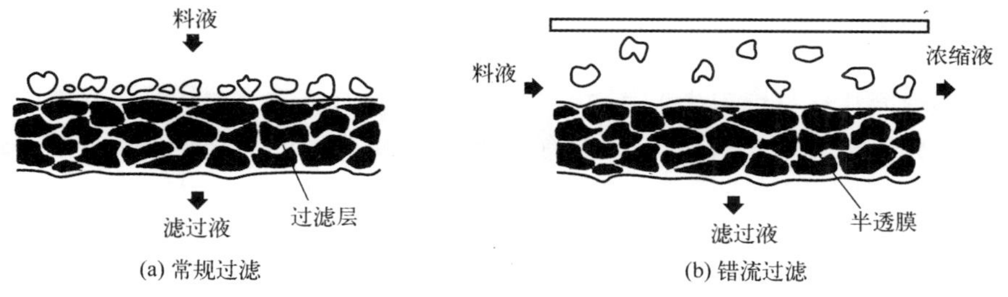

图 6-4 常规过滤和错流过滤示意图

6.2.2 反渗透

当用半透膜将不同浓度的两种溶液隔开时，低浓侧的溶剂（如水）会自发地透过膜流向高浓侧，这一现象称为渗透，如图 6-5(a)所示。若在高浓侧施加一外压力 p 来阻止溶剂的流动，则渗透速度将下降；当压力 p 增加到与渗透压 π 相等，则渗透完全停止，达到渗透平衡，如图 6-5(b)所示。当压力 p 进一步增加，即 $p>\pi$，则溶剂将反向渗透流动，这一现象称为反渗透，如图 6-5(c)所示。

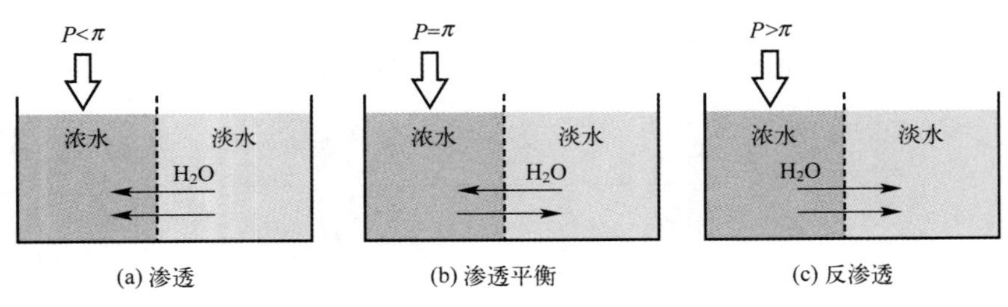

(a) 渗透　(b) 渗透平衡　(c) 反渗透

图 6-5　反渗透原理图

对于反渗透过程，料液中可溶性固体的含量不宜过高，当其达到质量分数 5%～10%时，则将因渗透压过高而使得反渗透操作难以进行。典型的反渗透过程对可溶性无机固体的脱除率为 95%～99.5%，对有机固体的脱除率为 95%～97%。

反渗透技术已用于处理核电站等设施产生的低放废水。由于反渗透可以截留溶液中几乎所有的污染物（溶解气体和氚除外），产生的高纯水可以在核电厂内循环使用。由于纯化水（有时可用离子交换进一步纯化）的放射性水平极低，一般情况下可以直接排放到环境。近年来，反渗透系统已用来取代现有的蒸发/离子交换系统或给其增容，成为核工业废水处理系统的一部分。

6.2.3 纳　滤

纳滤膜的孔径范围为 1～10 nm，典型操作压力为 0.3～4 MPa，可以截留纳米级颗粒和分子量为 200～500 以上的有机物，所以纳米膜的功能介于反渗透与超滤膜之间，常被称为“宽松的(Loose)反渗透”。纳滤膜的孔径范围使之允许一价离子自由通过，而尺寸较大多价离子则被截留。所以，纳滤膜也被称作去离子软化水膜。

纳滤膜一般都带负电荷，主要排斥阴离子，这种排斥力决定了它对盐的截留。

纳滤膜适于从高浓一价离子的盐溶液中选择性地分离大分子有机物。与常规反渗透过程相比,纳滤膜过程可以在较低的压力下获得较高的膜通量。纳滤膜的上述特性使之在水处理方面获得了一些工业应用,如水的软化、水中有机物的去除以及低分子量与高分子量有机物的分离等。

纳滤膜在核工业中主要用于核电站含硼酸的放射性废水的处理。废水中的硼酸可以透过纳滤膜而放射性核素则被截留,回收的硼酸溶液可以循环使用或者排放。纳滤膜也可以用于核燃料加工厂,去除清洗液中的铀离子。净化水不经进一步处理便可排放。

6.2.4　超滤与微滤

超滤膜的孔径范围为 0.005～0.5 μm,典型操作压力低于 1.4 MPa,截留分子量为 500～300 000,大多数可溶性无机盐和水以可自由通过,而胶体、悬浮固体颗粒和大分子有机物则被截留。与纳滤膜相比,超滤膜的孔径较大,且胶体和大分子有机物的渗透压都很低,所以超滤膜过程可以在较低的压力下操作。

微滤膜的孔径范围为 0.05～5 μm,典型操作压力在 0.1 MPa 左右。由于微滤膜孔径大,操作压力低,所以膜通量很高,适于适于截留直径大于 0.1 μm 的颗粒和溶解的大分子化合物,但不适于截留胶体颗粒。

超滤膜往往用于反渗透系统的预处理,去除水中的胶体及颗粒物。

在核工业领域,超滤膜常常用来去除废水中的 α 放射性,这是因为超滤膜适合于截留大分子的胶体颗粒,而废水中的锕系核素常以胶体或假胶体形态存在,所以超滤膜可以有效地去除废水中的锕系核素。对于低放废水中的金属离子,如果通过预处理使其形成固体颗粒、氢氧化络合物或其他难溶化学形态,则也可以被超滤膜选择性去除。例如,在溶液中加入大分子螯合剂以生成大分子络合物,则超滤膜便可以截留大分子金属络合物,而让未络合的离子(如 Na^+、K^+、Ca^{2+}、Cl^-、NO_3^-、SO_4^{2-})透过。所以,对于某些特殊离子的去除,添加络合剂可以提高去污因子(DF)[6]。研究表明,超滤膜对 α 核素的 DF 可达 1 000,对 β、γ 核素的 DF 可达 100[7]。在乏燃料后处理厂和钚燃料加工厂,超滤膜可用于乏燃料储存水池的水处理、溶剂洗涤液处理和钚蒸发器进料前的预处理。

在核工业领域,微滤膜常用于分离核电站废水中的颗粒污染物,其浓集因子可达 100。如果沉淀颗粒的粒径较大,则微滤膜可与沉淀过程相结合。微滤膜也常与反渗透膜和超滤膜组合使用。

6.3 压力驱动聚合物膜和无机膜简介

压力驱动分离膜按结构材料可分为聚合物膜和无机膜两大类，下面简单介绍这两类分离膜。

6.3.1 聚合物膜

6.3.1.1 聚合物膜的结构

聚合物膜(Polymer Membrane)按物理结构可分为均相膜(对称膜)、非均相膜(非对称膜)和薄膜复合(TFC)膜。早期的分离膜为均相膜，它由单一材料制成，只有单一的膜结构。为了具有较好的膜机械强度，均相膜必须做得较厚，所以这种膜的流体阻力较大，一般只有微滤膜才采用这种结构。20 世纪 50 年代末，Sourirajan 和 Loeb 发明了非均相膜，这是膜技术的重大突破。这种膜具有双层结构(见图 6-6)，即一个极薄的多孔活性层附着在一较厚的多孔支撑层上，两层采用同一材料制成。非均相膜的活性层具有分离功能，支撑层则改善膜的机械性能。这类膜可以作为微滤、超滤和反渗透的分离膜。

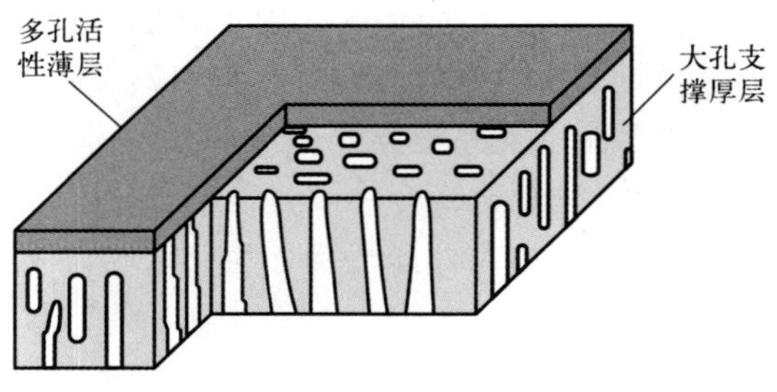

图 6-6 非均相膜结构示意图

薄膜复合式(Thin Film Composite，TFC)膜代表了膜技术的最新发展，这类膜由三层构成，即结构支撑网层、微孔中间层和超薄阻挡层。三层一般用不同材料制成，例如，有一种 TFC 膜的超薄阻挡层用聚酰胺制成，微孔中间层为聚砜，支撑网层则为聚酯，如图 6-7 所示。这类膜一般作为纳滤和反渗透分离膜。

6.3.1.2 聚合物膜的基本性能

自从第一张非对称性醋酸纤维素膜问世以来，在非纤维素膜材料的研究开发方面取得了很大进展，新开发的膜材料具有更好的耐久性，不易生物降解、并可在

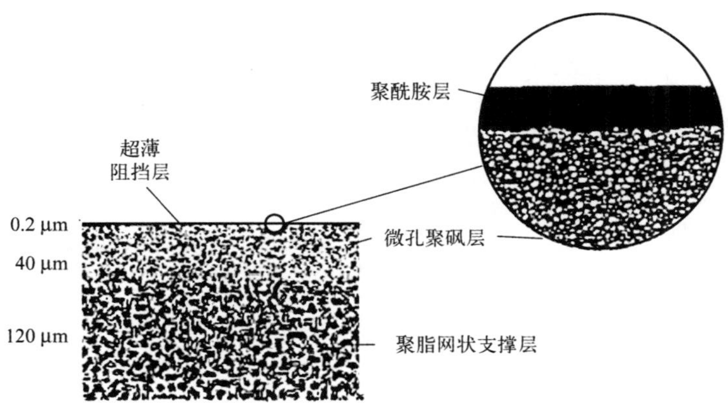

图 6-7　一种 TFC 反渗透膜的截面示意图

更宽的 pH 和温度范围内工作。

常用的聚合物膜材料包括醋酸纤维素、聚丙烯、聚砜、氟化聚乙烯、聚酰胺/聚砜等。

不同聚合物膜的工作温度范围见表 6-4。对于醋酸纤维素膜，温度超过 50 ℃，醋酸纤维素便开始水解，芳香聚酰胺也有类似问题。

表 6-4　不同聚合物膜的工作温度范围

膜材料	醋酸纤维素	芳香聚酰胺	TFC
工作温度/℃	5～50	5～46	0～79

关于聚合物膜的辐照稳定性，多数聚合物膜在辐射照射剂量为 10^5 Gy 以下时是稳定的[8]。

关于聚合物膜的化学稳定性，大多数膜的活性层在有氧化剂存在的情况下会分解，这些氧化剂包括有机氯材料、臭氧和过氧化氢等，用于抑止膜中细菌或微生物的生长。由于低浓强氧化剂可损坏聚合物膜，必须在使用之前将其中和或去除，例如在料液中添加还原剂(如硫代硫酸钠)或用活性炭等去除氧化剂。

聚合物膜基本不耐氯的腐蚀，对溶液 pH 范围也有一定要求。表 6-5 给出了典型的反渗透膜接触氯的允许浓度和 pH 范围[1]。

对于常规的非放水净化系统，聚合物膜一般可以使用 5 a 以上。用于低放废水处理的聚合物膜也可达到类似的使用寿命。

表 6-5 典型的反渗透膜接触氯的允许浓度和 pH 范围

膜类型	氯的允许体积分数/10^{-6}	允许 pH 范围
醋酸纤维素	0.3～1	4～6
聚酰胺1)	<0.05	4～11
不耐氯 TFC2)	03)	3～11
耐无机盐 TFC4)	0.05	3～11
耐氯 TFC5)	1.0	3～11

注：1）线性聚酰胺；2）聚亚胺酯；3）料液必须除氯；4）芳香聚酰胺；5）磺化聚砜。

6.3.2 无机膜

无机膜（Inorganic Membrane）的发展是为了弥补聚合物膜的某些缺陷，对于有些条件苛刻的操作环境，聚合物膜可能难以胜任而需代之以无机膜。金属膜可以在 500～800 ℃的高温下稳定运行，许多陶瓷膜的工作温度可超过 1 000 ℃；无机膜具有很高的机械稳定性、良好耐化学腐蚀和抗辐射性能。无机膜的主要缺点是制作成本高。

无机膜采用的结构材料包括陶瓷、金属氧化物（氧化铝）、氧化锆/石墨、不锈钢等。陶瓷膜通常由三层构成：基体层（几毫米）、中间层（10～100 μm）、选择性活性层（1～5 μm）。目前所能制得的无机膜的孔径范围仅能用于微滤和超滤，通常制成管状。

陶瓷膜正在获得越来越多的应用，陶瓷纳米结构材料的引入，极大地改进了陶瓷膜的生产工艺。基于溶胶-凝胶过程，已开发出许多生产纳米材料和选择性活性层的技术，最常用的制备纳米结构层的材料为 Al_2O_3、ZrO_2、CeO_2和 TiO_2[9]。

6.4 压力驱动分离膜组件的构型

压力驱动分离膜组件通常有四种构型：平板式、管式、卷式和中空纤维式[10]。

平板式（Plate-type）膜组件如图 6-8 所示。这种组件是最早使用的膜器，其构型类似于板框式过滤器，如图 6-9 所示。平板式膜组件结构简单，安装与操作方便。但这种组件单位体积设备的膜面积小，设备占地面积大。另外，这种膜组件的清洗比较麻烦，需要拆卸设备，会增加对维修人员的辐射照射和造成放射性污染扩散。

管式（Tabular）膜组件的基本结构如图 6-10 所示。管式膜组件构型的设计简单，通常将膜涂在多孔管的内表面，多孔管的机械强度能保证膜组件在足够的压力下工作。料液从管子的一头泵入，在其沿着管子流动过程中，以错流方式使透过液

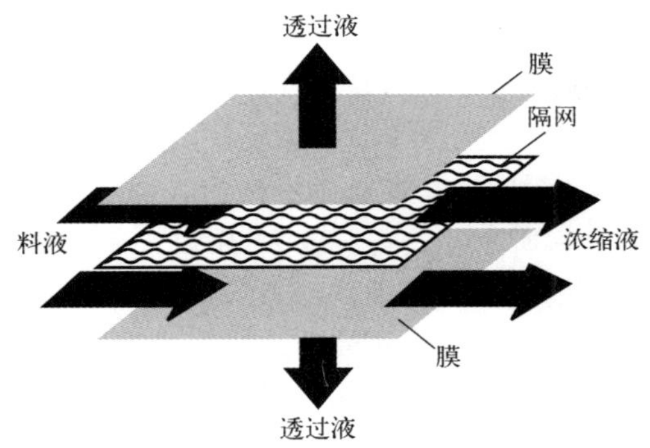

图 6-8 平板式膜组件的示意图

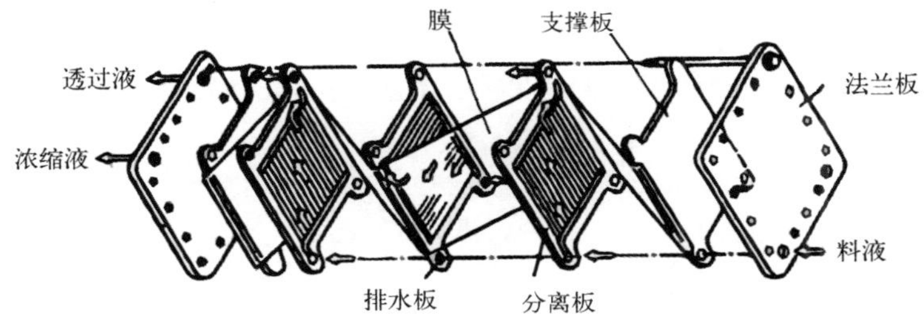

图 6-9 平板式膜组件的装配结构示意图

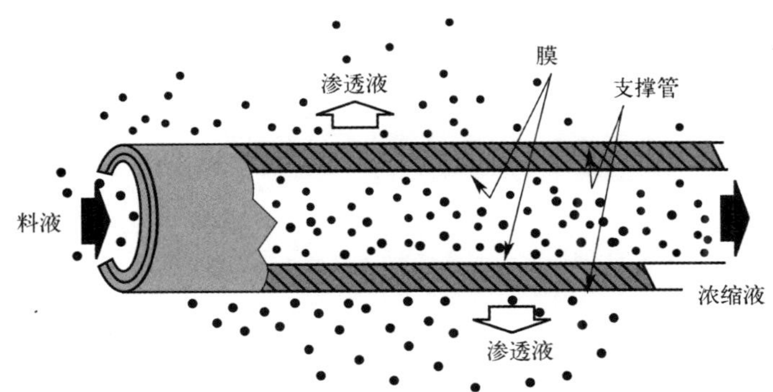

图 6-10 管式膜组件示意图

通过膜孔渗透出来，透过液在膜组件的管外壳体内汇集后排出。

管式膜构型的重要优点是：料液在管中的流动速度可以高达 10 m/s，从而减少了膜表面污染的可能性。当然，液体的高流速将导致料液泵送的费用提高。定期采用直径稍大于管径的海绵球在管内擦洗的方式，很容易对膜表面进行清洗；也可采用化学清洗液对膜表面进行清洗。一旦某根管子失效，可以将其抽出，更换新管子，无需更换整个膜组件，这种更换方式可降低设备成本。管式膜组件对悬浮固体含量高的废水的适应性优于其他类型的膜组件，超滤过程往往采用管式构型。

管式膜组件的主要缺点是单位体积膜组件的膜面积很小，与其他构型的膜器相比，处理同样体积的废水所需的设备更庞大，所以设备投资费用高。

卷式(Spiral)膜组件是用平面膜卷制而成的，组件中装有两层聚合物膜，两层膜之间用一个多孔隔网隔开，隔网为料液和透过液的流道，并起到支撑作用。卷式膜组件的结构如图 6-11 所示，料液从膜组件的一端泵入，在夹在两张膜之间的隔网所提供的间隙中流动，以错流方式透过膜后的透过液沿着隔网提供的流道汇集到多孔的透过液中央管内，未透过膜的料液则被浓缩而最终在膜组件的另一端排出。卷式膜的主要优点是：单位体积膜组件的膜表面积大，圆筒状组件的结构紧凑。运行过程中设备的持液量较少，对于放射性废水处理，较少的持液量有利于减轻对膜组件的放射性辐射；卷式膜的另一个优点是膜表面容易进行化学清洗。

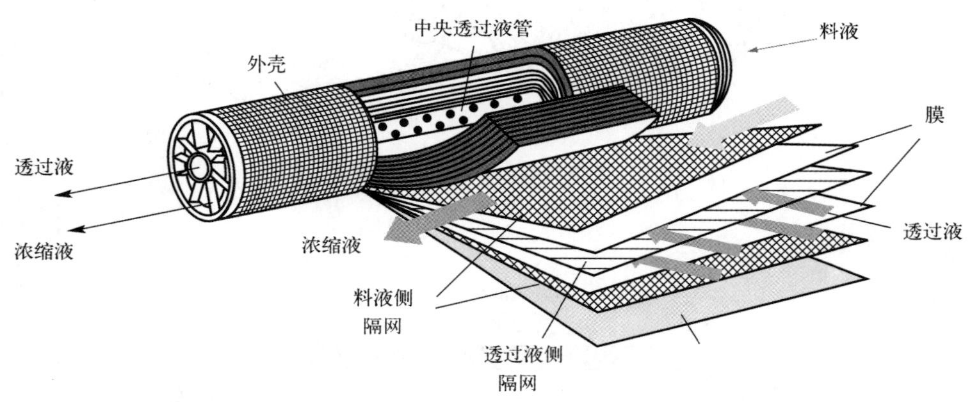

图 6-11　卷式膜组件示意图

卷式膜构型的缺点是：膜层之间很窄的液体流道容易造成膜表面的污染，当进料液比较浑浊时更为严重。卷式膜组件一般由若干段卷式膜串接在一个压力圆套筒中，各段互相连接的死角有利于微生物的生长。与其他膜构型相比，卷式膜组件的流体阻力很大，有时膜组件本身在高压下就会破损。

卷式膜的另一个缺点是，一旦出现膜破损和不可逆污染的情况，必须整体更换膜组件。这种膜构型不宜处理含有悬浮固体的废水。

中空纤维(Hollow Fiber)膜组件由中空纤维管束组成，其中每根中空纤维的外径≤200 μm。按物料的流动方式，中空纤维膜组件分内压式和外压式两种。内压式组件如图6-12(a)所示，这种构型的料液从中空纤维管内的一端进入，浓缩液从管内的另一端引出，渗透质由管内渗透到管外，从管外的另一端流出。外压式组件如图6-12(b)所示，这种构型的物料流动方式与内压式正好相反。为了使结构更加紧凑，中空纤维管束可以制成 U 形结构，图 6-13 为这种结构的外压式膜组件的三维示意图。

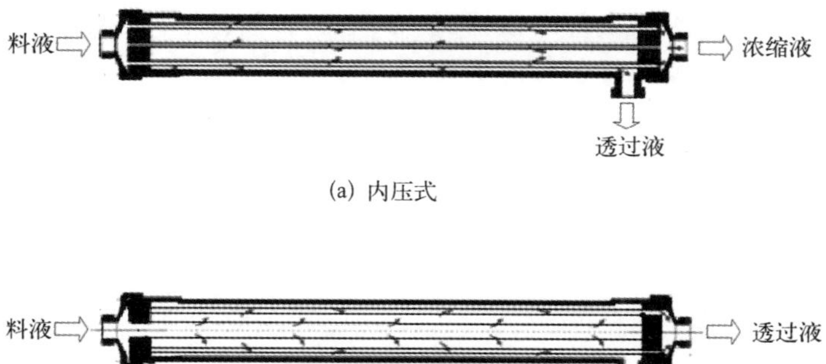

(a) 内压式

(b) 外压式

图 6-12　中空纤维膜组件示意图

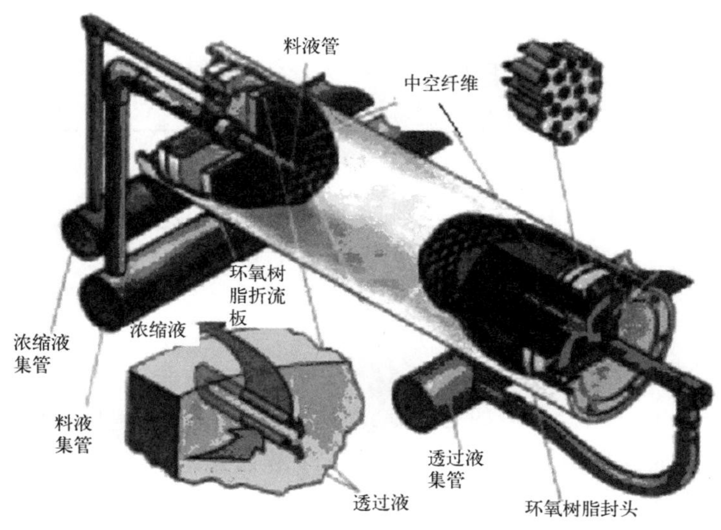

图 6-13　U 型中空纤维式膜组件结构示意图

与其他几种构型的膜组件相比，中空纤维式膜组件的单位体积设备的膜面积最大，一个组件内可装几十万至上百万根中空纤维，所以设备非常紧凑，可以实现小型化。由于中空纤维的强度很高，可以承受很高的操作压力，也可以在真空条件下操作。

中空纤维式组件的主要缺点是，由于中空纤维很细，所以渗透质透过纤维膜的压力损失很大。膜一旦受到污染后清洗比较困难，且只能用化学清洗而不能用机械清洗。一旦中空纤维膜出现破损情况，必须进行组件整体更换。

上述几种构型的膜组件各自的主要特点可用表 6-6 进行概括。

表 6-6 各种构型的膜组件的主要特点

膜组件	单位体积的膜面积/(m^2/m^3)	优 点	缺 点
平板式	60～300	成熟设备	滞留区易堵塞，难于清洗，费用高
管式	60～200	最易化学或机械清洗，可处理高悬浮固体废水，易控制过程水力学，可更换单根管子，可在高压下（10 MPa）工作	单位设备体积的膜面积小，费用较高
卷式	300～800	结构紧凑，膜的表面积/体积比高，比管式和中空纤维式便宜	易于堵塞，严重污染的膜难以清洗，只能用化学清洗
中空纤维式	$(2\sim3)\times10^3$	结构紧凑，膜的表面积/体积比最高，经济性好	易于堵塞，严重污染的膜几乎无法清洗，只能用化学清洗

6.5 压力驱动分离膜的运行参数

6.5.1 膜通量

膜通量（Membrane Flux）的定义是：单位时间内渗透过单位膜面积透过液的量，通常以单位时间内透过单位膜面积的透过液的体积来表示，即 $L/(m^2\cdot d)$、$m^3/(m^2\cdot d)$或 $m^3/(m^2\cdot s)$。从降低膜系统的运行成本考虑，希望在较长运行时间内维持恒定的膜通量。在膜系统运行过程中，当膜通量下降到不可接受的水平，且已无法通过清洗和再生得以恢复，就必须更换膜组件。影响膜通量的两个关键因素是料液的温度和压力:温度升高,则流体的黏度下降,膜通量上升。一般而言,温度每升高1 ℃,膜通量约提高3%;另一方面,膜材料的热稳定性又限制了料液温度的提高,多数有机膜的料液温度限制在45 ℃左右,无机膜的料液温度可以更高。

在反渗透和纳滤系统,随着膜跨压力的提高,膜通量线性上升,产品质量也随之提高,如图6-14所示。

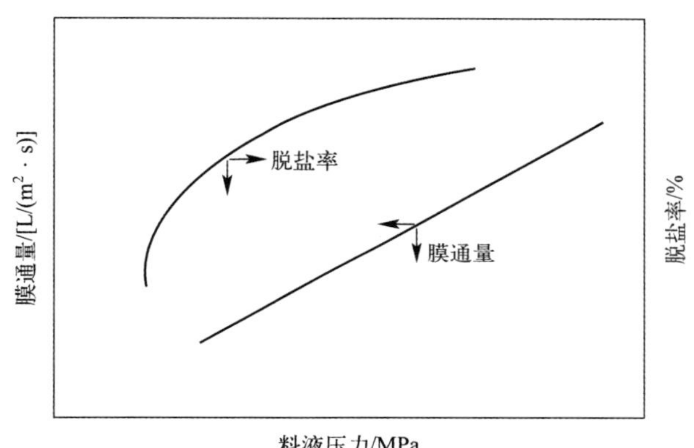

图6-14 反渗透和纳滤压力对膜通量和脱盐率的影响
(假设:温度、回收率和料液浓度不变)

在超滤和微滤系统,随着膜跨压力的提高,膜通量开始时上升,但随后因浓差极化而出现一个平台,不再随压力而变,如图6-15所示;与反渗透不同,超滤和微滤系统的产品质量随压力升高而降低。

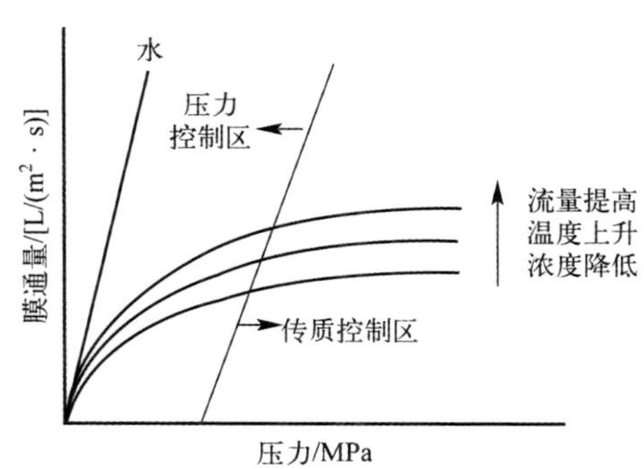

图6-15 超滤和微滤压力对膜通量的影响

料液pH对膜通量也有影响,膜过程中存在溶质与溶质交互作用以及膜与溶质交互作用,这些作用常常对pH敏感。例如在超滤系统,胶体或大分子溶质的电荷随pH而变,所选用的膜也可能对pH敏感。

6.5.2 截留率、去污因子和浓缩因子

截留率(Retention,R)是膜截留溶质或固体的能力的度量,一般以被截留的物质的百分数表示:

$$R = \frac{(C_f - C_p)}{C_f} \times 100\%$$

式中：C_f——料液中特定组分的浓度；

C_p——透过液中该组分的浓度。

截留率取决于膜的类型与特性，它衡量膜分离的有效性。对于反渗透和纳滤而言，截留率表示膜截留可溶性无机物的有效性；对于不同的料液，截留率的变化很大，这可以部分地解释为溶液中离子所带电荷的不同，离子电荷高的更容易被截留。这一特性在分离中是有用的，例如，采用纳滤膜从含钠溶液中提取放射性锶，钠滤膜可以有效地截留锶而让钠离子透过。

去污因子(DF)是评价放射性废水处理效果的重要参数，膜过程的去污因子可用下式表示：

$$\mathrm{DF} = \frac{A_f}{A_p}$$

式中：A_f——料液比放；

A_p——透过液比放。

浓缩因子(Concentration Factor，CF)为浓缩液中溶质或固体浓度(C_c)与料液浓度(C_f)之比：

$$\mathrm{CF} = \frac{C_c}{C_f}$$

浓缩因子的提高受到下述因素的限制：对于反渗透和纳滤膜，高 CF 导致渗透压上升；对于超滤和微滤膜，高 CF 导致膜表面结饼。这些因素将使膜过程的能耗增加，并需更频繁的清洗或组件更换。

6.6 膜过程的设计和运行考虑

膜分离过程通常包括料液预处理、膜分离系统、浓缩液处理以及辅助系统；衡量膜分离过程性能的两个重要参数是透过液速率和透过液质量；膜分离过程的设计目标是：在给定的透过液速率下，实现污染物截留率和回收率的最大化，尽可能降低料液压力和膜成本。

6.6.1 初步设计考虑

在初步设计阶段，首先要考虑下列重要的技术要素：

(1) 料液基本性质；

(2) 分离要求；

(3) 产出各物流的质量要求。

料液基本性质数据包括化学、物理、放射性和生物性质等参数,如:

(1) 悬浮固体浓度;

(2) 溶解的矿物质浓度;

(3) 放射性浓度;

(4) 溶解有机物的浓度;

(5) 微生物含量;

(6) 温度;

(7) 总盐含量;

(8) pH;

(9) 其他物质,如表面活性剂浓度。

由于低中放废水的来源和成分变化较大,有时需要进行广泛的取样分析。针对料液成分的变化较大的情形,设计时可考虑采用适当尺寸的废水收集和储存罐加以改善。如果使用几个废水储存大罐,则在废水中的有关数据在进入膜分离设施之前就可以充分获得,膜分离设施以连续运行的方式“分批”处理大罐中的废水。如果料液性质发生变化,可以在进入膜分离设施之前进行预处理。

分离膜的初步筛选试验可以在实验室中进行,以在特定的操作条件下评价各种类型膜的适应性,筛选出合适的膜。可以用小型试验装置进行实际废水处理试验,观察运行性能,检测膜污染和结垢情况。这种试验可提供一些有用的操作参数信息,如透过液流动速率与透过液质量随压力的变化等,但由于试验装置太小,得不到流体力学方面的数据,设计参数的获得依赖于放大试验。

膜过程的中间规模验证试验(中试)需要建造一个处理能力为实际水平 5%～10%的中试厂,并采用与实际规模相同的膜组件。中试厂的投资约为大厂的 10%～15%。中试厂应使用实际废水运行至少 6 个月,以全面评价运行性能、膜污染、预处理和设计数据。

通过中试厂较长时间的运行,可以使膜污染物质的浓度积累到足够高的浓度,从而确定其对工厂运行性能的影响。通过中试厂运行,还可评价膜清洗程序,评价正常运行和膜清洗产生的二次废液流的情况,并确定临界膜通量。

中试厂验证对于用膜技术处理放射性废水是十分重要的,与常规的工业废水处理相比,放射性废水处理过程中的膜污染等运行问题更加突出,必须在中试阶段进行评价。这是因为,对于放射性废水处理而言,二次废液的产生和工厂的维护对比较和选择处理技术有显著影响。总之,中试的目标是确认系统的设计,微调操作参数,建立膜清洗程序,评估二次废液的产生,保证安全运行。

6.6.2 系统设计考虑

膜材料、膜构型以及操作参数的选择对膜系统的设计非常重要。膜的选择不仅要考虑操作性能数据(截留率、膜通量等),还要考虑膜与料液的交互作用及其是否会导致膜的稳定运行和膜污染的最少化。在获得上述数据的基础上,一般可通过计算机模拟,确定和优化膜过程的配置。

膜组件常见的配置有:(1) 一次通过式(串联排列、并联排列和渐缩排列);(2) 循环式;(3) 批式。

膜组件的一次通过式配置如图 6-16 所示。对于串联排列(见图 6-16(a)),物流通过所有膜组件,透过液量逐级递减,导致串联尾端错流操作不佳,膜污染严重,限制了串连组件的数目。对于并联排列(见图 6-16(b)),尾端的错流操作仍然不佳。对于渐缩排列方式(见图 6-16(c)),第一排组件的浓缩液是第二排组件的进料液。为了补偿透过液的逐排递减,并维持每一组件相同的进料流量,膜组件的数目逐排递减。

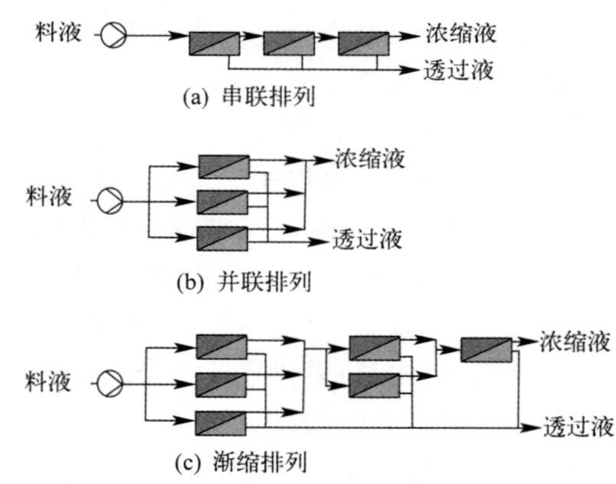

图 6-16 膜组件的一次通过式配置

为了适应各排膜组件内渗透压的变化,需要在每排之间用泵加压(如图 6-17 所示),以克服渗透压,提供传质推动力。

膜组件的循环式配置如图 6-18 所示。在循环式配置中,通过浓缩液的循环确保足够的错流和膜组件中均匀的水力学分布,这对于避免膜污染和减少浓差极化层极为重要。这种设计比较适合于要求高回收率的小型废水处理厂。

膜组件的循环配置,一般是指浓缩液的循环处理,很少见到透过液再通过同样的膜组件进行处理的情形。但是,当透过液的质量达不到要求时,透过液可以再经过一次膜过滤(Two Pass System),如图 6-19 所示。

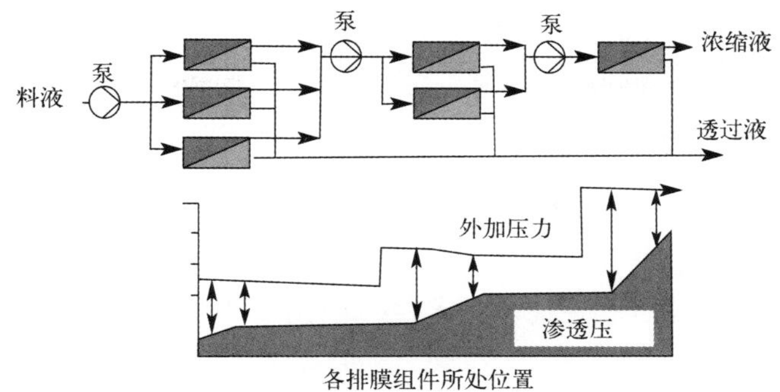

图 6-17　每排膜组件加压后所维持的压力驱动力

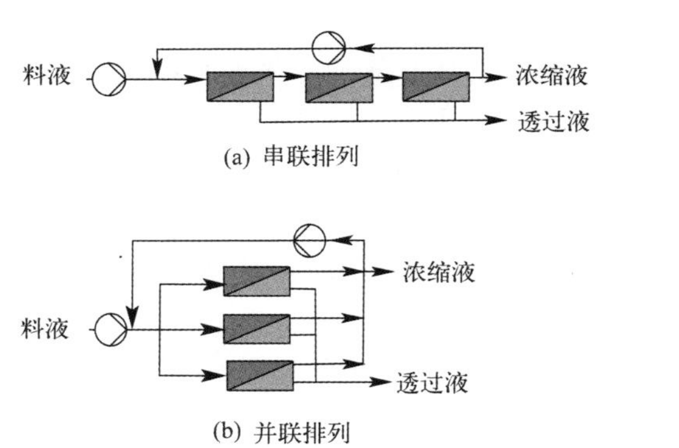

图 6-18　膜组件的循环式配置

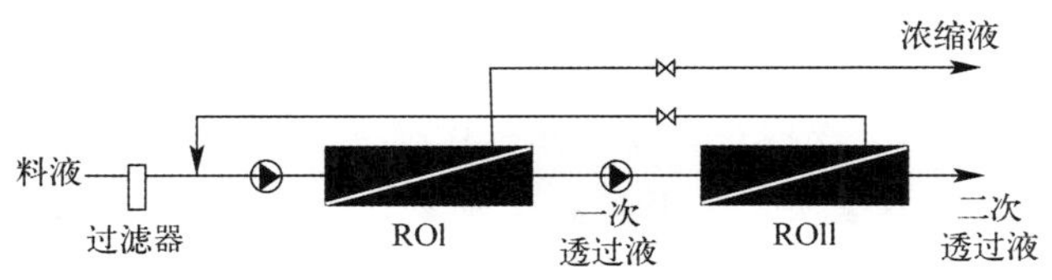

图 6-19　两次透过式(two pass)反渗透系统

对于有些废水量较小的场合,可以采用批式操作。废水储罐收集满后,开始进行膜过程操作,产生的透过液可以排出,浓缩液则回流到废水储罐进行循环处理。在批式操作的最终,废水储罐中留下体积很小的浓缩液,停止运行。将储罐中浓缩液排出并接收新的废水,对膜组件进行清洗,然后开始下一罐废水处理。批式装置一般设计在恒定压力下操作,随着循环料液越来越浓,透过液流量越来越小。

批式操作十分简单,但由于浓缩液循环处理过程中,性能不断变化,所以对运行性能的预测比较困难。需要在现场进行控制，到达运行终点之前及时停车，以免过度运行和膜污染。

6.6.3 废水预处理需求

废水进入膜分离系统之前，一般都需要进行某种方式的预处理，以保护膜系统，优化膜系统的运行性能。废水预处理的需求取决于所选的膜过程、膜材料及膜构型、废水性质以及对操作性能的要求，其中废水性质通常是唯一的变数，在预处理过程去除潜在的膜污染物，将决定膜系统的总体性能。所以，废水预处理对膜过程的运行性能至关重要。

废水预处理包括粗过滤、化学沉淀、pH 调节、温度调节、氯化、凝聚、微滤或超滤、添加抗结垢剂，等等。采用何种预处理方法，取决于对废水成分的分析。下面简单介绍对于含有有机物、胶体、生物质和结垢物的废水的预处理方法。

防止有机物污染 废水中的有机物会污染超滤和反渗透膜，有机物吸附在膜表面，导致膜通量下降。所以，如果废水中有机碳的浓度超过 3 mg/L，则废水必须进行预处理。常用的破坏废水中有机物的预处理方法有两种：

(1) 化学氧化，在废水中加入氧化剂(如溶解氯、臭氧和过氧化氢)，可以破坏有机物的结构；

(2) 吸附，加入粉末状活性炭防止有机物在膜表面沉积。尽管废水中有机物的浓度通常很低，但膜工厂的设计者必须要考虑意外事故情况下的应急措施。例如，意外事故中油污可能会进入废水，如果忽视这一点，有可能会对膜工厂造成严重后果。

防止胶体颗粒污染 废水中的胶体一般为直径小于 1 μm 的带电颗粒，它们会在纳滤膜或反渗透膜表面形成致密的凝胶层，使膜性能下降。作为一般性规则，废水中若含有悬浮颗粒、含铁化合物以及会在膜表面形成致密凝胶层的胶体颗粒，则必须进行预处理。为了决定是否需要预先除去废水中的胶体物质，应该检测废水的淤泥密度指数(Silt Density Index，SDI)。SDI 表示在给定时间内膜淤塞的程度，多数膜生产厂商会提供需要进行预处理去除悬浮颗粒物的废水的 SDI。

从废水中去除胶体物质最常见的预处理方法是凝聚沉降-常规过滤，典型的凝聚剂有明矾、氯化铁、聚合物或聚电解质等。这些预处理的问题是，影响膜工厂后面几级组件的运行寿命。未沉淀的铁或铝会在反渗透膜的后面几级得到浓集，并引发在膜表面的凝聚而造成膜污染。

为了克服化学沉淀带来的问题，常用超滤作为反渗透的预处理：一方面，超滤可以去除废水中的悬浮固体，为反渗透提供优质的料液；但另一方面，超滤膜本身也可能被胶体颗粒所污染：所以，设计的超滤预处理系统，必须维持超滤过程本身的正常运行。

防止生物质污染 生物质引起的膜污染会降低膜通量和截留率。为了抑止废水中微生物的活性，需在废水中加入一些氧化剂进行预处理。常用的方法是往废水中注入氯气或加入次氯酸盐，使氯浓度达到体积分数为 0.5×10^{-6}。除了氯化消毒之外，其他的消毒方法有臭氧、紫外线、甲醛、亚硫酸钠和硫酸铜[1]。

结垢控制 废水中若含有碳酸钙、硫酸钙、硫酸钡、硫酸锶、氟化钙和硅石等物质，则因这些物质的溶解度很低，在膜组件运行过程中，容易在膜表面生成结垢沉积物。为了减少或消除结垢沉积物的形成，一般需要在废水进入膜系统之前进行预处理。控制碳酸盐沉淀的一种方法是废水的酸化。废水中加酸后，使重碳酸盐分解产生 CO_2，从而消除了碳酸钙结垢。适当降低 pH，还可以防止低溶解度的阳离子(如钙、镁和钡)超过其溶解度而在膜表面的沉淀；另一种方法是在废水中加熟石灰或苏打灰对废水进行软化处理，除去废水中钙和镁的氢氧化物沉淀。加入絮凝剂有助于沉淀的去除。还有一种方法是在废水中加入抗垢剂，该方法常用于结垢形成物的浓度很低的场合，加入的抗垢剂起到减缓结垢形成速率的作用。例如，为了控制硫酸钙(石膏)结垢的形成，常用的抗垢剂为六偏磷酸钠(SHMP)、聚丙烯酸酯等。通常情况下，废水中抗结垢剂的添加量不少于 10 g/m^3。

6.6.4 系统最终设计考虑

在设计全规模膜分离工厂时，需要考虑工厂维护、失效的膜和设备的拆除等因素，所以有些膜分离工厂考虑了冗余(备用)设备的设计，这种冗余设计可以是两条或多条平行的生产线，每条均有处理设计流量的放射性废水的能力，冗余设计也可以仅考虑特定设备(如料液或产品的备用罐或泵)。设计者必须考虑每个单元的相对重要性以及缺乏备用设备对废水处理可能的影响。

膜分离工厂通常设计成具有高度的过程控制功能。程序逻辑控制器一般用来监测和记录操作变量(压力、温度、流量、电导率、pH、罐内液位)，其中有些变量可直接用于控制膜分离工厂的运行。过程控制的设计一般包括料液泵、计量泵和加热器(如需要)的自动启动和停止。设计还必须包括在工厂运行性能恶化或不安全情况下的自动停车。数据收集的自动化允许系统的性能得以实时监督，如流量和透过液品质等。可以在较长的时间间隔内对记录的数据进行审查，以比较料液预处理的修改、操作方式的变更等对运行性能的影响。

在考虑放射性废水处理的膜工厂过程控制设计时应特别注意的是，过程控制设备必须远离放射性“热点”或放射性污染区，过程的自动化程度应足够高，尽量减少操作人员接触放射性。系统的布置应考虑放射性物流走向，以确保辐射安全。

在设计阶段要考虑膜工厂运行期间的生物污染问题。尽管在废水预处理阶段采取了废水消毒措施来控制废水的生物活性,但是一旦膜工厂停止运行一段较长时间,膜表面容易引起细菌繁殖。所以,膜工厂应设计成连续运行方式,停车时间为 1～2 d,每天还要进行保护性运行 0.5～1 h,用新鲜水置换组件内存留的水。

对于停机时间较长(如 7 d 以上)的情况,应向装置内注入保护液(如 0.5%～1%甲醛水溶液),以防止细菌繁殖。

在停机期间,应始终保持膜组件的湿润。一旦膜脱水变干,便会失效。

在设计阶段要充分考虑膜过程产生的二次废液。即使如此,在膜分离工厂运行过程中仍然会出现一些问题,需要提供新的解决办法。

反渗透过程产生的浓缩液一般要通过另一个膜过程或者蒸发处理,进行进一步浓缩减容。对于微滤和超滤过程,产生的含有颗粒物的浓缩液需要进行处理或者输送到另一个处理设施进行处理。在所有情况下,必须考虑浓缩液的性质,以估计它对下游过程的影响。

废清洗液是另一种二次废液。如果因膜污染严重而对膜组件进行反复清洗,则这种二次废液的体积会很大。在设计阶段,必须对大量超过预期清洗液量的情形所产生的不利影响予以考虑。

对于将二次废液加到料液中循环处理的做法,必须进行特别谨慎的评估,因为污染物的积累会降低透过液的品质而严重影响工厂运行。

6.6.5 运行考虑

在膜分离工厂运行过程中,应主要考虑的问题有结垢控制、氯含量控制、pH 控制、膜污染的防止和膜的清洗。

结垢控制 在反渗透膜组件运行过程中,废水中的钙、钡、锶盐和硅土等容易在膜表面生成结垢沉积物。为了减少或消除结垢沉积物的形成,一般需要在废水进入膜系统之前进行预处理。

氯含量控制 氯常被加到废水中抑止微生物的生长,但如前所述,有机膜基本不耐氯的腐蚀,废水中氯的存在会导致膜的化学损伤。许多有机膜,尤其是聚酰胺膜,即使在氯浓度很低的情况下也会受损。所以。在废水进入膜系统之前必须进行除氯预处理,一般可在废水中添加偏亚硫酸氢钠,这种还原剂可以降低氯的氧化电位。膜分离工厂的设计应允许在废水进入第一级膜组件之前加入偏亚硫酸氢钠。膜制造厂商会提供膜产品的氯允许水平。

pH 控制 大多数有机膜均不适于在高酸性和高碱性条件下工作,特别是醋酸纤维素膜对 pH 更为敏感。这些膜在 pH＜4 或 pH＞7 的条件下迅速水解,所以,废水 pH 调节是预处理的一部分。在反渗透膜运行过程中,pH 应逐级调节。与料液 pH 相比,透过液的 pH 下降,而截留液(浓缩液)的 pH 则上升。透过液中的离子浓度很低，接近纯水的品质，略呈酸性。透过液中存在质子化的水分子，所以用电导法测量透过液的水质意义不大（高纯水的电导率为 1 μS/cm 左右）。由于第一级截留液的 pH 上升，在进入第二级之前需要注入一些稀酸以降低 pH。总之，在设计阶段，必须考虑级间物料的 pH 调节问题。

膜污染的控制 根据在初步设计阶段有关膜污染的中间试验结果，在最终设计时应提出集成措施，来控制大厂运行中可能出现的各种类型的膜污染（胶体、有机物或生物质）。对于各种类型膜污染的控制，基本上在废水预处理中予以解决。

膜的清洗 所有的膜都需要进行清洗，以去除膜污染物。膜清洗操作一般在膜通量下降 10%～15%时开始进行。根据中间试验结果，决定所采用的清洗系统（如物理的、化学的或者两者并用）。设计时必须考虑清洗废液对过程的影响及其对二次废液的影响。清洗系统的设计一般要咨询膜和/或膜设备生产厂商，选择合适的清洗剂及其浓度、流量、清洗时间和冲洗方式。

6.7 膜的运行性能与维护

膜分离过程的总体运行性能取决于膜的特性、处理的废水的性质以及所采用的操作实践。在膜系统的运行过程中，膜的性能将随时间而下降，这主要归因于：

（1）膜的压实；

（2）浓差极化；

（3）膜污染。

6.7.1 膜的压实

在系统的水力压力作用下，施加于膜上的压力导致膜的压实（Compaction）。这是一种塑性蠕变过程，在这一过程中，当薄膜被压向其多孔支撑体时，膜层便开始变得密实，膜的渗透性随之而降低。

当纯水在常压下透过非均相反渗透膜时，水的通量将逐渐下降，如图 6-20 所示。由于采用的是纯水，不存在污染物堵塞膜孔的问题，只能用膜的压实来解释。

膜结构的压实一般发生在膜运行的初期，在压力持续施加在膜上一段时间之后，膜通量趋于稳定。因压实所致的膜通量损失是不可逆的，其损失值不应超过 10%。

6.7.2 浓差极化

当截留的组分在膜表面积累时，就会发生浓差极化（Concentration Polarization），膜表面料液浓度高于料液流主体浓度，如图 6-21 所示。

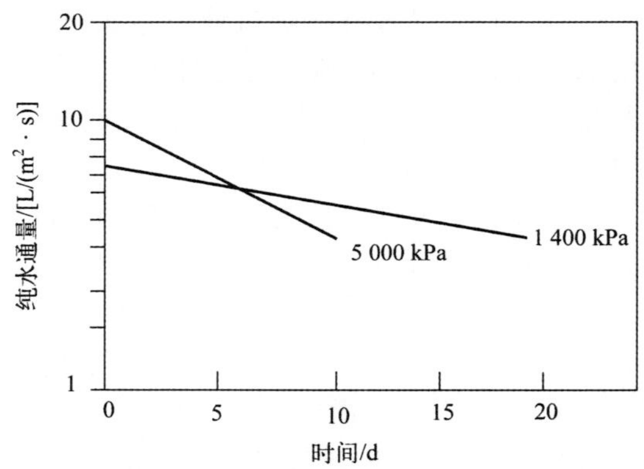

图 6-20 压力对纯水透过反渗透膜通量的初期影响

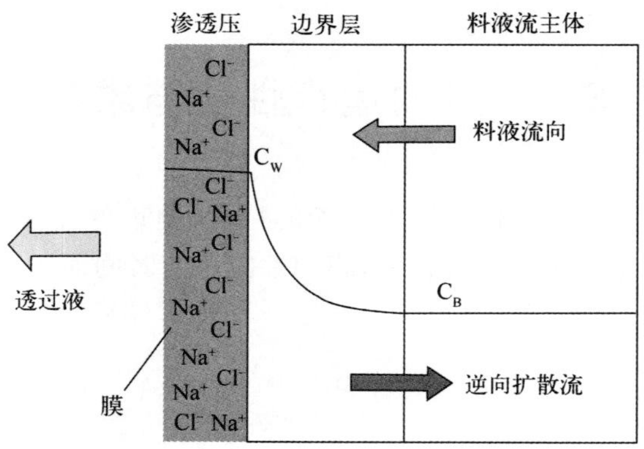

图 6-21 反渗透膜浓差极化示意图

在反渗透和纳滤膜系统，电解质在膜表面的积累产生很高的渗透压。在超滤膜系统，大分子在膜表面的积累产生渗透压和凝胶层。微滤膜表面会形成不可逆的滤饼。

浓差极化使膜通量下降，同时，由于膜表面的细菌生长或化学沉淀等反应，使得膜污染的可能性增加。浓差极化还影响截留能力，例如，真实的截留率可能很高(90%)，但由于膜表面的浓度可能为料液主体的 10 倍，致使与主体浓度相比的截留率仅为 9%。

采用窄料液流道(或高速率)的膜组件，在较低流量下操作，可以减少浓差极化。高速率可以促进流体扰动，减少浓缩溶质的边界层。如果在较低的流量下运行，则需要较大的面积才能达到所需的生产能力。

6.7.3　膜污染

膜污染问题的严重性远大于膜压实和浓差极化。图 6-22 表示由浓差极化和膜污染导致的膜通量随运行时间而下降的情况。

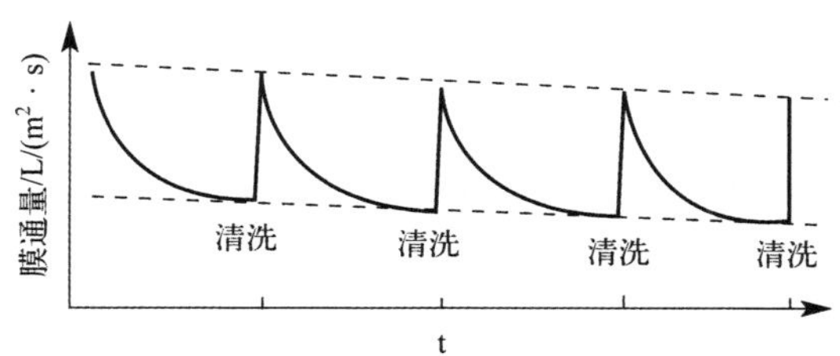

图 6-22　膜通量随运行时间而下降的情况

膜污染产生的原因是：

（1）次微米级颗粒在膜表面的沉积；

（2）溶质结晶和沉淀在膜表面的积累。当被截留的固体物质没有离开膜表面而回到液流主体，便发生膜污染。膜污染也可能发生在膜孔内，膜孔污染比膜表面污染更加难以清洗。

膜污染物一般可分四类：溶解固体、悬浮固体、非生物有机物和生物质。不同类型的污染经常同时发生，并相互影响膜污染的形成速率。

溶解固体为无机的结垢和凝胶形成物（如钙、钡和硅石），它们在料液中的浓度较低。在膜系统（尤其是反渗透）的运行过程中，随着浓度的提高，这些阳离子或阴离子会在浓水流中络合或生成沉淀，例如，这些沉淀物可以是碳酸钙、硫酸钙、硫酸钡和硫酸锶等。这些溶解固体，生成沉淀并按其化学性质的不同附着在膜表面的不同层面：碳酸钙沉积在膜表面上的咸水隔区阻塞流道；硫酸盐沉积在膜表面的小池中；硅酸盐凝胶使膜表面“湿润”并在膜表面展开，慢慢形成堵塞膜孔的薄层。

由于双电层的排斥作用，悬浮固体维持其悬浮状态，如铁、铝一类的金属氧化物的胶体形式。当悬浮固体的浓度超过了胶体的稳定点后，它们倾向于聚结并沉积在膜表面。

非生物有机污染物指具有含碳的化学结构但并非生命物质的有机化合物，如油类、阳离子表面活性剂、碳氢化合物等。这些含碳的有机污染物对膜表面具有天然的亲合性，故很容易湿润膜表面并在膜表面展开。

生物质污染物包括嗜氧性和厌氧性生物活性物质，如：细菌、真菌类、藻类及其产生的新陈代谢废物。这类污染物存在的浓度很低，但繁殖极快而有效阻塞膜渗透流道。生物质一旦获得“营养”便迅速生长。例如，铁还原细菌在含铁的溶液中生长，硅石-磷酸盐凝胶的存在有利于真菌类的生长。

6.7.4 膜污染的征兆

膜污染是不可避免的，但可以通过预测和补救措施加以控制，减少其危害性。在设计阶段或运行阶段，采用 Langelier 饱和指数(LSI)和淤泥密度指数(SDI)，可以预测膜污染发生的可能性。如果 LSI 计算表明膜系统对结垢比较敏感，则应采取预防措施尽量减少膜污染。如果对待处理废水的 SDI 测试表明有发生悬浮颗粒堵塞的可能，则应考虑废水的预处理。了解膜污染的关键在于收集足够的运行数据，为将来的膜系统运行性能比较给出合理的基线。重要的是要不断收集数据，对以往的运行经验进行比较。表 6-7 给出了膜污染征兆、可能原因、诊断步骤及其对策。

表 6-7 膜污染主要征兆、可能原因、诊断步骤及其对策

征兆	可能的污染原因	诊断步骤	清洗/控制方法
压差中度上升	钙、镁或盐(常见)	重新计算 LSI	降低回收率，调节 pH
轻度至中度流量下降	钡或锶(少见)		使用抗垢剂
末级发生各种污染	金属水解(如铁)	分析 SDI 或粒度，检查预处理是否有效	加大软化剂用量，频繁再生
压差显著上升	溶解有机/悬浮胶体	分析 SDI 或粒度，检查预处理是否有效	高 pH(螯合剂、去污剂)清洗
中度流量下降	黏土或淤泥	分析 SDI 或粒度，检查预处理是否有效	改进预过滤
显著流量下降	悬浮有机物，油类	检查流体与膜的相容性	难于清洗，改变膜类型
显著而稳定的流量下降	生物污染	检测浓缩液和透过液菌落含量	消毒
压差中度但迅速上升		检查样品阀门污染	消毒所有部件

膜污染通常导致透过液流量下降、相同流量下料液压力升高以及压差上升等。必须及时监督压力和透过液流量，并检查这些关键参数是否在生产厂商给出的推荐规格范围内。

加拿大乔克河实验室的研究人员发现，污染的反渗透膜的化学结垢中铝、硅石、钙和磷的含量较高，铁和硫的含量较低[11-12]。螺旋卷式反渗透膜上污染垢层的

主要成分是羟磷灰钙和磷酸钙。以黏土和硅酸铝为主的结垢与浓差极化一起，也被认为是使初始膜通量显著下降的原因，且这种垢层是采用标准化学清洗法最难去除的。膜表面出现的沉淀物难溶于强酸，pH＝12 的碱性化学清洗剂最为有效。当pH＝12，硅石溶解生成硅酸而可被去除。

在运行过程中，反渗透膜表面带负电荷，吸引阳离子污染物（如铝和铁的氢氧化物）随阳离子凝结剂一起附着在膜表面。由于复合膜在更高的通量下运行，所以膜污染发生得更快、更显著。

6.7.5　膜的清洗和恢复

当透过液流量下降 10％～15％，或维持相同流量压力需提高 10％～15％时，就需要对膜进行清洗。如果出现严重的不可逆的膜损伤，则膜的清洗将失败。例如，硅土可能会在膜的表面孔中结晶，随着晶粒的生长，晶体扩张并撕坏膜孔，降低膜对溶质的截留能力，此时透过液的水质变差。无机垢层也会造成膜的物理损伤，导致永久性的截留能力损失，并使得垢层难以甚至无法去除。

主要的膜清洗方法有机械法和化学法。

管式膜可采用机械法清洗，将海绵球注入管内可将污染物从膜表面去除。海绵球的直径略大于管子内径，则除垢效果更佳。这种方法对于清洗膜孔无效。

另一种机械清洗法是用压缩空气或水反洗膜组件，但有机膜必须具有足够的机械强度，才能承受反洗操作。对于卷式膜组件，压缩空气可能会将膜器挤扁，过高的压力还可能损坏组件的粘接缝。

还有一种机械清洗法是流体系统施加冲击波，即突然降低流体流量，产生的冲击波便将污染物从膜表面剥离。欲承受这种冲击波，膜及其组件必须十分坚固。

已开发出了一种可以不中断膜系统操作的新的膜清洗方法[13]。采用导电不锈钢膜，在膜中施加脉冲电流。试验表明，每 15 min 施加电流密度为 2 000 A/m^2 的脉冲电流，持续 5 s，可以维持膜通量连续不变。

对于经过预处理的废水，化学法是最有效的膜污染清洗法。清洗液的成分随待处理废水的不同性质而变，包括各种酸、碱、螯合剂和表面活性剂。目前，多数膜系统的设计均带有就地清洗系统（Clean In Place, CIP）。在决定采用何种化学清洗剂之前，必须弄清透过液流量下降或水质变差的原因。膜的清洗与恢复可能包括几个操作操作步骤，如果需要采用几种清洗液，则需考虑它们的使用顺序。一般情况下，生物质和胶体污泥应首先予以清除，其次再清除金属和结垢，最后考虑清除紧贴在膜上的硅土和硫酸钡垢层。

常用的价廉而有效的化学清洗剂包括硫酸、氢氧化钠、磷酸钠、EDTA 和柠檬酸等，有时需要采用价格较高的特种配方清洗剂，以去除残留污垢。这些残留污垢往往是结晶生长的晶核，使污染物层迅速形成。一些高效的清洗剂将使污染物保持在悬浮状态，防止其再沉积到膜表面。在清洗液循环使用过程中应降低压力，使污染物离开膜表面而被吸引到清洗液中。

使用化学清洗法，还要考虑清洗废液体积的最小化问题。为此，应选择高效的清洗剂。乔克河实验室的反渗透膜系统采用一种称作“Memclean”的高效清洗液，这是一种含有 EDTA 的碱性清洗液[11-12]。采用这种清洗液，每年产生的二次清洗废液仅为废水处理体积的 5%左右。一般的酸性清洗剂对结垢层的去除效果较差。由于硅土垢层牢固地黏附在膜上，所以任何一种化学清洗剂的效果都很差。

6.7.6 膜运行性能监督

为了维持稳定的膜通量和良好的透过液水质，必须连续监督膜工厂的运行过程并与预期性能进行比较。应利用膜分离系统的专用计算机，对日常运行中收集的数据进行分析。尤其重要的是，当出现预期的膜污染情况，应立即采取纠正措施，以免造成不可逆膜污染而导致不可逆的出水产量和质量的损失。一旦出现不可逆膜污染，则将导致昂贵的膜组件过早更换。

膜过程运行的实践表明，不管采取何种保护性措施，膜污染仍然不可避免。对于放射性废水的处理，膜污染将导致设备周围辐射场强度的逐渐提高，引起对操作维护人员辐射照射剂量的提高以及膜的辐射损伤。

为了使膜系统在生产厂商所推荐的性能下运行，必须进行化学参数监督。对于为控制微生物生长而氯化消毒的废水，控制系统必须进行氯浓度的在线分析，并自动加入亚硫酸钠降低氯浓度，以保护膜组件免受氯的腐蚀损伤。

废水的 pH 必须连续监测，出水的电导率也必须在线监测，随时监督截留率和透过液水质。如果废水中含有有机物，则应设置在线总有机碳分析仪。

运行过程中，需要进行常规取样和离线化学分析，监督污染物的存在，确保废水中相关的化学成分在合适的浓度范围内，检验膜过程在线监督器运行是否正常。

重要的物理参数监测包括废水进料和出料流量与压力、透过液流量与压力、物流温度以及在线 SDI 测量。上述测量数据用于计算跨膜压力、物料平衡、回收率、截留率、去污因子、减容因子和浓缩倍数。所有这些信息均可输入到可编程序控制器(Programmable Logic Controller，PLC)，并可随时调出供有关人员了解运行情况，及时提出改进运行的措施。

6.8　膜技术处理放射性废水的应用现状与发展

对于放射性废水处理，采用何种膜分离技术与待处理废水的特性、预期处理目标以及待处理废水的体积有关。

6.8.1　废水的来源、类型和特性

可以采用膜技术进行处理的放射性废水来源包括反应堆(主要是核电站)运行、核燃料循环过程(铀浓缩、燃料制造、后处理等)、核研究活动、放射性药物生产、核环境治理等。迄今膜技术主要用在核电站(NPP)运行产生的低放废水处理。

核电站运行产生大量低放废水。在目前全世界运行的核电站中，压水堆(PWR)约占 60%，沸水堆(BWR)约占 20%，重水堆(HWR)约占 10%，还有少量的石墨水冷堆(GWR)和快堆(FR)。

压水堆运行产生四种废水：

(1) 二回路废水，主要来自蒸汽发生器和透平机房排水，废水的电导率很低；

(2) 化学废水，这种废水固体含量较高，电导率很高；

(3) 清洗废水，这种废水含有大量的有机试剂、螯合剂、悬浮固体和少量的放射性核素；

(4) 混杂废水，成分复杂多变。

沸水堆运行产生的化学废水和清洗废水的性质与压水堆的相似。同时，沸水堆运行产生大量电导率很低的废水，如树脂反冲水和树脂输送水、树脂超声清洗水、各种设备间的排水。

重水堆运行产生的化学废水和清洗废水的性质与轻水堆的相似。由于重水堆采用重水作为一回路的冷却剂和/或慢化剂，从设备、管道泄漏出的重水需要收集、纯化并返回系统。所以，一般情况下没有需要处理的重水废水。在重水堆维护和整修期间，会产生大量比放很低的地板冲洗水，经迟滞储存，待短寿命放射性核素衰变掉后，可以稀释排放。必须指出的是，重水堆冷却剂和慢化剂中存在的氚无法用膜技术进行处理。

6.8.2　压力驱动分离膜处理放射性废水的应用情况

自 20 世纪 80 年代中期以来，随着膜材料和工程规模的膜分离装置的不断开发，压力驱动膜分离技术本身已逐步发展成为一种成熟的分离技术，在工业水处

理、纯水制备等领域取得了丰富的经验，并逐渐成功地被引入放射性废水处理领域。

在美国，许多核电站产生的低放废水采用常规的蒸发、过滤、离子交换或几种方法的组合。这些常规处理方法的缺点是产生大量需要处置的固体废物。另外，处理过的废水又往往达不到环境排放或在系统内循环的水平。

蒸发法的主要缺点是能耗高、运行费用高；过滤与离子交换的缺点是有些放射性的胶体颗粒会直接进入处理过的水中，典型的放射性胶体颗粒中含有 $^{58,60}Co$、^{54}Mg、^{55}Fe 和 ^{125}Sb 等。超滤膜能够完全去除这些胶体颗粒，所以在不少核电站用超滤来补充现有过滤和离子交换的不足。在有些核电站，超滤与反渗透结合使用。

在多数情况下，采用纳滤膜过程处理含硼酸的废水，硼酸可以透过纳滤膜进入透过液，而溶解的放射性核素则被纳滤膜截留。回收的硼酸可以循环使用。

由于核电站或其他场所各自的废水情况不同，废水处理的目标、要求等也不尽相同，所以，采用何种膜分离系统视具体条件而变。表 6-8 列举了压力驱动分离膜处理放射性废水的一些应用实例。

表 6-8 压力驱动分离膜处理放射性废水应用实例

膜过程	核设施	处理的废水	参考文献
反渗透（纳滤膜）	加拿大 AECL 乔克河实验室	堆冷却水硼酸回收	[14]
反渗透＋常规处理	美国 NPPs：		
	Nine Mile Point	BWR 地面冲洗水等	[15]
	Pilgrim NPP	BWR 地面冲洗水等	[16]
反渗透＋超滤	美国 NPPs：		
	Wolf Creek	PWR 地面冲洗水，停堆检修废水，废树脂沥析水	[17]
	Comanche Peak	地面冲洗水，废树脂沥析水，硼酸再循环水	[18]
	Dresden	TRU 污染废水	[15]
	加拿大 Bruce NPP	蒸汽发生器清洗废水	[19]
反渗透＋微滤	美国萨凡那河厂	军工后处理废水	[20]
	加拿大 AECL 乔克河实验室	核研究废水	[21]

续表

膜过程	核设施	处理的废水	参考文献
超滤	美国 NPPs:		
	Diablo Canyon	废介质转移废水	[22]
	River Bend	BWR 地面冲洗水	[15]
	Salem	PWR 地面、设备冲洗水等	[23]
	Seabrook	PWR 地面冲洗水,废树脂罐排水	[15]
	Callaway	地面、设备冲洗水,堆冷却水	[24]
	美国 Mound 实验室	后处理研究废水	[25]
微滤	加拿大 AECL 乔克河实验室	污染地下水	[12]
	美国洛基平原厂	污染地下水	[26]

6.8.2.1 反渗透与纳滤

由于反渗透膜对水质要求很高,所以废水进入反渗透膜系统之前必须进行预处理。进入反渗透膜过程之前的废水预处理方法包括常规过滤、超滤和微滤。

反渗透与常规过滤相结合的典型例子,是美国九哩点(Nine Mile Point, NMP)BWR 核电站的低放废水处理系统[15],该系统通过废水的常规过滤与反渗透处理,使净化后的废水在核电站内循环使用,实现“零排放”。该系统的流程示意如图 6-23 所示。为了减轻对反渗透膜的污染,采用深床过滤器和袋式过滤器去除废水中的悬浮固体颗粒和部分有机碳。两级反渗透膜组件用于去除废水中的细微颗粒、胶体、有机物和溶解固体,其中第一级的浓缩液是第二级的进料液,第二级的浓缩液返回系统进行循环处理,浓缩液浓度达到某一上限,则从料液罐排出。每级产生的透过液合并后经过离子交换床进行深度净化。透过液的电导率很低(<10 mS/cm),不含胶体或颗粒物。

如 6.6.3 节所述,超滤常常用于反渗透膜的预处理操作。美国 Wolf Creek 核电站(1 250 MWe PWR)于 1985 年投入运行,为了提高低放废水(主要是地面冲洗水)处理效率,降低成本,该核电站于 1998 年建立了一套反渗透与超滤相结合的处理装置。处理流程如图 6-24 所示[17]。废水用管式超滤膜作为预处理,去除废水中的悬浮物,其透过液作为卷式反渗透膜的料液,经过两级反渗透的透过液,再经过去离子器的进一步净化后,取样检测合格即可排放。经两级反渗透产生的浓缩液,经过高性能反渗透膜进一步浓缩 10～20 倍后,送至鼓式干燥器进行脱水处理。

在加拿大 Bruce 核电站,对蒸汽发生器和热交换器进行化学清洗产生的含有 EDTA 的低放废水,采用湿法氧化-超滤-反渗透处理[19]。先用湿法氧化法将废水

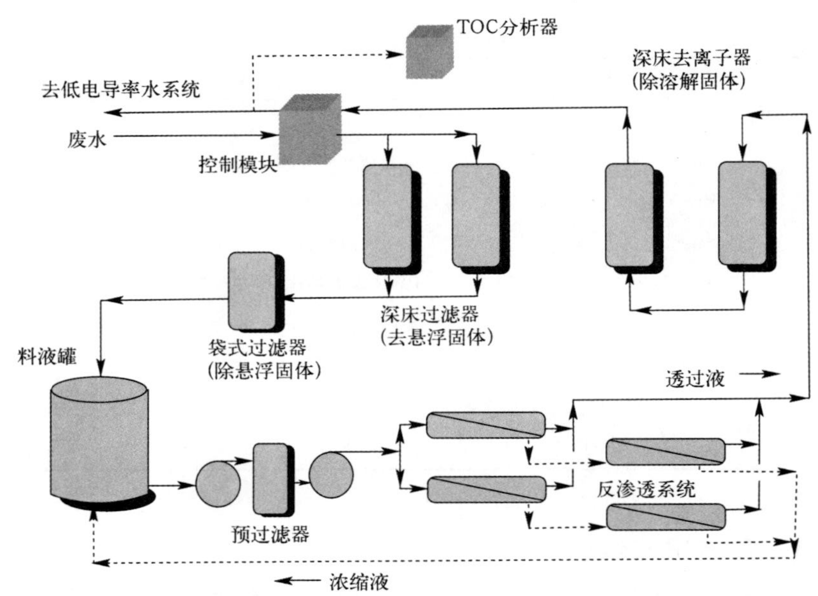

图 6-23 美国九哩点核电站低放废水过滤-反渗透处理系统示意图

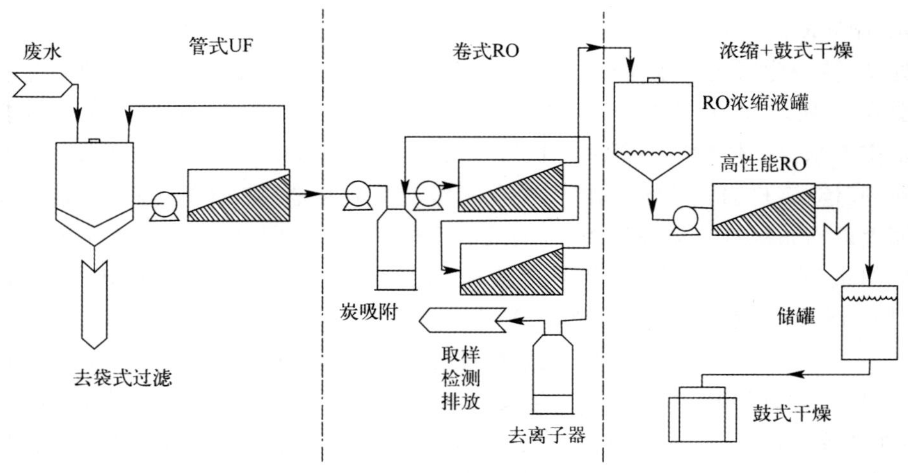

图 6-24 美国 Wolf Creek 核电站低放废水超滤-反渗透处理流程示意图

中大部分有机物分解成水和 CO_2，再用高温空气脱除废水中过量的氨，最后用超滤-反渗透处理，如图 6-25 所示。

微滤也常用于反渗透膜的预处理操作。自 20 世纪 70 年代开始，加拿大原子

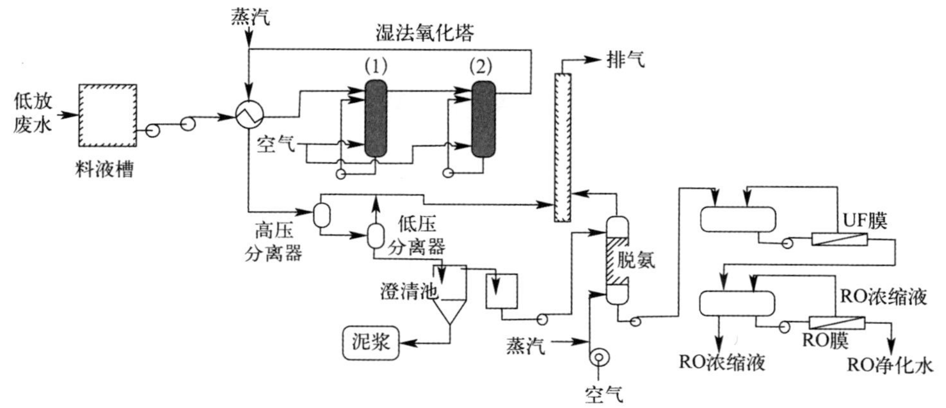

图 6-25　加拿大 Bruce 核电站废水湿法氧化-超滤-反渗透处理流程

能有限公司乔克河实验室针对核研究活动所产生的成分复杂的低放废水处理问题，开展了大量的膜分离技术研究开发，80 年代以后开发成功了处理能力为 2 200 m^3/a 的微滤-反渗透系统[21]。该系统主要包括错流微滤、一级反渗透(卷式膜)和二级反渗透(管式膜)，如图 6-26 所示。

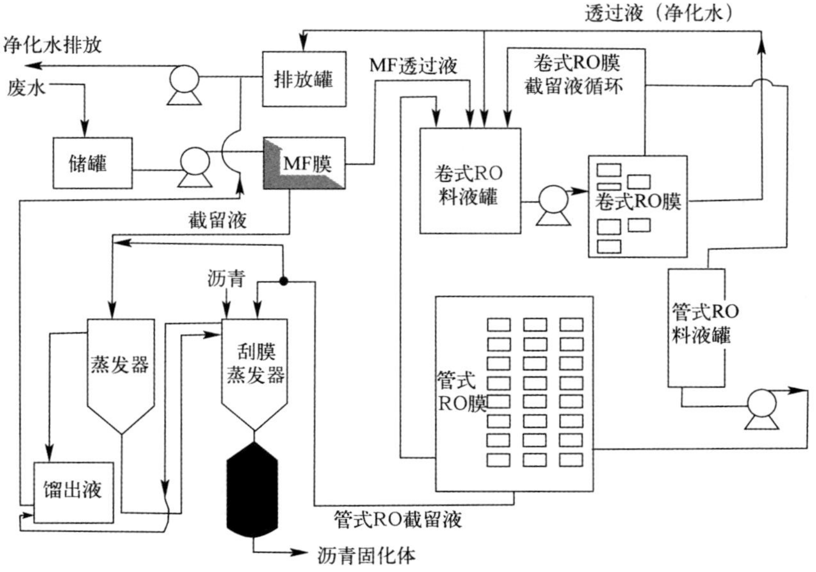

图 6-26　加拿大原子能有限公司低放废水微滤-反渗透处理系统示意图

美国萨凡那河工厂产生的低放废水也采用微滤-反渗透系统进行处理，其处理流程如图 6-27 所示[20]。微滤采用错流操作的陶瓷微滤膜，膜公称孔径为 0.2 μm，反渗透系统采用脱盐率很高的卷式反渗透膜。该设施于 1988 年投入运行，净化后废水达到排放标准。

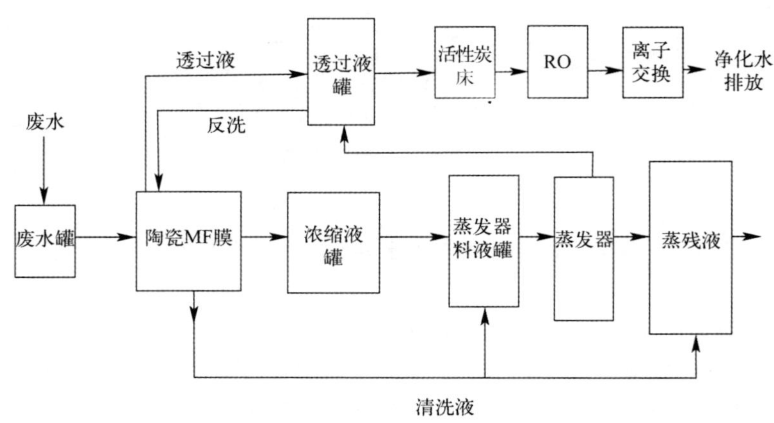

图 6-27 美国萨凡那河工厂低放废水微滤-反渗透处理系统示意图

加拿大原子能有限公司乔克河实验室采用反渗透（实际用纳滤膜）开展了从反应堆冷却废水中回收硼酸的研究，其流程如图 6-28 所示[14]。废水（pH＜7）引入 RO-1 后，放射性核素被膜截留，而约 90％的未解离的硼酸透过膜，成为硼酸稀溶液。将硼酸溶液的 pH 调至 9.5 后进入 RO-3，硼酸被膜截留（截留率为 99.9％）而得到浓度约为 7％的浓缩液，硼酸溶液经纯化后可复用。原始废水中约有 99％的放射性核素和 10％的硼酸被 RO-1 截留而进入浓缩液，此浓缩液进入 RO-2 进行进一步减容处理。

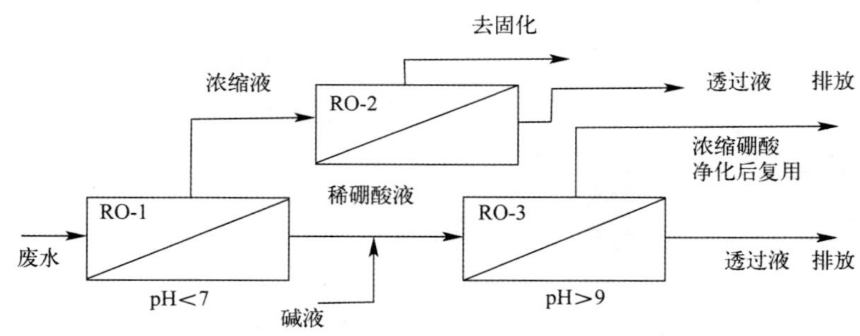

图 6-28 从反应堆冷却废水中回收硼酸的纳滤处理流程示意图

6.8.2.2　超滤与微滤

超滤除了作为反渗透的预处理之外，也常与离子交换等相结合，大量用于处理核电站放射性废水，超滤膜可有效地去除废水中的悬浮固体，从而保护离子交换树脂免受污染。例如，美国 Seabrook 核电站[15]采用超滤-离子交换处理低放废水，超滤用于去除废水中的胶体状^{58}Co，放射性去除率高于 90%。

由于超滤膜的孔径范围为 0.005～0.5 μm，废水中只有以胶体状态存在或者吸附在悬浮固体上的放射性核素，才能被超滤膜截留，处于离子状态的放射性核素会透过超滤膜，所以，一般情况下超滤膜对放射性核素的去污因子为 10 左右。

研究表明，用化学预处理使放射性污染物的颗粒增大，然后进行超滤或微滤操作，是一种简单而有效的处理方法。放射性核素在碱性介质中很容易形成颗粒较大的絮状物而被超滤膜或微滤膜截留。在加拿大乔克河实验室，为了解决地下水中放射性污染问题，在水中添加石灰，调节 pH 至碱性，加沸石粉吸附放射性核素，再加活性炭粉末吸附有机物和残留放射性核素，最后用微滤膜进行过滤。该实验室用微滤膜去除土壤和地下水中放射性污染物的流程[12]如图 6-29 所示。采用了公称孔径为 0.2 μm 的中空纤维微滤系统，选择合适的化学试剂，使之与地下水和土壤浸出液中的放射性核素形成大颗粒沉淀，有效地被微滤膜所截留。

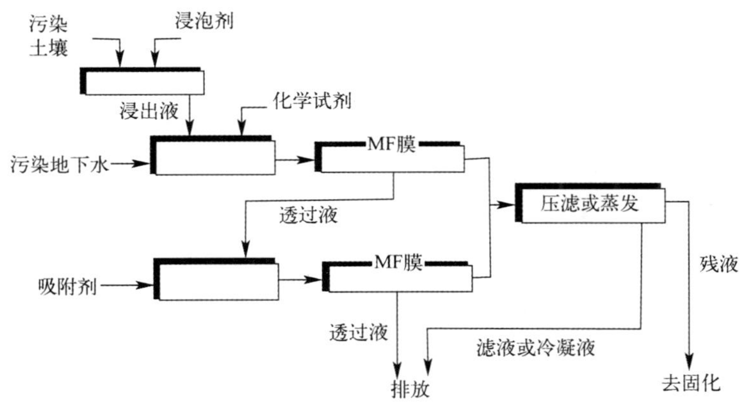

图 6-29　化学预处理-微滤膜法去除土壤和地下水中放射性污染物的流程示意图

采用铁盐絮凝沉淀-超滤膜法可有效地去除废水中的 Am：将废水 pH 调至 8～10，往废水中加入一定量的 Fe^{3+}，使 Am 吸附在铁盐的凝絮上，再用超滤膜分离，去污因子达 4×10^{3}[27]。

在废水中添加高分子络合剂，与放射性核素络合而形成水溶性多聚物，也是提高超滤膜截留放射性核素能力的有效方法[28]。

美国洛斯·阿拉莫斯国家实验室的研究[29]表明，超滤膜可以有效地去除废水中的锕系核素。研究者研制出了水溶性大分子络合剂，这类络合剂对低价金属离子的亲和力很小，而对高价的锕系元素（特别是 Am 和 Pu）具有很强的络合能力，生成的含有锕系元素的水溶性多聚物的分子量很大，足以被超滤膜截留。这类络合剂主要由聚乙烯亚酰结合磷酸或羟胺基官能团构成，其基本结构如下：

$$\left(\mathrm{(CH_2)_2N(CH_2)_2N}\right)_n,\ \text{N 上取代基 } \mathrm{CH_2PO(OH)_2};\ \text{链端 } \mathrm{N(CH_2PO(OH)_2)_2}$$

$$\left(\mathrm{(CH_2)_2N(CH_2)_2N}\right)_n,\ \text{N 上取代基 } \mathrm{CH_2(O)NHOH};\ \text{链端 } \mathrm{N(CH_2C(O)NHOH)_2}$$

图 6-30 为水溶性大分子络合-超滤膜去除废水中 Pu 的示意图，在废水中加入对锕系核素（如 Pu）具有很高结合能力的分子量很大的水溶性络合剂，则锕系核素便被超滤膜截留，而未被结合的低价金属离子（如 K^+ 和 Na^+）则可透过超滤膜。被超滤膜截留的少量含有锕系核素的浓缩液可以在固化后处置。此外，也可以调节溶液条件，通过解络反应将金属离子释放出来，获得再生的络合剂可以循环使用。中试结果表明，锕系核素的去污因子可达 $10^4 \sim 10^6$。

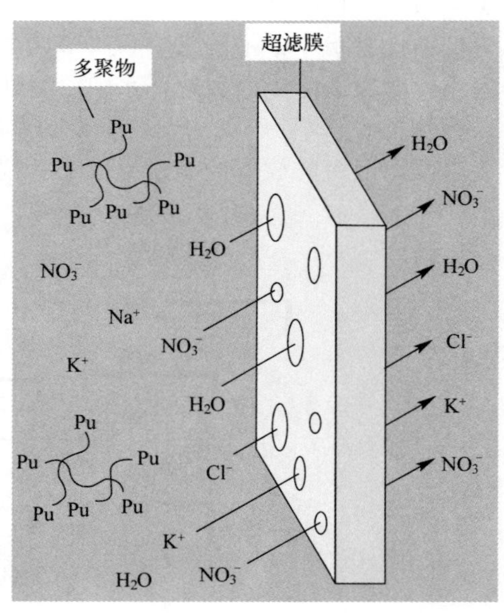

图 6-30 水溶性大分子络合-超滤膜去除废水中 Pu 的示意图

6.8.3 其他膜分离法处理放射性废水研究

其他的以 ΔE、ΔC、ΔT 等作为传质推动力各类膜过程，已有大量处理放射性废水的研究报道，但绝大多数处于实验室或中间规模试验阶段，实际工业应用的例子不多。

6.8.3.1 以电位差为推动力的膜过程

以电位差（ΔE）为推动力的膜过程以电渗析为主。电渗析的基本原理已在第 5 章中介绍，电渗析过程的优点如下：

(1) 可以在常温、常压下操作；

(2) 浓水中盐分浓度可达到20%甚至更高，超过其他膜过程所能达到的浓缩水平；

(3) 料液经过适当预处理和净化后，膜的寿命较长。

电渗析过程存在下列缺点：

(1) 电极上产生的渗析产物(如氢和氧)会形成爆炸性混合物；

(2) 无法去除不带电荷的杂质，如悬浮物和乳状物、分子杂质、中性络合物和有机物；

(3) 放射性废水中常有的高价离子(如 Fe^{3+})和有机离子(如表面活性剂)会使离子交换膜中毒；

(4) 电流过高会形成氢氧化物、碳酸盐和其他化合物的沉淀，在有些情况下会立即沉积在膜上；

(5) 浓差极化会使溶解度较小的化合物沉积在浓缩液流道上；

(6) 大量离子透过膜的传递(如高含盐量水的脱盐)导致能耗过高；

(7) 废水中悬浮固体和有机物较高时，容易引起膜堵塞和污染；

(8) 废水中氧化性物质或 Fe^{2+} 和 Mn^{2+} 含量超过质量分数 0.3×10^{-6} 时会损坏膜；

(9) 在碱性 pH 条件下，膜的寿命较短；

(10) 钙浓度超过 400×10^{-6} 时会生成硫酸钙结垢。

电渗析过程的上述缺点，限制了其在放射性废水处理方面的工业应用。尽管在20世纪60—80年代，电渗析处理放射性废水的实验研究与开发比较活跃，但始终未能得到大规模的推广应用。

为了提高电渗析膜的选择性并用电场强化离子传递过程，有人研究了液膜电渗析[30]，还有人将吸附剂与电场相结合，研究了电吸附过程[31]。

6.8.3.2　以浓度差为推动力的膜过程

以浓度差(ΔC)为推动力的膜过程包括透析、膜溶剂萃取和液膜等。

透析膜的两侧均为水相，它完全依赖溶质透过膜的扩散而实现分离。该技术目前广泛应用于血液透析，未见在核工业领域应用的报道。

膜溶剂萃取(Membrane Solvent Extraction，MSX)的原理与常规溶剂萃取相同，只是运行方式不同而已。MSX用微孔膜将水相与有机相分隔开，两相界面的位置视膜材料的亲油亲水性质而定。如果采用亲油膜材料，则两相界面在水相一侧的膜孔处(图6-31(a))；反之，则两相界面在有机相一侧的膜孔处(图6-31(b))。MSX过程是一种非分散萃取过程，萃取器中没有搅拌浆等传动部件，所以设备结构十分简单，消除了常规溶剂萃取过程中常出现的液泛、乳化、三相和界面污物等

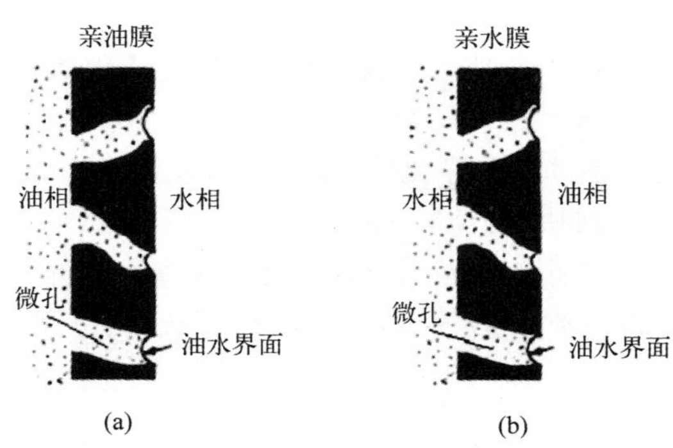

图 6-31 膜溶剂萃取油-水两相接触原理示意图

问题，也无需两相分离操作。

近年来，膜溶剂萃取广泛采用中空纤维组件(见图 6-32)，这种膜组件的单位设备接触面积很高，达到 $10^4\ m^2/m^3$。由于溶质必须通过膜孔进行扩散，故这种萃取过程的传质阻力很大。已有一些关于膜溶剂萃取[32]处理放射性废水的研究报道。

图 6-32 中空纤维膜溶剂萃取过程示意图

液膜是分隔两相且与被它分隔的两相互不相溶的液体。液膜过程与溶剂萃取过程有很多的相似之处。液膜与溶剂萃取一样，都由萃取与反萃取两个步骤组成。但是，溶剂萃取中的萃取与反萃取是分步进行的，而液膜的萃取与反萃取分别发生在膜的左右两侧界面，溶质从料液相萃入膜左侧，并扩散到膜相右侧，再被反萃入接收相，由此实现了萃取与反萃取的“内耦合”(Inner-coupling)。液膜传质的“内耦合”方式，打破了溶剂萃取所固有的化学平衡，所以，液膜过程是一种非平衡传质过程。

液膜的构型可分为乳化液膜和支撑液膜两种。

著名美藉华裔科学家黎念之发明的乳化液膜(Emulson Liquid Membranes,

ELM)[33]，又称液体表面活性剂膜，实质上是一种双重乳状液体系，即“水-油-水”(W/O/W)体系或者“油-水-油”(O/W/O)体系。乳化液膜按如下步骤制备：首先将互不相溶的两相在高剪切力下制成乳状液，再将此乳状液分散于第三相(连续相)中，则介于乳状液球中被包裹的内相与连续外相之间的这一相就叫做液膜。乳化液膜体系如图 6-33 所示，图中所示乳状液球内被包裹的内相与连续外相是相溶的，而它们与膜相则互不相溶。乳状液既可以是水包油的，也可以是油包水的。根据定义，前者构成的液膜为水膜，适用于油溶液中溶质的提取与分离；后者构成的液膜为油膜，适用于水溶液中溶质的提取与分离。

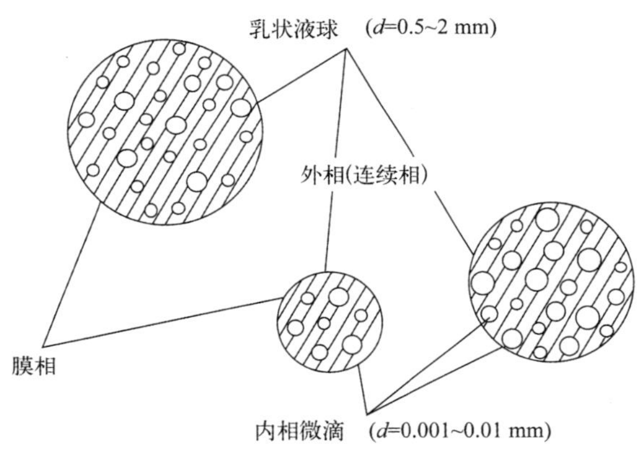

图 6-33　乳化液膜示意图

支撑液膜(Supported Liquid Membrane,SLM)是一种将膜液(溶剂与萃取剂等)通过毛细管力吸附在多孔固体膜的孔道里，这里多孔固体膜是液膜的支撑膜。支撑液膜的基本过程如图 6-34 所示。

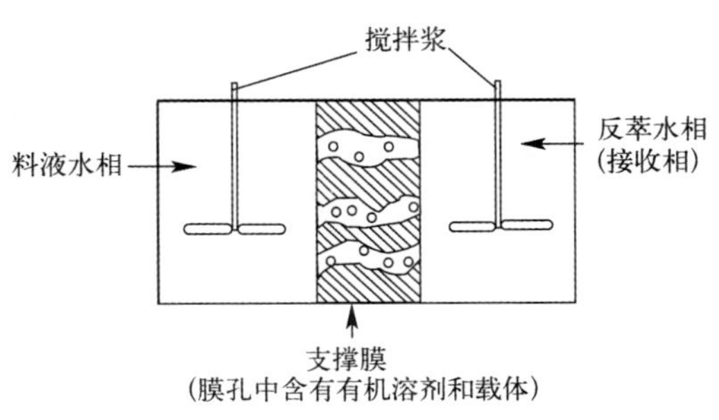

图 6-34　支撑液膜示意图

各国学者对支撑液膜处理放射性废液做过许多研究。美国还做过从汉福特地区污染地下水中分离 U(Ⅵ)的中间规模试验[34]，采用聚丙烯中空纤维膜组件的支撑液膜，膜中载体为三月桂胺，以正十二烷为膜溶剂，膜组件的总表面积为 3.6 m^2。U(Ⅵ)的去污因子达到 3.5×10^3。

与传统的溶剂萃取相比，液膜的非平衡传质具有如下优点：

(1) 试剂消耗量少，比溶剂萃取过程低一个数量级；

(2) “上坡”(Up-hill)效应，或者溶质“逆其浓度梯度传递”的效应。液膜的这一特性使其在从稀溶液中提取与浓缩溶质方面具有优势。与固体膜相比，液膜的优点是传质速率高、选择性好。但由于液膜本身存在不少尚未解决的问题，至今液膜工业应用的实例很少。尽管如此，研究者们仍在努力探索各种具有潜在工业应用意义的液膜分离技术，包括在放射性废水处理领域。

由于支撑液膜的稳定性问题一直未能很好解决，乳化液膜体系因表面活性剂的引入而使得过程复杂化，它必须由制乳、提取与破乳三道工序所组成，膜泄漏与溶胀等问题也难以克服。支撑液膜和乳化液膜所存在的上述问题，系该两种液膜本身之构型所致，难以完全解决。为了在保持液膜分离特点的同时，克服乳化液膜工艺过程复杂、支撑液膜不稳定等缺点，各国学者转而探索新的液膜构型，例如：卷式流动液膜(Spiral Flow Liquid Membrane, SFLM)[35]、中空纤维包容液膜(Hollow Fiber Contained Liquid Membrane, HFCLM)[36]、静电式准液膜(Electrostatic Pseudo Liquid Membrane, ESPLIM)[37]内耦合萃反交替(Inner Coupled Extraction Stripping, ICES)[38]和支撑乳化液膜(Supported Emulsion Liquid Membranes, SELM)[39]。

在上述液膜新构型中，应用前景比较看好的是支撑乳化液膜，这是一种将无分散的膜萃取与乳化液膜相结合的液膜过程。如图 6-35 所示，将中空纤维膜接触器

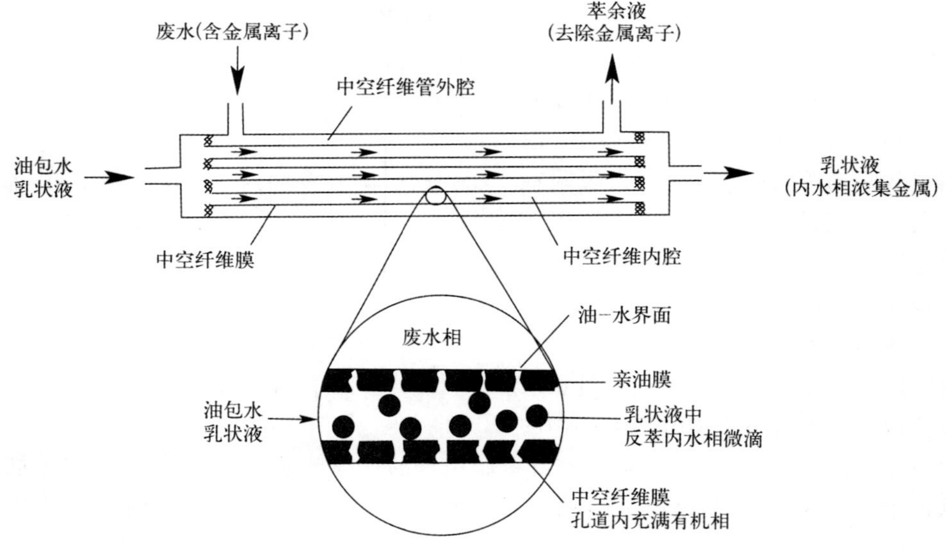

图 6-35 支撑乳化液膜废水处理示意图

的膜孔隙预先用有机膜液湿润，使 W/O 乳状液从中空纤维管内流动，水相料液则在管外流动。水相侧维持稍高压力，以防止有机膜液通过微孔流入水相。中空纤维管微孔 $\phi=0.05$ μm，而乳状液内相微滴 $\phi=1\sim10$ μm，故乳状液内相微滴不会通过微孔而进入料液水相。微孔中只有有机络合物的扩散，反萃水相只能在管内流动。由于这种构型避免了反萃水相与料液水相的直接接触，从而大大降低了液膜的泄漏与溶胀。

基于类似的 SELM 原理，何文寿在其获得的美国专利[40-41]中提出，反萃水相在油膜相中的分散过程可以完全免除表面活性剂的使用，只需在进入膜接触器之前将反萃水相与油膜相搅拌混合即可。这样获得的 W/O“乳状液”在通过膜接触器之后，只要静置一段时间，便可实现两相分离。所以，整个过程在保留 SELM 优点的同时，免去了制乳与破乳工序，使过程更为简单可靠，更具有实用性。

利用这种 SELM，何文寿进行了各种金属（包括放射性核素）的提取。例如，对于配制的美国布鲁克海文（Brookhaven）国家实验室地区的模拟含^{90}Sr 废水（^{90}Sr 活度为1×10^{-9} Ci/L），经过 SELM 处理后，废水中^{90}Sr 活度降至 8×10^{-12} Ci/L[40-41]。

此外，对于价态较高的离子（如 3 价镧系或锕系元素）的去除，内耦合萃反交替过程也具有较好的应用前景。

6.8.3.3 以温度差为推动力的膜过程

以温度差（ΔT）为推动力的膜过程包括膜蒸馏（Membrane Distillation）和渗透蒸发（Pervaporation）。膜蒸馏适于从非湿润微孔膜一侧的溶液中分离出挥发性溶剂，在亲油多孔膜的一侧装有热（30～70 ℃）水溶液，在膜的另一侧引出较冷的馏出液。由于采用的是孔径小于 1 μm 的憎水膜，热水溶液不会透过多孔膜，而热水溶液中蒸发出的蒸汽则可以通过膜孔的空气层扩散，在膜的冷侧凝结。实验室研究表明，膜蒸馏可用于放射性废水的浓缩[42]和废水中放射性核素的去除[43]。

参考文献

1 Ho W S, Sirkar K K. Membrane Handbook[M]. New York: Van Nostrand Reinhod, 1992.

2 时均，袁权，高从堦. 膜技术手册[M]. 北京：化学工业出版社，2001.

3 IAEA. Advances in technologies for the treatment of low and intermediate level radioactive liquid wastes [R]. IAEA Technical Reports Series No. 370, Vienna: IAEA, 1994.

4 Chen V. Membrane Technology in the Process Industries[R]. Sydney, Australia: CEIC 8341, UNESCO Centre for Membrane Science and Technology, University of New South Wales, 2002.

5 IAEA. Applications of Membrane Technologies for Liquid Radioactive Waste Processing[R]. Technical Reports Series No. 431. Vienna: IAEA, 2004.

6 Jarvinen G D, Purdy G M, Smith B F, et al. Treatment of Liquid Wastes[J]. Los Alamos Science, 2000, No. 26:452.

7 Roberts R C, Heraid W R. Progress Report on Development of Ultrafiltration and Inorganic Absorbents [R]. MLM-2684. Miamisburg, OH, USA: Mound Laboratory, 59. 1980.

8 Covin C M. et al. Summary of the ultrafiltration, reverse osmosis and adsorbents project[R]. Rep. MLM-3033, UC-70B. Miamisburg, OH, USA, Mound Laboratory, 1983.

9 Burggraaf A J, Keizer K, Vanhassei B A. Ceramic nanostructure materials, membranes and composite layers[J]. Solid State Ion. 1989, 32/33: 771-782.

10 高以烜,叶凌碧. 膜分离技术基础[M]. 北京:科学出版社,1989:250-277.

11 Sen Gupta S K, Buckley L P, Rimpelainen S, et al. Liquid radwaste processing with spiral-wound reverse osmosis[C]//WM'96 (Proc. Conf. Tucson, AZ, 1996), WM Symposia Inc. Tucson, AZ, 1996.

12 Sen Gupta S K, Slade J A, Tulk W S. Liquid radwaste processing with cross-flow microfiltration and spiral-wound reverse osmosis[C]//WM'95 (Proc. Conf. Tucson, AZ, 1995), WM Symposia Inc. Tucson, AZ, 1995.

13 Turney A D, Junkison A R, Bridger N J. Electrical processes for liquid waste treatment[C]//Management of low and intermediate level radioactive wastes 1988 (Proc. Int. Symp. Stockholm, 1988), Vol. 2: 75-87, Vienna: IAEA, 1989.

14 IAEA. Processing of Nuclear Power Plant Waste Streams Containing Boric Acid[R]. IAEA-TECDOC-911, Vienna: IAEA, 1996.

15 Wilson J H. Effective Liquid Waste Processing Utilizing Membrane Technologies[C]//Proc. EPRI Int. Low Level Waste Conf. , San Antonio, TX, USA, 2000. Palo Alto, CA, USA: Electric Power Research Institute, Rep. 100671. 2001.

16 Electric Power Research Institute. Performance Evaluation of Advanced LLW Liquid Processing Technilogy: Boiling Water Reactor Liquid Processing[R]. Rep. 1003063. Palo Alto, CA, USA: Electric Power Research Institute, 2001.

17 Freeman J. Wolf Creek's Liquid Waste Processing System Improvements[C]//Proc. EPRI Int. Low Level Waste Conf. [C]. San Antonio, TX, USA, 2000. Palo Alto, CA, USA: Electric Power Research Institute, 2001.

18 Koenst J W. Development of Ultrafiltration and Inorganic Adsorbents for Reducing Volumes of Low-Level and Intermediate-Level Liquid Waste[R]. Rep. MLM 2464. Miamisburg OH, USA: Mound Laboratory, 1977.

19 Evans D W, Garamszeghy M, Solaimani H M, et al. Treatment of Steam Generator Chemical Cleaning Waste: Development and Operation of the Bruce Spent Solvent Treatment Facility[C]// Proc. 5th Int. Symp. , Nashville TN, USA, 1995. International Chemical Oxidation Association, 1995.

20 Miles W C, Poirier M R, Brown D F. F/H Effluent Treatment Facility-Filtration Upgrade Alternative Evaluations Overview[C]//Proc. Conf. Tucson, AZ, USA, 1992. Tucson AZ, USA: WM Symposia, Inc. , 1992.

21 Buckley L P, Sen Gupta S K, Slade J A. Treatment of Low-Level Radioactive Waste Liquid by Reverse Osmosis[C]//Proc. ICEM'95, Berlin, Germany, 1995. New York: American Society of Mechanical Engineers, 1015. 1995.

22 Miller C. Comparison of Advanced Filtration System at Diablo Canyon[C]//Proc. ASME/EPRI Radwaste Workshop 2001. Palo Alto, CA: Electric Power Research Institute, Rep. 1006690. 2002.

23 Werline R. Processing of Liquid Radwaste Utilizing Ultrafiltration Technology[C]//Proc. EPRI Int. Low Level Waste Conf. , Orlando FLA, 1998. Palo Alto, CA: Electric Power Research Institute, Rep. TR-112660. 1999.

24 Arms T H, Wilson J H. LLW Fractionation Using Membrane and Ion Exchange Technology[C]//Proc. EPRI Int. Low Level Waste Conf. , Orlando FLA, 2001. Palo Alto, CA: Electric Power Research Institute, Rep. 1006689. 2002.

25 Covin C M. Summary of the Ultrafiltration, Reverse Osmosis and Adsorbents Project[R]. Rep. MLM-3033, UC-70B. Miamisburg OH, USA: Mound Laboratory, 1983.

26 Cirillo J R, Kelso W J. Versatile Treatment System Cleans Mixed Waste water from Diverse Sources [C]//Proc. of Spectrum'98, Denver CO, 1998. La Grange Park, IL: American Nuclear Society, 997. 1998.

27 高永，顾平，陈卫文. 膜技术处理低浓度放射性废水研究的进展[J]. 核科学与工程，2003, 23(2):173-177.

28 Grazyna Z-T, Marian H. Removal of radioanuclides by membrane permeation combined with complexation[J]. Desalination, 2002, 144: 207-212.

29 Jarvinen G D, Purdy G M, Smith B F, et al. Treatment of Liquid Wastes[J]. Los Alamos Science, 2000, No. 26: 452.

30 Polonski J W, Hoberg J F, Evans D F, et al. , Mixing liquid membrane with electric fields[J]. J. Membr. Sci. , 1979, 53: 371-374.

31 Karlin Y, Iliasov R, Sobolev I. Elaboration of combined electrosorption method for treatment of LLRW [R]. In: Combined Methods for Liquid Radioactive Waste Treatment, IAEA-TECDOC-1336. Vienna: IAEA, 2003: 168.

32 Gupta S K. Non-Dispersive Extraction of Am(Ⅲ) Using PC-99A as an Extractant[C]//Proc. DAE Symp. on Nuclear- and Radio-Chemistry, Trombay, Mumbai, 2003. Trombay, Mumbai: Bhabha Atomic Research Centre, 133. 2003.

33 Li N N, Somerset N J. Separating hydrocarbons with liquid membrane[P]. US, Pat. 3419794. 1968

34 Dworzak W R, Naser A J. Pilot scale evaluation of supported liquid membrane extraction[J]. Sepn. Sci. & Technol. , 1987, 22(2&3): 677-689.

35 Teramoto M, Tohno N, Ohnishi N, et al. Development of a spiral-type flowing liquid membrane module with high stability and its application to the recovery of chromium and zinc[J]. Sepn Sci & Technol, 1989, 24: 981-999.

36 Sengupta A, Basu R, Sirkar K K. Separation of solutes from aqueous solution by contained liquid membrane[J]. AIChE J, 1988. 34: 1698-1798.

37 Gu Z M. Electrostatic pseudo liquid membrane separation technology[J]. J Chem Ind & Eng (CHINA), 1990, 5: 44-55.

38 吴全锋，顾忠茂，汪德熙. 液膜分离过程的新发展-内耦合萃反交替分离过程[J]. 化工进展，1997, 2: 30～35.

39 Raghuraman B, Wiencek J. Extraction with emulsion liquid membranes in a Hollow-fiber contactor [J].

AICH E J , 1993, 39:1885-1889.

40 Ho W S. Combined supported liquid membrane /strip dispersion process for the removal and recovery of radionuclides and metals[P]. US, Pat:6328782. 2001-12-11.

41 Ho W S. Combined supported liquid membrane /strip dispersion process for the removal and recovery of metals[P]. US, Pat :6350419. 2002-02-26.

42 Zakrzewska-Trzadel G, Harasimowicz M, Chmielewski A G. Concentration of Radioactive Components in Liquid Low-Level Radioactive Waste by Membrane Distillation[J]. J. Membr. Sci. , 1999, 163: 257-264.

43 Chmielewski A G, Zakrzewska-Trezadel G. Miljevie N R, et al. Membrane distillation employed for separation of water isotopic compounds. Sepn. Sci. & Technol. , 1995, 30(7):1653-1667.

第 7 章　放射性有机废液的处理及低放废液的生物处理

放射性有机废液来自核工业生产、核研究活动和核医学应用等过程。与大量产生的放射性废水相比，放射性有机废液的产生量较小。大多数低放废水经储存衰变或适当处理之后，可以排入环境，而放射性有机废液的管理则不仅需考虑其放射性，还必须考虑其化学毒性。本章针对各种放射性有机废液，讨论妥善管理这类废物应考虑的主要因素，介绍相关的处理方法与技术。由于放射性废物的生物处理较多地涉及有机物质的生物降解，本章还将介绍低放废液（包括有机废液）的生物处理技术。

7.1　放射性有机废液的来源[1-2]

放射性有机废液包括油类、废溶剂萃取剂、闪烁液以及其他混杂废液。

放射性废油类包括核电站一回路系统机械部件的润滑油、真空泵油等，这些废液一般含有少量 β、γ 放射性核素。由于主要污染源来自一回路冷却剂，这类废液中多少含有一些水分，其年产生量及其比放如表 7-1 所示。

表 7-1　核电站放射性污染油类的产生量及其放射性水平[1]

堆型	废油产生量/(L/a)	污染核素	放射性浓度/(Bq/L)
PWR	500～1 800	^{58}Co, ^{60}Co, ^{134}Cs, ^{137}Cs	$3.7\times10^{8}\sim1.9\times10^{9}$
BWR	500～2 500	^{60}Co, ^{65}Zn, ^{134}Cs, ^{137}Cs	7.4×10^{3}
PHWR	～250	^{60}Co, ^{137}Cs, ^{3}H	$<7.4\times10^{3}$

废有机溶剂最常见的是废 TBP 及其稀释剂，如正十二烷或煤油。乏燃料后处理过程中产生的 TBP 及其稀释剂，其辐射分解产物会降低萃取性能，必须通过洗涤去除后，才能使 TBP 复用。TBP 煤油经多次复用后，最终成为中放有机废液，这种废液主要被 Pu、U 和裂片元素等所污染。铀萃取过程中产生的有机废液则主要被铀和钍所污染。此外，还有少量的胺类萃取剂及其稀释剂。

闪烁液来自放化分析，主要成分为类固醇、脂类和甲苯、二甲苯以及环己烷等非极性溶剂。这类废液的放射性浓度一般为 350 kBq/L。

其他混杂废液包括各种去污过程产生的有机废液，如甲苯、四氯化碳、丙酮、醇类和三氯甲烷等。干洗过程会产生少量过氯乙烯和氟里昂等。这类废液的 β、γ 放射性浓度一般为 200 kBq/L。

7.2 放射性有机废液管理的总体考虑[1]

尽管放射性有机废液产生的总量不大，但也必须实现有效的管理。放射性有机废液的管理，既要考虑放射性，又要考虑化学毒性和生物毒性。与放射性废水不同，由于许多有机废液与自然环境不相容，所以不宜采用“稀释-分散”方案进行处理与处置。

由于废物产生者可能没有废物管理的经验，且处理很小量的有机废物可能不够经济，所以，应建立一个废物管理中心，将散废物运至中心，集中统一处理。

放射性有机废液的产生者需要在现场收集废液，待储存到足够量时，将废液运至废物处理中心。为了确保这一阶段的安全，并避免后续工序的麻烦，废液的收集应做到：

(1) 不同废液分类收集，例如，含短寿命核素的废液不应与含长寿命核素的废液相混；废闪烁溶剂应单独储存；

(2) 废液储桶的尺寸与材质应适于运输，宜采用钢桶而不宜采用玻璃或塑料容器；

(3) 做好记录，记下每桶废物的种类、放射性核素及其放射性水平；

(4) 隔离存放，并有足够的通风和防火措施。

放射性有机废液被运至废物处理中心，等到分类储存到一定量后，进行整备处理。针对各种有机废液各自的特点，需要进行不同的处理。例如：通过蒸馏处理，可分离出放射性和非放射性组分；或者采用焚烧法破坏有机物质；等等。处理后的废物可能还需要固定化，以防止放射性核素进入环境。废物管理的总体方案考虑如图 7-1 所示。

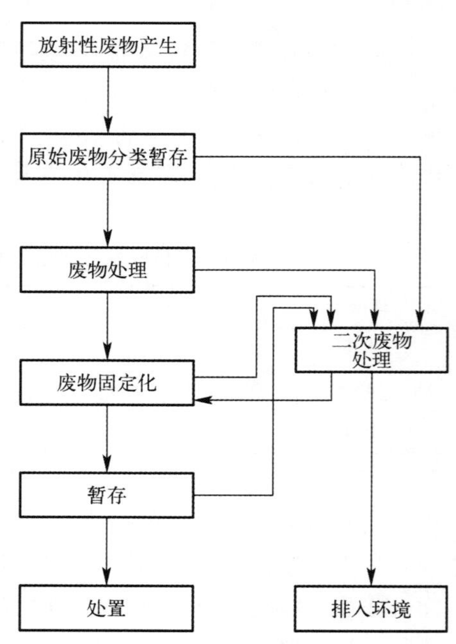

图 7-1　废物管理的总体方案

7.3　放射性有机废液的处理[1-6]

7.3.1　放射性有机废液的焚烧处理

放射性有机废液的易燃性使之适于采用焚烧法进行处理，并获得高的减容比。有机废液完全燃烧的产物理论上为各种元素的氧化物、二氧化碳和水。TBP 和胺类萃取剂通过焚烧分别生成 P_2O_5 和 NO_2，这些酸性气体一旦与水结合，便形成腐蚀性条件。硫和氯也会变成腐蚀性燃烧产物(如 HCl)，当它们在废物中的含量较高时，就必须采取特殊的防腐蚀措施。

焚烧炉可分为过氧(空气)型和控制空气型两大类：过氧型焚烧炉供给足够的空气，使所有废物充分燃烧，这种激烈的燃烧需要供给过量的空气(50%～75%)，导致放射性灰烬飞扬，尾气夹带严重，所以必须配备良好的尾气处理系统；控制空气型焚烧炉可缓解上述问题，有利于钚污染废液的焚烧。控制空气型焚烧炉还包括高温裂解(Pyrolysis)过程，该方法除了可以减少尾气的夹带量之外，还可减少设备腐蚀。

7.3.1.1　过氧型焚烧过程

过氧型焚烧过程需要足够的氧气和热量，在许多情况下，废物燃烧本身产生的热量足以维持燃烧反应，在有些情况下则需补充燃料(油或天然气)。焚烧处理是广泛用于有机废物处理的成熟技术，在许多国家获得应用。有机废液的可燃性使得焚烧法可以彻底分解有机物，获得很高的减容比，其产物为 CO_2、H_2O 及灰分(如 P、S 和金属等)的氧化物。灰分很容易掺入固定化基体(如水泥等)而制成适合于长期储存或处置的废物形态。焚烧法的缺点是设备投资和维护费用较高，焚烧产生的尾气中含有呋喃(Furan)、二恶英(Dioxin)等环境管制的产物，所以公众对该技术的接受度较低。

图 7-2 为法国于 1981 年在 Cadarache 建造的用于焚烧废溶剂的中试规模焚烧炉示意图[7]。焚烧炉为耐火砖衬里的卧式炉，废溶剂和燃料油分别以 40 L/h 和 30 L/h 的流量泵入，同时鼓入空气，在 900 ℃下进行燃烧。燃烧气体被喷淋水冷却至 600 ℃，接着被稀释空气进一步冷却至 220 ℃，然后通过纤维过滤器、HEPA 绝对过滤器，再通过碱涤气器将燃烧酸气中和。进料中氯、磷和氟的含量应分别控制在 20%、0.1%和 50×10^{-6}(体积分数)，但若用碳酸钠中和硫酸，则可燃烧 30%的 TBP/煤油。95%的放射性飞灰被过滤器捕集，5%滞留在焚烧炉内。该装置于 1981—1985 年间共运行 5 000 h，处理的废溶剂包括含氯溶剂、油类、闪烁液和废

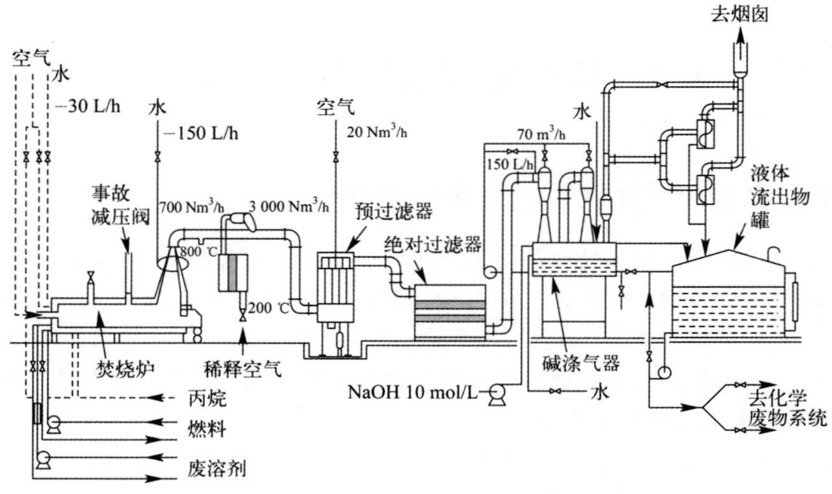

图 7-2 法国 Cadarache 中试规模废溶剂专用焚烧炉示意图

TBP，共计 130 m^3，减容比为 30～300。处理废液的 α 和 β-γ 放射性浓度分别限于 37 kBq/L 和 3.7 MBq/L。

德国卡尔斯鲁厄核研究中心建造的有机废液专用焚烧炉如图 7-3 所示[8-9]，其主体流程与图 7-2 中法国的流程相似。废液基料的比例为：油类 40%，溶剂 34%，闪烁液 10%，水 16%。截至 1983 年底，处理废液 360 m^3，其 α 和 β-γ 放射性浓度分别为 18.5 MBq/L 和 2 GBq/L。

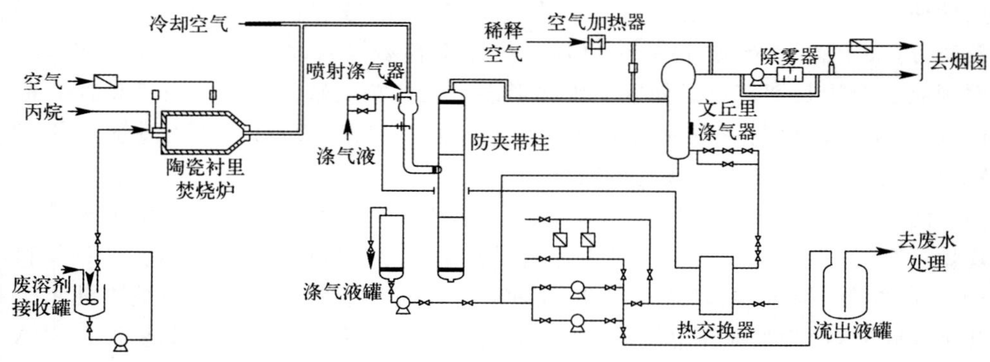

图 7-3 德国卡尔斯鲁厄核研究中心有机废液专用焚烧炉示意图

美国 Mound 实验室开发了一种简单的旋风式焚烧炉[10]，如图 7-4 所示，由一软钢桶制成的焚烧炉安装在一间封闭小室内,燃烧产生的灰烬积存在桶内,适当时候可更换此桶。尾气由湿法涤气系统洗涤,洗涤液循环使用。

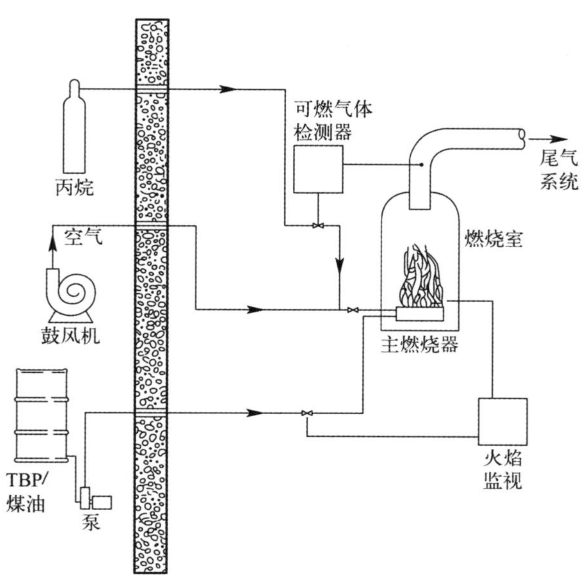

图 7-4 美国 Mound 实验室的旋风式焚烧炉示意图

7.3.1.2 控制空气焚烧过程

控制空气焚烧一般采用两级和多级燃烧方式:第一级燃烧室在空气不足的条件下废物部分燃烧,并分解出利于进一步燃烧的产物;第二级燃烧室在过量空气条件下实现废物的完全燃烧。

美国萨凡那河工厂的实验室开发了具有两级燃烧室的焚烧炉[11],如图 7-5 所示,限制第一级燃烧室空气的进风流量,控制操作温度在 800～900 ℃,在此温度范围内,废物在该燃烧室进行高温裂解。启动之后,废物本身燃烧产生的热量便成为主要热源。在第二级燃烧室,鼓入过量空气(100%～200%过量),使操作温度达到 1 000 ℃左右,将在第一级燃烧室中部分燃烧的产物氧化为 CO_2 和 H_2O。从第二级燃烧室排出的尾气经耐火砖衬里的导管进入喷射冷却塔,尾气温度冷却至 180 ℃,需保持尾气温度在露点之上,以免在此处产生二次废液。冷却后尾气经 Nomex 袋式过滤器过滤后,由烟囱排放。该装置既可焚烧固体废物,也可焚烧有机废液,其处理能力分别为 180 kg/L 和 110 kg/L。1982 年,该装置处理了 15 700 kg固体废物和 5.7 m^3废溶剂,均属于低放 β-γ 废物。

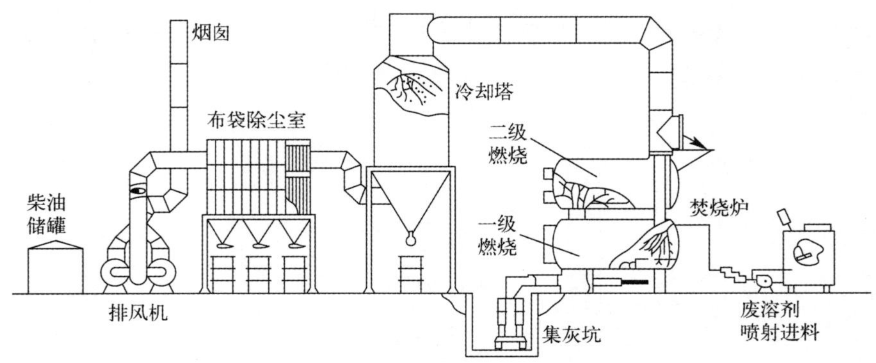

图 7-5 美国萨凡那河工厂实验室焚烧炉示意图

高温裂解是在惰性气氛下将废物进行热分解的过程。高温裂解过程有如下优点：

(1) 裂解产生的尾气量很少，因此只需安装很小的过滤器；

(2) 由于高温裂解的操作温度较低（500～600 ℃），易挥发核素（如钌）将被滞留在裂解反应器内；

(3) 裂解过程对设备的腐蚀较小，例如，TBP 裂解产生的磷氧化物可有效地转化为稳定的无机磷酸盐。而 TBP 在过氧焚烧过程中，生成大量的 P_2O_5，进入尾气后，遇水汽很容易生成腐蚀性很强的磷酸。

德国 NUKEM 公司设计了可处理放射性有机废液的商用高温裂解装置，采用球床高温裂解反应炉，将有机废液转化为化学惰性产物，其工艺流程如图 7-6 所示[12]。

对于 TBP/十二烷的高温裂解，TBP/十二烷需先与氢氧化钙、去离子水和乳化剂按一定比例混合并制成乳状液后再加料。在裂解炉中进行的主要化学反应为：

$$2(C_4H_9O)_3PO+2Ca(OH)_2 \longrightarrow Ca_2P_2O_7+6C_4H_8+5H_2O$$

此外，还有少量丁醇生成。十二烷在高温裂解条件下不分解，只是转变为气态。气体组分经过滤后，进入燃烧室燃烧。裂解产生的固体包括磷酸钙、过剩的氢氧化钙及放射性组分，它们从裂解炉底部排出。

高温裂解反应炉的上部为球床裂解段，床高 1 m，ϕ0.6～0.9 m，由 Nialloys 耐热合金制成，床内装有直径为 20～25 mm 的金属或陶瓷小球，这些小球的三维运动加速了由炉壁向炉内的传热，使加至裂解段上方的料液迅速达到反应温度，使 TBP 完全转变为裂解产物。球床的另一个作用是将固体产物碾碎。反应炉的下部为过滤段，固体颗粒慢速沉降，较轻的颗粒附着在烧结金属过滤器表面，定期用

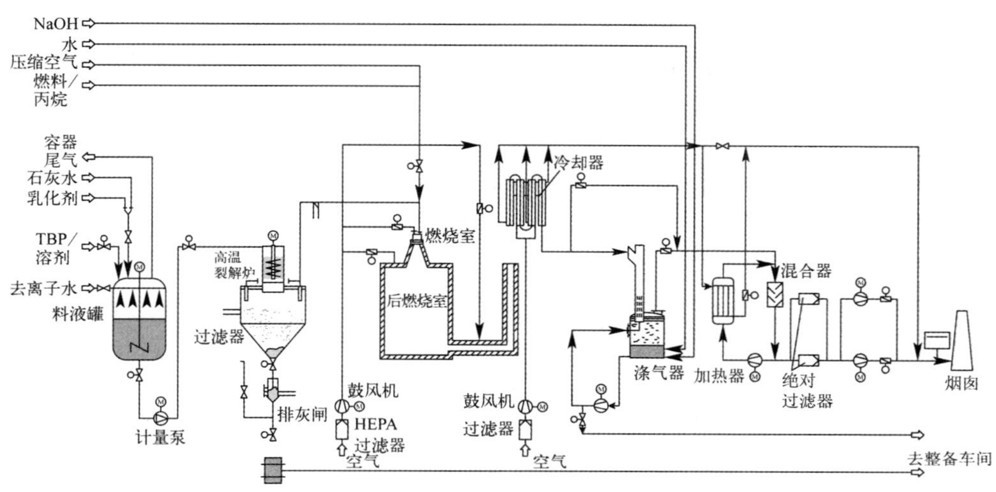

图 7-6　高温裂解处理放射性有机废液流程示意图

氮气消除。沉积在反应炉底部的固体颗粒，定期在氮气气氛下通过排料闸排放。

高温裂解气体的温度为 400～600 ℃，先进入燃烧室燃烧，然后进入后燃烧室，在 900～1 100 ℃下完全燃烧。作为燃料的丙烷，只在启动和停车时供给，或者在废物燃烧的热值不足的情况下供给。

高温裂解产生的尾气中所夹带的放射性核素和有害组分很少。尾气离开后燃烧室时的温度为 1 050 ℃，先用新鲜空气将其冷却至 700 ℃，再经过冷却器进一步冷却至 450 ℃。冷却温度需选择合适，以尽量减少二恶英的形成为宜。冷却后的尾气再通过涤气器，洗去夹带的灰尘，并吸收 SO_2、NO_x 等有害成分。最后，尾气在烟囱排放之前还要经过 HEPA 过滤器，其除尘效率高于 99.9%。为了防止过滤器中凝结水分，尾气温度应控制在其露点之上(≥30 ℃)。

7.3.2　放射性有机废液的氧化处理

放射性有机废液的氧化处理法，是将废液中的有机物转化为 CO_2 和水，剩下的含有放射性核素的无机残渣可以采用已有的废水处理方法进行处理。已研究了各种氧化过程，包括化学过程、电化学过程和光化学过程。

7.3.2.1　酸消化过程[2-3,13-14]

酸消化法(Acid Digestion)属于湿法氧化技术，已被世界各国学者广泛研究，其中德国和美国已积累了工业规模处理装置的运行经验。该过程需要用混合硝酸和硫酸并在约 250 ℃的温度下操作，所以对设备材料的耐腐蚀性能要求很高(详见

9.5.1节)。由于消化过程中产生 SO_2 和 NO_2 气体,所以,需要设置良好的尾气涤气系统。该方法适于处理含己烷和TBP等的有机废液,但只能部分消化石蜡烃,一部分石蜡烃在反应过程中被蒸馏出去。该方法对三氯甲烷和甲苯的消化效果不佳,除非对它们进行雾化处理。

该方法适于处理范围较宽的有机废液,且采用常压操作。主要缺点是可产生大量高腐蚀性的二次废物(强酸),这些二次废物可能与有机废液同样难以处理,甚至更加难以处理。如果能用废碱来中和这些废酸,则可以降低一些处理成本。该方法目前在国际上尚未得到工业应用,但正在考虑用于化学与放射性毒物的混合废物的处理。

7.3.2.2 过氧化氢湿法氧化过程[2-3,14]

湿法氧化与焚烧法类似,都是将有机物破坏,生成 CO_2 和水。在湿法氧化过程中,废液中的有机物质在有催化剂存在和100 ℃的条件下,与 H_2O_2 反应而分解。该过程还伴随水的蒸馏或蒸发,留下含放射性核素的浓缩废水。该方法的主要优点是操作温度低,产生的废水易于处理。图7-7为湿法氧化过程原理图。

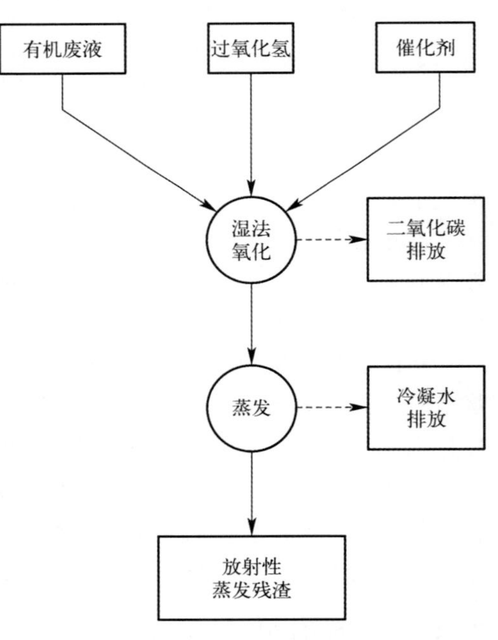

图7-7 湿法氧化过程原理图

过氧化氢湿法氧化过程早期应用于极性有机物的破坏,如TBP和用于去污的有机酸。近年来已扩展到非极性有机物的破坏。早期的工作中,使用的温度和压力较高,导致了过程控制的复杂化。近年来的改进使操作温度和压力均得以降低,从而大大简化了处理过程。

氧化反应是放热反应,通过诸如蒸汽预热等措施给反应器提供足够的热量输入,氧化反应放出的热量便能维持反应器内的温度和压力。当然,需要控制反应速率,防止产生过多的热量。由于氧化反应比较剧烈,反应器材料必须选用耐腐蚀的特种合金。

实验室规模的湿法氧化装置比较容易建立,所需考虑的主要参数是反应温度、氧的获得方式、反应时间等。在英国Winfrith,已建成了一座处理能力为每批200 kg有机废液的生产装置[15],加拿大采用湿法氧化法处理蒸汽发生器的去污废液[16]。印度开展了TBP/煤油的湿法氧化实验室研究，在95～100 ℃和铁盐催化剂的存在下，通入H_2O_2进行回流式操作，4 h内破坏了95%的TBP。操作中需要100%过量的H_2O_2。由于H_2O_2的消耗量过大，且产生的二次废水体积为原始废液的10～12倍，印度未进行该方法的放大研究[17]。英国BNFL的Sellafield厂利用重铬酸钾作催化剂、H_2O_2作氧化剂进行了湿法氧化TBP/煤油的试验验证[3]。在回流操作方式运行过程中，TBP被全部破坏，但煤油未参加反应。该过程的产物包括：1）含有放射性核素和废催化剂的废水；2）极低放的废煤油。湿法氧化法处理废TBP/煤油的效果显然不如高温裂解法。

7.3.2.3　电化学氧化过程[3]

与湿法氧化过程一样，电化学氧化也是在较低的温度和压力下通过强氧化反应破坏有机物的过程，所以不存在焚烧过程中麻烦的尾气处理问题。两者不同之处在于，前者采用H_2O_2作为强氧化剂，后者则依赖于电化学过程中产生的强氧化形态Ag(Ⅱ)。图7-8和图7-9分别为电化学氧化(银过程)的简化原理示意图和流程示意图。

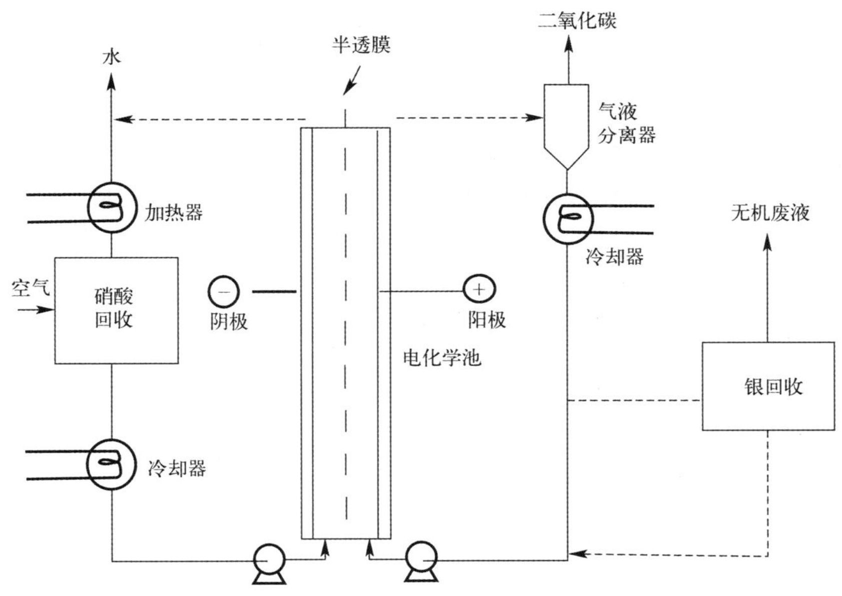

图7-8　电化学氧化(银过程)的简化原理示意图

如图7-8和图7-9所示，电化学池中插有一根镀铂钛阳极和一根不锈钢阴极，为了防止氧气逸出，阳极施加很高的超电压。电极之间有一张选择性渗透膜，将电

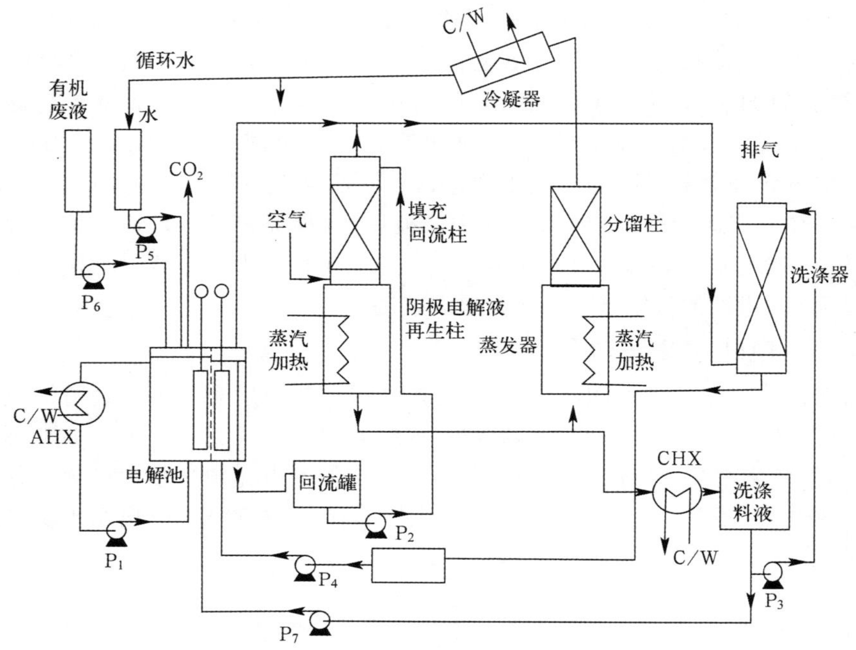

图 7-9 电化学氧化(银过程)流程示意图

化学池分为两个半池。磺化氟代聚合物膜可以让载带电流的阳离子透过,但应防止两个半池中的组分相混,否则,阴极上形成的还原组分将会与阳极上生成的Ag^{2+}反应,从而降低池效率。电解液由$AgNO_3$-HNO_3溶液组成,充满电解池。施加电压后,发生如下电极反应:

在阳极,Ag^+可以通过直接氧化,转变为Ag^{2+}:

$$Ag^+ \longrightarrow Ag^{2+} + e^-$$

也可籍中介(很可能是吸附的—NO_3)形成棕色络合物$AgNO_3^+$后再被氧化。在阳极区电解液中,Ag^{2+}与水反应,生成诸如OH·自由基的组分:

$$Ag^{2+} + H_2O \longrightarrow Ag^+ + 2H^+ + OH\cdot$$

自由基与加到阳极电解液中的有机物反应,最终将有机物氧化为CO_2、CO、水和无机产物(包括卤素、氮、磷和硫的化合物):

$$\text{有机物} + OH\cdot \longrightarrow CO_2 + CO + H_2O + \text{无机产物}$$

Ag^+回到阳极,重新被氧化。在电场的作用下,阳极区的H^+透过膜迁移到阴极半池,并在阴极与NO_3^-反应,生成HNO_2:

$$NO_3^- + 3H^+ + 2e^- \longrightarrow HNO_2 + H_2O$$

阴极电解液中的 HNO_2 若继续积累，则可以进一步还原，生成 NO_x。阴极电解液连续通过一再生柱。在该柱中，来自电解池的 HNO_3/HNO_2 混合溶液被加热，并通入空气或氧气，将 HNO_2 氧化为 HNO_3 后循环使用：

$$2HNO_2 + O_2 \longrightarrow 2HNO_3$$

总体来看，氧化过程中既不消耗银，也不消耗硝酸。氢离子在阳极电解液中生成，但在阴极电解液中消耗掉。真正消耗的是电力和用于阴极电解液再生柱的氧气。对于不同的有机物，电化学氧化反应所需温度可以改变。迄今所有研究的体系中，最高温度仅为 95 ℃，低于硝酸的沸点。所以，与焚烧法相比，电化学氧化法的操作温度是非常低的。

可用电化学氧化法破坏的有机物范围很宽，许多可燃废物均很易被氧化。过程效率很高，在最佳条件下常常接近甚至超过 100%。出现后者情况的原因是：在阳极电解液中几乎总有少量的 NO_x 产生，导致所形成的硝酸直接参与氧化过程。硝酸因直接参与氧化而被还原的产物，在阳极电解液的强氧化气氛中又重新被氧化。在此过程中，除了少量的 NO_x 损失之外，酸的消耗很少。

当处理含氯废物时，在阳极电解液中不可避免地会产生一些 AgCl，它在硝酸中的溶解度甚低。但是，由于大部分氯会被氧化为氯气而从阳极电解液中释出，故 AgCl 的生成量不大。同时，由于商用膜可以允许电解液中存在相当量的固体物质，少量 AgCl 在阳极电解液中的存在不会对过程产生不良影响。AgCl 的生成显著降低了阳极电解液中 Ag^+ 的浓度，但它可以作为氯化物缓冲剂。所以，电化学氧化法可以处理含氯废液，不会产生显著量的 AgCl。当然，电解池的效率会有所下降。

氧化过程中的电力消耗决定其经济性。对于处理含煤油一类的废液，能耗很高，而处理含氯废物的能耗则较低。例如，将煤油完全氧化为 CO_2 和 H_2O 的耗电率为35 kWh/kg(假设电解池工作电压为 3 V，效率为 100%)；将 CCl_4 氧化为 CO_2 和 Cl_2 的耗电率仅为 2 kWh/kg。这一情形与焚烧过程正好相反：采用焚烧技术，处理象煤油一类的可燃废液的成本较低，而处理 CCl_4 一类的不可燃废液，需要附加燃料，故成本较高。

7.3.2.4　超临界水氧化和光化学氧化过程

超临界水(Supercritical Water)氧化过程[18]属于高温、高压的湿法氧化过程。水的临界点为 374 ℃和 22.1 MPa，高于此临界点，水成为一种非极性流体，有机物质可以与超临界水完全相溶。有机物、空气和水的混合物在 400～600 ℃和 30 MPa 的超临界条件下，发生有机物自燃。在上述条件下，无机组分从超临界流体中沉淀出来，而有机物则几乎全被破坏，分解效率高达 99.99%。有日本学者开展了超临界水氧化技术处理低放和混合废物的处理[19]研究工作。

超临界水氧化过程的氧化速率很高，物料在反应器内停留时间很短，能有效地将无机物质（如重金属和裂变产物）分离出来。由于该过程需要在高温条件下进行，因此相应的对设备和技术的要求很高[3]。

光化学氧化（Photo-chemical Oxidation）可以用于破坏水溶液中的有机络合物。对于低放废水处理，废水中存在的有机络合剂（如 EDTA、柠檬酸、草酸等）会显著影响处理效果。由于络合作用，使得放射性核素的分离十分困难。废水中有机络合剂的存在还会影响固化体的性能（如浸出率的提高）。光化学氧化主要利用紫外光照射的方法破坏有机物，该方法近年来已有许多报道。这种方法的效率一般较低，采用非均相催化可以明显提高氧化效率。在众多催化剂中，TiO_2 是加速紫外光（UV）照射光化学氧化有机物最好的催化剂[20]。对于 EDTA 和柠檬酸的光化学氧化，印度学者开展了实验室研究。实验结果表明，UV-H_2O_2-Fenton 体系的氧化速率明显高于 UV-H_2O_2 体系[17]，这可能归因于铁与羧酸的络合物在更宽的波长范围内具有很高的光敏性。在此基础上，开展了中试规模研究，实验条件如下：水溶液中可溶性有机物体积分数 $1\,000\times10^{-6}$，低压汞蒸气灯功率为 30 W，操作温度为常温，H_2O_2（40%）用量为 100～200 mL。实验进一步验证了 Fenton 试剂对氧化过程的加速作用。实验结果见表 7-2[17]。

表 7-2 采用 UV-H_2O_2-Fenton 的光化学氧化有机络合剂实验结果

有机物	水溶液体积/L	流量/(mL/min)	循环时间/h	有机物破坏率/%
柠檬酸	15	70～80	4	65
柠檬酸	7	320～340	5	92
柠檬酸	15	10 000～20 000	2	70～80
EDTA	15	70～80	5	20
EDTA 钠盐	7	320～340	5	80
草酸	7	70～80	5	64
草酸	7	320～340	5	90

7.3.3 放射性有机废液的碱性水解处理[1]

碱性水解法（Alkali Hydrolysis）的目的是破坏废 TBP/稀释剂中的 TBP 并使稀释剂循环使用。

TBP 作为一种磷酸酯，很容易水解。在 NaOH 水溶液中，TBP 的水解产物主要是磷酸二丁酯（$NaDBPO_4$ 或 HDBP）和丁醇，主要反应式为：

$$(C_4H_9O)_3PO + NaOH \longrightarrow (C_4H_9O)_2POONa + C_4H_9OH$$

HDBP 在碱性介质中比较稳定，其进一步水解的程度有限。碱性水解产物与水相容，故比较适于水泥固化。TBP 的水解产物除了磷酸二丁酯外，还有少量的磷酸单丁酯（HMBP）和无机磷酸盐。

TBP 在碱性介质水解过程中，稀释剂（如十二烷）不参与反应而作为轻相分离出。TBP 的降解产物转化为钠盐，携带大部分放射性核素进入水相，稀释剂的放射性水平很低。

碱性水解法由德国首先开发，随后英国也进行了广泛的研究。在碱性水解之前，先要用碳酸钠溶液对废 TBP/稀释剂进行预洗涤除铀，以免在水解过程中出现沉淀和乳化而影响水解之后的相分离。水解操作是将 TBP/稀释剂和 50%碳酸钠溶液的混合物加热至 125～130 ℃，并保持 7 h。德国卡尔斯鲁厄核研究中心采用这种方法处理了后处理中试厂（WAK）产生的几百升废 TBP/稀释剂，每批处理 50 L，回收的稀释剂循环使用。分离出的水相中含有磷酸二丁酯钠盐、丁醇和甲醇，其蒸发残渣用沥青固化。

英国哈威尔核研究中心研究了碱性水解的回流操作和蒸馏操作，发现回流操作的效果较好，最佳操作条件为：(1) 50%（体积浓度）NaOH 水溶液；(2) NaOH ∶ TBP＝1.5 ∶ 1（摩尔浓度比）；(3) 水解温度 125 ℃；(4) 水解时间 7～8 h。水解产物是一种三相混合液，底层为碱性水溶液，含有 90%以上的裂变产物和重金属；中层为含有 NaDBP 的水溶液，含有接近 10%的放射性核素；上层为煤油/丁醇，几乎不含放射性核素[3]。相分离后得到的上层煤油/丁醇可以进行比较简单的燃烧处理；底层的放射性碱性水溶液可以送至化学沉淀厂进行处理；中层的含 NaDBP 的水溶液的放射性水平很低，可以被海水中的生物降解。如果希望将 NaDBP 转化为无机磷酸，则需进行酸水解、化学氧化和生物降解处理。在一系列实验研究的基础上，英国 BNFL 在 Sellafield 厂区设计建造了处理能力为 750 m^3/a 30%TBP/煤油的碱性水解厂，流程示意图如图 7-10 所示[3]。

近年来，印度也对碱性水解处理废 TBP 做了大量研究[17]。研究发现，水解结果得到界面清晰的三相混合物（与英国的结果略有不同）：上层为稀释剂，其中 TBP 含量低于 100 mg/L；中层为含有丁醇的水相，也含有少量稀释剂和水解产物；底层主要含有水解产物 NaDBP、Na_2MBP 和 Na_3PO_4，也含有过量的碱。欲从中层水相中将夹带的稀释剂完全分离出，必须加入相当于原始有机废液体积 40%～50%的水，利用丁醇和十二烷在水中溶解度的明显差异，将稀释剂分出。

实验室规模（7 L）研究的基础上，印度建立了一套处理能力为 200 L/批的全规模处理装置。图 7-11 为碱性水解处理 TBP/稀释剂批式试验装置流程示意图。带有机械搅拌的反应釜的容积为 500 L，采用蒸汽夹套加热。有机废液采用空气

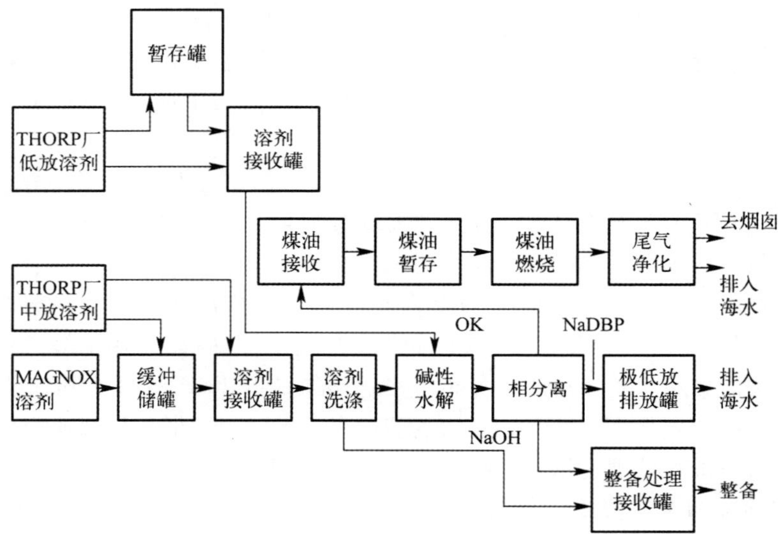

图 7-10 英国 Sellafield 厂区碱性水解厂流程示意图

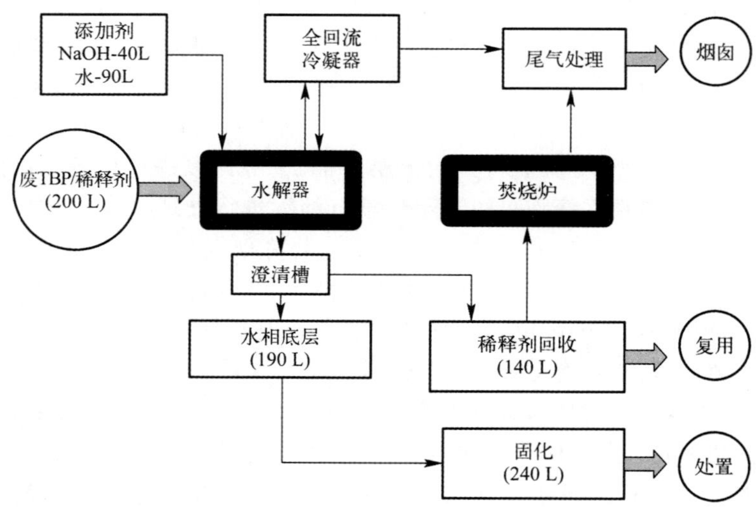

图 7-11 碱性水解处理 TBP/稀释剂批式试验装置流程示意图

提升器加料，NaOH 水溶液以自流方式加入。位于反应釜上方的列管式冷凝器确保反应产生的蒸汽全回流。所有加料口均设置在反应釜顶部，加料口设有液封装置，以防止漏汽。反应产物由反应釜底部排入一分离罐，罐内设有相界面传感器，以便于将各相废液排入各自的收集罐中。设备的设置需提供足够的高度，使物料借重力顺利排放，以避免物料输送的传动部件的设置。各容器的尾气/通风汇集到一起处理后，由排风机送入烟囱排放。该过程采用气动远程操作。

运行开始时，反应釜内加入 200 L 有机废液和 40 L 12.5 M NaOH 水溶液。在 98～116 ℃下，反应釜连续搅拌约 5 h 后取样，样品放置后分为 3 层。随后，往反应釜内加水，继续搅拌约 30 min，将中间层溶解，此时相界面传感器（密度探针）显示出明显的两相。轻相的密度在反应开始时约为 0.8 g/cm^3（相当于 30%TBP/正十二烷），在反应结束时约为 0.74 g/cm^3（相当于正十二烷）。反应结束后，釜内产物排入分离槽进行相分离，获得的稀释剂正十二烷供循环使用，正十二烷的回收率高于 98%。在上述研究开发经验的基础上，印度已建成了一座处理废 TBP/稀释剂的碱性水解法生产装置。

碱性水解法的主要优点是技术比较成熟，操作温度较低，装置规模大小灵活；缺点是使用范围很窄（仅适用于 TBP 分解），产生的二次废物比较复杂，需作进一步处理。

7.3.4 放射性有机废液的蒸馏处理[2]

简单蒸馏可用于废闪烁液和废混杂溶剂的预处理。蒸馏法可以获得较高的减容比，因放射性核素主要浓集在残渣中。回收的有机溶剂可用作技术级溶剂或作为焚烧炉的燃料油。

处理废闪烁液的蒸馏装置简化流程如图 7-12 所示。在 85 ℃时，共沸混合

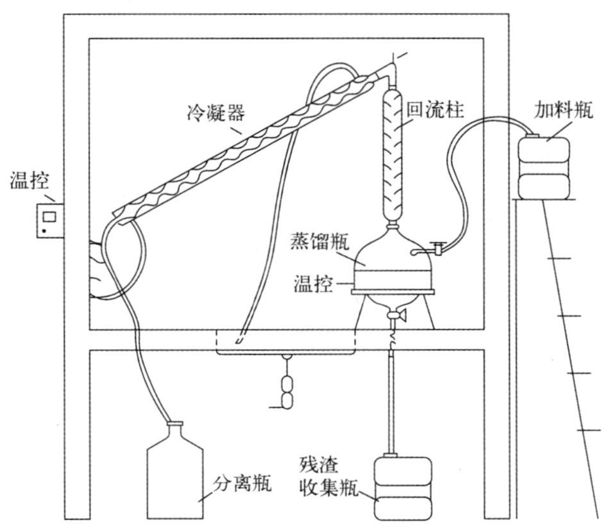

图 7-12 处理废闪烁液的蒸馏装置示意图

物开始蒸馏。当水分接近蒸发完全时，温度上升至 110 ℃，蒸馏出剩余的溶剂。水和溶剂的馏出液分成两相，放射性核素主要留在水相。分离出的有机溶剂可以复用。对于每批操作量为 10 L 的装置，运行 50 min，有机溶剂回收率可达 80%，废物减容 40%。

在美国，采用一种蒸汽压力釜进行蒸馏回收存放在塑料小瓶中的闪烁液。蒸汽压力釜的容量为 360 L，在压力釜的下方，用一次性的铝盘收集熔化的塑料小瓶，每个铝盘可装约 400 个废塑料小瓶。用该法回收的溶剂可以作为工业溶剂复用，分离出的水经稀释后排放。废塑料小瓶按固体废物进行处理(如焚烧)。

废 TBP/稀释剂可以通过蒸馏法进行去污而有可能实现溶剂的复用。蒸馏法也可用于废溶剂焚烧处理之前的溶剂去污，在蒸馏过程中，通过改变操作条件，有可能将 TBP 和煤油馏分一起收集，留下放射性的降解产物。由于馏分的放射性水平较低，焚烧时的放射性污染问题也较小。在蒸馏过程中煤油可在较低温度下继 TBP 而蒸馏出，如果将煤油馏分和 TBP 馏分分开，则可为焚烧炉提供无磷料液，减少焚烧炉的腐蚀问题。

已报道了 8%～30% TBP/稀释剂的蒸汽蒸馏研究[1]，操作温度为 106～108 ℃，在常压或减压条件下操作。蒸汽蒸馏获得的稀释剂馏分的放射性水平很低，对 Pu 和裂片的去污因子分别可达 10^4 和 10^2。

采用真空闪蒸，可利用 TBP 和稀释剂之间的沸点差异获得良好效果。印度巴巴原子能研究中心建立了一套处理能力为 10 L/h TBP/煤油的真空闪蒸装置，该装置采用两级填充柱，第一级在约 150 ℃下操作，馏出液为稀释剂、MBP 和 DBP，第二级在约 190 ℃下操作，馏分为 TBP，最终残渣为放射性降解产物。该过程对 α 和 γ 放射性的去污因子分别为 10 和 10^3。回收的 60%～75%的 TBP 和 90%～100%的稀释剂可循环使用。

法国 UP3 后处理厂已决定拟采用蒸馏法处理后处理过程中产生的废溶剂，将废溶剂分离为三部分：稀释剂、浓缩 TBP、放射性残渣。采用薄膜蒸发器在低温、低压下操作，以尽量缩短物料在加热区的停留时间。

蒸馏法过程简单，操作方便，所采用的设备都是很容易获得的常用设备，所占的空间也不大，且回收的溶剂有复用价值，所以，该方法在技术和经济方面均有优势。

如上所述，蒸馏法可用于废溶剂焚烧处理之前的溶剂去污，即通过蒸馏，使 TBP 和煤油的放射性水平降低，以减少焚烧时的放射性污染问题。图 7-13 为废 TBP/煤油的蒸馏-焚烧流程方块图。

在该流程中，蒸馏段可采用填充柱，焚烧段可采用 NUKEM 公司等开发的球床高温裂解炉(见 7.3.1.2 节)，以缓解设备腐蚀。

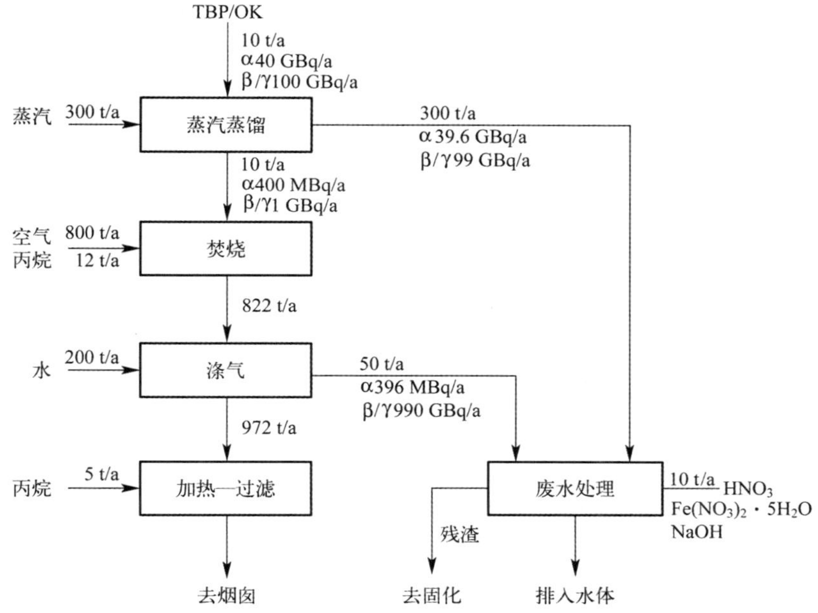

图 7-13　废 TBP/煤油的蒸馏-焚烧流程示意图

7.3.5　放射性有机废液的加合物形成相分离-焚烧处理

通过加合物形成(Adduct Formation)实现相分离，可以作为废 TBP 分解之前的一种预处理手段，其基本原理是：在常温下使污染的 TBP/稀释剂与浓磷酸在常规的混合澄清槽或脉冲柱中接触，TBP 定量溶解于磷酸中，生成 TBP 与磷酸的极性化合物，其分子式范围在 $3TBP \cdot H_3PO_4 \cdot 6H_2O$ 和 $TBP \cdot 4H_3PO_4$ 之间。几乎所有的放射性都转入加合物中，加合物可进一步处理，回收磷酸和处置放射性 TBP。

德国采用该方法处理了后处理中试厂(WAK)300 m^3 2%～30%的废 TBP/正十二烷，其比放为 4×10^8～4×10^9 Bq/L。在用浓磷酸处理之前，首先用碳酸钠或氢氧化钠溶液洗涤废溶剂，此举去除了 95%的放射性。加合物形成法处理后，正十二烷相的比放仅为 37 Bq/L。生成的加合物用水稀释后分成两相：水相(含初始放射性的 4%)和 TBP 相(含初始放射性的 1%)。洗涤水和稀释加合物后的水相送至中放废水处理厂进一步处理，废 TBP 用 PVC 塑料固化。

比利时开发了 Eurowatt 过程，建立了一套处理能力为 1 L/h 的试验装置，共处理了 100 L 16% TBP/正十二烷废溶剂，其流程示意如图 7-14 所示。

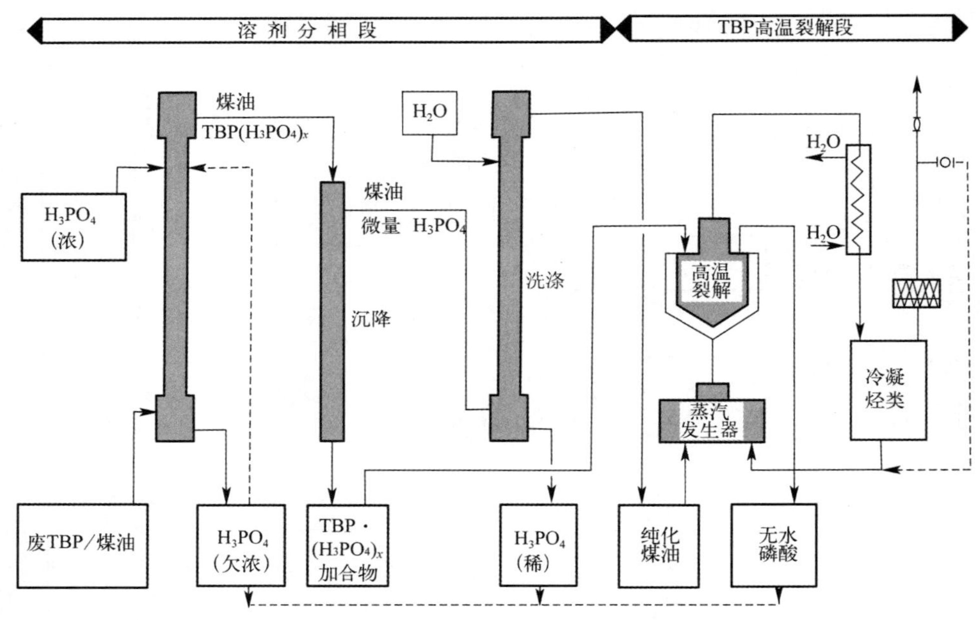

图 7-14 Eurowatt 过程简化流程示意图

7.4 低放废液的生物处理技术

7.4.1 低放废液生物处理技术概述

低放废液的生物处理法[3,6,21-22]（Biological Treatment，Biotechnological Process，Bioprocessing），是基于微生物对有机物（包括络合剂）的降解（Biodegradation），或者是基于生物材料或生物产物对放射性核素的浓集。生物处理法还包括利用微生物将某些放射性核素从高价还原至低价，使之适合于后续的处理（如沉淀）。生物处理过程产生的残渣一般为以污泥形式存在的生物质、二氧化碳和水。在不完全矿物化的情况下，还产生有机副产物。

低放废液中的有机物可以被细菌完全降解而生成 CO_2、H_2O 和生物质产物。在氮和磷的存在下，细菌细胞以有机物作为碳源进行分解代谢，完成有机物的生物降解。放射性核素的浓集可以通过多细胞或单细胞微生物（死的或活的）及其产物（酶或结构化合物）的吸附或结晶而实现。基于细胞化学组成的吸附性能而被动摄取放射性核素的现象被称为“生物吸附（Biosorption）”，高等或低等生物体均可发生生物吸附，通常采用凋亡生物质进行生物吸附。活微生物细胞主动摄取金属离子而使之在细胞内积累浓集的现象被称为“生物累积”(Bioaccumulation)[3]。某些微生物和藻类具有很强的浓集放射性核素的能力，海洋中的贝类生物浓集海水中金属和放射性核素的浓集因子高达 1 000[23]，核设施附近水域的甲壳类样品也显示出它们很强的对放射性核素的浓集能力。

生物降解与生物吸附(或生物累积)的组合可以成功地处理某些放射性废液，实现与已有其他处理技术的互补。例如，采用生物处理技术处理含有机物的废水，可以去除废水中的有毒有机物，而放射性核素则被吸附在生物质上。废水可进一步用超滤膜分离生物质，实现废物减容。

为了维持生物系统的正常运行，生物处理过程需要水相，有机物只有通过水相才能进行处理。所以，所有可进行生物处理的废液将是下述三种废液之一：水相、含无机物(硝酸根)的水相或含有机物的水相。针对上述废液，可以采用生物技术和其他常规技术进行处理，如图 7-15 所示[3]。

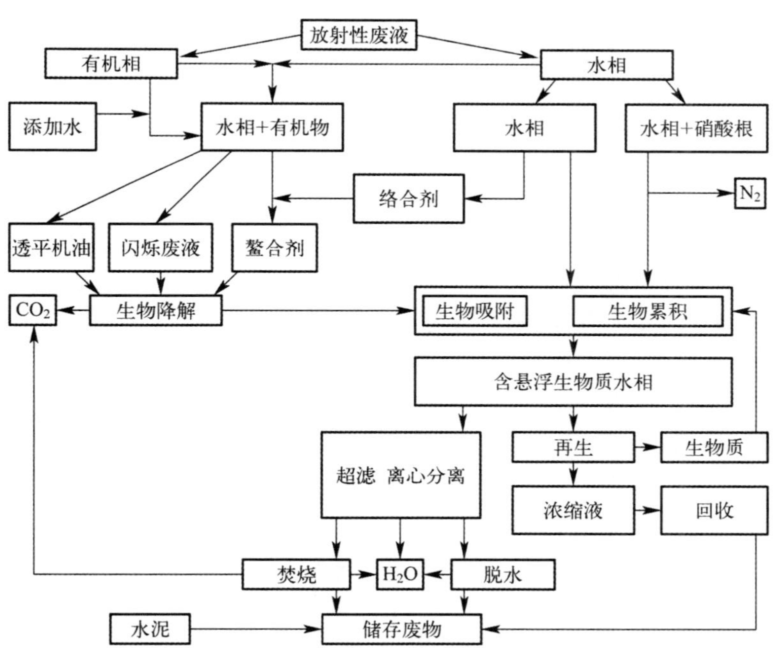

图 7-15　低放废液的生物处理流程示意图

7.4.2 生物降解

7.4.2.1 生物降解基本概念

低放废水中放射性核素的生物吸附往往与微生物对废水中有机物的降解密切相关。

生物降解(Bio-degradation)是指利用天然微生物(如酵母、真菌类和细菌)破坏有机物质并使之转化为低毒或无毒化合物的一种过程或几种过程的组合。微生物使营养物质发生代谢变化的能力取决于环境的化学组成。对于大多数微生物,新陈代谢过程需要氧和碳的交换。生物降解既可在有氧条件下也可在无氧条件下进行。为了使微生物能够破坏所有的有机污染物,必须有足量的营养物和必需的微量元素存在。生物降解可分为下列三种过程[22]:

(1) 有机污染物作为微生物的主要食物源

对于许多有机污染物,尤其是碳氢化合物,污染物主要是作为微生物的食物源被降解的。这类降解可分为好氧(Aerobic)生物降解和厌氧(Anaerobic)生物降解。

在有氧条件下,嗜氧细菌能将有机污染物中的碳作为主要食物源,噬取、降解有机物,水中的含碳、含氮有机物逐步分解为二氧化碳、亚硝酸盐、硝酸盐和水。这种所谓的“好氧生物降解”过程进行得较快,在降解燃料油和少量氯代化的有机溶剂方面有潜在应用前景,但对高度氯代化的有机溶剂的降解效果较差。

对于无氧条件下的所谓“厌氧生物降解”,是指厌氧微生物在无氧条件下也能将有机污染物作为主要食物源,分解有机物(如有机污泥和高浓度有机污水中的有机物)。厌氧分解的产物是甲烷、硫化氢、氨氮、氢和二氧化碳等。“厌氧生物降解”不仅与有机物的组成有关,而且与温度、pH 和含盐量有关。对于氯代化有机溶剂的降解,细菌借助于硝酸盐、铁、硫酸盐和二氧化碳将有机污染物中碳进行代谢,完全降解的产物包括二氧化碳、水和氯气。

(2) 有机污染物用于能量转换

所有的活体微生物均会通过将有机物或其他营养物分解成更简单的产物而进行呼吸,在无氧条件下,微生物将借助于氯代化有机物进行呼吸,而不是将其作为食物源利用。这种过程通过电子转移实现,即有机污染物中的碳为食物源,有机污染物为电子给予体。在可获得不同食物源的情况下,污染物也可通过接受微生物呼吸过程中释放出的电子的方式帮助实现电子转移。最常见的降解氯代化有机物的“厌氧生物降解”是一种称作还原去氯化的电子转移过程,在该过程中,氢原子不断取代污染物分子上的氯原子。例如,还原去卤化过程可以将四氯乙烷依次转化为三氯乙烷、顺式二氯乙烷、氯乙烯,最后转化为基本无害的乙烯。该过程的潜在危害是毒性比母体更高的中间产物氯乙烯的积累。

氯代化有机物还原去氯化过程主要需要有作为食物源的其他有机物的存在。

(3) 伴生代谢

伴生代谢(Co-metabolism),是指由有机污染物与某一不相干反应生成的酶之间的链式反应所引起的生物降解。在此情况下,有机污染物不是被微生物直接降解,而是被其他基体新陈代谢过程中产生的酶的催化反应所降解。尽管有些氯代化有机物能在有氧条件下按其他的机理被降解,但还原去卤化过程只能在无氧条件下发生。嗜氧伴生代谢需要电子给予化合物(如甲烷、二甲苯、苯酚等)的存在来生成酶。已经发现,有些可降解甲烷的微生物(Methanotrophic Bacteria)在降解过程中,会产生可引发许多含碳化合物氧化反应的酶。

7.4.2.2　生物降解影响因素

生物降解速率受下列因素影响:特定污染物的性质和浓度(高浓污染物可能对微生物有毒)、氧的供给情况、湿度、营养物供给情况、pH、温度、不利于微生物生长繁殖的毒物(如汞)的存在、抑止有机污染物代谢的物质的存在,等等。

(1) 对于供氧水平的控制,污染物的非现场降解要比现场降解容易做到,可以通过机械耕作和充气来维持氧气水平。

(2) 厌氧条件可用于降解高度氯代化污染物,这可以在对低度氯代化污染物或其他污染物进行完全的有氧生物降解之后实施。

(3) 水是一种传递介质,它将营养物和有机成分传递到微生物细胞中,并将代谢废物产物从细胞中传递出来。对于污染土壤的生物降解,适宜的湿度范围为20%~80%。

(4) 细胞生长所需的营养元素为氮、磷、钾、硫、镁、钙、锰、铁、锌和铜。如果营养元素不足,则微生物活性将停止。在污染环境中,氮和磷是最有可能不足的营养元素,通常需要以可用的形式(如铵盐和磷酸盐)补充。

(5) pH 影响污染土壤中许多影响生物活性的成分的溶解度。许多对微生物有毒的金属在高 pH 条件下是不溶性的,所以,提高系统的 pH 有利于减少有毒金属对微生物的伤害。

(6) 温度影响处理单元中的生物活性,降低温度将降低生物降解速率。因此,对于寒冷气候条件下的地区,一年中有较长时间不宜进行生物降解,除非采用温度控制的设施进行升温后的生物降解处理。但温度过高也会伤害某些微生物。

7.4.2.3　生物降解法处理低放废水

如前所述,有机污染物作为微生物的食物源,在保证微生物生存、繁殖的条件下，废水中的有机物会被微生物菌体噬取、降解，最终可以分解为性质稳定、结构简单的无机物。微生物的降解可分为“好氧生物降解”和“厌氧生物降解”。

好氧生物降解处理是在废水中存在溶解氧的条件下，通过嗜氧微生物分解有机物进行处理的过程。该类方法广泛应用于污水处理，通常采用活性污泥和生物膜法。

对于好氧生物处理的活性污泥法，废水处于搅动紊流的状态下，嗜氧细菌以细小的生物絮体存在，与水中有机物密切接触，吸附和氧化（降解）废水中的有机物，并吸附和富集放射性核素。当搅动停止后，细小的絮体絮凝成较大的絮体并沉降到水底，形成活性污泥。在沉淀池中沉降的活性污泥回流至曝气池开始新的循环。活性污泥在分解有机物的过程中，吸附放射性微粒的浮游微生物和藻类逐渐死亡，产生含有放射性的剩余污泥从沉淀池中排除。

对于好氧生物处理的生物膜法（如生物滤池），嗜氧细菌附着生长在填料的表面，形成胶质相连的生物膜。在处理过程中，水的流动和空气的搅动，使生物膜表面不断和水接触，废水中的有机污染物和溶解氧为生物膜所吸附。生物膜上的微生物不断分解这些有机物。在废水中有机物和放射性核素不断被去除的同时，生物膜本身也不断新陈代谢。衰老的含放射性的生物膜随处理后的废水从生物处理构筑物中带出，并在沉淀池中分离。

好氧生物降解处理废水的一个示例是对废水中络合剂和金属络合物的降解处理[24]。在一种含有柠檬酸的放射性废水中，废水中的金属离子（如 Ba、Cd、Cr、Ni、Zn、Co、Sr、Th 和 U）与柠檬酸形成二齿、三齿、双核或多核络合物。这种稳定的络合物妨碍了废水中金属离子的去除。研究者采用好氧生物降解和光化学降解法对废水进行处理，分离流程如图 7-16 所示。将含有金属-柠檬酸络合物的废水送入一好氧生物降解槽，废水中的一些金属-柠檬酸络合物被降解，金属与细菌生物质一起被回收并浓缩，生成污泥而下沉；铀与柠檬酸形成稳定的双核络合物而不被生物降解，仍留在清液中。经过固液分离后，含有铀络合物的清液接受快速光化学降解，生成稳定的不溶性聚铀酸盐，送去再循环或适当处置。

厌氧生物处理原理是利用厌氧微生物在无氧条件下分解有机物，多用于有机污泥和高浓度有机污水处理。厌氧分解的产物是甲烷、硫化氢、氨氮、氢和二氧化碳等。

厌氧生物处理的一个例子，是美国橡树岭 Y12 工厂处理含铀和其他有毒金属硝酸盐的酸性铀矿废水[3]。酸性废水用石灰中和后，在厌氧条件下进行生物处理，处理过程中加入乙酸（碳源）和磷酸三乙酯。厌氧细菌还原硝酸根，生成 N_2；微生物作用生成的 CO_2 与钙反应生成不溶性 $CaCO_3$。脱硝后的流出液加入硫酸以降低废水的 pH，废水在脱气池中将可溶性碳酸盐以 CO_2 的形式除去。脱气后的废

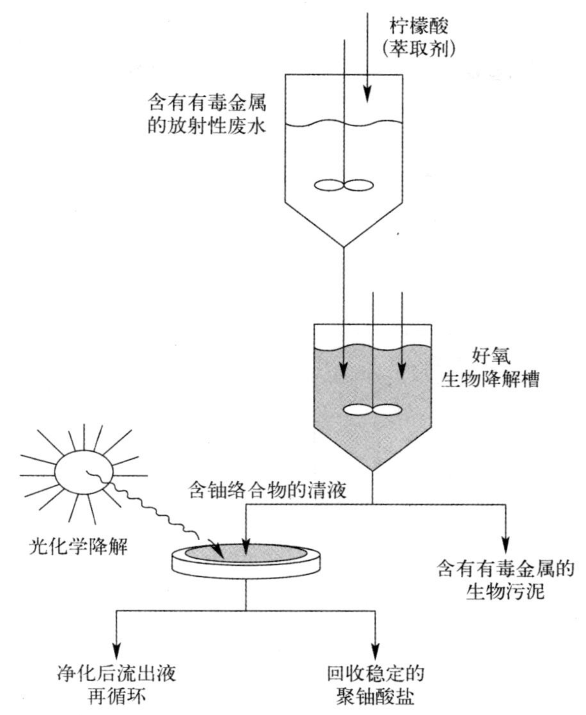

图 7-16 含有金属-柠檬酸络合物的放射性废水的生物降解和光降解过程示意图

水加入絮凝剂硫酸铁，将包括铀在内的重金属离子共同沉淀下来，产生的固体泥浆暂存在储槽中，以便进一步处理和处置。该处理厂的处理能力为 10 000 m^3/a，于 1987 年投入运行，其处理流程如图 7-17 所示。

为了减少酸性铀矿废水的污染，加拿大开发了利用微生物的酸还原(Acid Reduction Using Mocrobiology)过程，或称 ARUM 过程[3,25]，用于降低铀矿废水中的铀含量。该系统基于湿地生长的植物与微生物的联合作用，结合生物质的吸附能力，创造一个天然的氧化还原条件。在构筑的湿地上培育泥炭藓(Sphagnum)或马尾藻类海草(Sargassum)、藓苔类和香蒲属植物(Cattails)等，这些植物吸收水中大量的金属和放射性核素。水体上层氧气含量较低，有助于有机物的厌氧生物降解和 Fe、Cr、U 的还原，还原到低价的金属因硫酸根的还原而以硫化物形式沉淀。物理、生化与生物过程的组合将进一步减少铀矿废水中的各种有毒污染物。图 7-18为 ARUM 过程的示意图。

对于含有有机物质的低放废水，生化处理可以作为蒸发和离子交换处理之前的预处理；对于含有有机物的极低水平放射性废水，生化法可用作最终处理。

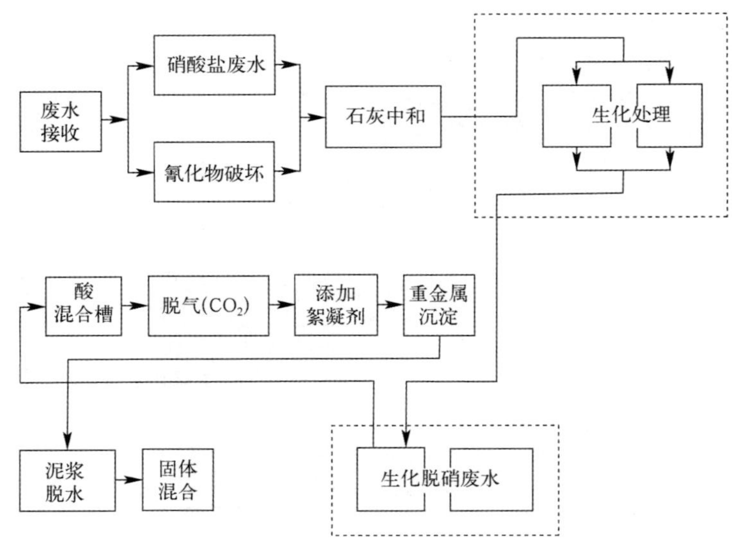

图 7-17 美国橡树岭 Y12 工厂的酸性含铀废水生化处理流程示意图

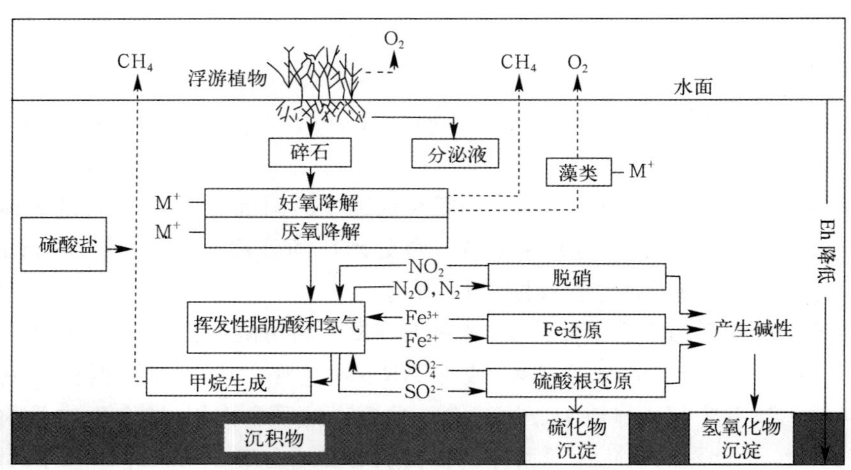

图 7-18 ARUM 过程处理酸性铀矿废水示意图

7.4.2.4 生物降解法处理放射性有机废液

已有不少报道介绍处理放射性污染的废油类和废溶剂的生物降解法。

一些微生物已经被分离出，它们可以在两相液体中生活。例如，已经分离出的一种假单胞菌(Pseudomonas)菌类可以在对二甲苯液层中生长。目前，在优化生物催化剂条件从而改进相关材料的去污速率方面，生物过程正在走向工程应用，可以预见，采用生物过程的下一代修复(Remediation)系统将用于高浓度有机污染废液的治理。越来越多的细菌被分离出来，它们可以降解一些难以分解的分子，如芳香化合物、氯代芳香化合物、聚芳香化合物、农药、除草剂、氯代聚芳香化合物等。

对于废切削油的处理，由于公众对废物热分解法(如焚烧)的反对，美国洛基平原(Rocky Flats)厂研究了生物过程处理废切削油，实验流程示意如图7-19所示[3]。实验用的废液中毒性物质和放射性金属浓度范围的体积分数为$100\times10^{-6}\sim1\ 000\times10^{-6}$，远高于废油的实际污染程度。处理过的流出液可以复用一段时间，然后再脱水、固化。

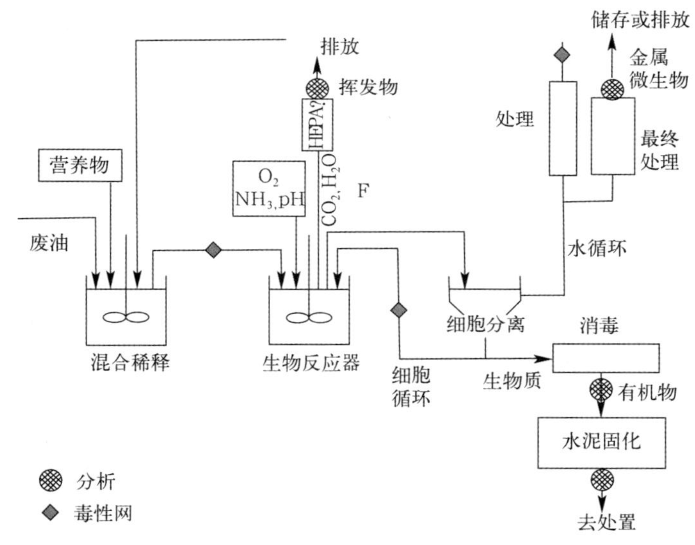

图7-19 生物过程处理废油流程示意图

废闪烁液含有高浓度的二甲苯、甲苯或偏三甲苯，已分离出了可以降解这类化合物的微生物。图7-20为这种废液生化处理过程的示意图[3]。该系统采用闭合的连续运行方式，流出液可作为低放废水水泥固化用水。气流中主要含有CO_2、O_2和水蒸气。遇到有含氚水汽的情况，则需在尾气处理系统增设一个冷凝器。

一份美国专利[26]介绍了一种采用微生物降解放射性污染的废油和废溶剂的方法和装置。核电站和其他核设施产生一些具有放射性核素污染的废油和废溶剂，废液中的核素包括$^{58,59,62}Co$、$^{134,137}Cs$、^{65}Zn、^{54}Mn和^{110}Ag等，放射性浓度范围为50～9 000 Bq/L，平均值为700 Bq/L。有机废液中98%以上为饱和烷烃类，也含有少量芳香化合物。研究者从市售的微生物产品“BIO ACTIV 200”系列中选择

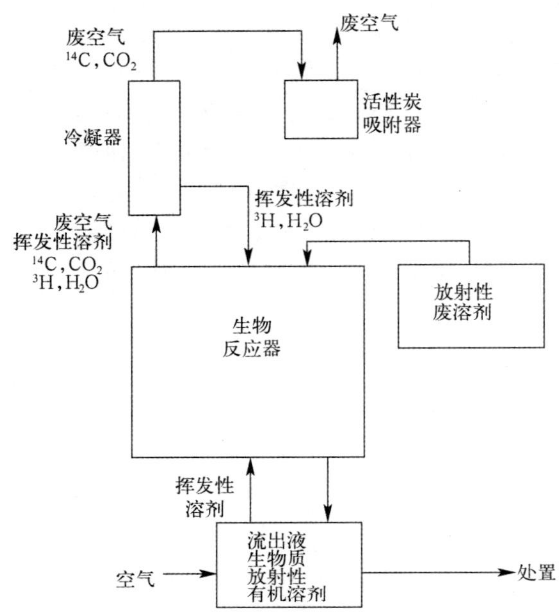

图 7-20 生物过程处理废闪烁液流程示意图

合适的微生物菌种，在有氧条件和大量水的存在下对废油和废溶剂进行生物降解，产生的最终产物主要是 CO_2 和水。按照常规的做法，微生物被固定在无机支撑体（如硅酸铝钾、多孔碳酸钙、沸石等）上，微生物培养基上营养成分的比例应保持在 C∶N∶P＝100∶5∶1。该生物降解过程中控制的主要条件如下：温度为 30～35 ℃；溶解氧浓度为 3 mg/L；pH＝6.9～7.1；氧化还原电位高于－150 mV，最好为正值（达到 70 mV）。该方法最终产生的含有放射性核素的废物体积仅为被处理的废油和废溶剂体积的 0.3％。

7.4.3 生物吸附

有些微生物的细胞壁具有很高的摄取金属和放射性核素的能力，即生物吸附（Biosorption），这种摄取通过下述两种机理实现：（1）金属离子与活性基团之间依据化学计量的相互作用，包括离子交换或络合。活性基团是指构成细胞壁的高分子物质上的诸如磷酸二酯（磷壁酸质）、磷酸酯、羧基（配糖类）和胺（氨基配糖类、肽聚配糖类和束缚蛋白质）之类的官能团。（2）通过吸附和沉淀的无机沉积。

真菌类的细胞壁可以束缚高浓度的重金属或放射性核素，少根根霉菌属生物质被用于 Ra、U 和 Th 的回收。对于铀的摄取，观察到壳素（一种细胞壁结构材料乙酰基化氨基聚糖类）是最重要的细胞壁成分。

为了在反应器中使用生物质，必须对生物质进行改性，使其粒径在其他商用吸附剂的粒径范围之内（0.5～1.5 mm）。此外，还必须提高颗粒的机械强度、孔隙率、亲水性和抵御化学环境侵蚀的能力。通过微生物生物质的固定化处理，可以实现这种对初始生物质性质的改性。例如，Tsezos 等[3,27]采用高分子材料进行固定化研究，固定化的生物质颗粒含有质量分数高达 15%的非活性物质。吸附的物质可用 0.1 mol/L Na_2CO_3 或 0.1 mol/L $NaHCO_3$ 溶液淋洗。少根根霉菌属系统对铀的吸附容量为 180 mg/g 干细胞。表 7-3 给出了一些微生物对 U 的吸附容量数据[3]，由表 7-3 可见，生物质吸附剂对 Ra 的吸附容量比普通吸附剂高一个数量级。表 7-4 比较了生物质吸附剂与常规吸附剂对 Ra 的吸附容量[28]。

表 7-3　一些微生物对 U 的吸附容量数据

微生物	摄取 U 的方式	摄取容量/(mg/g 干细胞)
少根根霉菌属	细胞壁吸附	180
节杆菌-RAG(食油虫)	细胞外高分子吸附	800
指状青霉菌	细胞壁吸附	5～7
铜绿假单胞菌	细胞外吸附	150
酿酒酵母菌	细胞壁吸附	150
分枝动假杆菌	细胞外多糖类吸附	200～500
绿色链霉菌	细胞壁吸附	312
绿藻	细胞壁吸附	159
柠檬酸菌属	通过细胞表面的酶作用	9000
链霉菌	磷酸二酯残渣吸附	440
黑曲霉	一般吸附	未测到

表 7-4　生物质吸附剂与常规吸附剂对 Ra 的吸附容量比较

吸附剂	Ra 的吸附容量/(pCi/g)
天然沸石	2 800
锰沸石	2 100
锆盐	2 750
活性炭	3 500
生物质 A(污泥)	40 000
生物质 B(污泥)	75 000

印度学者采用固定化微生物研究了 Cs、Pu 和 U 的生物吸附。采用固定在聚丙稀酰胺上的工业酵母进行铀的吸附试验，吸附容量为 60～100 mg/g 干细胞。

俄罗斯库恰图夫核研究院的学者进行了含有壳素的生物吸附剂的改性研究。使用了各种天然生物吸附剂着重研究对长寿命放射性核素的吸附[29]。

研究表明，含有壳素的吸附剂的吸附效果非常好，且来源丰富。这些含壳素的吸附剂称作“Mycoton”，具有纤维结构，含壳素70%、R-葡聚糖25%、细胞壁黑色素5%。通过选择性地黏附无机离子交换剂，吸附剂可以针对不同用途而特制。例如，填充铁氰化物以吸附Cs，填充$KMnO_4$以吸附Sr。制备的吸附剂还可具有铁磁性，以便采用磁场分离技术。

长时间储存的放射性废物，其中放射性核素往往以胶体形式存在(如碱性废液中的Co和Pu)。对于这类废物，离子交换和吸附法均无法实现满意的去污。这类废物可以采用兼有吸附和絮凝性能的新型吸附剂进行处理。俄罗斯学者将“Mycoton”及其各种改性吸附剂与水溶性天然絮凝剂壳聚糖相结合进行了试验，获得了很好的去污效果。由于这两类天然高分子材料是可燃的，所以废物的减容因子也很高。这些生物吸附剂和絮凝剂均可能实现规模化生产。为了实现上述吸附技术在实际废水处理方面的工业应用，俄罗斯正在进行连续逆流吸附装置和离心混合澄清器的研发工作。

生物吸附剂(Biosorbent)的使用在一些国家已达到中试规模。例如，捷克利用青霉素生产过程产生的废生物质菌丝体吸附铀，当废水中铀浓度为1 g/L时，吸附容量为80～110 mg/g干细胞。由于该生物吸附过程属于废物利用，涉及的唯一成本是菌丝体的硬化。

7.4.4 生物累积

如前所述，活体微生物细胞主动摄取金属离子而使之在细胞内积累浓集的现象被称为生物累积。柠檬酸菌属(Citrobacter sp.)通过酶催化反应释放出无机磷酸盐的沉淀反应而累积重金属，这一反应已被用于生物工程废水处理。由于细胞周界释放磷酸盐的酶(磷酸酯酶)能承受较高的辐射，该方法对于放射性废水处理也有潜在应用前景[30]。固定化的细胞生物催化剂在承受9 g(U)/g干细胞的负荷下，几个星期之内无不良效应。

磷酸酯酶特点：

— 抗重金属毒性

— 适应pH范围宽(5～9)

— 辐射稳定

继柠檬酸菌属对铀酰离子(UO_2^{2+})成功的生物累积之后，进行了对La^{3+}和Th^{4+}的生物累积实验验证。对低放废水中Am(几乎只有+3价)和Pu(主要为+4价)进行的初步实验表明，由磷酸酯酶介入的生物累积所导致的Am和Pu的去除率分别为90%和45%[31]。Pu的去除需要高浓的甘油2-磷酸酯，Np的去除率仅达到10%，似乎表明+5价锕系核素较难采用生物技术去除。生物累积法浓集重金属的方法及其生物反应器如图 7-21 所示。

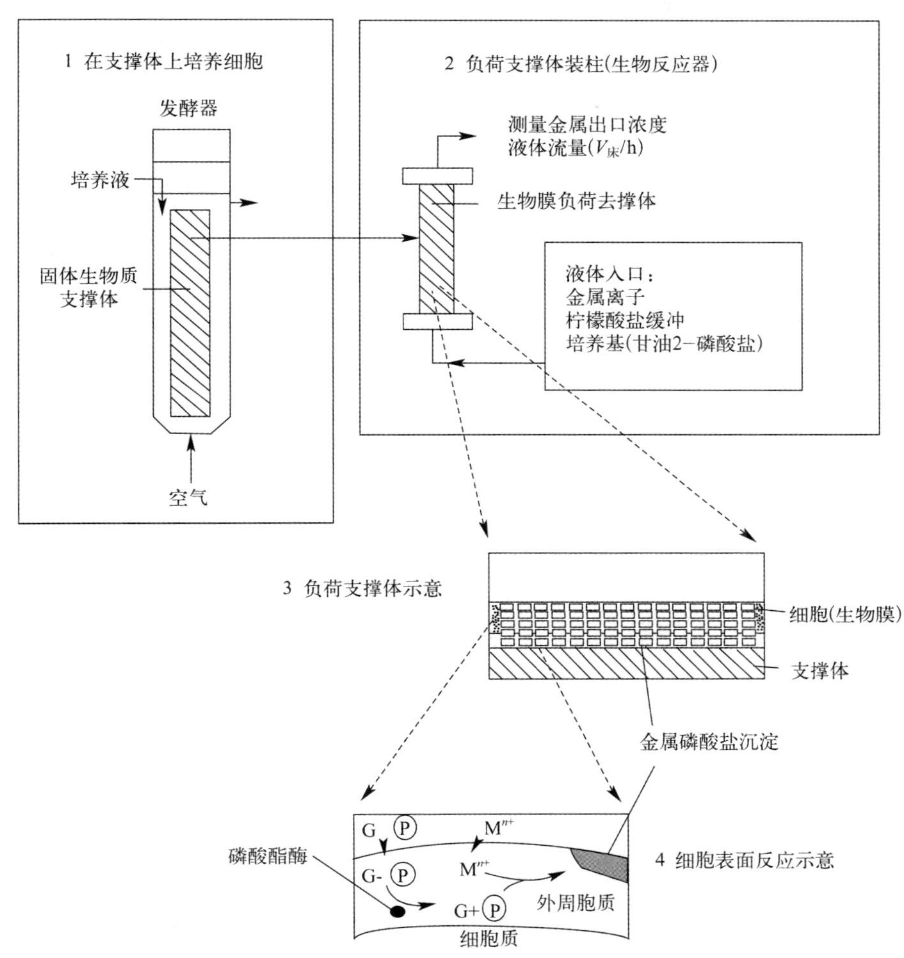

图 7-21　生物累积法浓集重金属的方法及其生物反应器示意图

7.4.5　放射性废液生物处理法的特点和展望

与常规的物理/化学处理方法相比，放射性废液的生物处理系统一旦成功实施，则将更加简单、更加经济、破坏性更小。此外，生物技术更易被公众所接受。

生物处理法的局限性是：

(1) 占地面积较大；

(2) 处理效率较低；

(3) 通常需要专一性培养基，故不适于处理混合废物；

(4) 产生的生物质需要进行后续的处理与处置，如果废物中含有^{14}C或^{3}H，则尾气中的放射性需要特殊管理；

(5) 不适于寒冷地区。

生物技术在低放废液处理方面具有潜在的应用前景，但已经或正在运行的生物处理系统尚不多见。生物处理过程预期可作为现有处理技术的补充，在分离、浓缩、有机毒物的去除等方面得到应用。

许多生物高聚物(Biopolymer)带有电荷，且在有些情况下的电荷密度很高。大多数生物高聚物带有可与放射性核素配位的功能团，未经纯化的不溶性生物高聚物类似于常规的离子交换树脂。此外，许多生物高聚物是亲水的，这就有可能将不溶性的未经纯化的生物高聚物装入分离柱进行分离操作。

对放射性核素具有吸附能力或能降解有机物的微生物，可通过基因工程或蛋白质工程技术进行改性，以改善操作性能。生物质可能会在使用之前就被热处理和/或化学处理杀死，基因修饰则不存在这些问题。

在许多情况下，改变废水中放射性核素的价态对于核素的去除是必需的，这就是所谓“生物还原法”，已有利用铁还原细菌还原铀的报道；同样，采用生物还原法将放射性废水中的高价 Tc 和 Pu 还原至低价态，从而使之更易从废水中去除，也是有意义的。

对于有机物的生物降解，主要是需要针对特定的有机废物，利用已有的从混合细胞和真菌培养液中分离出的单一菌种或混合菌种，研发出特效的生物降解方法。主要问题是要开发满意的处理放射性废液的生物工程系统，实现废物最少化，浓缩生物质和放射性核素。

采用生物技术解降有机废物的一些潜在应用领域如表 7-5 所示。

表 7-5 采用生物技术降解有机废物的一些潜在应用领域[21]

待处理化学物质		技术状况	今后研究方向
烃类及其衍生物	汽油，燃料油	已建立	
	多环芳香烃类	开发中	窄范围条件下的好氧生物降解
	醇类，酮类	已建立	
	醚类	开发中	窄范围条件下的好氧或硝酸盐还原微生物降解
卤代脂肪族化合物	高氯代	开发中	厌气微生物伴生代谢；特定条件下的好氧微生物伴生代谢
	低氯代	开发中	窄范围条件下的好氧生物降解；厌氧微生物伴生代谢
卤代芳香族化合物	高氯代	开发中	窄范围条件下的好氧生物降解；厌氧微生物伴生代谢

续表

待处理化学物质		技术状况	今后研究方向
多氯代双酚类	低氯代	开发中	好氧条件下容易被生物降解
	高氯代	开发中	厌氧微生物伴生代谢
	低氯代	开发中	窄范围条件下的好氧生物降解
硝基芳香族化合物	硝基芳香族化合物	开发中	好氧生物降解;厌氧条件下转化为无害有机酸

参考文献

1 International Atomic Energy Agency. Options for the Treatment and Solidification of Organic Radioactive Wastes[R]. Technical Reports Series No. 294. Vienna: IAEA, 1989.

2 International Atomic Energy Agency. Treatment and Conditioning of Radioactive Organic Liquids[R]. IAEA-TECDOC-656. Vienna: IAEA, 1992.

3 International Atomic Energy Agency. Advances in Technologies for the Treatment of Low and Intermediate Level Radioactive Liquid Wastes[R]. Technical Reports Series No. 370. Vienna: IAEA, 1994: 9-13, 47-54, 76-79, 83-84.

4 International Atomic Energy Agency. Handling and Processing of Radioactive Waste from Nuclear Applications[R]. Technical Reports Series No. 402. Vienna: IAEA, 2001: 89-114.

5 International Atomic Energy Agency. Selection of Efficient Options for Processing and Storage of Radioactive Waste in Countries with Small Amounts of Waste Generation[R]. IAEA-TECDOC-1371. Vienna: IAEA, 2003: 30-32.

6 International Atomic Energy Agency. Predisposal Management of Organic Radioactive Waste[R]. Technical Reports Series No. 427. Vienna: IAEA, 2004.

7 Dussossoy J L. Incineration of Radioactive Organic Liquids[R]. Report CEC-EUR-9621. London: Graham & Trotman, 1985: 97-103.

8 Baehr W, Hempelmann W, Krause H. Incineration Plant for Radioactive Waste at the Nuclear Research Centre[R]. Report KFK-2418. Karlsruhe: Kernforschungszentrum, 1977.

9 Dirks F, Hempelmann W. The Incineration Plant of the Karlsruhe Nuclear Research Centre: A Regional Solution[R]. Report CEC-EUR-9621. London: Graham & Trotman, 1985: 34-47.

10 Klingler L M. Defense Waste Cyclone Incinerator Demonstration Program[R]. Report MLM-2716. Miamisburg, OH: Mound Lab., 1980.

11 Lewandowski K E. Savannah River Plant Incineration Demonstration[R]. Report DP-MS-83-90. Aiken, SC: Savannah River Lab., 1983.

12 RWE NUKEM GmbH. Pyrolysis of Radioactive Organic Waste[R]. Products Descriptions of NUKEM. 2000.

13 Wieczorek H, Oser B. Development and Active Demonstration of Acid Digestion of Plutonium-Bearing Waste[C]// ANS Conf. Niagara Falls. Hinsdale, IL: American Nuclear Society, 1986.

14 International Atomic Energy Agency. Handling and Processing of Radioactive Waste from Nuclear Applications[R]. Technical Reports Series No. 402. Vienna: IAEA, 2001: 64-75.

15 Wilks J P, Holt N S. Wet Oxidation of Mixed Organic and Inorganic Radioactive Sludge Wastes from a Water Reactor[J]. Wastes Management, 1990, 10: 197-203.

16 Evans D W. Treatment of Steam Generator Chemical Cleaning Wastes: Development and Operation of the Bruce Spent Solvent Treatment Facility[C]//Proc. 5th Int. Symp. of Chemical Oxidation. Nashville, TN, USA. 1995.

17 Wattal P K, Deshingkar D S, Srinivas C, et al. Combined Processes and Techniques for Processing of Organic Radioactive Waste[R]. IAEA-TECDOC-1336. Vienna: IAEA, 2003: 121-136.

18 Gidner A V, Stenmark L B, Carsson K M. Treatment of different wastes by supercritical water oxidation. Incineration & Thermal Treatment Technologies [C]//Proc. Int. IT3 Conf. Philadelphia, 2001, University of Maryland, College Park, MD, 2001.

19 Yamada K, Akai Y, Saito N. Solubilization of waste using supercritical water[C]//ICEM'99(Proc. 7th Int. on Radioactive Waste Management and Environmental Remediation, Nagoya, 1999). American Society of Mechanical Engineers, New York, 1999.

20 Sebesta F, John J, Motl A, et al. Study of combined processes for the treatment of liquid radioactive waste containing complexing agents[R]. IAEA-TECDOC-1336. Vienna: IAEA, 2003: 74-104.

21 International Atomic Energy Agency. Management of low and intermediate level radioactive wastes with regard to their chemical toxicity[R]. IAEA TECDOC-1325. Vienna: IAEA , 2002.

22 International Atomic Energy Agency. Remediation of sites with mixed contamination of radioactive and other hazardous substances[R]. IAEA Technical Report Series No. 442. Vienna: IAEA, 2006: 71-73.

23 De Cock W C. Accumulation of calcium and polychlorinated biphenyl by mytilus edulis transplanted from pristine water into pollution gradients[J]. Can. J. Fish Aquat. Sci. , 1983, 40(Suppl. 2): 282.

24 Francis A J, Dodge C J. Reclamation with recovery of radionuclides and toxic metals from contaminated materials, soils and wastes[R]. Technology 2002, Report BNL-47590. NASA Conference, Publication No. 3189, 1992, Vol. 1: 109-117.

25 Kalin M. Long term ecological behavior of abandoned uranium mill tailings, 1. Synoptic survey of invading biota[R]. Technology Development, Report EPS-4-ES-83-1. Environment Canada, Ottawa, 1983.

26 Deguitre D, Stingre M. Process and apparatus for treating oils and solvents contaminated by radioactive substances[P]. US Patent 5948259, 1999.

27 Tsezos M, Volesky B. The mechanism of uranium biosorption by rhizopus arrhizus[J]. Biotechnol. Bioeng. , 1982, 24: 384-401

28 Tsezos M, Keller D M. Adsorption of Ra-226 by biological origin adsorbents[R]. Biotechnol. Bioeng. , 1983, 25: 201-215.

29 International Atomic Energy Agency. Combined methods for liquid radioactive waste treatment[R]. IAEA-TECDOC-1336. Vienna: IAEA, 2003: 5-6.

30 Macaskie L E. The application of biotechnology to the treatment of wastes produced from the nuclear fuel cycle: biodegradation and bioaccumulation as a means of treating radionuclide-containing streams[J]. CRC Crit. Rev. Biotechnol. , 1991, 11: 41-112.

31 Tolley M R, Macaskie L E, Moody J C, et al. Actinide and lanthanum accumulation by immobilized cells of a Citrobacter sp. and application to the decontamination of solutions containing americium and plutonium[C]//Proc. 201st National Meeting of American Chemical Society, Atlanta, GA, April. 1991. Vol. 31: 213～216.

第8章　低中放废物的固定化

8.1　低中放废物固定化概述

本章将讨论低中放废物的固定化(Immobilization),它属于废物整备(Conditioning)技术。废物的“整备”是指为使废物形成一种适于装卸(Handling)、运输、储存和(或)处置的货包(Overpack)而进行的操作活动。整备可能包括:将废物转变成物理和化学稳定的形态(转形)、转形废物的包装(Packaging)和提供最终处置所需的货包。

放射性废物的固定化主要涉及废物的转形,它包括放射性废液的固化(Solidification)、散固体废物(如灰粉和废树脂)的包封(Encapsulation)以及在桶装不可压缩固体废物(如金属部件)周围埋置(Embedding)基料(如水泥灰浆等)。放射性废物的固定化,可以获得稳定的废物形态,即消除废物的流动性、分散性和在废物包装桶内的自由移动,从而避免或减少在废物储存、转运和处置过程中放射性核素迁移或弥散的可能性。低中放废物固定化的处理对象主要是:

(1) 放射性浓缩废水,如蒸发残渣、沉淀泥浆、离子交换再生废液等;

(2) 放射性湿固体废物,如废离子交换树脂等;

(3) 粉状放射性固体废物,如焚烧灰烬等;

(4) 不可压缩散件固体废物。

适于放射性废物固定化的基材包括:玻璃、陶瓷、水泥、聚合物和沥青等[1]。固定化基材的选择取决于废物的放射性水平和物理化学性质以及处置库对废物的接受标准。表8-1给出了各类基材在低中放废物固定化方面的综合性能比较[2-3]。

表8-1　各类基材固定低中放废物的主要性能比较

固定化性能	水泥	沥青	聚合物	玻璃
工艺过程				
复杂性	低	高	高	高
灵活性	高	高	一般	高
减容	增容	减容	增容	减容
成本	低	高	高	最高

续表

固定化性能	水泥	沥青	聚合物	玻璃
废物形态				
与废物流相容性	一般	一般	好	好
废物包容量	一般	高	高	高
抗压强度	高	低	一般	最高
抗冲击性	高	一般	一般	一般
耐火性	高	低	一般	高
辐射稳定性	高	一般	一般	最高
放射性核素滞留能力				
锕系核素	高	低	低	最高
非锕系核素	低	高	高	最高

由表 8-1 所提供的性能比较情况可见，水泥固定化过程比较简单，原料易得，成本较低，固化体机械强度较高，与多数废物的相容性较好，加之水泥在土建工程方面有丰富经验，所以，水泥最适合于固定（包括固化）大多数低中放废物。

8.2 低中放废物的水泥固定化

低中放废物水泥固定主要用于废水或废树脂的固化，其基本操作是将水泥、废水（或废树脂）、水、添加剂按一定比例添加混合，在常温下硬化成废物固化体。在物料混合过程中，水泥中的组分与水发生一系列的水化反应，释放出热量。反应产物首先形成称作“溶胶”（Sol）的胶状分散物质，该过程约需 1 h。接着，溶胶开始聚结成凝胶（Gel）而逐步沉淀，该过程约需 6 h。随后凝胶开始生成结晶，并最终导致水泥硬化，该过程称为养护，约需 28 d。废物中的放射性核素随之被包容在硬化了的水泥块中。低中放废物水泥固化是一项较成熟的处理技术，几十年来被世界各国广泛采用。

8.2.1 水泥固化配方

8.2.1.1 水泥类型及其特点

水泥固化最常用的水泥为波特兰（Portland）水泥，其主要成分为硅酸三钙、硅酸二钙、铝酸三钙和铝铁酸四钙[4]。波特兰水泥分为五种，其主要组成及其特点如

表 8-2 所示。放射性废液水泥固化需要采用Ⅰ型、Ⅱ型和Ⅲ型波特兰水泥。

在水泥固化的多年实践中，人们发现放射性废物中的某些成分与水泥的交互作用阻滞了水化反应。表 8-3 列出了一些废物与水泥的相容性[4]。

表 8-2　五种类型波特兰水泥的组成及其主要特点[3]

水泥类型	组分质量含量/%					主要特点
	A	B	C	D	E	
Ⅰ型	50	24	11	8	7	最常用（硫酸盐废物除外）
Ⅱ型	42	33	5	13	7	水化速率低，释热速率低，耐硫酸盐腐蚀
Ⅲ型	60	13	9	8	10	凝固快（硅酸三钙和铝酸三钙含量高），释热率高，不适于大体积水泥灌浇
Ⅳ型	26	50	5	12	7	释热速率低（硅酸二钙含量高），适于大体积水泥灌浇
Ⅴ型	40	40	4	7	7	耐硫酸盐腐蚀（硅酸三钙含量低）

注：A 为硅酸三钙；B 为硅酸二钙；C 为铝酸三钙；D 为铝铁酸四钙；E 为其他

表 8-3　某些废物与水泥的相容性

废物类型	相容性
离子交换树脂	差（采用特种水泥和添加氢氧化钙后可改善）
沉淀泥浆	好（添加硅酸钠等）
硼酸废物	差（采用特种水泥和添加氢氧化钙或硅酸钠后可改善）
硫酸盐废物	尚好
硝酸盐废物	好
磷酸盐废物	好
含洗涤液废物	差（添加抗泡剂后可改善）
含络合剂废物	差
油类，有机废液	差（添加乳化剂后可改善）
酸性废液	差（中和后可改善）

8.2.1.2　添加剂改性水泥固化

为了解决表 8-3 所列的相容性问题，在波特兰水泥中加入一种或多种添加剂，制成了若干种改性水泥。几种较好的改性水泥（见表 8-4）已经获得商业应用[4]。

为了进一步改善特定废物的水泥固化体的抗浸出性、机械强度、包容量和凝固特性，人们研究了各种添加剂，如表 8-5 所示[5]。

表 8-4 改性波特兰水泥基本情况

水泥类型	添加剂	适用废物	特　点
圬工用水泥	熟石灰	硼酸，树脂，滤渣	高碱性，导致速凝；包容量较大；抗压强度较低
硅酸钠水泥	硅酸钠(水玻璃)	硼酸，有机废液	
火山灰水泥	反应性硅石	硫酸盐	形成硅酸盐凝胶，速凝，孔隙率低 与氢氧化钙反应，降低孔隙率
高炉熔渣水泥	炉渣	硫酸盐	水化热低，凝固慢，孔隙率低

表 8-5 水泥固化常用的添加剂及其作用

添加剂	作　用	添加剂	作　用
蛭石	降低铯浸出率	锰铁矿	降低铯浸出率
沸石	降低铯浸出率，提高强度	消石灰	固化硼酸
膨润土	降低铯浸出率	页岩粉	防止裂纹
硅酸钡	降低锶浸出率	陶土	降低铯浸出率
水玻璃	促凝，固化硼酸	飞灰	降低锶浸出率

对于特定废物水泥固化配方的选择，需要考虑的因素包括：废物种类与比放、pH、水泥类型、添加剂、水灰比、盐灰比、对固化体的要求，等等。

水泥固化的水灰比，对硅酸盐水泥而言，以 0.4 左右为佳。水灰比高，可提高包容量，但凝固时间拖长，固化体机械强度降低，固化体内还可能存有游离水。盐灰比一般为 0.15，美国橡树岭国家实验室研究的改性水泥，盐分的包容量(质量分数)达到 36%[6]。水泥固化需要在碱性条件下进行，故首先要将废水的 pH 调至 8～13。为了使水泥与废物均匀混合、易于泵送与装桶，并避免养护和存放时间过长，一般需控制初凝时间≥1 h，终凝时间≤48 h。

8.2.1.3 聚合物浸渍改性水泥固化

为了进一步提高水泥固化体的品质，水泥固化过程中引入了聚合物浸渍过程，以填充和覆盖水泥的孔隙，降低放射性核素浸出率。这种改性的水泥固化体称作“聚合物填充混凝土”(Polymer-Impregnated Concrete, PIC)。用填充聚合物得到的水泥固化体(PIC)几乎没有渗透性，机械强度与抗化学腐蚀性能也得以提高[1]。

对于 PIC 固化工艺，首先按常规水泥固化法制成水泥固化块放置一段时间，接着将固化块在真空下加热到 165 ℃，进行脱水处理，固化块因其空隙中大部分水分的脱除而呈多孔形态。脱除的水量取决于水/灰比和添加物料的性质，对于水泥，脱水率(质量分数)为 20%～30%，对于混凝土，脱水率(质量分数)为 6%～12%。

下一道工序是用含有少量催化剂的聚合物单体溶液浸渍多孔的水泥固化块。对于小块样品，可以在常压下将固化块浸泡在单体溶液中约 2 h 即可。然后，加热浸渍固化块以完成聚合反应。对于含有质量分数为 2.5%重氮异丁腈(引发剂)的苯乙烯，聚合反应需要在 85 ℃进行约 40 h；而对于甲基异丁烯酸酯，聚合反应在 75 ℃进行 19 h 即可完全。聚合反应也可以用 γ 辐照诱导。

PIC 水泥固化中试规模的生产装置如图 8-1 所示[7]。该装置可生产 60 L PIC 水泥固化体，加热炉功率为 8 kW，用于水泥固化块的脱水和浸渍固化块的单体聚合。聚合物单体的加料和回收通过泵和槽罐实现。蒸发的水分经一冷凝器后收集在冷凝液罐内。每一桶 60 L 固化体可包容约 45%(质量分数)的化学泥浆。

采用聚合物浸渍混凝土的改性水泥固化使固化体核素浸出率大大降低，可从原来的 10^{-1} g/(cm² · d)降到 10^{-4} g/(cm² · d)，机械强度大幅提高，抗辐照和抗化学作用也有改善。其缺点是工艺复杂，工程应用尚待开发研究。

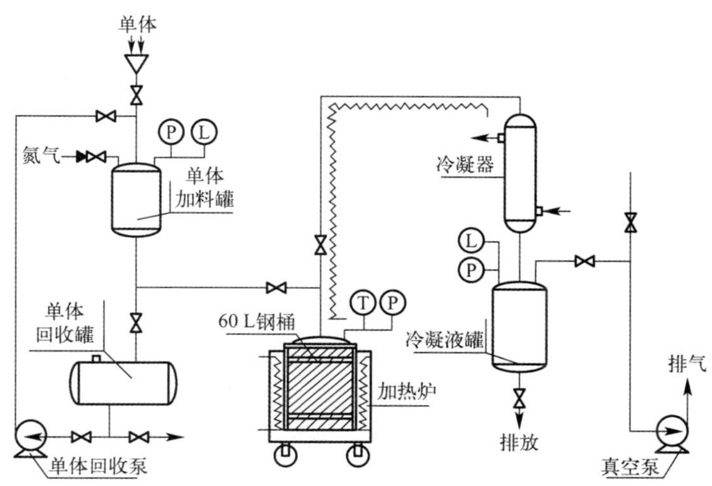

图 8-1　聚合物填充水泥固化(PIC)中试规模装置示意图

8.2.2　水泥固化/固定化工艺过程

8.2.2.1　桶内混合搅拌

桶内混合搅拌水泥固化工艺如图 8-2 所示[4]，按一定比例将水泥、废物、水、添加剂依次投入废物贮存桶内，同时插入搅拌桨搅拌，待搅拌均匀后，移出废物桶，封

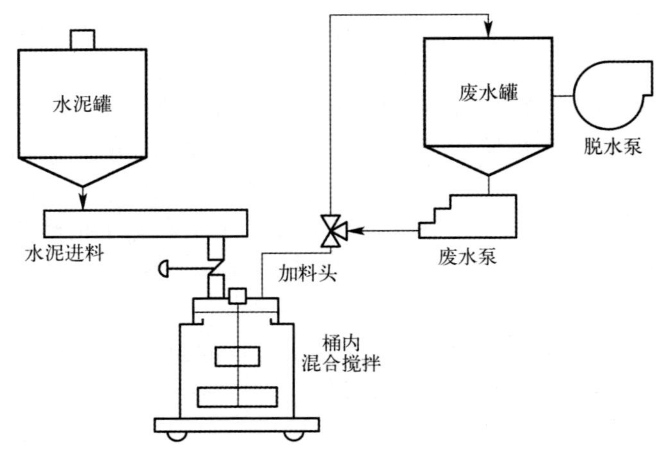

图 8-2 桶内混合搅拌水泥固化工艺过程示意图

盖，养护硬化。搅拌方式有以下两种：

(1)采用可处置搅拌桨，即搅拌桨在搅拌完毕后留在桶内。这种搅拌桨在能完成均匀搅拌的情况下，其材料必须便宜。

(2)搅拌桨重复使用，即在封盖之前先将搅拌桨提升出来。为了防止处理区域和废物桶外壁沾污，每次必须擦去搅拌桨上残留的水泥渣并冲洗搅拌桨。德国NUKEM公司研制成了一种高效的搅拌装置[8]，其水泥固化体在桶内的填充量达桶高的90%以上。图8-3为这种搅拌装置的外形图。这种搅拌装置中设置具有行星式转动性能的两个螺旋搅拌桨，其传动机构为动轴线行星式齿轮传动，输出的两个轴通过联轴节与螺旋搅拌桨轴相连，带动两个螺旋桨以相反方向自转，并在两轴齿轮互相啮合中绕中心轴公转，使物料沿桶体内上升至顶部后，再沿轴向下。整个搅拌桨还可在桶内上、下转动和正、反方向旋转运动，使高粘度的物料充分混合。与常见的搅拌混合器相比，它适用于各种加料方式，都能使料液与水泥混合均匀，不飞溅，物料装桶系数高。图8-4为采用这种装置的水泥固化流程简图。如图所示，废物桶内预先装好一定量水泥后，由传输滚道送至搅拌器盒下方的定位孔，将废液加料管置于桶内，计量加入第一份(1/3)料液，此时料位可达桶高的95%。将搅拌桨伸入桶内约1/3深，开始第一轮搅拌，约持续数分钟，使料位下降。接着按同样方式进行第二轮与第三轮的加料和搅拌过程。在进行第三轮搅拌时，搅拌桨应伸至离桶底几厘米处，并以较高速度搅拌，以确保搅拌均匀。我国秦山核电公司、中国核动力研究设计院和中国原子能科学研究院均采用此工艺固化低中放废物。

桶内混合搅拌也可采用滚动法[4,9]或翻滚法[1,4]。滚动法是在混合容器(220 L废物桶)中注入水泥和废液，封盖，将废物桶水平放置在滚道上，启动机械驱

图 8-3 一种高效桶内搅拌装置

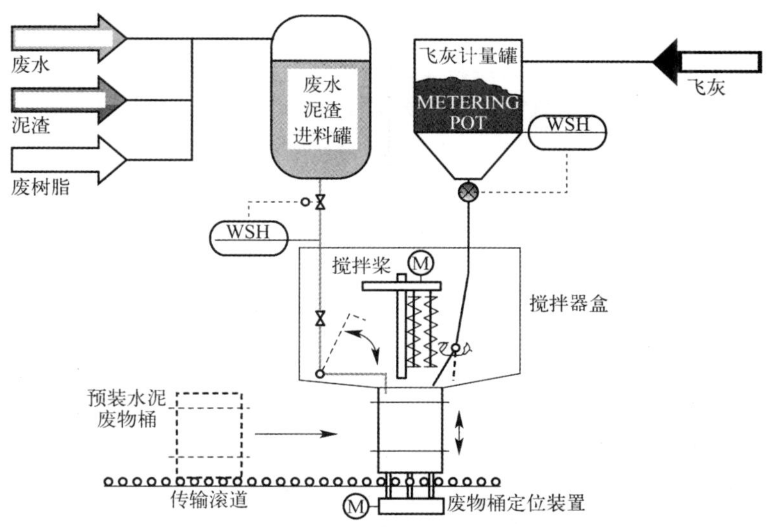

图 8-4 采用高效搅拌装置的水泥固化流程示例

动滚动装置，使废物桶旋转，以达到搅拌目的。翻滚法是在废物桶中注入水泥和废液并封盖后，将废物桶置于一翻滚架上，使其上下翻滚（见图 8-5）。这两种方法的优点是，处理后器具不用清洗，废液不易外溅；可远距离操作，十分安全。其缺点是处理量小，废物桶不能填满。

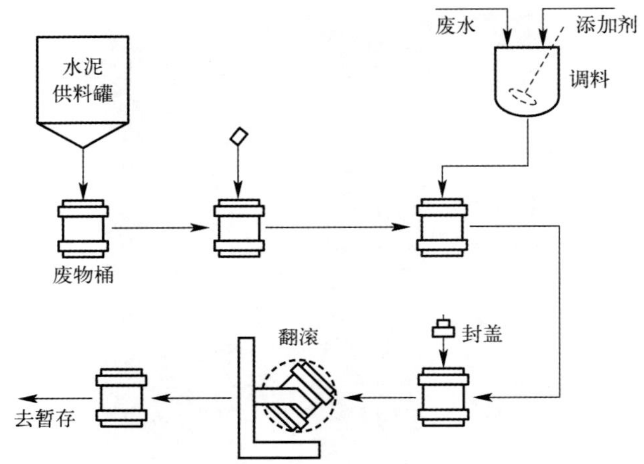

图 8-5 翻滚式桶内混合搅拌水泥固化工艺示意图

8.2.2.2 在线桶外混合搅拌

图 8-6 为在线桶外混合搅拌水泥固化工艺示意图[1]。如图所示，水泥和废水分别计量后，送入混合器。水泥供料采用螺杆推进器，废水则用正位移泵供料。搅拌均匀的水泥/废水混合物直接注入废物接收桶，桶内料位可用超声或接触式料位计监测。废物桶充满后加盖，经密封、去污、检测后，送往暂存库。每次运行结束后，混合器需要清洗，清洗水可循环使用。

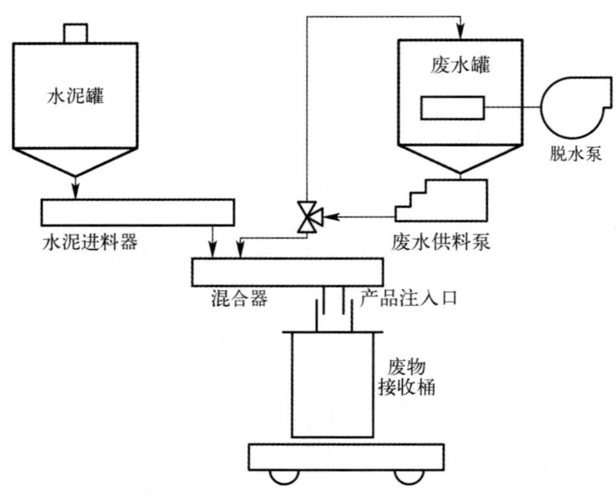

图 8-6 在线桶外混合搅拌水泥固化工艺示意图

8.2.2.3　流动式水泥固化[1]

一座核电站一年产生的需要进行水泥固化的废物量并不大，即使一套适度规模的水泥固化设施也仅需几个星期就能固化完毕。水泥固化设施需要训练有素的操作人员，设施本身又需要得到经常性的维护。显然，采用一套流动水泥固化装置对几座核电站提供巡回水泥固化服务的方式将具有如下优点：

(1) 更好的经济性；

(2) 从长距离运输安全的角度考虑，运输固化设施要比运输湿废物更加安全；

(3) 固化设施本身能保有一支长期性专业队伍。

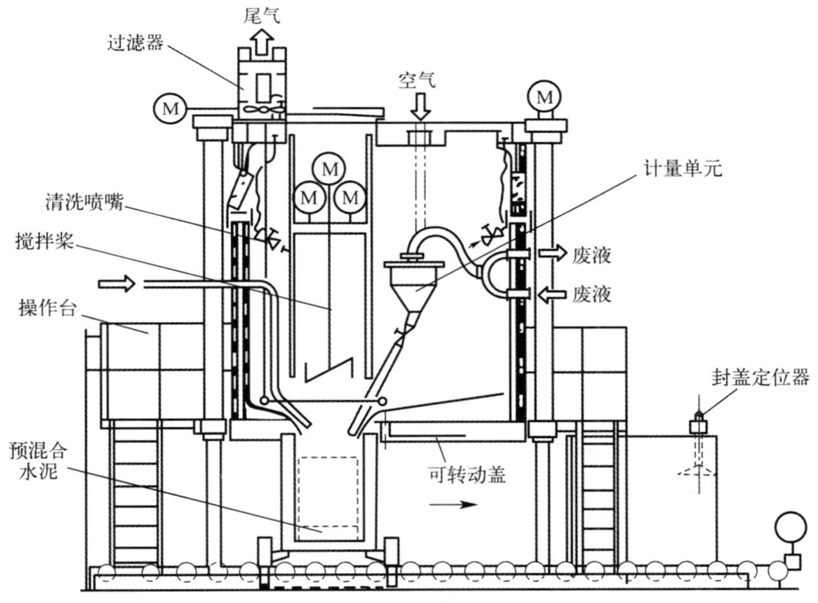

图 8-7　流动水泥固化装置示意图

图 8-7 为一种流动水泥固化装置的示意图。装置由一个立方形框架构成，框架里建造了一个钢板屏蔽热室。预先装有水泥的固化桶由叉车运送到轨道传送器上并送进热室，提升固化桶，使之对准废液加料口，废液从计量槽中定量加入固化桶，桶中液位由一超声探针监控。采用一双螺旋行星搅拌桨将废液与水泥混合均匀，透过热室铅玻璃窗可以监视混合过程，搅拌完毕后，提升搅拌桨至桶外。桶在传送器上加盖密封。对于低放废物的固化，可采用手工封盖；对于固化较高水平放射性的废物，则需采用远程操作进行封盖。装置还配备与 HEPA 过滤器相连接的清洗喷嘴和吸尘器。装置的运行随待处理废物比放的高低而异。采用无屏蔽 400 L 桶固化低放废液，处理能力为 3.6～4.6 m^3/d；采用带外屏蔽的 200 L 桶或带内

屏蔽的 400 L 桶固化中放废液，处理能力为 1.8～2.2 m^3/d。该装置由 3～4 人操作。装置宽 4.9 m，高 5.4 m，可以用拖车装运，从一个核电站转移到另一个核电站运行约需 1～2 d。装置进一步的改进包括使结构更加紧凑、采用带盖的固化桶和一次性搅拌桨等。

8.2.2.4 大体积水泥固化一处置工艺

大体积水泥固化是一种将放射性废物的处理与处置结合为一体的就地浇注工艺。对于某些地处特定地理与地质环境的核设施，其运行过程中产生的低中放废物，可以就地或在场址附近与水泥混合，并注入混凝土地窖或地沟中进行处置，这就免除了水泥固化体的包装、暂存核运输，也减少了对人员的辐照剂量[10]。

与普通水泥固化工艺相比，大体积浇注水泥固化工艺具有处理量大、无需包装、程序简单、成本较低、固化体的比表面积较小、浸出率较低等优点。

我国于 20 世纪 80 年代开发了这一水泥固化工艺[10]，该工艺将中放废液、水泥及添加剂均匀混合后，连续浇注于 9.0 m×9.0 m×7.2 m 的钢筋混凝土池内，浇注中放废液 300 m^3，就地固化处置。

中放废液水泥固化是利用废液中的水与基料中的水泥发生水化反应，生成水泥水化产物，水泥水化产物（如氢氧化钙）激活粉煤灰中的活性成分，生成凝胶物质，在水化产物凝结硬化过程中，废液中的放射性物质被物理吸附或化学结合到固化体中，从而达到固定放射性物质的目的。

在灰浆硬化初期，由于水泥水化速度较快和粉煤灰激活放热等因素影响，固化体中心温度较高，抗压强度较低，后期温度下降，接近环境温度，抗压强度逐步增强。为了使水泥水化速度减慢，保证浇注时灰浆具有较高的流动性能和较长的凝结时间，在浇注前需加入一定比例的添加剂。

中放废液大体积浇注水泥固化工程于 2001 年完成模拟料液试车后，发现固化体中心温度达到 175 ℃，导致固化体产生裂缝和盐析现象，不能确保固化体质量。导致产生这一现象的主要原因是水泥的水化热高，固化体体积大，散热过程慢。在大量调研的基础上，选择粉煤灰作为水泥的掺合料，以降低基质材料的水化热，即在确保灰浆及固化体性能满足要求的前提下，将基质材料由原来的纯水泥改为由一定比例的粉煤灰与水泥构成的混合物。采用在水泥中添加粉煤灰的方式，于 2003 年进行了热试车，灰浆及固化体性能均能满足技术要求。但固化体温升（97.2 ℃）仍未达到控制要求（低于 90 ℃）。经过进一步的固化配方的调整后，于 2004 年再次进行热试车，使中放废液大体积浇注水泥固化体温度最高为 89.5 ℃，满足了控制要求。

该工艺已成功地应用于我国某厂的中放废液就地固化与处置。大体积水泥浇注固化工艺和水泥固化块的封闭处置分别如图 8-8 和图 8-9 所示。

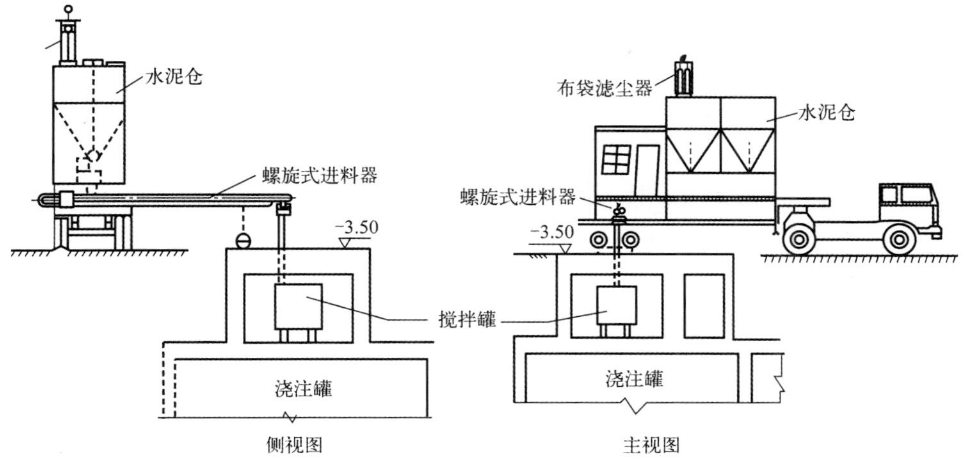

图 8-8　大体积水泥浇注固化工艺示意图

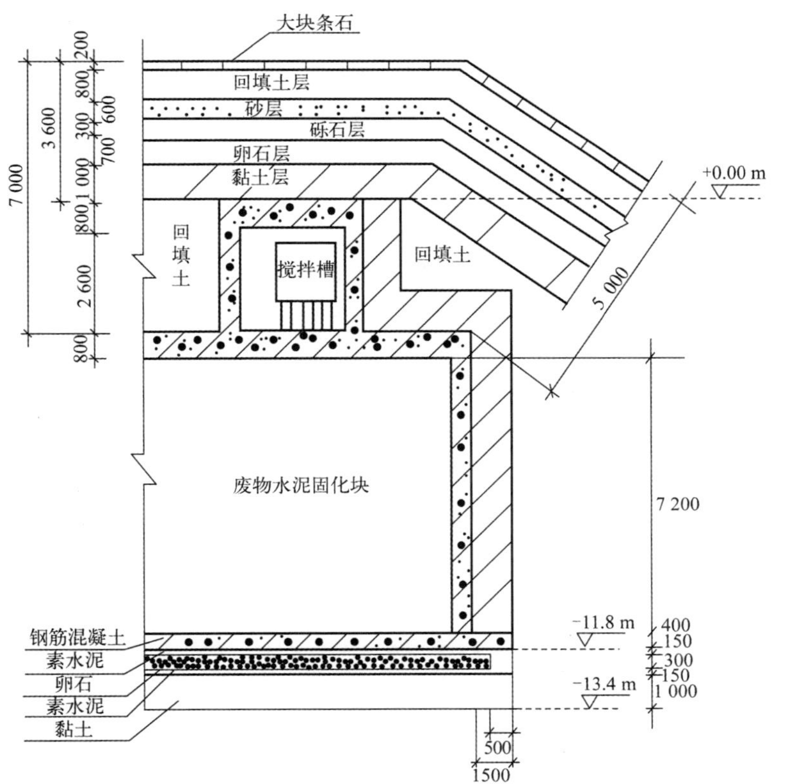

图 8-9　大体积水泥固化体封闭处置现场示意图

印度也用类似方法，将后处理厂产生的中放泥浆（比放为 10^9 Bq/L）与水泥混合，生成的灰浆就地处置在混凝土地沟中[10]。

8.2.3 几种特殊废物的水泥固化方案

8.2.3.1 废树脂的水泥固定化

废树脂如果单独进行水泥固定，则树脂的包容量一旦超过 15%（体积分数），固化体的性能便明显下降，甚至会因树脂吸水溶胀产生的应力而使固化体胀裂。废树脂与其他废水一起水泥固化，可以在树脂的包容量较低（如<10%）的情况下，达到较高的总包容量。所以，在实践中可以将核设施运行产生的废树脂与蒸残液和沉淀泥浆等废物合并后一起进行水泥固化（见图 8-3 的加料方式）。推荐的管理程序如下[4]：

- 废物缓冲储存　假设每年处理废物 2 次，则可考虑沉淀泥浆储罐的容量为 10 m^3，蒸残液和废树脂储罐容量分别为 1 m^3。储罐需配备混合、取样和排放设备。
- 分析　在处理之前分析每一种废物化学组成、放射性含量和密度等，为确定水泥固化操作条件提供基础数据。
- 混料和 pH 调节　按小试验验证过的比例将几种废物混合，将 pH 调至 7。
- 水泥计量　水泥称量后加入 200 L 桶。
- 桶内水泥固化　搅拌桨在桶内慢速搅拌，混合废物应分批计量加入桶中，当最后一批废物加完，搅拌持续进行数分钟，以制得均匀的灰浆。随后，将搅拌桨从桶内提升出来并擦洗干净，再将 200 L 桶移至养护位置。
- 质量检验　经检查确认固化体无自由水和裂缝的情况下，桶内固化体上面浇注一层纯水泥灰浆，固结后封盖，检查桶外壁是否沾污，去污并测量表面剂量率。

8.2.3.2 有机废液的水泥固化

水泥本身固化有机废液的能力有限，包容量一般为 12%（体积分数）左右，但废物乳化之后的包容量可显著提高。美国广泛采用水泥固化废透平油、泵油和 TBP/十二烷等。在 200 L 桶内进行有机废液水泥固化的典型配方如下[11]：波特兰水泥 165 kg；石灰 17 kg；有机废液 72 L；乳化剂 62 L；水 14 L；硅酸盐助凝剂 7 L。

水泥与石灰需在 200 L 桶内预先干混均匀；在另一容器中，先加入有机废液与乳化剂，再加入水，然后进行搅拌乳化；在搅拌情况下，乳状液加入 200 L 桶内，搅拌均匀后，加入硅酸盐助凝剂，继续搅拌稍时，使助凝剂均匀分散；随后将搅拌桨从桶内提升出来，将 200 L 桶移走，封盖，养护 4～28 d。

必须指出，配方的任何不大的变动都会对固化体性能造成负面影响，所以，在实施工程操作之前，必须充分做好小实验配方研究。

对于有机废液的处理，两种或多种方法的结合往往比单一方法更有效。例如，首先将有机废液中加入吸收剂，使之转化为固体颗粒形态，然后再用水泥固定化。这样可以减小每批废物的差异对操作过程的影响，并使有机废液的包容量提高到56%（体积分数）。添加不同吸收剂的有机废液水泥固化配方如表 8-6 所示[4]。该方法设备简单，操作方便。由于一般情况下产生的有机废物总量有限，所以添加吸收剂后废物的体积增大并无大碍。

表 8-6　添加不同吸收剂的有机废液水泥固化配方[4]

水泥/g	有机废液/g	吸收剂/g	水/g	包容量/%（体积分数）
200	32.2	71（黏土）	71	15.6
200	84.0	24（蛭石）	120	21.8
200	321.0	11（天然纤维）	70	56.0
200	372.0	265（硅藻土）	160	38.7
200	295.0	34（合成纤维）	165	44.5

8.2.3.3　含氚废水水泥固化[1,4]

水泥可强烈地束缚氚水（HTO），故含氚废水可以采用水泥固化处理。对于不同类型的水泥和添加剂，水泥固化典型的水灰比范围为 0.3～0.5。由于水泥固化体中存在许多孔隙，HTO 的逐渐释放是必然的。暴露在湿气中的水泥固化体，初始的 HTO 损失较快（第一个星期的损失高达 25%），随后减慢。水泥固化体的氚浸出实验表明，在第一个月内氚的释放速率为 1×10^{-2}/d，随后便减慢。总之，水泥固化体中氚的释放速率相当高。

为了降低水泥固化体中氚的释放速率，法国 CEA 的学者研究了含氚废物（氚水和氚污染固体废物）的聚合物浸渍水泥固化（PIC），将采用常规水泥固化法制得的固化块经养护之后，用环氧树脂或聚酯涂复。美国布鲁克海文国家实验室研究了含氚废水的 PIC 固化技术，将含氚固化块经养护之后，用苯乙烯单体（含引发剂）进行浸渍，再将固化块加热到 50～70 ℃，使苯乙烯单体聚合，约 24 h 完成聚合。研究者对 PIC 固化体的浸出实验表明，PIC 样品浸泡 295 d 以后，样品中氚的释放速率为 1.89×10^{-5}/d，且与时间成线性关系。由此可见，水泥固化体经过聚合物浸渍处理之后，氚的释放速率降低了 3 个数量级。按照这一释放速率外推，预计氚从固化体中完全释放需要 145 a。若考虑氚的衰变，17.7 a 后存在于环境中的氚的最高份额为初始含氚量的 4.49‰[14]。

8.2.3.4 生物废物和动物尸体的水泥固定化

对于被长寿命核素污染的动物尸体，可以考虑用水泥灰浆固定化处理。对于较大的动物，首先必须作防腐处理，即用 4%甲醛溶液浸泡至少 2 d。接着，取出动物尸体，除去表面的甲醛，放入一容器中，再浇注水泥灰浆，填满空隙。该方法的问题是，废物体积增大，且甲醛溶液有可能被放射性核素污染而成为具有化学毒性的放射性废物。

较小的动物尸体或类似的生物废物可以直接固定在水泥基体中。其操作流程如图 8-10 所示[4]。准备好一个 60 L 内桶和一个 200 L 外桶，桶底部分别浇注 50 mm和 50～100 mm 厚混凝土层。待固结后，在内桶内混凝土层上撒一层 20 mm厚干水泥灰，随后将冷冻动物尸体置于其上，继续撒上干水泥灰，将动物尸体全部覆盖。干水泥灰填充至离 60 L 桶顶部 50 mm 处，再用混凝土封顶。然后，将内桶置于外桶中，桶间充以混凝土。桶盖不要密封，应留有动物尸体腐烂分解气体的出路。对于腐烂过程中分解出的^{3}H、^{14}C 和^{35}S 等气体的释放，需要有足够的排风和环境监测。建议在动物尸体周围放一些吸收剂(如蛭石和聚苯乙烯泡沫)，以吸着液体，防止水泥迅速变质。

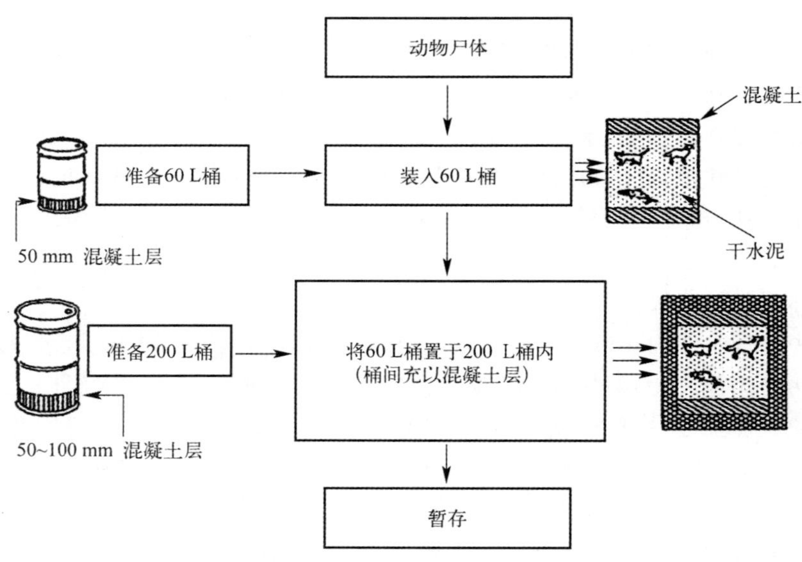

图 8-10 动物尸体水泥固定化操作流程示意图

8.2.3.5 散固体废物的水泥固定化

对于桶装的不可压缩的散件废物(如切割解体的废混凝土块、金属部件等)、超级压缩产生的压饼(Pellets)等固体废物，可将水泥灰浆浇注到桶内，以保证废物的完整性，满足最终处置的需要。为了确保浇注的水泥能充满废物的间隙，一般需将废物桶置于一机械震动平台上，在水泥浇注的过程中使废物桶震动。

值得注意的是，各种有色金属部件会受到水泥灰浆中碱的腐蚀，例如，铝、锌和锆会与碱反应，生成氢气。而含铅、铁的金属会形成氧化膜，使混凝土膨胀、开裂或变质。在某些情况下，上述因素会导致包装桶的破损。解决办法是，在浇注水泥灰浆之前在金属表面涂上一层沥青或聚合物。另一种做法是，不用水泥灰浆浇注，而代之以熔融塑料(如聚乙烯)或沥青[4]。

8.2.4　水泥固化的优缺点

水泥固化工艺的优点是：

(1) 方法成熟，过程简单，操作方便、安全(常温操作)；

(2) 水泥原料易得、价低，固化过程能耗小、成本低(但高于沥青固化)；

(3) 操作过程中不产生工艺尾气。

水泥固化工艺的缺点是：

(1) 固化后的固化体体积增大，当废物包容量为 10%～30%时，体积增大 0.5～1 倍，重量增大 5 倍左右；对于高含盐量的废物，盐分会干扰水泥的水化反应，使水泥凝固不充分和使固化体在储存过程中变质而降低其机械强度；

(2) 固化工艺对废水的 pH 要求较高，需要预先调料；

(3) 操作过程中产生粉尘，污染环境。

水泥固化体的优点是：

(1) 固化体机械强度高，抗压强度一般为 150～300 kg/cm^2；

(2) 固化体耐热性好，不可燃，在低于 100 ℃温度下较长时间加热，性能无显著恶化；

(3) 固化体抗辐照能力强，可以耐 10^9 rad(1 rad$=10^{-2}$ Gy)以上的辐照。比放为 1 Ci/L 的中放废物水泥固化体贮存 100 a，累积吸收剂量小于 10^8 rad。对于比放<1 Ci/L 的废物，辐解气体影响可忽略不计。

水泥固化体的主要缺点是放射性核素的浸出率比较高，高于沥青固化体 2 个数量级，高于玻璃固化体 4～5 个数量级。这归因于水泥固化体的多孔结构。据测算，水泥浸泡在水中时，它与水的实际接触面积为其几何表面积的 8 000 倍左右。

在同种废物固化体中，各种核素的浸出率各不相同。水泥对锕系核素的滞留能力很强，故锕系核素的浸出率最小(Pu 的浸出率为 10^{-5}～10^{-8} $g/(cm^2 \cdot d)$[12]，其次是稀土核素，碱金属的浸出率较高，尤其是 ^{137}Cs，浸出率高达 10^{-1}～10^{-3} $g/(cm^2 \cdot d)$。

8.3 低中放废物的沥青固化

8.3.1 沥青和沥青固化概述

沥青是一种热塑性材料，它由各种高分子量的烃类混合物组成，在常温下呈黑色或暗褐色的固体或半固体。沥青广泛用于道路铺设、防水、保温、电气绝缘、橡胶填料、涂料等方面。

除了天然沥青之外，商品沥青几乎都是从原油中分离出轻馏分之后的副产品。基于不同的制备方式，用于放射性废液固化的沥青可分为下述三类：

(1)直馏沥青，即石油蒸馏后残留在底部的产物。

(2)氧化沥青，即在 200～260 ℃下将空气吹入直馏沥青而得到的产物。在吹气过程中，直馏沥青中的碳氢化合物及其衍生物经脱氢、聚合、缩合后，黏度得到提高。一般来说，直馏沥青的塑性和黏着力较大，软化点低；氧化沥青的弹性、抗冲击性强、感温性(硬度随温度的变化)小，不易变质。

(3)乳化沥青，在直馏沥青中加入乳化剂(阴离子型(碱性肥皂)、阳离子型(胺盐)和非离子型)水溶液搅拌混合制成。

沥青固化是将低中放废物和沥青在一定碱度、配料比、温度、搅拌速度条件下产生皂化反应，使料液中的盐分或固体物质均匀地包容在沥青中的一种固化技术。对低放废物固化，宜用直馏沥青；对中放废物固化，宜用耐热性较好的氧化沥青。沥青固化对废水 pH 的适合范围为 8～9.5，所以，对于酸性废水，在固化之前必须将 pH 调至碱性。沥青对盐分的包容能力较强，包容量范围为几至几百 g/L。

沥青固化法适合于固化蒸发残液、废树脂、再生液、有机废液、化学沉淀泥浆、废塑料和焚烧灰等低中放废物。沥青与各类废物的化学相容性不同，相容性较好的废物组分为泥渣、碳酸盐，其次为废树脂、焚烧灰、酸性和碱性废物，相容性最差的为硫酸盐、硝酸盐和有机物。

8.3.2 用于固化放射性废物的沥青特性

8.3.2.1 沥青的物理化学性质

- 化学成分

沥青的主要成分是碳氢化合物，还含有少量硫、氮和氧及痕量的金属等。沥青的分子结构十分复杂，其成分大致可分为如下两部分：

(1) 石油沥青质，分子量很高，含有较多芳香族化合物。

(2) 可溶于低分子饱和烃的部分(Maltenes),由高沸点馏分组成,包括树脂和油类。其中树脂是化学结构类似于石油沥青质的无定形固体,其黏度随温度而变;油类包含芳香族、环烷和脂肪族馏分。

氧化沥青与直馏沥青在化学成分方面的主要差别是,氧化沥青中石油沥青质的含量较高。

- 软化点(Softening Point)

与普通的化合物不同,沥青是一种复合分子的混合物,没有确定的熔点,即沥青在较宽的温度范围内由固态逐渐向液态转化。在标准条件下,沥青受热而达到某一确定的软化水平的温度称为软化点。各种沥青软化点的波动范围为 35～95 ℃,直馏沥青的软化点较低,氧化沥青的软化点较高。

- 针入度(Penetrability)

针入度是衡量沥青机械强度的一个参数,其标准测试方法为:采用针入度仪,测量在给定温度下(25 ℃)给定负荷(100 g)的针在给定时间(5 s)内扎入沥青样品的深度。

- 闪点

闪点是指在标准条件下沥青中易挥发组分被明火点燃的最低温度。为安全起见,沥青的加热应考虑其闪点,沥青固化的操作温度必须低于沥青闪点。所以为了确定工艺过程(沥青输送、混合、装桶等)中最佳的操作温度,应了解应用场合的具体情况。通常应选取较高闪点的沥青,其闪点范围为 250～300 ℃,只有个别情况下为 220 ℃。

- 加热后失重

沥青加热足够长时间后,其中的低沸点成分会挥发掉而影响沥青性能,如硬度和脆性的提高。标准的沥青加热失重测试是在 163 ℃下维持 5 h,测量其重量损失。氧化沥青和直馏沥青的加热失重分别为质量分数 0.2%和 2%。

- 延展性

沥青的延展性与其流变性能密切相关。通常,氧化沥青的延展性不如直馏沥青,这是由沥青在吹气过程中的脱氢和聚合所致,沥青在陈化和辐照过程中也会出现上述现象。在 25 ℃时,氧化沥青和直馏沥青的延展性分别为 1～5 cm 和 45～100 cm 或更高。降低温度,沥青的延展性变差,当温度降至－25～－30 ℃,有明显的出现裂纹的倾向。

- 化学稳定性

沥青在常温下的化学稳定性很好,但在较高温度下可与许多物质(如氧和硫)反应,导致沥青脱氢和沥青质的生成。在高温下(≥300 ℃)沥青本身的化学性质也会发生变化而导致沥青硬化,在放射性废物沥青固化过程中必须考虑这一因素。

沥青与弱碱性溶液接触，沥青中的酸性组分与碱反应生成环烷酸钠之类的酯类，有利于沥青的乳化；但沥青在常温下不耐强碱的腐蚀。沥青与低酸溶液长期接触，会因生成沥青质而变硬；沥青与浓硫酸（96%）接触，其中的芳香族组分会与硫酸反应。常温下沥青耐浓盐酸腐蚀的性能很好。沥青不耐硝酸腐蚀，浓硝酸使沥青氧化和硝化，稀硝酸即使在常温下也腐蚀沥青。

沥青能快速溶解于三氯甲烷之类的溶剂，这有助于沥青固化过程中的设备清洗。

适于固化低中放废物的沥青的典型性能如下：软化点 93 ℃；闪点 288 ℃；易挥发物含量（体积分数）0.1%；燃点 316 ℃；密度 1 g/cm^3。

8.3.2.2 沥青的辐照稳定性

沥青在 α、β、γ 辐射场下的稳定性决定了沥青固化体内放射性的最大包容量及其在储存和处置条件下的行为。

由于沥青是脂肪族和芳香族烃类分子的混合物，在辐射和化学等一系列过程作用下，很容易产生辐解产物，辐解气体包括 H_2、CH_4、CO_2 等。

沥青中饱和烃类组分是辐解反应的主要参与者，所以，随着沥青氧化水平的提高，辐解反应速率和辐解产物产额降低。这意味着，氧化沥青比直馏沥青具有更好的辐照稳定性。

辐照将改变沥青的物理性质。辐照剂量达到 10^6 Gy 可改善沥青固化体的性质，更高的吸收剂量（$>10^7$ Gy）将严重破坏沥青的结构。总辐照剂量超过 0.5×10^6 Gy，则沥青的软化点显著上升，针入度降低，沥青硬度提高。沥青固化体包容的无机废物成分对沥青的辐照稳定性既无显著的正面影响，也无负面影响。如果沥青固化体中不存在水分和有机废物，则辐解气体的产生主要取决于固化体中沥青的含量。

8.3.2.3 沥青的长期行为

沥青长期储存时存在老化倾向，影响老化的因素包括空气中的杂质或与沥青接触的水中的杂质、包容废物的性质、状态和总量以及辐照效应。此外，还有两个因素也必须考虑：

（1）与沥青固化体接触的材料（如水溶液和回填材料）之间的反应。研究表明，在固化体储存或处置过程中，这种反应仅发生在固化体表面附近，不会危及固化体的整体性能。沥青对腐蚀性不是很强的介质有良好的抵御能力。

（2）沥青可能的生物降解。自然界中广泛存在的微生物在好氧或厌氧（可能性更大）条件下会侵蚀沥青，但侵蚀速率很低，在最佳的微生物生长条件下，沥青表面被微生物作用 3 a 后的侵蚀厚度仅为 0.025 mm。微生物破坏沥青的概率极低，天然存在的沥青经历了几百万年后的稳定性证实了这一结论。

8.3.3　适于沥青固化的废物类型[13]

应当指出，不是所有的废物均适合于采用沥青固化，有些废物中含有不利于沥青固化操作的化学成分（如热解成分或导致熔融沥青着火的成分），有些废物的放射性水平太高，会损坏沥青的稳定性。为了减少辐射损伤，希望限制总辐照剂量在 10^7 Gy 以下。核电站废物（如沉淀、过滤产生的泥浆和蒸发浓缩液等）的放射性水平均在此限值以下。适合于采用沥青固化的主要废物如下。

8.3.3.1　泥浆

放射性废水的沉淀处理可以去除废水中 90%～98%的放射性核素，产生的富集了放射性的泥浆经过过滤和离心脱水，其固含量为质量分数 1%～20%。放射性泥渣往往呈凝胶状，流动性差。为了在沥青固化过程中方便地输送泥浆，需要设计一些专用设备，如搅拌器、空气脉动系统等。泥浆在进行沥青固化之前应采取如下措施：

- 泥浆水的 pH 应调至中性或弱碱性（pH＝7～9），高碱性会加速沥青氧化，导致产物硬度上升和排料困难。
- 如泥浆中同时含有 $NaNO_3$ 和 $Fe(NO_3)_3$，后者质量分数不应超过 1%，如超过此限值，则固化体热稳定性变差，一旦着火，会迅速燃烧（铁可催化燃烧过程）。
- 泥浆中 TBP 或其分解产物的质量分数不应超过 1%，过量的 TBP 会降低沥青的闪点，并与 $NaNO_3$ 一起加快沥青氧化。
- 避免泥浆中强氧化剂（如去污过程引入的高锰酸钾或 MnO_2）的存在，以免发生自发放热反应；或者加入可破坏氧化剂的试剂（如草酸）。
- 泥浆过滤应采用颗粒过滤介质，勿用纤维滤材，以免纤维材料进入沥青固化系统，堵塞排料口。
- 适当搅拌，防止高比重固体（如 $BaSO_4$）在泥浆中的沉积。

8.3.3.2　浓缩液

放射性废水经过蒸发和膜技术（如反渗透、超滤和电渗析）处理，通常会产生非放可溶性盐含量较高的浓缩液。

浓缩液主要来自核电站（如一回路、二回路水处理）、后处理厂（如溶剂洗涤、酸回收和去污过程产生的废水处理）和核研究中心（如研究堆运行、实验研究中产生的废水处理）。浓缩液在进行沥青固化之前应采取适当的预处理，简述如下：

- 浓缩液的 pH 应调至 pH＝7～9。
- 废水中腐蚀性阴离子应沉淀下来，例如，F^- 应转化为 CaF_2 沉淀，以免腐蚀固化设备。

• 废水中若含有会分解放热的化合物，则应转化为较稳定的化合物。例如，废水中若含有硝酸铵，则应转化为硝酸钠。

• 废水中 TBP 或其分解产物的质量分数不应超过 1%。

• 废水中若存在显著量硬化剂（如铝和铁的硝酸盐、氯化物、硫酸盐），则需采用氢氧化物沉淀进行预处理。

• 废水中催化剂（如 $FeCl_3$ 和 $AlCl_3$）的质量分数不应超过 1%，否则，应采用氢氧化物沉淀进行预处理。

• 沥青固化体中吸湿性化合物（如碳酸钠、硫酸钠或磷酸钠）的质量分数应保持在 10%以内。

• 限制废水中有机络合剂的含量，以减小其对固化体浸出率的影响。

8.3.3.3 废离子交换树脂

核工业产生的废离子交换树脂绝大部分是有机树脂，也有少量无机材料。有机离子交换广泛应用于压水堆一回路和二回路冷却水净化、压力重水堆慢化剂和一回路水净化以及沸水堆给水和冷却水净化。有些核电站使用的树脂饱和后再生循环利用，有些则一次性使用。无机离子交换剂用于乏燃料储存水池的水净化系统，通常采用硅酸铝材料，如菱沸石或天然沸石。

在沥青固化过程中，有机阴离子交换树脂释放胺类物质，采用化学调节或热调节可以尽量减少挥发。需要特别注意的是脱水树脂的吸水会导致固化体的膨胀而最终损坏固化体。试验表明，只有当采用完全脱水的干树脂且树脂在固化体中质量分数含量超过 50%时，才会出现上述情况；只要树脂中含有质量分数约 5%的残留水分，固化体就不会出现明显的膨胀。

树脂与沥青的比重差异以及树脂的高含水率会导致沥青固化过程中的混合困难和发泡问题。对于这种情况，采用螺杆挤出机的固化工艺具有较大的灵活性。

8.3.3.4 焚烧灰和其他废物

本节涉及干固体废物的沥青固定化，在废物与沥青的混合过程中，没有蒸发水分的问题，所以，废物与沥青的混合搅拌过程十分简单。

可燃废物焚烧处理后，产生的放射性灰烬主要是惰性的氧化物，还含有百分之几的碳，这种焚烧灰可以用沥青包容。可燃废物在焚烧之前如果没有进行分拣预处理，则焚烧灰中会有大小各异的各种金属，为了避免这些金属损坏沥青固定化设备，应对焚烧灰进行分拣处理，捡出金属部件。

一些不可燃固体废物，经过切割、破碎等适当减容之后，可以装入金属桶内，再灌注熔融沥青，填充杂碎废物之间的缝隙而实现废物的固定化。需要注意的是，废物中放射性对沥青的总剂量不得超过 10^7 Gy；选择适当类型的沥青，并在适当的温度下灌注沥青，使废物完全埋置于沥青之中；确认被沥青埋置的废物不易着火。

经干燥处理的放射性泥浆固体颗粒和干燥的废树脂，也可以掺入沥青之中。

8.3.4 沥青固化工艺

放射性废水的沥青固化主要包括脱水和混合两个过程，其操作方式可分为批式过程和连续过程[14]。

8.3.4.1 批式沥青固化工艺

批式沥青固化工艺分两种，一种为混合与蒸发一体的固化工艺，另一种则没有蒸发功能。图 8-11 为混合搅拌与蒸发一体的固化工艺流程示意图[15]。如图所示，一定量的废水与熔融沥青连续加入带搅拌的加热器中，在 200 ℃左右的条件下，废水中的水分蒸发出来，固体盐分则与沥青混合，熔融的废物－沥青混合物注入位于底部的储桶内并自然冷却。加热温度必须严格控制，以免局部过热而结巴。

蒸发与混合分开的批式沥青固化工艺流程如图 8-12[15]所示，废水在与沥青混合之前必须蒸干，干废物与沥青在 130 ℃下混合后，注入位于底部的储桶内并自然冷却。由于该流程将蒸发与混合过程分开进行，所以过程比较简单，也不存在局部过热和结巴等问题。

为了控制沥青固化体中的废物包容量，必须对进料沥青和废液准确计量。沥青储罐不宜过大，以节省加热和维持沥青熔融状态所需热量，缩短加热时间，防止沥青在长时间加热过程中变质。沥青储罐应配备循环与过滤系统，显示沥青料位。如有可能，沥青储罐的熔融沥青上面应有惰性气体保护，防止沥青氧化。

为了防止沥青在输送过程堵塞，进料管线应采用蒸汽或热油夹套加热，系统中阀门数目要尽量减少。不能采用直接电加热，以免局部过热而烧焦。

为了防止废物与沥青混合物在混合搅拌容器中温度达到沥青闪点，必须控制加热介质（蒸汽或热油）温度。混合容器的加热也不能采用直接电加热。

在混合搅拌容器中充分搅拌废物与沥青的混合物十分重要，首先，充分搅拌可以及时释放水蒸气，确保废物与沥青之间的热传导，避免因沥青导热性能差而导致的局部温度过低；第二，充分搅拌可以获得混合均匀的固化产品。搅拌不均会使废物颗粒沉积在容器内壁，更不利于热量传递。在废物与沥青混合过程中，混合物的黏度随着沥青中固含量上升而上升，搅拌装置应能适应这种黏度上升。

对于比重较低废物颗粒（如废有机树脂）的沥青固化，要加大混合搅拌强度，在高剪切力的作用下使物流湍动，以防止树脂之类的轻物料漂浮在熔融沥青上面。混合搅拌过程中还需防止大量泡沫的产生，这可以通过在混合过程中控制废物加料和提供破碎泡沫的工程手段来实现。

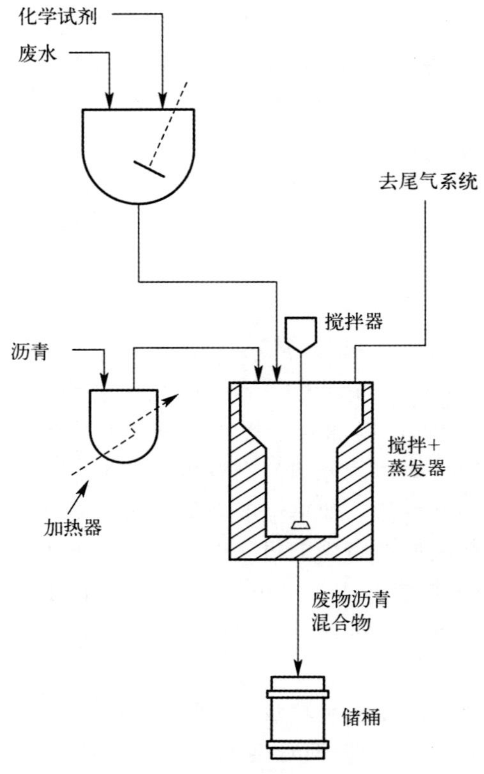

图 8-11 混合搅拌与蒸发一体的固化工艺流程示意图

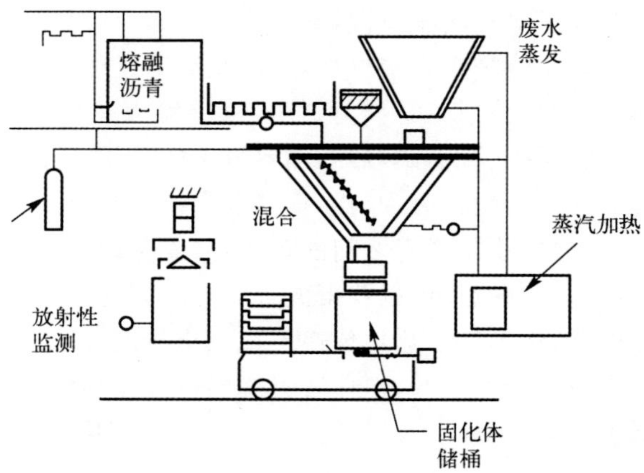

图 8-12 蒸发与混合分开的批式沥青固化流程示意图

尾气系统的去污因子(DF)取决于蒸发速率、除雾沫装置效率和废物的放射性组成。蒸发速率高,则蒸汽夹带的雾滴也多,去污因子下降。在加热过程中,由于沥青的部分蒸馏,在冷凝液中会有少量油分,有时冷凝液中的油分可高达 6 000 mg/L,在尾气系统采取有效的除雾沫措施,冷凝液中的油分可降至 1 000 mg/L 以下。

8.3.4.2　连续沥青固化工艺

连续沥青固化工艺,是指固化过程中废物和沥青均以一定的流量进入混合装置,导致连续稳定的最终产物的产出。连续沥青固化工艺可采用多种混合搅拌方式,如普通搅拌器、螺杆搅拌器(挤出机)和刮膜蒸发器等。

(1) 螺杆挤出沥青固化工艺

螺杆挤出机广泛应用于浓缩废液、泥浆、废树脂等的沥青固化,当废物和沥青进入螺杆机后,借螺杆之间的啮合作用,物料得到充分混合并被推进到挤出机出口。加热夹套提供的热量使废物中的水分不断蒸发,并维持沥青较低的黏度。螺杆挤出沥青固化工艺的基本过程如图 8-13 所示。废物预处理的主要目的是改善废物与沥青的化学相容性,并进行部分脱水。在螺杆挤出机中,废物与沥青混合,并不断蒸发水分。尾气系统冷凝水汽,分离从沥青中挥发出的油污,过滤不凝气。尾气最后经 HEPA 过滤器后通过烟囱排放。合格的熔融产物由挤出机出口不断流入接收桶储存。由于排料是连续进行的,固化产物接收站必须有一套转盘定位系统(4～9 个桶位),控制产物的灌注、冷却和关闭程序。产物装桶要分两步或多步进行,允许产物收缩,减少气泡包裹。桶装固化产物约需 24 h 才能完全冷却,然后封盖,送至储存库。由于沥青固化体在储存过程中可能会释放辐解气体,所以,应采用非气密的封盖方式。

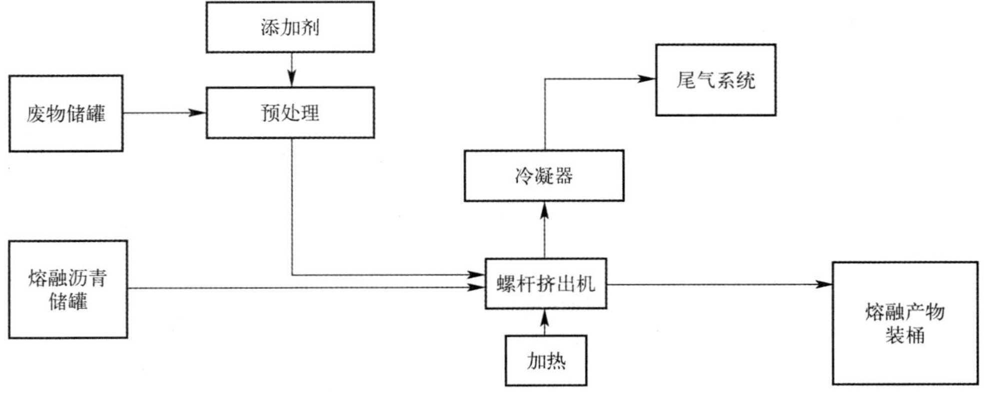

图 8-13　螺杆挤出沥青固化工艺的基本过程

螺杆挤出机通常可分为双螺杆型和四螺杆型，它们的一对（或两对）同向旋转的螺杆互相啮合，其挤压混合效果很好，同时具有自净化能力，停机时可将剩余沥青挤出，避免沥青冷却凝固后黏住螺杆。与四螺杆型相比，双螺杆挤出机结构比较简单，很适于沥青固化工艺[15-16]。

图 8-14 为双螺杆挤出机示意图，挤出机的蒸汽加热夹套分几个独立的加热区，为挤出机沿轴向提供合适的温度分布，为水分的充分蒸发供热，保证挤出机出口处固化产物中的含水率达标，通常沥青固化体的含水率质量分数为 1%左右。挤出机上方设有几个空腔较大的排汽筒，水汽和少量沥青中的轻馏分经排汽筒进入冷凝器。排汽筒的另一个作用是防止废物与沥青混合物中的汽泡"冒顶"。螺杆的转速一般为 100～250 min^{-1}，挤出机内物料温度维持在 175 ℃以下。

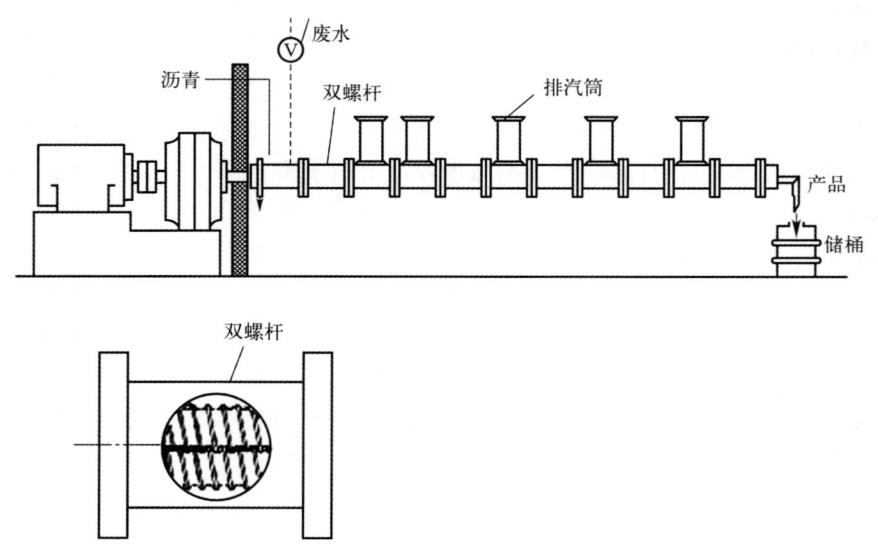

图 8-14 双螺杆挤出机示意图

图 8-15 为单级双螺杆挤出机沥青固化示意图[17]，废水和熔融沥青分别连续地送入一已加热的双螺杆挤出机，在挤出机内的混合一加热过程中，水分不断蒸发。在挤出机的出料口，混合均匀的产品连续注入储桶内。采用单级双螺杆挤出机的沥青固化过程比较简单，所以用途较广，但必须严格控制过程参数。

在有些场合，为了提高挤出机的蒸发能力，采用两级螺杆挤出机串连的操作方式。图 8-16 为暂时乳化两级双螺杆挤出过程示意[19]，在第一级挤出机的混合过程中，将废物、沥青、表面活性剂（例如椰壳氨基丙酮等）加热混合成乳状体（105～

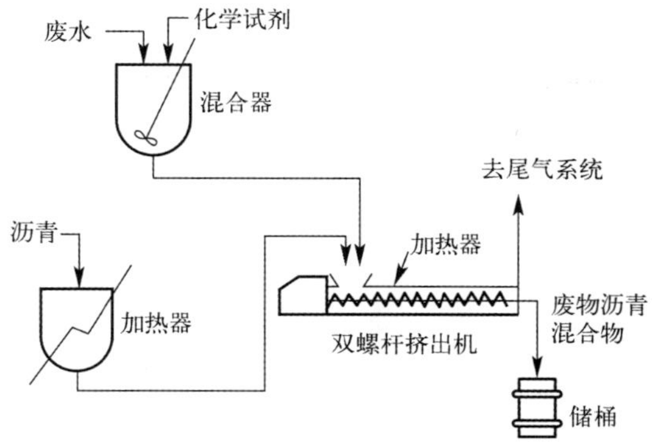

图 8-15　单级双螺杆挤出过程示意图

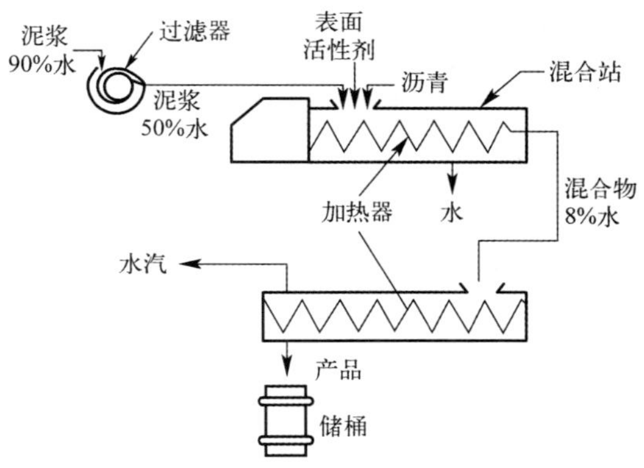

图 8-16　两级双螺杆挤出过程示意图

110 ℃)，大量的水分被挤出，废物中的水分可从 50%降至 8%。在第二级挤出机的加热、混合过程中(140～150 ℃)，混合物进一步脱水，将剩余的水分蒸发出去，最终产品的含水率仅为 0.5%。两级双螺杆挤出过程的处理能力较大，但设备及其维护费用更高，且过程中添加表面活性剂会使固化体的浸出率提高。

由于沥青固化废物的放射性水平较高，螺杆挤出机及其涉及放射性操作的附属设备必须置于屏蔽室内，进行远距离操作。沥青固化体包装的外部剂量率的变化范围为 0.05～10 Gy/h。

在沥青固化过程中，废物中坚硬的盐分和沉淀固体会磨损螺杆部件，经过约 5 000 h以后就需要更换螺杆部件，维修人员必须直接接触设备才能完成这种作业。为了最大限度地降低职业照射剂量，必须对螺杆及其附属设备进行彻底去污。

自 20 世纪 70 年代以来，世界上广泛采用螺杆挤出沥青固化工艺，截至 90 年代初，全世界已积累了150 000 h运行经验，累计处理了20 000 m^3放射性废物。采用螺杆挤出沥青固化的主要国家有比利时、法国、英国、德国和前苏联。我国于20世纪70年代初开始沥青固化的实验研究，在中国原子能科学研究院先后进行了锅式加热搅拌混合过程和双螺杆挤出过程。70年代中期，建立了双螺杆挤出沥青固化中试车间，处理了中放废液20 m^3。

（2）刮膜蒸发沥青固化工艺

刮膜蒸发也可用于浓缩废液、泥浆和废树脂的连续沥青固化工艺。刮膜蒸发沥青固化工艺与螺杆挤出沥青固化工艺类似，差别在于主工艺设备是刮膜蒸发器，而非螺杆挤出机。

刮膜蒸发器是一种传热设备，它包括一个具有加热表面的垂直圆筒和一个高速旋转的刮板，刮板端面与圆筒内壁之间的间隙为0.5～1 cm，刮板端面的线速度高达10 m/s，转子转速视蒸发器的尺寸而变，其范围为600～1 200 min^{-1}。刮板端面与圆筒内壁之间很小的间隙使得废物与沥青受到强烈搅拌，并提供很高的传热系数（1 300 $W \cdot ℃^{-1} \cdot m^{-2}$），蒸发能力为0.05～0.2 m^3/h。

刮膜蒸发沥青固化装置的结构如图8-17所示[13]。废液以一定流量从垂直蒸发段的顶部加入，熔融沥青从另一个加料咀定量加入，加热介质（蒸汽或热油）蒸发器加热夹套中循环，以与物料逆流的方式进行加热，加热介质的入口温度控制在250～300 ℃。随着废液和沥青的加入，转子上的刮板将物料甩开，沿着加热圆筒内表面呈一层湍动的薄膜，转子刮板与重力的联合作用使废物/沥青混合物以螺旋式向下流动。与此同时，废物中水分蒸发，水汽逆流而上，经过一除沫分离器后，由蒸汽出口排出。大部分被水汽夹带的液滴被除沫分离器截留后，在重力作用下返回加热段。净化的蒸汽进入冷凝器，由冷凝器出来的不凝气进入排气系统进一步处理。由冷凝器流出的冷凝液需要进一步去除油分和残留放射性。

沥青/废物混合物温度高于120 ℃，固化产物的含水率质量分数低于1%；如温度降至115 ℃，则含水率质量分数可高达10%。所以，熔融沥青固化产物在出口处的温度应控制在140～190 ℃。熔融产物从蒸发器底部排出，通常由220L钢桶接收。与螺杆挤出沥青固化过程一样，刮膜蒸发沥青固化过程的固化产物接收站也必须有一套转盘定位系统，控制产物的灌注、冷却和关闭程序，并采用非气密的封盖方式。沥青/废物混合物在蒸发器中下沉的过程中，随着水分的蒸发，固含量上升，体系黏度上升。固体质量分数含量高于50%会导致熔融产物的排料困难，故刮膜蒸发沥青固化工艺的固化体的固含量应控制在30%～45%。

世界上首台用于沥青固化的刮膜蒸发器于1971年在法国Cadarache核研究中心投入运行，至20世纪80年代初，全世界共建成9套固定式和1套流动式刮膜蒸发沥青固化生产装置，到90年代初，共计生产了2 000 m^3以上的沥青固化体。

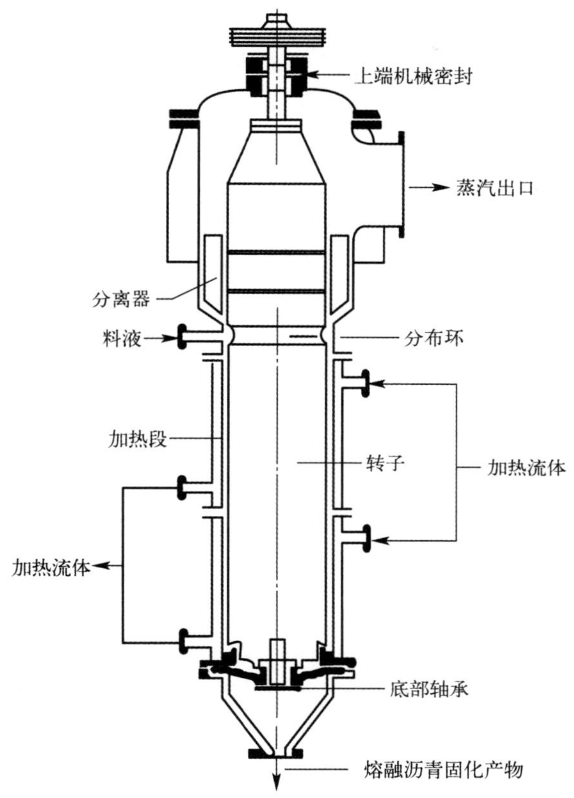

图 8-17　刮膜蒸发沥青固化装置示意图

前苏联建设并运行了一套能处理 4 座核电站产生的废物的大型刮膜蒸发沥青固化装置，蒸发器高 6.3 m，直径 0.8 m，采用 170 ℃蒸汽作为加热介质，蒸发能力为 0.2 m^3/h。20 世纪 80 年代中期，我国西南某厂建立了刮膜蒸发沥青固化试生产车间，废液处理速率为 180 L/h。沥青固化体的主要性能为：含盐量 45%，含水率低于 1%，软化点 70～100 ℃，水中浸出率(Na)低于 10^{-4} g/(cm^2 · d)。

8.3.5　沥青固化操作安全性

沥青固化设施的安全包括常规安全和辐射安全两个方面，所有沥青固化设施在设计和建造之前均需对安全分析进行评价。

8.3.5.1　常规安全

(1) 沥青储存安全

沥青安全储存的温度，应在保证沥青具有良好流动性的同时，远低于其闪点，通常将沥青加热到120～160 ℃(取决于黏度和闪点)。由于沥青的导热性能差,必须采取适当的控制措施,防止局部过热或烧焦(对于电加热)。建议对储罐设置带滤网的熔融沥青循环流动系统,沥青储罐应与操作放射性的设备分隔开,并配备足够的消防设施。

(2) 待处理废物化学成分分析

在沥青固化过程中,废物中有些化学成分不仅会导致着火,还可能发生爆炸性反应。所以,必须检测和严格控制这些化学成分的浓度。从这个意义上说,应当特别关注来自后处理厂的含有硝酸盐和热不稳定或挥发性有机化合物的浓缩废液以及来自核研究中心的成分多变的蒸发浓缩液。除了 $NaNO_3$之外,有些会产生氧化还原反应的成分(如 MnO_2 和 CoS_2)加剧沥青的氧化,并剧烈放热;还有些化合物在升温过程中会分解放热。

通常采用差热分析(DTA)和差示扫描量热(DSC)等分析方法检测废物烘干样品的热行为。在 250 ℃之前的每个明显的放热异常即为放热反应的指示,它有可能构成沥青固化过程中的着火危险。大量研究表明,对于用纯 $NaNO_3$ 和 $NaNO_2$与氧化沥青均匀混合,只要沥青含量超过质量分数 40%,混合物温度维持在 280 ℃以下,就不存在自发放热反应的危险。对于混合不够均匀的情况,则沥青质量分数应超过 50%,混合物中任何一点的温度均应维持在沥青闪点以下。

(3) 温度控制与过程连锁

大量有关沥青固化过程着火与爆炸危险的研究表明,如果维持固化体含盐量在合理水平,并对废物进行适当的预处理,排除导致失控的放热反应,则当废物/沥青混合物的温度低于沥青闪点(至少低 50℃)时,沥青固化的操作过程是安全的。在沥青固化设施的设计、建造和运行中,应结合对待处理废物样品的分析检测,对沥青固化全过程实施足够的温度控制与过程连锁。典型的需要连锁的设备有输送废液和沥青的计量泵,还有若干重要的温度传感器与加热系统之间的连锁。

(4) 防火

消防的主要目标包括:火灾预防;火灾早期可靠预警;有效的消防能力;限制火灾蔓延;限制火灾损失;保持安全系统处于可运行状态;不造成不可接受的放射性泄漏或照射。

沥青固化过程中可能涉及的易燃物有沥青、沥青固化体、去污液、加热介质(如油)。通风系统除了核安全考虑之外,也可去除沥青固化过程中可能释放的可燃挥发物。除了在沥青固化的混合段之外,在熔融产物出口处的灌装和冷却区,更需要加强通风,并配备温度、烟雾和火焰探测器。在对沥青固化设备进行去污清洗时,应采用不可燃的有机溶剂。

8.3.5.2 辐射安全

(1) 屏蔽

沥青固化运行经验表明,后处理厂浓缩废液和泥浆的沥青固化接收桶的表面剂量率为 2～10 Gy/h;核电站废物沥青固化接收桶的表面剂量率较低(约为 0.5 Gy/h)。由于沥青的密度较低,故沥青固化体的自屏蔽能力较差,而较高的废物包容量会导致固化体较高的放射性水平和辐射水平。所以,沥青固化设施的屏蔽十分重要。废物的储存与加料单元、废物/沥青混合单元以及固化产物装桶和冷却单元均需安排在单独的热室里。例如,设在比利时 Mol 核研究中心的欧洲沥青固化(EUROBITUM)设施,废物加料站与控制室之间的混凝土屏蔽层厚度为 105 cm[13]。

(2) 污染控制

通过提高污染设备操作间的负压和有效的通风系统,保证气流由低污染区向高污染区流动,防止气溶胶的扩散。

在正常操作情况下,沥青固化设备间、固化产物装桶和冷却站的污染危险不大。在发生着火事故时,有可能造成污染扩散,所以,应采取如下措施:提供足够的消防器具,尽可能减少二次废物产生量;配备滴洒废液的托盘,收集飞溅出和泄漏出的液体和废物/沥青混合物;提供易去污的表面材料或涂层。

8.3.6 沥青固化体性能评价

8.3.6.1 沥青固化体的物理性质

(1) 废物包容量的影响

沥青是一种黏弹性物质,其黏度会因包容废物颗粒而改变。随着废物包容量的增加,沥青黏度按指数规律上升。废物包容量过高,固化产物会因黏度过高而导致排料困难;更为严重的是,过高的废物包容量会因固化体更易吸水而导致溶胀。

(2) 固化体均匀度

沥青固化体的均匀度差会导致浸出率的上升和固化体微观结构的变化。固化体的均匀度可通过有无空隙、气泡、裂缝以及未包容废物颗粒等而进行定性检查。均匀度的定量检测则需对固化体进行随机取样,分析其中的化学成分和放射性水平,与规定样品的平均值进行比较,观察检测数据与平均值的偏差。例如,法国对沥青固化体的近地表处置,要求固化体样品中化学和放射性测量数据与平均值之间的偏差不应高于 25%。对固化体放射性均匀度的测量,可以采用对固化体的非破坏性 γ 扫描,也可以采用样品的破坏性分析。

固化体的均匀度取决于混合强度与混合时间、废物/沥青比、废物类型、水分蒸发速率、乳化剂的存在、操作规模、所用沥青固化设备、沥青类型和操作温度。一般而言，均匀度与熔融固化产物装桶后废物在沥青中的沉降速率有关。搅拌速率和蒸发速率越低，则结晶盐分的颗粒越大，沉降也越快。废物包容量高或废物中存在两种以上比重和粒度不同的固体(如阴离子树脂和阳离子树脂)，都会导致固化体不均匀。

比重大或颗粒大的固体在黏度较低的熔融沥青中下沉较快。由于沥青的导热性能很差，200 L 桶装的熔融固化产物需要多于 24 h 的冷却时间(冷却速率约为 2 ℃/h)，如果沥青黏度较低，则在如此长的冷却过程中会出现相分离。为了缓解这一问题，在生产规模较大的沥青固化车间，一般将产品接收桶装在转盘上，每次灌注一部分熔融产物后转到另一个位置，待冷却后再转回到排料口，进一步灌注。

(3) 机械性能

沥青固化体的机械性能主要指硬度和黏弹性，影响这些性能的主要因素有沥青类型、废物类型和废物包容量，辐射可使固化体变得更硬和不易变形。一般情况下，沥青固化体的针入度要比纯沥青降低 2 个数量级，法国对沥青固化体的针入度的要求是不大于 6 mm。美国要求固化体样品在承受 415 kPa 无侧限抗压强度时，样品变形(高度变化)低于 10%。

固化体样品从 1.2～9 m 高度自由跌落的冲击试验表明，沥青的塑性使得固化体跌落后不会变形。固化体包装从 9 m 高度跌落后略有变形，但没有裂散。

沥青固化体在运输和储存过程中，大范围的温度变化会使固化体机械性能变坏。温度过高，固化体中的固体颗粒有可能沉降；温度太低，固化体有可能在受到冲击时脆裂。热循环试验表明，在 −40～60 ℃范围内循环升、降温，固化体没有显著变形。

8.3.6.2 沥青固化体的化学和物理化学性质

(1) 废物与沥青的化学相容性

废物与沥青的化学相容性影响固化体的废物包容量，从而影响固化体的浸出率、溶胀率和稳定性。

后处理废液中含有的 $NaNO_3$ 可与沥青很好混合并生成均匀的固化体，但在较高温度下 $NaNO_3$ 可能氧化有机物，所以，沥青固化体对 $NaNO_3$ 的实际包容量(质量分数)约在 40%。此外，废液中的其他成分(如 MnO_2)即使在低浓时也会加剧沥青的氧化。所以，在沥青固化之前必须对废液进行化学分析，以确定废物包容量上限、必要的预处理和固化的安全操作条件。表 8-7 为废物中一些重要成分与沥青的化学相容性。

(2) 可燃性

沥青固化体是可燃物质，对沥青固化体进行安全评价的关键是，在沥青固化体的转移、运输、储存和处置过程中导致固化体着火或维持其自持燃烧所需的外加能量。

表 8-7 废物中一些重要成分与沥青的化学相容性

废物成分	包容量上限(质量分数)	所需预处理	过高包容量的后果
硝酸钠	40%	无需	浸出率高,溶胀严重
硫酸钠	40%	包容量过高时需转化为硫酸钙	浸出率高,溶胀严重
硼酸盐	40%~45%(硼酸钙) 不接受可溶性硼酸盐	可溶性盐转化为不溶性硼酸钙	浸出率高,溶胀严重
磷酸盐	40%~45%	转化为不溶性碱土形式	浸出率高,溶胀严重
碳酸盐	40%(碳酸钙) 不接受可溶性盐	转化为碳酸钙	浸出率高,溶胀严重
硝酸铝	不接受	转化为硝酸钠	固化过程有放热反应
氧化加速剂	<1%	在酸性介质还原破坏	固化过程有放热反应, 加速固化体氧化
还原剂	≤1%	pH 调至 10, 用氧化剂破坏	固化过程有放热反应, 加速固化体氧化
络合剂	不接受	pH 调至 8~9	固化过程发泡,浸出率高
乳化剂	<6%		固化过程发泡
有机物	<1%,或<溶解度		降低闪点、黏度,分解放热危险
泥浆	40%~45%	pH 调至 8~9	黏度上升,均匀性差,可能溶胀和盐析
废树脂	40%	使树脂饱和, 部分地机械破碎树脂	因水合反应而溶胀

在没有外部火源存在时,沥青固化体本身是不会燃烧的;当出现较大的外部火灾时,由于沥青固化体的导热性能差,固化体会表面局部过热而被熔融,随后,液化的沥青滴洒而被引燃。在设计和安装防火设备时应考虑这种情况。

需要考虑的一种燃烧事故情景是,当沥青固化体在运输过程中与载有可燃物质(如汽油、柴油或丙烷)的车辆相撞。即使出现这种情景,由于沥青固化体是装在混凝土外包装之中的,具有有效的防止外部着火的能力。

(3) 浸出率

大量关于沥青固化体浸出率研究表明，不同沥青固化体、不同类型放射性核素的浸出率数据变化范围很宽。锕系和稀土核素的浸出率较低($10^{-8}\sim10^{-5}$ g/(cm^2·d)，碱金属和碱土金属的浸出率比前者高出两个数量级($10^{-6}\sim10^{-3}$ g/(cm^2·d))。与水泥固化体相比，沥青固化体的核素(尤其是碱金属和碱土金属)浸出率较低。

废物包容量过高(如可溶性盐或废树脂包容量超过质量分数 50%)，则会使固化体表面膨胀和破裂，浸出机理将不完全是扩散，还包括溶解，最终导致浸出率上升。

(4) 溶胀

水分透过沥青扩散并被固化废物吸收，导致固化体溶胀。

固化体在水中浸泡过程中，脱水盐分(如硫酸钠和碳酸钠)的水合作用使盐的体积增大，挤压盐分晶体周围的沥青膜，在这种膨胀力作用下，延展性较差的氧化沥青膜有破裂的倾向，溶解的盐溶液还可顺着裂缝流到固化体表面面进入周围水中。所以，降低废物包容量，可以增厚包容废物颗粒的沥青膜的厚度而减少固化体的溶胀。

干树脂吸水后体积增大，将树脂颗粒周围的沥青膜挤压得更薄，水分更易进入而被其他树脂颗粒吸收。较低的树脂包容量和固化体中残留水分的存在有助于减少固化体的溶胀。另外，若在沥青固化前将阳树脂用多价阳离子饱和，也可减少固化体的溶胀。

8.3.6.3 沥青固化体的放射学性质

在沥青固化装置运行之前，安全评审部门需要对固化体放射性包容量进行评价，并依据处置要求规定沥青固化体放射性含量的上限，例如，对于近地表处置，固化体中 α 辐射体的含量应低于 4×10^6 Bq/kg(单桶)。

固化体中重要的放射性核素数据可采用破坏性或非破坏性(γ 扫描)分析获得，对于 α 辐射体的测定需要采用特殊技术，以达到所需的精度。

(1) 辐解气体的生成与释放

沥青固化体的 γ 辐照试验表明，主要辐解气体为氢气，只有少量(低于氢气体积的 5%)的 CO、CO_2 和低级烃类。在氧存在下，当剂量达到 3.1×10^6 Gy，CO_2 的产生量显著增加。α 辐照可使辐解气体的产生速率提高 2～10 倍，但通常沥青固化体中 α 辐射体的含量不会超过 0.2 GBq/L。

(2) 辐照对固化体溶胀和浸出率的影响

采用氧化沥青作为固化基材，当废物比放低于 37 GBq/kg(1 Ci/kg)、包容量低于质量分数 40%时，固化体不会发生显著溶胀。当固化体中 α 辐射体的含量不超过 37 GBq/kg，固化体也不会发生显著溶胀(<1%)。通常后处理废液的 α 辐射体比放为 0.2 GBq/kg 左右，所以，α 辐射引起的固化体溶胀微不足道。

大量研究表明，辐照对固化体核素浸出率的影响不大，且 α 辐照与 β-γ 辐照似乎没有差异。由辐解气体引起的固化体溶胀不会影响放射性核素的浸出率。

8.3.6.4　沥青固化体的生物降解

许多微生物能以碳氢化合物作为其能量来源，所以沥青可以被微生物所降解。微生物降解沥青的研究表明，降解速率与环境条件、沥青化学成分和物理状态以及微生物菌种等有关。环境条件包括温度、pH、有无营养物或氧的存在、水中含盐量、碳氢化合物存在状态以及辐射场。研究发现，沥青固化体的生物降解并不严重。研究还表明，微生物对射线比较敏感。当剂量超过 500 Gy，大多数微生物不能存活；当剂量超过 750 Gy，微生物根本不能生存。而且，废物处置环境不适于微生物生长，低温、高盐含量、高碱度、辐射及缺氧等条件仅限于厌气性微生物的生长。

瑞士学者开展了沥青在好氧和厌氧条件下的微生物降解试验。在好氧条件下，微生物降解导致的沥青损失速率为 20～50 g/(m^2 · a)，二氧化碳的产生速率为 15～40 L/(m^2 · a)；在厌氧条件下的降解速率仅为在好氧条件下的 1%左右。在废物处置的厌氧条件下，将研究结果外推，则预计 1 000 a 以后的沥青损失为 200 L 桶装沥青固化体的 0.3%～0.8%。

根据天然沥青及其类似物长期稳定性的研究结果，沥青在 10^4～10^7 a 的长时间内显示出极好的稳定性。将天然沥青稳定性的经验数据与在理想条件下微生物降解试验外推的降解速率进行比较后，可以推断沥青固化体的微生物降解速率很低，固化体在处置过程中具有足够的安全性。

8.3.7　结　论

沥青固化是一种成熟的处理工艺，广泛应用于各类低中放废物的固化，并累计处理了 20 000 m^3以上的放射性废物。

沥青固化工艺的优点是：

(1) 沥青原料易得、价低，固化成本低于水泥固化；

(2) 沥青固化的减容效果较好，对于饱和蒸发浓缩液，减容比为 1.5；对于含盐量较低的废水，减容比更高；与水泥固化相比，固化同量的废物，沥青固化体的体积为水泥固化体的 1/2～1/4；

(3) 沥青固化体的含盐量可高达 50%～60%，而水泥固化体的含盐量达到 10%～20%后，固化体机械强度就显著降低；

(4) 与水泥固化相比，可以处理比活度较高（中放废液比活度的上限）的放射性废水。

沥青固化工艺的缺点是：

(1) 设备和操作控制比水泥固化复杂,还需要工艺尾气系统;

(2) 为使沥青软化并脱除水分,需要加热操作(150~230 ℃),故能耗较高;

(3) 沥青在处置场环境温度较高(如高于 40 ℃时)时会软化,故固化体必须有外包装容器。

沥青固化体的优点是:

(1) 沥青固化体与水不相容,故核素浸出率很低,一般为 10^{-5}~10^{-3} g/(cm^2 · d),比水泥固化体低 10^2~10^3;

(2) 沥青固化体的重量和体积随时间的变化远比水泥固化体小,这可降低处置费用;

(3) 沥青能抵御微生物侵蚀。

沥青固化体的缺点是:

(1) 沥青具有可燃性,尤其是含有硝酸盐和亚硝酸盐的沥青在 130~200 ℃时盐分会分解,产生强氧化性的氮氧化物,它们会氧化沥青而加剧其可燃性甚至爆炸[16],所以必须配备有效的防火系统;

(2)沥青固化体的抗辐射性较差,当吸收剂量>10^7 Gy 时,即分解析出 H_2、CH_4 等气体,沥青呈蜂窝状,体积膨胀 0.3~20 倍[18]。

不少废物会与沥青发生交互作用,一些溶剂和油脂会使固化体变得更有弹性;有些物质(如硝酸盐、氯化物、高氯酸盐)会与沥青反应而使固化体产生裂缝;硼酸盐会使固化速度过高而损坏设备。所以,在选择沥青固化工艺时,应充分考虑这些因素。

8.4 低中放废物的聚合物(塑料)固化

聚合物优越的机械性能(如抗压强度和抗拉伸强度)使之成为良好的低中放废物固化基材,并能获得较高的废物包容量。

低、中放废物的聚合物固化是近 20 余年来研究开发成功的一种固化工艺,其基本过程为:在常温或加热(100~170 ℃)条件下,将聚合物与废物均匀混合,将废物包容在聚合物基体之中。聚合物固化法适用于固化废离子交换树脂、有机废液、浓缩废液、过滤泥浆、焚烧灰烬等。

20 世纪 70 年代初,法国、日本开始试用不饱和聚酯在常温下固化核电站废物,并建立了示范生产线。目前,固化工艺已得到小规模应用(美、日等)。

8.4.1 聚合物类型及其性质

聚合物通常分为两大类,即热塑性(Thermoplastic)和热固性(Thermosetting)

聚合物。前者主要具有链状的线型结构，受热软化，可反复塑制；后者成形后具有网状的体型结构，受热后不能软化，不能反复塑制。

热塑性聚合物由紧密堆积的高分子线性链构成，线性链之间以范德华力互相吸引。在某些条件下，这些线性链之间也能实现交联。在高温下，这些坚硬的聚合物变成橡胶状或流动液体。这种固相向液相转化的温度称为玻璃转化温度，它标志着物理和机械性能的急剧变化。冷却后，聚合物又恢复到原来的状态。在聚合物中添加适当的溶剂，它会渗透到聚合物链的界面而降低物理作用力，使高分子链相互滑脱而被溶解。

典型的热塑性聚合物有聚乙烯、聚丙烯、聚苯丙烯、聚苯乙烯、聚氯乙烯等。

热固性聚合物具有坚固的三维网络结构，单体溶液通过聚合反应形成致密的交联结构，固化成永久性的聚合物。热固性聚合物一旦生成，就不能再熔化或再成形。对成形后的热固性聚合物再加热和加压，会引起聚合物链的断裂，导致聚合物性能显著变差。

典型的热固性聚合物有环氧树脂、聚苯乙烯-二乙烯基苯、尿素-甲醛树脂、不饱和聚酯树脂、二丙烯基邻苯二甲酐树脂等。

在常温条件下，大多数聚合物能保持其物理和机械性能；当高于热塑性聚合物的玻璃转化温度，聚合物便呈现弹性，机械性能下降；热固性聚合物不存在玻璃转化温度，温度升至 175 ℃仍能保持其原来的机械性能。通常情况下，大多数乙烯基型聚合物在 200 ℃左右时开始热分解。

由于聚合物的密度大于其单体的密度，所以在聚合过程中会发生收缩现象，这可能会因应力的存在而降低聚合物的机械性能，且不利于聚合物对废物的包容。采用添加剂和控制聚合反应可以缓解上述问题。

多数聚合物可耐弱酸和弱碱的腐蚀，也能抵御微生物侵蚀，但不耐强酸和强碱。多数热固性聚合物可耐有机溶剂的腐蚀，但热塑性聚合物可溶于某些有机溶剂。

聚合物遇火会燃烧。高温分解或烧焦，但是聚合物中若含有氯、溴、磷、锑、硼和氮等元素，则可迟滞和阻止燃烧。

8.4.2　聚合物固化前的废物预处理[19]

8.4.2.1　化学预处理

通常放射性废物的化学成分较复杂，变化范围较宽，废物中许多成分会加速或迟滞聚合反应，干扰聚合过程，影响固化体性能。

聚合反应所用的引发剂和助聚剂适宜的 pH 有一定范围，超过某一 pH 范围，聚合反应不会发生。酸性废物会迟滞或阻止聚合反应，碱性废物会对固化体性能有某些不利影响。

为了解决废液 pH 对固化过程的不利影响，可以通过化学处理方法，降低废物中盐分的溶解度。例如，在硼酸废液中可加入含有钙和镁的化合物，将硼酸转化为难溶的硼酸盐；在含有硫酸钠的废液中可加入氢氧化钙，生成难溶的硫酸钙。上述预处理方法可以提高废物的包容量，改善固化体的性能。

有些聚合物对废树脂的酸度较敏感，例如，采用不饱和的聚酯系统进行固化前，需要氢氧化钙或氢氧化钠溶液对废树脂进行预处理，使树脂饱和。

8.4.2.2 脱水

为了提高废物包容量，有必要对废水进行脱水处理。废液脱水方法有机械脱水、蒸发和结晶等。

对于机械脱水，桶内真空过滤是最常用的技术，尤其适合于废树脂的脱水。若废水中固体颗粒太细，无法进行过滤，则可利用离心法实现固液分离。

蒸发浓缩法比较简单，但废水中若含有悬浮固体颗粒，则需事先去除之。若废水中含有能引起爆炸反应的成分，则不宜采用蒸发脱水。

蒸发/结晶法适合于固含量较高的泥浆脱水。将蒸发与真空冷却结晶相结合，当废水在系统中循环到一定程度，产生足够量的废物结晶（体积分数约为 25%），结束运行，将结晶泥浆输送到固化单元。

8.4.2.3 干燥

对于有些聚合物固化过程（如聚乙烯和聚酯/苯乙烯固化），需要对湿废物或废液进行干燥处理。常用的干燥系统有挤出机/蒸发器系统、流化床干燥器、刮膜蒸发/干燥器和喷雾干燥器。

挤出机/蒸发器系统使湿废物脱水干燥后，将其与固化基体结合，并将废物一基体混合物挤出至固化接收桶，冷却后固化。该工艺类似于废物沥青固化。

流化床干燥器由一个被上流空气悬浮起来的加热固体颗粒床组成，待干燥废液被喷入流化床，水分蒸发后，废物成分沉积在固体颗粒上。通过不断卸出部分床内成分除去干燥的废物固体。水蒸汽冷凝后作进一步处理，尾气经处理后在流化床中循环。

刮膜蒸发/干燥器包括一个加热的圆筒形外壳和一个带刮刀的中央旋转部件，刮刀与筒壁之间可以相互接触，或留有一定间隙。图 8-18 为简化的刮刀与筒壁接触的垂直型刮膜蒸发器示意图。刮膜蒸发干燥适于处理含硫酸盐的废液、含硼酸盐的废液、滤渣和湿树脂废物。

喷雾干燥在较低温度下蒸发废水，可避免放射性核素的挥发，废树脂分解产生的氨气、胺类和硫氧化物也很少。喷雾干燥的简化流程如图 8-19 所示。

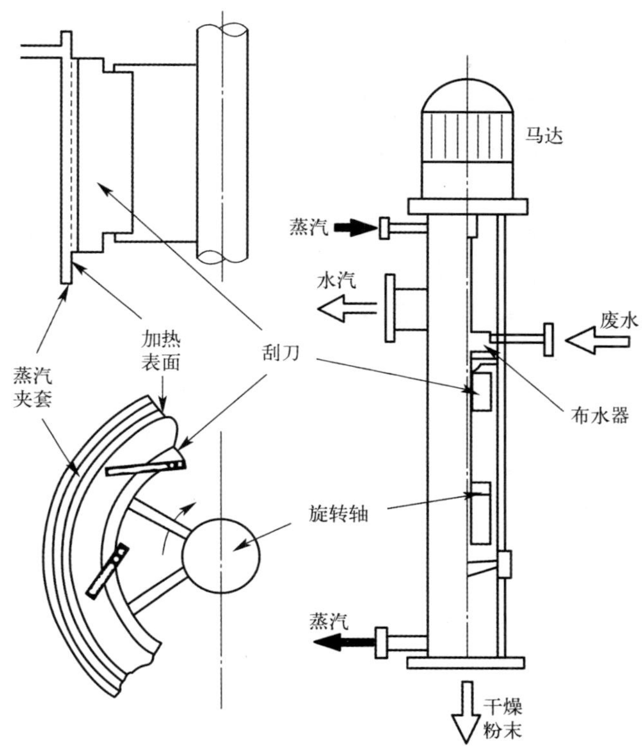

图 8-18 垂直型刮膜蒸发器(刮刀与筒壁接触)简化示意图

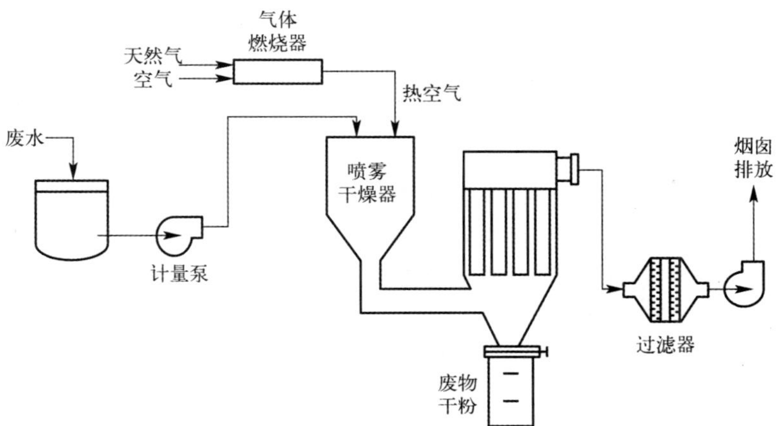

图 8-19 喷雾干燥的简化流程

8.4.3 聚合物固化工艺

8.4.3.1 国际上聚合物固化工艺发展现状

热塑性聚合物固化工艺类似于沥青固化，以聚乙烯固化为例[3]，其操作过程如下：将聚乙烯加热后，加入放射性废水（或固体废物）混合搅拌，待废水中的水分蒸发后，废物固体便均匀地包容在聚乙烯基体之中，混合均匀的产品注入储桶，自然冷却后硬化成固化体。热塑性聚合物固化属于机械混合过程，废物与聚合物不发生化学反应，固化过程所采用的工艺设备与沥青固化相同，如螺杆挤出机、刮膜蒸发器等。

热固性聚合物固化工艺类似于水泥固化，单体在聚合反应过程中，将废物包容在聚合物交联网状结构中，废物组分也会参与并干扰聚合反应。以乙烯基酯-苯乙烯固化为例[3,20]，热固性聚合物固化操作过程如下：调节废水的 pH 到适当值，在高速搅拌下将废水加入乙烯基酯-苯乙烯单体溶液中，形成稳定的废水-单体油包水型乳状液，水滴直径为 2～5 μm。加入引发剂（过氧化苯甲酰）和助聚剂（二甲基甲苯胺），在常温下搅拌，实现聚合反应。废水中的有些组分会与引发剂和助聚剂发生反应，故引发剂和（或）助聚剂的添加顺序或速度需要控制。

一些国家的放射性废物聚合物固化技术开发情况如表 8-8 所示[19,21]。

表 8-8 一些国家的放射性废物聚合物固化技术开发现状[19,21]

国家	厂址	固化废物种类	聚合物种类及固化方式
阿根廷	Atucha	核电厂浓缩废液	聚乙烯（连续挤压法）
	Grenoble	浓缩废液、化学沉淀泥浆、废树脂	聚酯或环氧树脂（桶内固化）
法国	Chooz	核电厂废物	聚酯或环氧树脂（桶内固化）
	COMETEL2	废树脂	苯乙烯-二乙烯基苯（桶内固化）
德国	FAMA，MOWA	废树脂	苯乙烯二乙烯基苯（桶内固化）
	福岛、岛根	核电厂废物	聚酯（桶内固化）
日本	东海村	后处理厂萃取剂	聚氯乙烯，环氧树脂
	柏原	核电厂废物	聚酯（桶内固化）
荷兰	Borssele	核电厂废物	聚乙烯（连续挤压法）
瑞士	Bezhaw	废树脂	苯乙烯-二乙烯基苯
英国	Trawsfynydd	废树脂	乙烯酯-苯乙烯（桶内固化）
美国	DOW	核电厂废物	乙烯酯-苯乙烯（桶内固化、就地固化
加拿大	Whiteshell	低放浓缩废液	聚酯

8.4.3.2　典型的聚合物固化工艺介绍

已开发的聚合物固化工艺主要有以下几种[5,19,21]：

- 聚乙烯固化

聚乙烯由乙烯气体聚合而成，具有结晶/无定形结构。通过设计和控制聚合过程参数，可制备出各种不同分子结构的特定用途的聚乙烯，通常分为低密度和高密度两大类。更适于固化放射性废物的聚乙烯是易于加工低密度聚乙烯，最好采用具有低熔化温度的低密度聚乙烯，以避免放射性核素的挥发。

由于聚乙烯属于热塑性聚合物，聚乙烯固化与沥青固化法类似，将放射性废物与聚乙烯颗粒加入固化系统（如螺杆挤出机、刮膜蒸发器或釜式反应器），加热至 180 ℃左右，聚乙烯在熔融状态下与废物均匀混合，待废水中水分蒸干后，混合物注入废物贮存桶冷却。

日本原子能研究所（JAERI）和美国布鲁克海文国家实验室采用低密度（密度为 0.917 g/cm^3）聚乙烯，研究了蒸发浓缩液、废树脂和滤渣等废物的螺杆挤出机固化工艺。固化过程包括废物的脱水干燥、废物干粉与聚乙烯颗粒的混合和聚乙烯熔融、螺杆挤出机产出固化产品（块状或颗粒）。脱除废物中的水分可以防止废物与熔融聚乙烯挤压混合过程中发泡。采用聚乙烯生成块状固化体，熔制温度为 160 ℃左右；采用聚氯乙烯生成粒状固化体，熔制温度为 90℃左右。

图 8-20 为日本开发的聚乙烯（或聚氯乙稀）固化过程方块图，该过程废树脂的包容量质量分数为 50%。

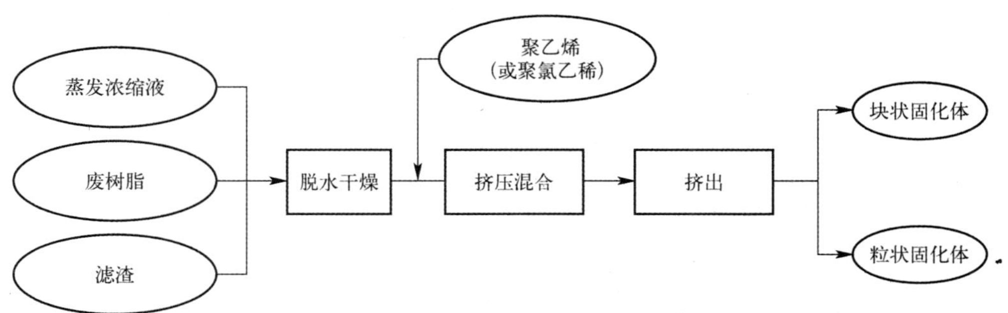

图 8-20　日本开发的聚乙烯（或聚氯乙稀）固化过程方块图

前西德 WAK 后处理厂采用聚氯乙稀固化废 TBP 溶剂，在固化过程中，TBP 类似于一种增塑剂，扩散到聚氯乙稀颗粒间，最后形成的固化体具有类似于橡胶的机械性能。废溶剂的包容量与聚氯乙稀的分子量有关，高分子量的聚氯乙稀对 TBP 的包容量较高，但低分子量的聚氯乙稀可在常温下与 TBP 快速混合。

• 聚苯乙烯固化

聚苯乙烯固化以苯乙烯为单体，以对-二乙烯苯作为交联剂，偶氮双异丁腈或过氧化苯甲酰作为引发剂，工艺过程简单。法国、前西德和荷兰一些核电站用苯乙烯固化流动装置处理核电站废物。设备安装在 8 m×2 m×3.5 m 大型卡车上，可以方便地开到需要处理废物的核电站去，只要三个月时间就可以将一座核电站一年产生的 60 m^3废树脂处理完毕。中国原子能科学研究院的研究表明，苯乙烯可包容质量分数高达 70%的 TBP 废溶剂或 65%的废树脂。

图 8-21 为法国开发的用于聚苯乙烯固化废树脂的流动式固化系统流程示意图。

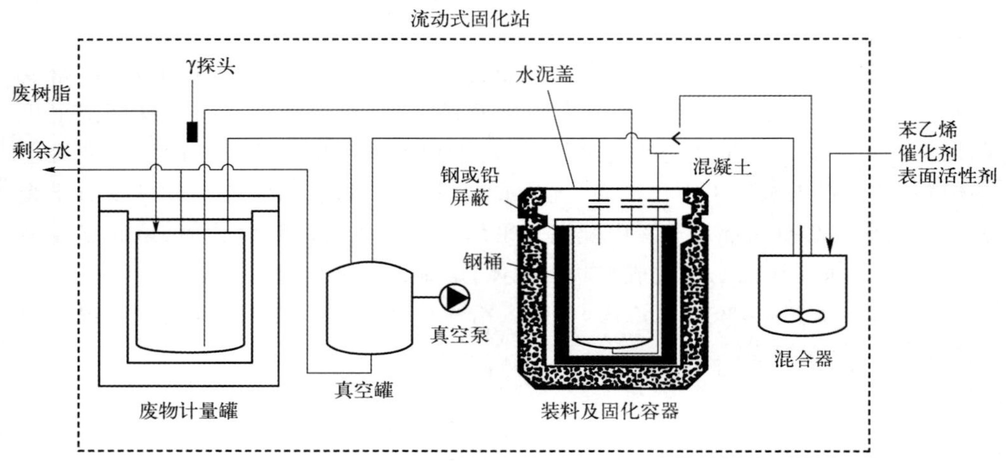

图 8-21　法国开发的流动式聚苯乙烯固化系统示意图

• 环氧树脂固化

环氧树脂的养护可采用许多种交联剂（硬化剂），也可添加催化剂促进自聚合。当树脂的反应基团的反应完毕，树脂变得坚硬和不可熔化，养护即告完成。

工业上广泛使用的环氧树脂是双酚 A 树脂。有许多种胺类和酸酐硬化剂可用作双酚 A 树脂的养护剂。如需要在常温下进行养护，则选用脂肪胺（伯胺和仲胺）硬化剂。用酸酐硬化剂养护的双酚 A 环氧树脂具有很长的罐储寿命和优良的包容性能。

图 8-22 为法国 CEA 开发的用于固定化废树脂的批式环氧树脂固化工艺过程示意图。如图所示，废树脂用水力输送法送到一计量罐，将一定量的树脂加到固化混合桶。多余的水送回废树脂储罐和送至废水处理站。环氧树脂单体和硬化剂分

别计量后，加入固化混合桶。搅拌混合后，将废物固化混合桶移至暂存区养护，完成聚合反应。然后封盖送去储存或处置。

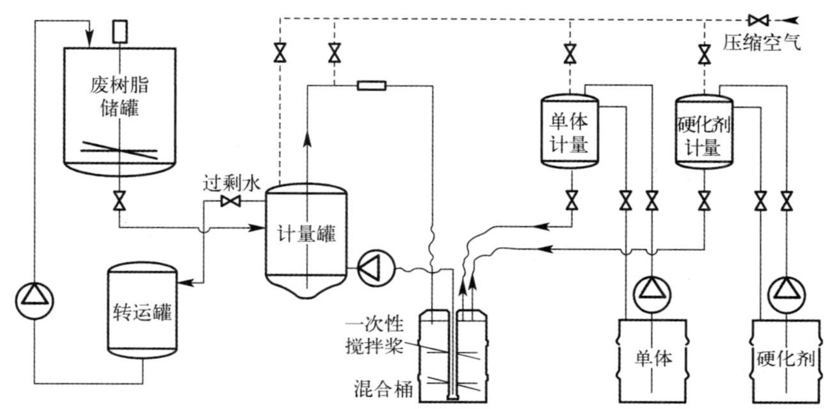

图 8-22　法国 CEA 环氧树脂固化批式工艺过程示意图

图 8-23 为法国 CEA 开发的用于固定化废树脂的环氧树脂固化连续工艺过程示意图，该过程采用离心法脱除废树脂中水分，采用螺杆挤出机实现废树脂与环氧树脂的混合。

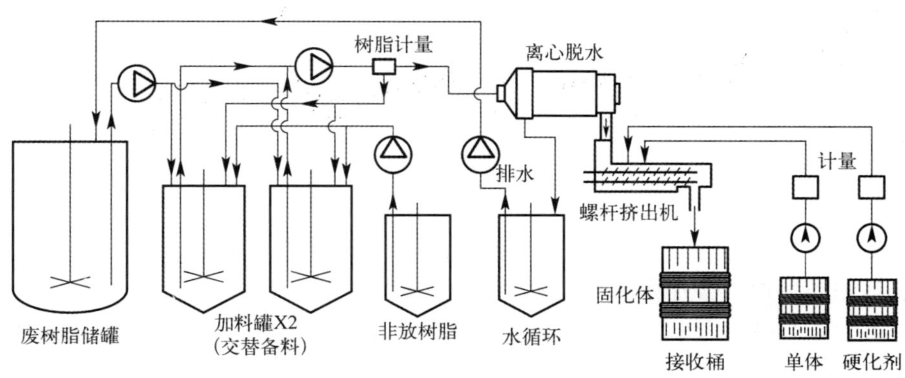

图 8-23　法国 CEA 环氧树脂固化连续工艺过程示意图

• 聚酯固化

工业上广泛采用的线性聚酯是典型的不饱和二元酸与乙二醇的缩聚产物。通常也用一些饱和二元酸以修饰树脂的不饱和程度及其反应性。

用于固定化干废物或脱水废物的不饱和聚酯，通常都基于乙烯或丙稀乙二醇、邻苯二甲酸酐和马来酸酐。这些材料均溶于苯乙烯单体，后者的耐辐照性能很好，是良好的交联剂。引发剂和助聚剂由过氧化甲基乙基酮与环烷酸钴组合而成。聚合反应在常温下进行。

法国CEA的格雷诺布尔（Grenoble）核中心研究成功了聚酯固化工艺。如图8-24所示，溶解在苯乙烯中的不饱和聚酯与预先脱水的放射性废物在预混合器内均匀混合后，排入位于预混合器底部的接收桶中。装满混合物后，传送带将接收桶移开，在混合物中添加引发剂和助聚剂，用一升降式搅拌浆将物料搅拌均匀，发生聚合反应，生成一种体型交联结构高聚物，将放射性废物固结在聚酯中。搅拌完毕，将桶移至中间储存区养护桶内固化物。

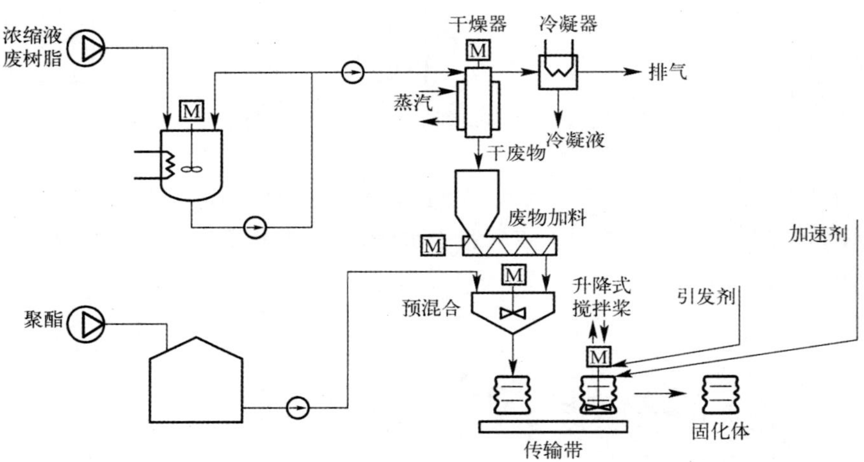

图 8-24 法国CEA聚酯固化工艺流程示意图

日本东芝公司等开发并改进了适于固定干盐粉的聚酯固化工艺，该过程将加引发剂和助聚剂直接加入预混合器中，从而避免了随后的桶内搅拌，简化了过程。美国道乌（DOW）化学公司采用乙烯基酯-苯乙烯作固化剂，加入催化剂搅拌1 min，然后以恒定速度慢慢加入预先脱水的废物，边加边高速搅拌，形成乳状液。加入助聚剂后再搅拌1 min，15 min后发生胶凝，放置过夜硬化。此法已在美国和日本一些核电站使用，并建成车载式流动固化装置。

美国道乌化学公司还开发了废树脂的就地聚酯固化工艺，如图8-25所示，在乙烯基酯的苯乙烯中添加引发剂和助聚剂后，直接注入装有废树脂的离子交换柱中，当固化基体通过树脂流动时，多余的水分被去除。经养护，形成坚硬的固化体。

该过程的优点是无需将树脂输送到另一个固化反应容器，使过程大为简化。

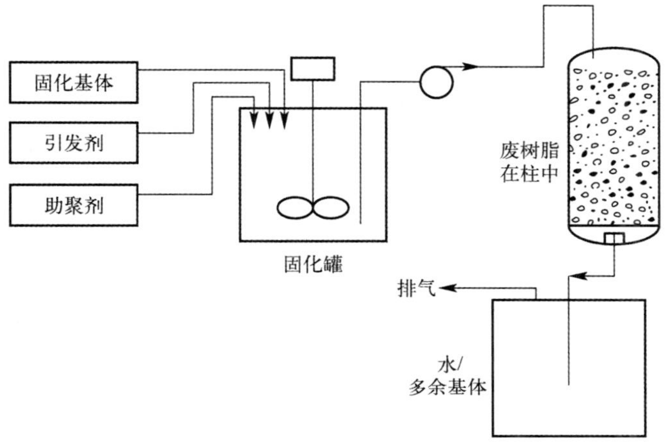

图 8-25　美国道乌化学公司开发的废树脂就地聚酯固化工艺

• 脲醛固化

由尿素和甲醛化学结合的一种线性聚合链含水乳胶缩聚成网络结构时，包容住废物中放射性核素，最后硬化成固体。常以硫酸氢钠或磷酸作催化剂，在 pH＝1.5±0.5 室温下 30 min 内固结，几 h 后完全硬化。脲醛固化是开发最早的聚合物固化工艺，由于操作 pH 过低，对容器有腐蚀作用，现在已逐渐淘汰不用。

8.4.4　聚合物固化法小结

聚合物固化技术在国际上已开展了许多研究，并已在美、欧、日等地获得广泛应用，处理核电站、后处理厂和其他核设施产生的低中放废物。目前主要采用的固化基体为聚酯、环氧树脂和聚苯乙烯，在多数情况下，聚合物固化体均能满足现行的固化体性能要求。

聚合物固化法的优点如下：

(1) 固化体废物包容量高，质量分数可达 70%；固化体的密度低，仅为 1～1.8 g/cm^3。聚合物固化体的高包容量和低密度，大大降低了固化体运输和处置的费用。

(2) 固化体中核素浸出率低，比水泥固化体低 2～4 个数量级。

(3) 固化体具有较好的机械强度和抗辐射性能，吸收剂量达 10^9 rad 时，性质仍稳定。

(4) 聚合物有较好的耐酸、碱和有机物腐蚀的能力。

塑料固化的缺点是：

（1）固化剂成本和固化工艺运行费用较高；

（2）在很多情况下，废水需要预先脱水后才能固化；

（3）固化体中残留水分会显著影响固化体的物理完整性；

（4）固化体在处置条件下的长期环境行为不明。上述问题使得聚合物固化技术未能获得大规模的实际应用。

8.5 低中放废物的玻璃固化

玻璃固化技术一直被用于固化高放废物（本书第10章将专门讨论）。由于玻璃固化的投资和运行费用很高，几十年来一直局限于高放废物的固化。由于玻璃固化的减容比很高（＞50），且玻璃固化体具有优异的性能，随着近年来玻璃固化技术的发展，其应用范围正从高放废物固化拓展到低中放废物固化[5,22]。

20世纪90年代中期发展起来的等离子体炬熔炉（Plasma Torch Melter，PTM）玻璃固化技术，其等离子体炬中心温度可达10 000 ℃以上，因此等离子体熔融技术可处理可燃性废物（废油、塑料、树脂等）、无机物质、废金属和污染泥土等。冷坩埚（Cold Crucible Melter，CCM）玻璃固化技术解决了长期以来玻璃固化技术难以对付的设备腐蚀等问题。冷坩埚熔融器的寿命很长，熔融温度不存在上限，对各种废物的适应性很强，废物处理能力很大。冷坩埚设备的尺寸适应性较强，设施占地面积较小。玻璃固化技术的上述最新发展，使其生产成本下降，从而在固化低中放废物方面可以与其他技术竞争。

8.5.1 核电站废物的玻璃固化

核电站产生的废物属于低中放废物。目前，世界上大多数核电厂采用水泥固化处理，少数核电厂也用沥青固化法和聚合物固化法处理。由于玻璃固化法的废物包容量高，玻璃体固结放射核素的能力强，固化产品品质好，玻璃固化法处理核电厂废物有可能是一种经济、合理的固化技术。

等离子体弧熔融技术是废物玻璃固化的常用技术。等离子体弧发生器一般由一个阴极（阳极用工件代替）、一个放电室和等离子体工作气体供给系统三部分组成。在接近或高于大气压下，电极之间发生电弧放电，电子由外部激励源获得的能量通过频繁碰撞有效地传递给重粒子，形成具有局部热平衡性质的热等离子体。在等离子体状态，电离气体可导电，由于其阻抗很高，电能转换为热能可产生极高温度。高温将废物中无机物转变成金属、玻璃体，将有机物质转变成二氧化碳、一氧化碳及富氢气体。等离子体弧熔炉内的操作温度一般为 1 650 ℃，当废物送至炉内，等离子体所产生的热能有效快速地转移给废物，其中挥发性成分迅速气化后送至副燃室(操作温度为 1 000～1 400 ℃)，并在副燃室被破坏；固体物质残留在等离子体室与熔融浴混合，熔融浴形成可分离的金属相与玻璃相，重金属则被包封于 SiO_2 网状结构内，冷却固化后玻璃化物质形成稳定的具有低浸出率的熔岩。可以将废物的熔融、焚烧快速氧化及固化等过程在同一装置内完成[17,23]。

美国 Retech 公司开发了一种用于低中放废物玻璃固化的离心式 PTM 熔炉，称作 PCR(Plasma Centrifugal Reactor)，其结构如图 8-26 所示，熔炉的一个电极为带有水冷夹套的铜电极，另一个电极是旋转反应炉壁。等离子体炬的温度可超过 10 000 ℃，迅速将废物加热到 1 600 ℃左右，反应炉旋转产生的离心力可防止废物及熔融物从反应炉底部流出，并有利于传热，使熔融相温度趋于均匀。熔渣定期从熔炉底部排出。

采用 PCR 熔炉的废物处理系统称为等离子体离心处理(Plasma Arc Centrifugal Treatment，PACT)系统，如图 8-27 所示。该系统分为热处理和尾气处理两

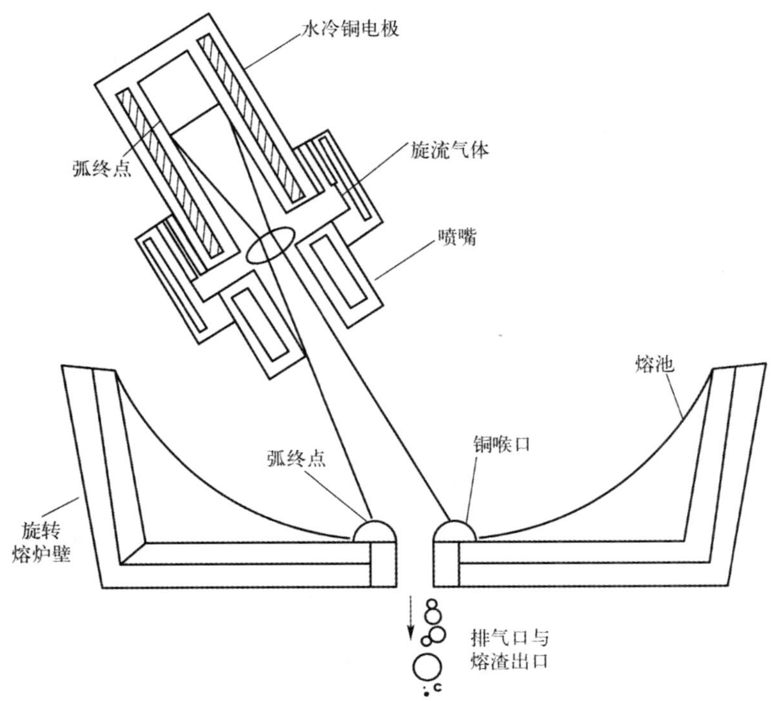

图 8-26　美国离心式等离子体炬熔炉(PCR)结构示意图

部分，废物预先分装为密封的料盒，连续均匀地由螺旋给料器送入旋转反应炉。反应炉底部设有中心孔或铜喉口，用于炬的起弧。炉体和喉口均有水冷却。起弧后炬缓慢上移，加热炉体。当炉体温度超过 1 100 ℃、二燃室温度超过 900 ℃时开始投料，废物受离心力作用留在炉内。等离子体炬的安装允许喷嘴移动，导引等离子体流朝着位于其下圆筒的任一部位，先处理炉内外周的废物，熔融后再往中心移动，最后处理喉口附近的废物。圆筒以一定转速(50～70 r/min)转动，使熔融废物保持在炉内，气态物质则由中心孔进入二燃室进行充分燃烧分解。炉内熔融物充满后，降低转速，使熔融物经中心孔流入熔渣收集室。尾气经处理合格后排入大气。

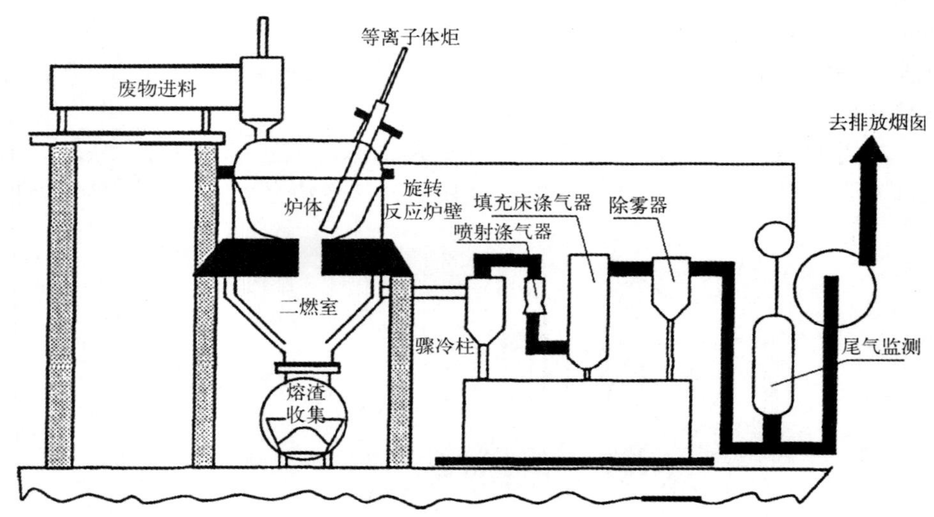

图 8-27 美国等离子体离心处理(PACT)系统示意图

瑞士 Zwilag 引进 Retech 公司的 PACT-8 等离子体熔融系统，用于处理瑞士境内各核电厂产生的低放废物，其等离子体熔融炉的设计处理能力为 200 kg/h 可燃废物或 300 kg/h 无机废物，于 1995 年获得等离子体炉设置许可执照，1996—2000 年间进行施工，2000 年建成等离子体熔融炉设施，并于 2000 年 3 月获得试运转执照而进行各项测试，至 2004 年继续进行模拟废物的试运转，2005 年 4 月通过废气排放检测后已宣布将开始处理实际放射性废物。

日本原子能发电公司引进 Retech 公司 PACT-8 等离子体熔融系统，于 1998 年 10 月在福井县敦贺电厂开始施工建造低放废物等离子体熔融处理厂，2001 年秋天开始进行模拟废物处理试运行，2005 年 4 月获得正式运行许可执照，并开始处理真实废物。

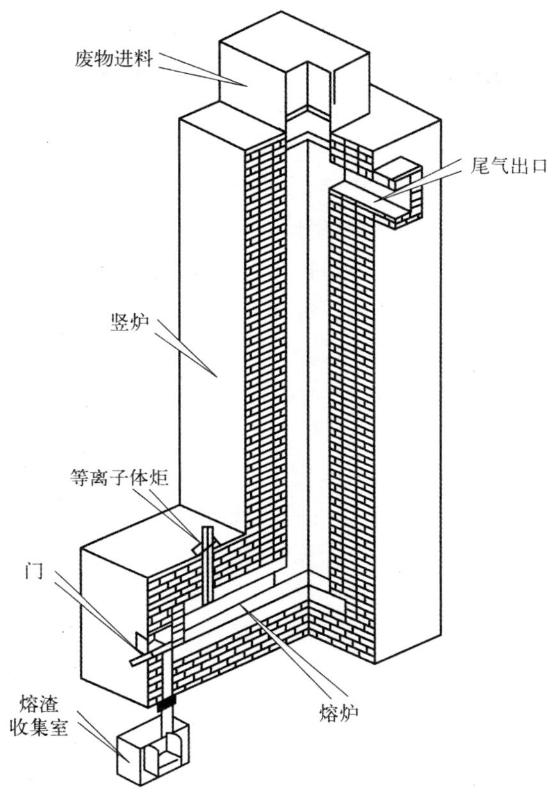

图 8-28　俄罗斯等离子体竖型熔炉结构示意图

俄罗斯 RADON 研究所于 1995 年建造了处理低放废物的等离子体竖型熔炉实验装置[24]，如图 8-28 所示，竖型炉主要由竖炉与熔炉两部分组成，此外还包括废物进料、融渣排出等单元。熔炉外形尺寸为 1.8 m×1.1 m×1.1 m，内部的熔融池体积为 25 L，内衬难熔耐火砖及玄武岩纤维绝热材料，熔炉外层由钢板构成，顶部设置水冷法兰安装等离子体炬，熔炉底部有卸料口，在加热过程中和卸料完毕后由塞子堵塞。熔炉的顶部逐渐变细，转变为竖炉，竖炉从熔池底部起，高度为 4.2 m，外形截面为 1.1 m×11 m，内部截面为 0.4 m×0.4 m，内衬难熔耐火砖及玄武岩纤维绝热材料，竖炉外层也由钢板构成。

废物进料单元为有两个气闸的气密室，位于竖炉上方。废物进料时经气密室，防止空气进入竖型炉，利用重力使废物进入竖炉，废物被烟道气加热。由于竖炉顶部处于乏氧环境，废物在这里进行干燥及热解，并产生大量的热解气体。在竖炉中间段进行矿化反应。废物未气化部分及无机成分下降至氧化与熔融区，固体与部分熔融物质进入熔池，高温熔融后形成熔渣，由熔渣排放口排放至接收容器，冷却后送到处置场处置。

直流电弧等离子体炬安装于熔炉的熔融池上方，等离子体工作气体采用空气，等离子体炬由管状阴极与阳极构成，炬功率为 60～150 kW。

中国台湾核研所于 20 世纪 90 年代初开始等离子体熔融技术的研发工作，于 1996 年研制成 100 kW 的非转移型直流等离子体炬、坩埚型等离子体熔融炉及处理能力为 10 kg/h 的等离子体玻璃固化系统。经各类模拟放射性废物熔融处理测试，获得极佳减容效果及高品质熔岩，远优于最终处置的相关法规要求[26]。

图 8-29 为中国台湾核研所开发的处理能力为 10 kg/h 的等离子体焚烧熔融试验系统流程示意图。如图所示，主反应室和副燃室分别配备一套等离子体炬，其最高操作温度分别为 1 650 ℃和 1 350 ℃。当主反应室和副燃室的温度分别达到 1 650 ℃和 1 200 ℃，模拟废物从主反应室顶部的加料装置进入，可燃物质高温分解为小的有机分子，然后进入副燃室和空气混合后完全燃烧，在副燃室的停留时间大于 1 s。不可燃的成分(如 Al_2O_3、SiO_2、金属等)留在主反应室，熔融后进入底部的收集室，这里还需用一支等离子体炬加热，以保证熔融温度大于 1 600 ℃。从副燃室出来的尾气，先经过急冷(喷 NaOH 溶液)，然后经碰撞洗涤去除大部分的灰分和酸性气体，接着进入填料吸收塔，酸性气体被彻底去除。尾气经除雾器去掉大于 3 μm 的液滴，然后经过加热器将气体温度升至露点温度 81 ℃以上，用引风机送到烟囱排放。等离子体炉系统保持在低于大气压 1～5 in(25.4～127 mm)水柱运行，依靠变频引风机来控制系统处理过程中的压力，防止处理炉中的物质进入工作环境。

该所于 1997 年完成了 1 200 kW 直流等离子体炬系统(INER—1200T)及先

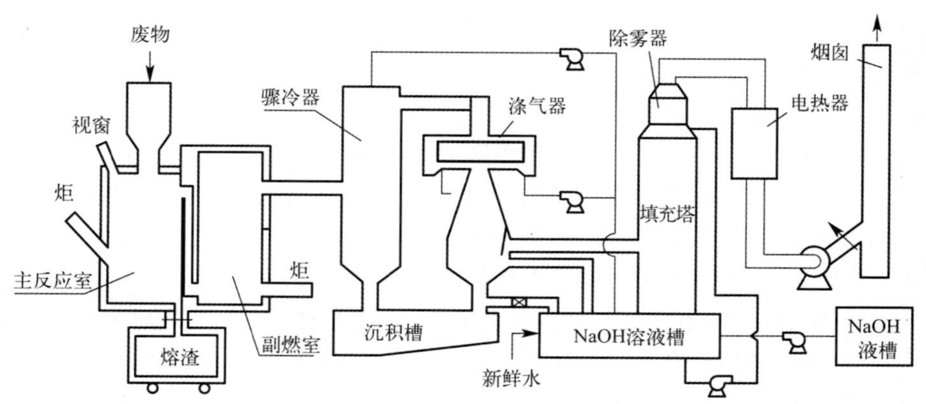

图 8-29　中国台湾等离子体焚烧熔融试验系统流程示意图

导型等离子体熔融炉(INER—PF250)的研制,并于 1998—2001 年设计建造一座处理能力为 250 kg/h 的放射性废物等离子体熔融厂(INEFPF250R),与原有处理可燃性废物的放射性焚烧炉共用一套废气处理系统。经模拟放射性废物及工业废物的长期试运转测试,于 2004 年达到连续运转 250 h 的阶段目标;全厂的运转完全符合环保及辐射防护要求。2006 年 3 月完成放射性试车,待取得运转执照后,将用以处理台湾因同位素应用而产生的不可燃低放射性废物。

据报道,日本核电有限公司已在 Tsuruga 核电厂建成了 PTM 熔炉,用以处理核电站产生的各类低放固体废物[26]。

韩国于 1994—1995 年开展了核电站低中放废物的玻璃固化技术(CCM 和 PTM)的实验室研究和技术经济评估。在此基础上,韩国与法国于 1996—1998 年联合设计了低中放废物玻璃固化冷试验中试厂,并于 1998—2002 年完成了中试厂的建设和玻璃固化冷试验[27],其工艺流程示意如图 8-30 所示。该玻璃固化中试厂流程包括:1 套送料系统,1 台 300 kW CCM 熔炉,1 台 200 kW PTM 炉和 1 套废气处理系统。送料系统包括 1 个玻璃基料送料器和 2 个废物送料器。CCM 系统包括:主体、上层室、供氧系统、玻璃排放系统、水冷却系统和高频发电机。可燃废物依靠熔融的玻璃的热量与氧气燃烧和热解。PTM 系统包括:上层室、底层室、发电机、等离子体气体供给系统、废物供料系统、水冷却系统和控制系统。上层室与等离子体喷枪、废物送料器和废气出口相连。等离子体喷枪依靠氮产生等离子。

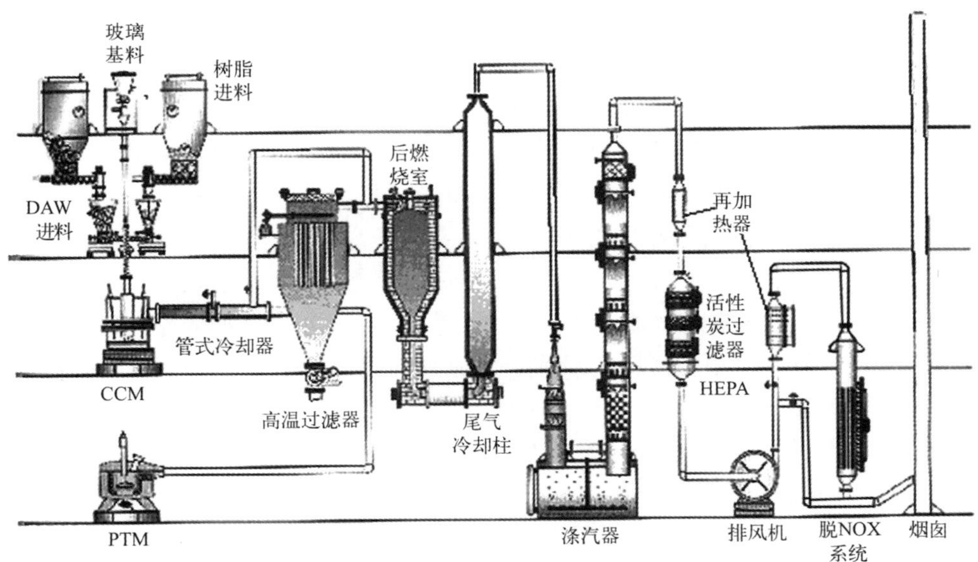

图 8-30　核电站废物玻璃固化冷试验中试厂工艺流程示意图

该喷枪可以旋转和上下移动，从而均匀地熔融废物。尾气处理系统包括管式冷却器、高温陶瓷过滤器、二次燃烧室、文丘里洗气器、四级填料塔洗气器、高效微粒空气过滤器（HEPA）、催化还原器（SCR）、附属设备、仪表控制系统。

利用 CCM 对模拟可燃干放射性废物（DAW）、废离子交换树脂、沸石以及由核电站产生的所有废物进行了玻璃固化试验。此外，利用 PTM 对模拟水泥、土壤、废玻璃、金属废物和废过滤器进行了熔融试验。试验结果表明：对于所有废物都能产生稳定的玻璃固化体，排气管中的所有被控气体都远远低于环保规定限值，并获得了很高的废物减容比，如表 8-9 所示。表中除了最后一栏"不可燃固体"（水泥、土壤、金属等）采用 PTM 技术处理之外，均采用 CCM 技术处理。

表 8-9 模拟核电站废物玻璃固化体的减容比

模拟废物	DAW	废树脂	DAW＋废树脂	DAW＋废树脂＋沸石	硼浓缩物	残渣浆	不可燃固体
减容比	90	21～35	33	74	8	8	3

在中试厂冷台架成功运行的基础上，韩国于 2003 年开始建设处理核电站低中放废物的商用玻璃固化工厂，国际原子能机构已决定支持该项计划。该厂 CCM 和 PTM 的功率分别为 300 kW 和 500 kW，预期生产能力为处理 6 座 1 000 MWe 压水堆所产生的所有低中放废物。

8.5.2 历史遗留低中放废物的玻璃固化

在冷战时期，军用核材料的生产和核爆炸过程产生了大量的放射性废物，并严重污染了很多地区，其中以美国和前苏联两国最为严重。为了有效处理军工遗留核废物，整治核污染环境，美国等投入巨资，开展玻璃固化研究开发[28-29]。

8.5.2.1 流动玻璃固化装置[30]

美国能源部对军工遗留的低中放废物和混合废物玻璃固化进行了大量研究。考虑到核场址的混合废物的放射性强度并不高，这类废物的玻璃固化并不需要在屏蔽层很厚的热室中进行远距离操作。能源部的合同厂商（EnVit 公司）从 1993 年开始开发流动玻璃固化装置（Transportable Vitrification System，TVS），经过 4 年的研发和模拟废物工程验证，于 1997 年在橡树岭核基地用实际混合废物完成了工程验证并投入实际使用。

TVS 装置共分为 4 个独立模块，全套装置安装在 11 辆封闭式标准拖车上。如图 8-31 所示，4 个模块包括废物和添加剂供料模块、熔炉模块、尾气处理模块、运行控制与服务模块。

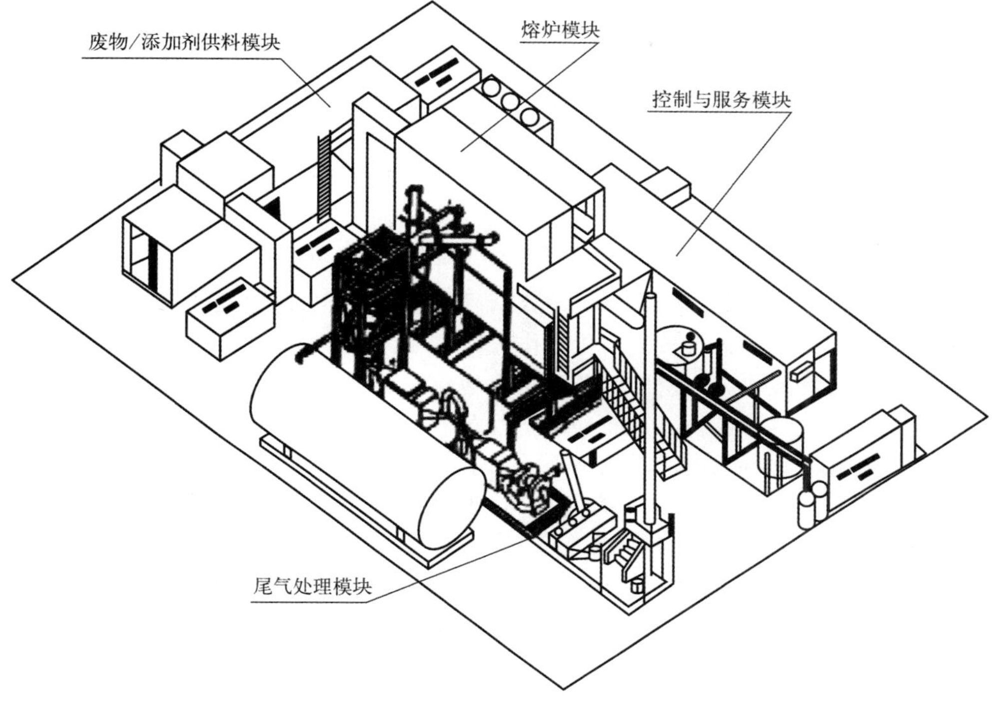

图 8-31　流动玻璃固化装置(TVS)示意图

(1) 废物和添加剂供料模块　由混料槽和供料槽组成,混料槽容积 0.9 m^3,内装搅拌器。混料槽可接收干废物或废液,废物与玻璃基料在混料槽内混合后,泵送到带有搅拌器的供料槽,计量后送入熔炉。

(2) 熔炉模块　熔炉是钼电极焦耳加热冷帽式电熔炉,内有耐火材料衬里,可加热到 1 100～1 400 ℃。熔炉分为三室,一个主室和两个边室。主室顶上有甲烷燃烧器,为启动供热。冷帽限制元素的挥发,不能包容进玻璃的元素进入主室的底部,必要时可以排出。两个边室中,一个供排料用,另一个装有撇乳器,可除去熔融玻璃液面上的熔渣,如氯化物和硫酸盐。熔炉系统维持负压 0.25～1.25 kPa。玻璃体的设计生产能力为 900 kg/d,因不同的废物类型而异,实际生产能力达到 450 kg/d。熔融玻璃注入边长为 61 cm 的方钢箱中。

(3) 尾气处理模块　尾气处理系统包括淬火器、填充床冷却器、可调狭口文丘里、除湿气、再加热器、HEPA 过滤器和烟囱(15 m 高)等。尾气处理系统产生的二次废液需再循环,排出的气体用连续取样监测装置控制。

(4) 运行控制与服务模块　电力供应 480 V,三相,1 600 A,熔炉的电极由变压器经可控硅整流后供电，供电和工艺过程用计算机控制。还装有X射线荧光分析仪、ICP、闪烁计数器、制样用微波炉等。控制室专作料液分析、玻璃产品分析和尾气控制分析。对烟囱尾气连续取样，达到低于排放限值后排放。该实验室装有HEPA过滤器，有独立的通风系统。

流动玻璃固化装置可处理不同污染场址的淤渣、土壤、焚烧炉灰、废液等低中放废物和混合废物。

8.5.2.2 就地玻璃固化[10,14,29,31]

就地玻璃固化有非扰动式和扰动式两种处理方式，非扰动式处理方式是污染场地不受扰动而直接进行玻璃固化操作，适合于处理整块污染的土壤；扰动式处理方式需在污染场地将废物挖出后送入在就地建设的玻璃固化装置中，适合于处理散布在地表的浅层污染物。下面分别予以介绍。

非扰动式废物就地玻璃固化是美国太平洋西北实验室(PNNL)为能源部研究开发的一种新技术，其主要优点是，待处理废物无需搬动或转运，固化体可就地埋藏处置。该技术采用焦耳加热法，在1 600～2 000 ℃条件下，将被有机和(或)无机放射性废物、混合废物所污染的土壤和其他基材(包括槽罐、阀门、管道等地下设备)一起熔融，形成整体结构的类似黑曜岩、火山岩的玻璃体，绝大多数重金属元素和放射性核素被熔铸在玻璃体中。

非扰动式废物就地玻璃固化适合于介质相对均匀的污染区。对于极不均匀(如埋藏废物)的混合污染场地，为了评价固化过程的安全性并获得合格的固化体，必须进行废物特性分析，以明确废物形态，如完整的废液容器、压缩气体钢瓶和残留爆炸物，上述物质会在处理过程中引起压力激增。此外，废物特性分析也可确定废物中的基本化学成分是否能确保形成合格的玻璃固化体，否则应适当添加玻璃基料(如沙子)。还应注意废物中是否混有大块金属，以免在玻璃固化过程中发生短路。

非扰动式废物就地玻璃固化装置如图8-32所示[17]。4根圆柱形石墨电极按四方分布垂直插入被污染土壤中约30 cm深处，在土壤表面放置一个约4 cm宽、9 cm深的窄槽，槽内充以石墨片与玻璃基料的混合物，用以启动加热过程。当交流电施加到4根电极上，电流通过石墨层，产生的热量将周围的土壤加热到约1 600 ℃。土壤熔融后便具有导电性，从而可被电极直接加热。随着加热过程的进行，熔融物向周围扩展并下沉，电极也随之下移，直至达到所期望的深度。熔融区向周围的扩展，可以超越电场之外，达到电极间距离一半左右的地方。在上述过程中，随着熔融玻璃区域的扩张，放射性核素和不挥发有毒元素(如重金属)被包容在其中，有机物则被高温裂解，裂解产物迁移到熔融区的表面并进一步燃烧分解。设置在熔炉上方的尾气收集罩将尾气引至尾气处理系统。尾气处理系统包括：淬

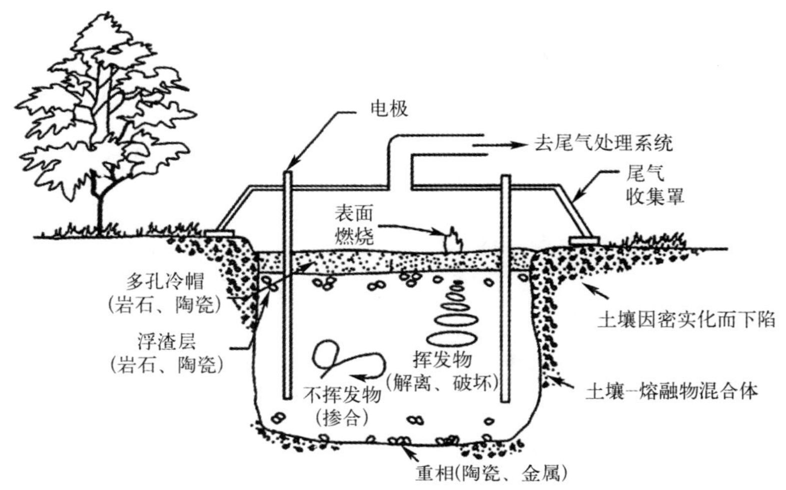

图 8-32 非扰动式废物就地玻璃固化装置示意图

火器、洗涤器、除雾器、再加热器、高效过滤器(HEPA)、活性炭吸附器等。尾气处理系统和供电系统适于在土壤的湿气浓度高达50%(质量分数)的条件下工作。

在就地玻璃固化过程中,由于挥发性污染物的去除、土壤中湿气的去除、废物间隙的减小以及废物转化为玻璃体后密度的提高,最终玻璃固化块的体积比初始废物小。

为了控制操作过程,采用多级电压抽头的变压器,在起始阶段,土壤的电阻很高,电压需调高至4 000 V,此时电流很小,仅为400 A。随着融融区的扩展,因电阻逐渐降低而需不断降低电压,最终可下调至400 V,相应的电流则上升至4 000 A。

一台功率为3 500 kW的装置,当处理过程的能耗率为0.7 kWh/kg时,最大处理能力的计算值为5 000 kg/h的湿土壤。现场试验中电极插入土壤的深度为5～5.8 m。平均运行时间为150～200 h。图8-33为就地玻璃固化系统示意图,如图所示,就地玻璃固化系统的大部分设备(如供电、冷却和尾气处理系统)均安装在流动式拖车上,可以在公路上运输。

除了焦耳加热之外,等离子体加热技术在就地玻璃固化方面的应用前景也看好[10]。等离子体喷枪在理论上可以深入至土壤钻孔的任何深度,并可将污染物熔化成类似火山岩的物质,冷却后便形成一玻璃固化区。等离子体喷枪随后缓慢提升,逐步将污染土壤转化为一垂直的玻璃固化柱。将上述过程在污染坑区内以网格形式拓展,便可使埋藏在坑内的污染物实现就地玻璃固化。预期工业规模的等离子体炉的功率将达1 MW,生成的玻璃固化柱的直径将达到3 m[10]。就地等离子体玻璃固化过程如图8-34所示,与焦耳加热玻璃固化一样,就地等离子体玻璃固化产生的玻璃体积比初始废物小，形成的塌陷区需要用回填土填补。

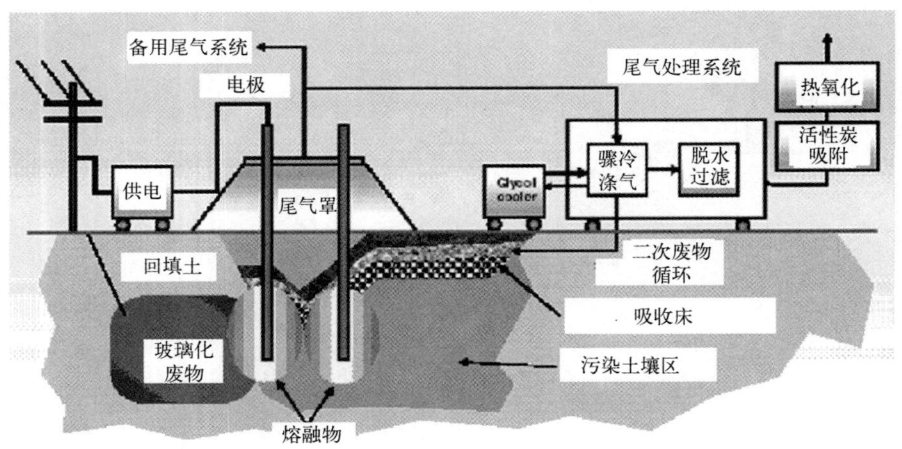

图 8-33 就地玻璃固化系统示意图[31]

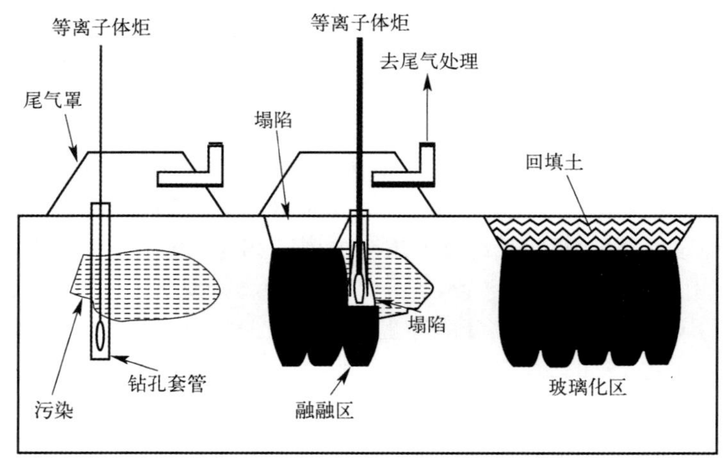

图 8-34 就地等离子体玻璃固化过程示意图

扰动式废物就地玻璃固化装置如图 8-35 所示[10]。首先在污染现场挖出一个坑，在坑中建设一座焦耳加热炉，用耐火砖封盖。在运行时，现场收集的污染土壤和其他废物由加热炉顶部的加料口送入，混入熔融玻璃池中，燃烧空气送至熔融玻璃池的上方，使可燃废物燃烧。在坑中积累的熔融玻璃产品经排料口注入固化体接收桶，冷固后运至就地处置坑。熔融废金属沉积在固化坑的底部，待玻璃固化操作结束后，废金属就地固结。

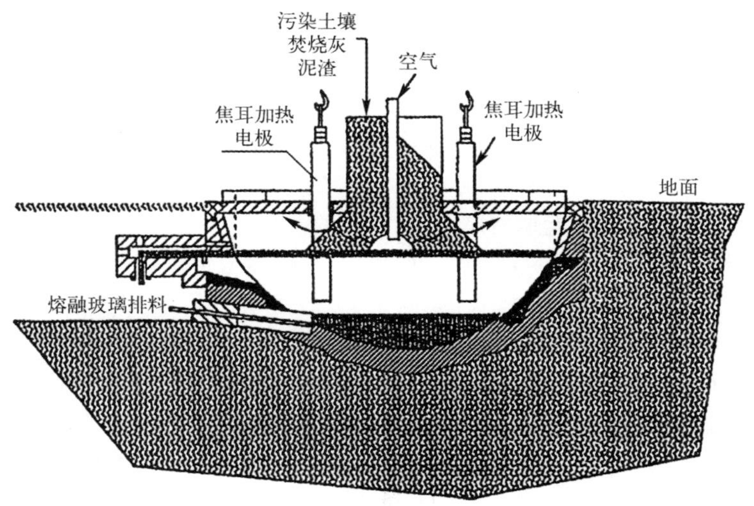

图 8-35　扰动式废物就地玻璃固化装置

就地玻璃固化适于处理各种形式的废物，包括污染土壤、可燃废物、废金属、泥渣和泥浆等，但不适于处理含碘和汞的易挥发废物。土壤中掩埋的废物若有完整的密封，则在熔融过程中容器内产生的气体会因压力升高而在熔融物内激烈起泡甚至爆炸。对于无机污染物，所包容的元素浓度受其在玻璃中的溶解度的限制。表 8-10 列出了就地玻璃固化污染物中一些元素的溶解度限值。

表 8-10　就地玻璃固化污染物中一些元素的溶解度限值

溶解度限值(质量分数)/%	元　　素
＜0.1	Ru,Rh,Pd,Ag,Pt,Au
1～3	C,S,Cl,Cr,As,Se,Tc,Sn,Sb,Te
3～5	Ti,Mn,Co,Ni,Cu,Mo,Bi
5～15	F,La,Ce,Pr,Nd,Gd,Th,稀土
15～25	Li,B,Na,Mg,Al,K,Ca,Fe,Zn,Rb,Sr,Cs,Ba,Fr,Ra,U
＞25	Si,P,Pb

就地玻璃固化的优点[5,17]：(1)就地实施废物的处理与处置，避免了废物的挖掘、搬运和固化体的重新埋藏，从而避免了污染扩散，减少了人员所受辐射剂量，也

降低了处理与处置成本;(2)产生的玻璃体包容放射性核素和有毒重金属元素能力强,浸出率远低于允许限值,固化体可保持长期稳定(几百万 a);(3)适应性强,可同时处理被有机和无机混合废物(放射性废物和危险废物)污染的场地,允许场地下存在金属、混凝土、沥青、塑料、木材、卵石等物;(4)具有明显的减容效果,例如对污染土壤,处理后可减少体积 25%～45%。

就地玻璃固化的缺点:(1)能处理的污染土壤深度不够,目前的焦耳加热电极插入土壤的深度仅为 5～5.8 m,而美国 60%的军工污染土壤深度超过 5 m,如果电极可插入 9 m 深处,则就地玻璃固化技术可覆盖 90%的军工污染场址;(2)能耗高,处理成本较高,为 $450～650/t,介于就地焚烧技术成本($370～1 310/t)的中间[17]。

美国于 20 世纪 90 年代在汉福特地区分别对超铀污染土壤和混合裂片与有毒重金属污染土壤进行了就地玻璃固化热验证,取得了良好结果,只是电极插入深度未达到目标深度。日本也已完成了为期 3 a 的工程验证。

拟采用就地玻璃固化技术的放射性污染场址有美国的橡树岭国家实验室的渗流沟、汉福特地区的超铀废物污染土壤、澳大利亚南部的核试验场地超铀废物污染的土壤核废物掩埋坑、日本的低放废物掩埋坑[10]。

参考文献

1 International Atomic Energy Agency. Conditioning of Low- and Intermediate-Level Radioactive Wastes [R]. Technical Reports Series No. 222. Vienna: IAEA, 1983.

2 International Atomic Energy Agency. Selection of Efficient Options for Processing and Storage of Radioactive Waste in Countries with Small Amounts of Waste Generation[R]. IAEA-TECDOC-1371. Vienna: IAEA, 2003: 30-32.

3 Borwnstein M. Radioactive Waste Solidification[R]. ASME Short Course on Radioactive Waste Management for Nuclear Power Reactors and Other Facilities. New York: ASME, 1995.

4 International Atomic Energy Agency. Handling and Processing of Radioactive Waste from Nuclear Applications[R]. Technical Reports Series No. 402. Vienna: IAEA, 2001: 89—114.

5 罗上庚. 放射性废物概论[M]. 北京:原子能出版社,2003: 117—135.

6 Oak Ridge National Laboratory. Stabilization of High Salt Waste Using a Cementitious Process[R]. Innovative Technology Summary Report DOE/EM-0500. Washington D C: UA Department of Energy, 1999: 11—13.

7 Colombo P, Neilson R M. Some techniques for the solidification of radioactive wastes in concrete[J]. Nuclear Technol. , 1977, 32: 30—38.

8 RWE NUKEM GmbH. Cementation of Radioactive Waste[R]. Alzenau, Germany: RWE Solutions, 2002.

9 International Atomic Energy Agency. Treatment and Conditioning of Spent Ion Exchange Resins from

Research Reactors, Precipitation Sludge and Other Radioactive Concentrates[R]. IAEA-TECDOC-689. Vienna: IAEA, 1993.

10 International Atomic Energy Agency. Technologies for In Situ Immobilization and Isolation of Radioactive Wastes at Disposal and Contaminated Sites[R]. IAEA-TECDOC-972. Vienna: IAEA, 1997: 29—39.

11 International Atomic Energy Agency. Option for the Treatment and Solidification of Organic Radioactive Wastes[R]. Technical Reports Series No. 294. Vienna: IAEA, 1989: 89—114.

12 王锡林,王韧,李栋才．放射性废物的水泥固化(译文集)[M]. 北京:原子能出版社, 1982: 362—431.

13 International Atomic Energy Agency. Bituminization processes to condition radioactive wastes[R]. Technical Reports Series No. 352. Vienna: IAEA, 1993.

14 International Atomic Energy Agency. Requirements and Methods for Low and Intermediate Level Waste Package Acceptability[R]. IAEA-TECDOC-864. Vienna: IAEA, 1996: 13—14.

15 Bähr W, Hild W, Kluger W. Bituminization of Radioactive Wastes at the Nuclear Research Center Karlsruhe[R]. KFK 2119. Karlsruhe: KFK, 1974.

16 International Atomic Energy Agency. Bituminization of Radioactive Wastes[R]. Technical Reports Series No. 116. Vienna: IAEA, 1970: 106—128.

17 US Army Corps of Engineers. Engineering and Design-Guidance for Low Level Radioactive Waste(LLRW) and Mixed Waste(MW) Treatment and Handling[R]. EM 1110-1-4002. Washington DC: US Department of the Army, 1997: 8-28—8-39.

18 王锡林,杨景田,王韧．低中放废物的沥青固化(译文集)[M]. 北京:原子能出版社, 1981. 336～344.

19 International Atomic Energy Agency. Immobilization of Low and Intermediate Level Radioactive Waste with Polymers[R]. Technical Reports Series No. 289. Vienna: IAEA, 1988: 106—128.

20 US Department of Energy. Mixed Waste Encapsulation in Polyester Resins[R]. Innovative Technology Summary Report DOE/EM-0480. Washington D C: UA Department of Energy, 1999: 4—6.

21 闵茂中．放射性废物处置原理(高等教育试用教材)[M]. 北京:原子能出版社,1998: 69—71.

22 International Atomic Energy Agency. Radioactive Waste Management Status and Treands-Issue No. 2 [R]. IAEA/WMDB/ST/2. Vienna: IAEA, 2002: 63—67.

23 Womack R K. Using the centrifugal method for the plasma-arc vitrification of waste[J]. J. of Metals, 1999, 51(10): 14—16.

24 Dmiriev S A, Lifanov F A, Kobelev A P, et al. Radioactive waste management experience of Moscow "Radon"[J]. International Journal of Nuclear Energy Science and Technology, 2006, 2(1/2): 84—95.

25 Tzeng C C, Kuo Y Y, Huang T F, et al. Treatment of radioactive wastes by plasma incineration and vitrification for final disposal[J]. J. Hazardous Materials, 1998, 58: 207—220.

26 Yasui S. New Method of Treating Low-Level Radioactive Miscellaneous Solid Wastes—Simultaneous Treatment of Various Wastes to Reduce Volume Using Plasma[R]. CRIEPI News No. 393. Tokyo: Central Research Institute of Electric Power Industry, 2004: 1—4.

27 Song M J. The Vitrified solution[J]. Nuclear Eng. Int., 2003, 48(583): 22—26.

28 US EPA. Vitrifiation Technologies for Treatment of Hazardous and Radioactive Waste[R]. EPA/625/R-92/002. Washington: US Environmental Protection Agency, 1992.

29 Dàvila B, Whitford K W, Saylor E S. Technology Alternatives for the Remediation of PCB-Contaminated

Soil and Sediment[R]. EPA/540/S-93/506. Washington: US Environmental Protection Agency, 1993: 17—18.

30 US Department of Energy. Transportable vitrification system: Mixed waste focus area. Innovative Technology Summary Report[R]. OST Reference #222, 1998.

31 International Atomic Energy Agency. Remediation of sites with mixed contaminations of radioactive and other hazardous substances[R]. Technical Reports Series No. 442. Vienna: IAEA, 2006.

第9章　低中放固体废物减容技术

按照我国放射性废物分类法(GB 9133—1995)的规定,低中放固体废物是指含有放射性核素或被放射性核素污染的比活度$\leqslant 4\times 10^{10}$ Bq/kg(5 a$\leqslant$半衰期$\leqslant$30 a)或4×10^{9} Bq/kg(半衰期$>$30 a)的固体废物,这类固体废物中不含或只含极少量的长寿命超铀核素,所以国际社会对低中放固体废物最终处置方式均采取近地表处置。低中放固体废物的处置费用大约为＄10 000～80 000/m^3,因此,对低中放固体废物实行有效的减容处理是核废物最少化原则的重要体现,可大大减少废物的处置费用,具有明显的经济效益和社会效益。

9.1　低中放固体废物的分类及相应的减容技术

表 9-1　低中放固体废物分类举例

废物种类	可燃废物	不可燃废物
可压缩废物	污染纸张、工作服、手套、橡胶和塑料器皿	
可压实废物	塑料管、废树脂等	玻璃管、金属管、废过滤器、水泥块等
不可压实废物		金属块(铅罐等)

表 9-2　各种类型低中放固体废物的减容技术选择

废物类型	可选择的减容技术
可压缩、可压实、可燃废物	压缩,焚烧,湿法氧化
可压实、不可燃废物	压缩,等离子体熔融
不可压实、不可燃废物	等离子体熔融
混合废物	压缩,等离子体熔融

低中放固体废物是放射性固体废物的主体,约占所有放射性固体废物总体积的90%。低中放废物可分为可燃废物和不可燃废物两大类,其中不可燃废物约占50%以上。可燃废物包括可压缩和可压实废物,不可燃废物包括可压实和不可压实废物,如表9-1所示。一般情况下,特别是军工遗留废物,往往是各种类型的固

体废物混杂在一起。所以，在采用合适的方法处理之前，需要对混杂废物进行分拣等预处理，分拣工作应按照固体废物不同的污染类型和程度以及废物的物理化学性质进行，这种分拣工作最好在废物的产生地进行，将废物分装在适当的容器中。分拣工作也要兼顾现有的减容处理手段，对于大件废物，还需要进行切割解体等操作。各种类型固体废物可供选择的减容技术如表 9-2 所示。本章将介绍适合于各类低中放固体废物减容的各种技术，包括压缩、焚烧、等离子体熔融以及湿法氧化等技术。

9.2 压缩减容技术

9.2.1 压缩减容技术概述

压缩是低中放固体废物减容的主要方法。可采用压缩方法进行减容处理的废物很多，包括可压缩废物(如污染的劳保用品、工作服、电缆以及废过滤器等)和可压实废物(如废管道、各种器皿等)。被压缩废物的减容效果取决于原始废物的孔隙度、密度，压缩机的强度和废物的回弹能力等。压缩减容技术作为最直接和简便的减容方法，具有投资少、运行费用低、技术难度较小和几乎不产生二次废物等优点，在国外已普遍应用于核电站、核研发中心以及核燃料循环的各种设施中。

固体废物的压缩减容比与废物的物理特性和施加的压力有关，当压强为 50～100 kg/cm^2 时，废物减容比为 3～6；当压强为几千 kg/cm^2(超级压缩机)时，减容比可达到 10 甚至更高，金属和混凝土之类的废物可压实至接近其理论密度。

在设计和运行低中放固体废物压缩减容设施时应考虑以下因素：

(1) 不可压实的大部件会损坏压缩设备，必须在分拣或预处理阶段予以去除；

(2) 废物被压缩后的化学反应性不会消失，只会加强。所以，自燃或爆炸性物质必须在预处理阶段予以去除，压缩机房应提供适当的消防器具；

(3) 废物中可能存在一些吸收了液体的物料，也可能夹杂少量装有液体的小容器。所以，在压缩机底部应设置托盘，收集挤压出的液体；

(4) 初始废物袋中的空气会在压缩过程中释放出来，导致放射性气溶胶污染。所以，应配备合适的尾气处理系统以满足安全标准；

(5) 为减少操作人员所受的辐射剂量，系统设计要考虑适当的屏蔽措施；对于中放废物的压缩，必须采用远距离操作；

(6) 被压缩物质在压力撤销后会出现反弹，特别是一些塑料和橡胶制品，为了减少压缩后的反弹，可将少量弹性材料混杂在大量非弹性材料中一起压缩，超级压缩可显著减小弹性废物的反弹。

由上可知，必须针对处理废物的特性非常仔细地选择市售的压缩减容设备，以确保常规和放射安全。

市场上压缩机类型很多，按压缩方式可分为单向压缩、三向压缩、卧式压缩、立式压缩、固定式压缩、车载流动式压缩，等等。但在低中放固体废物的压缩减容方面获得广泛应用的主要有桶内压缩（压力小于 100 t）和超级压缩（压力为 1 500～2 000 t）。用于桶内压缩的废物桶完整无损，它既是压缩室，又是废物储存桶；用于超级压缩的废物桶被压破，与废物一起被压成压饼（Pellet）。上述两种压缩方式如图 9-1 所示。

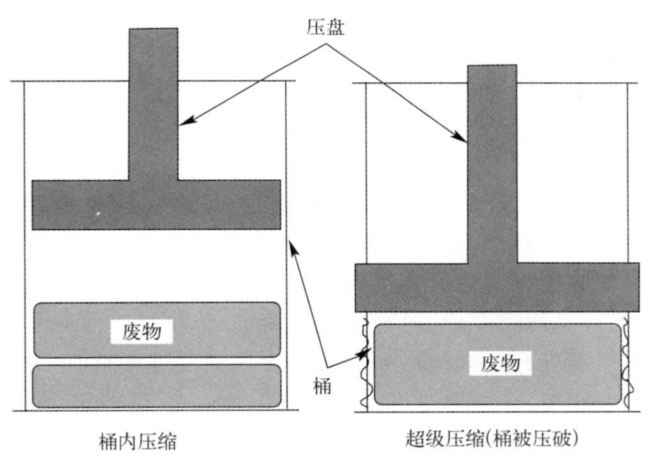

图 9-1　桶内压缩和超级压缩示意图

9.2.2　桶内压缩[1]

图 9-2 为桶内压缩机的剖面图。所谓桶内压缩，是将废物袋放入 1 个 200 L 桶内，然后将压缩机的压盘伸入桶内进行压缩，通常需要多次投料，多次压缩。为防止气溶胶污染，需要设置尾气处理系统。桶内压缩的废物体积减小依赖于压缩机的压力以及废物性质，平均减容比为 3～5，处理能力约 4 000 m^3/a，对于低放废物一般采用手工操作。对于大块可压缩废物，需要在压缩前将其切成足够小的碎片，然后装桶压缩。图 9-3 为 NUKEM 公司制造的桶内压缩装置外观图。

图 9-2 一种典型的桶内压缩装置

图 9-3 NUKEM 公司桶内压缩装置外观图

桶内压缩广泛应用于废物产生场所，有时也应用于废物处理厂。桶内压缩的主要目的是为了在废物产生场所将可压缩固体废物压缩，以便于废物的包装、运输。低压压缩后的废物在运往废物处理厂后，需要进行进一步的压缩，或用其他方法处理，也可能运往废物暂存库，等待最终处置。

与桶内压缩略有差异的一种压缩方式是将压缩与装桶分开，如图 9-4 所示，被称为 Ontario Hydro 压缩机[2]。运行时，将袋装的废物用手工投入压缩机的压缩室内，再将压缩后的废物推入 200 L 桶内。压缩机的压盘受液压驱动，压强为

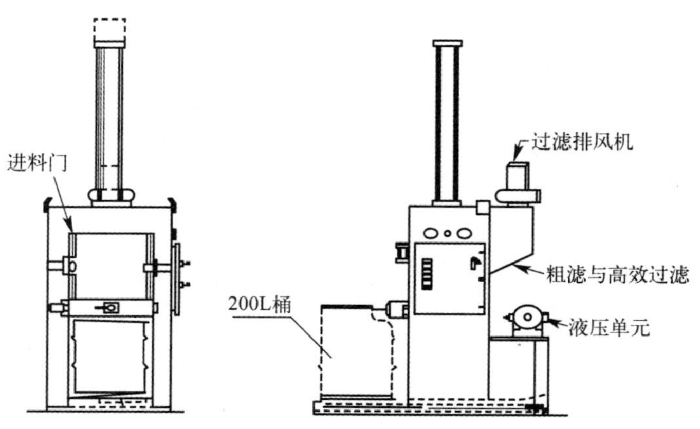

图 9-4 Ontario Hydro 压缩机示意图

4.5 kg/cm^2。为了防止污染扩散，压缩室被完全封闭并与一体化尾气过滤系统相通，尾气过滤系统包括预过滤器、高效过滤器和排风机。应当指出，废物在桶内直接压缩要比将压缩与装桶分开的做法更为简单，污染也更易得到控制。所以，桶内压缩的应用更加广泛。

9.2.3　超级压缩

超级压缩机的压力为 1 500～2 000 t，甚至更高。在高压作用下，废物桶及其内装的固体废物一起被压缩成稳定压饼，废物可被压缩至接近其理论密度。一种典型的超级压缩机结构如图 9-5 所示[3]。

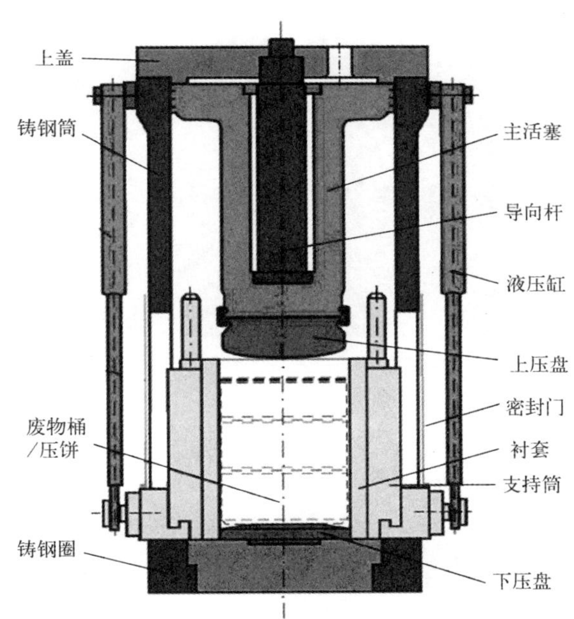

图 9-5　一种典型的超级压缩机结构示意图

适于超级压缩的废物种类很多，包括金属管材与碎屑、建筑材料、纸张、木材、塑料、少量弹性材料（如橡胶）、焚烧灰渣、玻璃与滤材等混合废物，等等。对于可燃废物，最好捡出后送去进行焚烧处理，以提高减容比。

采用超级压缩可获得的各种类型废物典型的减容比如表 9-3 所示[3]。图 9-6 显示混合金属碎片在超级压缩前后的变化，图 9-7 为压盘压力与桶装废物被压缩程度之间的关系曲线。

表 9-3 超级压缩可获得的各种类型废物典型的减容比

废物类型	减容比	压饼占原始废物体积比例/%
沙子	1.3	77
碎块(砖块、水泥块)	2.2	45
焚烧灰渣	2～3	40
玻璃瓶	5.2	28
金属碎片	6～7	≈15
金属切割断头	6～7	≈15
绝热材料(玻璃纤维)	16	6.3

超级压缩之前桶装混合金属碎片　　超级压缩之后桶与混合金属碎片压饼

图 9-6 混合金属碎片在超级压缩前后的状况

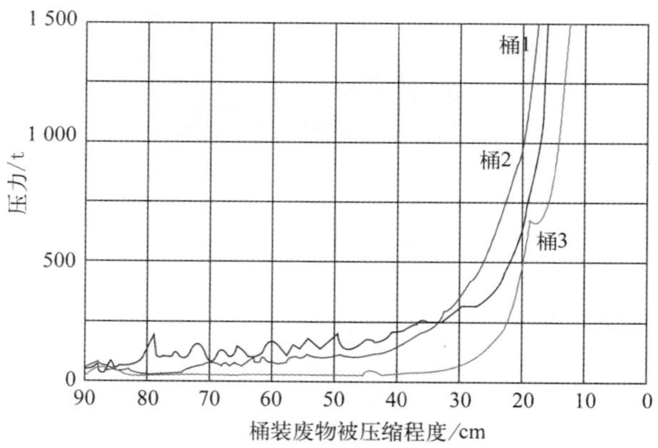

图 9-7 压缩机压盘压力与桶装废物被压缩程度的关系

低中放固体废物超级压缩设施由如下系统构成：

(1) 进桶系统　该系统与压缩机本体直接相连，主要部件包括基础、进桶盘、桶的对中装置和桶壁打孔装置；

(2) 压饼传送系统　该系统包括一个基础架和压饼传送盘，配有压饼厚度和重量测量装置；

(3) 液压动力站　该系统为压缩机提供动力，一般安装在单独的房间内（非放区）；

(4) 尾气处理系统　该系统设置在压缩室出口处，也可将尾气引入废物处理中心的通风中心，干净空气流从压缩机的另一侧引入；

(5) 液体转移系统　在压缩机底部设有一个环形托盘，收集从废物中挤压出的液体，并将其送至暂存罐；

(6) 电气与控制设备　该系统包括电气与控制设备和程序控制盘，所有操作条件均在控制盘上显示，一旦操作参数偏离正常值，控制系统立即触发报警系统，可采用手动与自动两种方式进行控制；

超级压缩的操作过程如下：

(1) 进桶与压缩准备　用吊车将废物桶运至进桶系统的进通盘上，对中装置将桶置于压缩室的正中位置，桶壁打孔，超压机主活塞处于起始位置；

(2) 压缩定位　启动液压系统，支持筒下降，在支持筒下降至底端之前，进通盘撤回，将废物桶置于压缩机底盘上，被支持筒包住；

(3) 压缩　钟罩形支持筒和门关闭，将废物桶封闭在内，导向杆加压，主活塞迅速下移，对废物桶进行压缩，压力进一步提升，桶与废物被压成压饼，压力维持一段时间，以保证足够减容；

(4) 去除压饼　压力降低，钟罩形支持筒上提至高位，压缩室门开启，主活塞回到高位，进桶系统送入新的废物桶，压饼即被新桶推出压缩室。

图 9-8 为中国原子能科学研究院的低中放固体废物超级压缩系统示意图[4]。

超级压缩机多数为固定式装置，也有一些流动式装置。图 9-9 为美国 Westinghouse/Hittman 公司制造的流动式超级压缩装置示意图[5]，压缩机的压力超过 1 000 t，整个装置安装在一辆 12 m 长的拖车上。

超级压缩可以获得较高的减容比，所以得到了广泛的应用。表 9-4 列出了一些国家核设施的超级压缩装置。

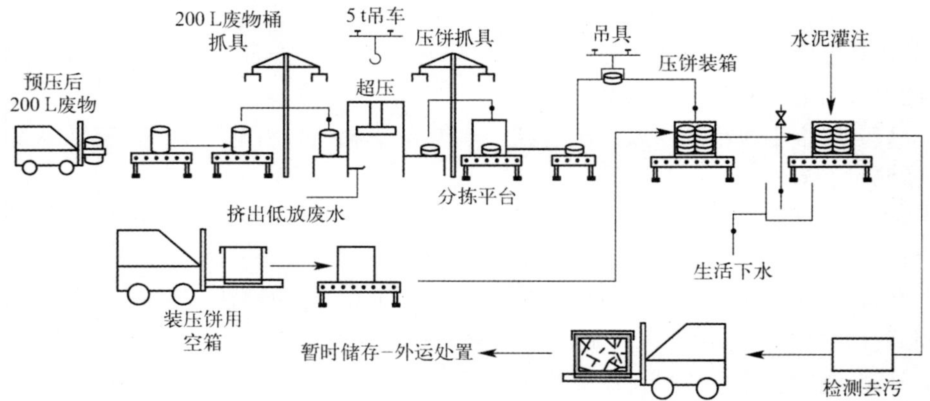

图 9-8 中国原子能科学研究院的低中放固体废物超级压缩系统示意图

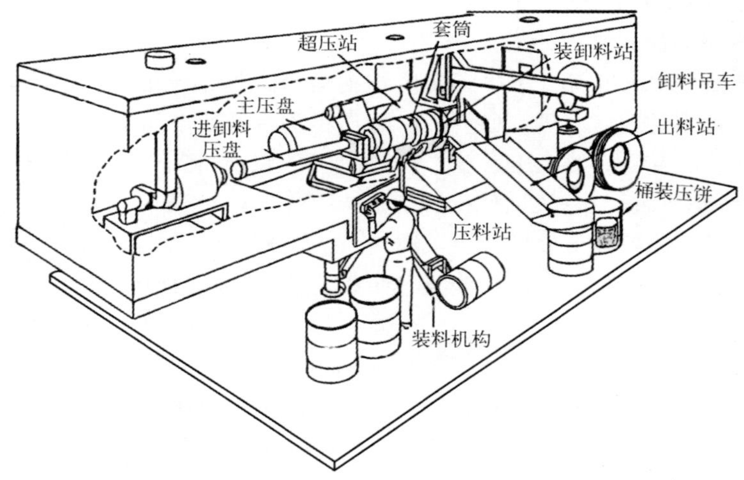

图 9-9 美国 Westinghouse/Hittman 流动式超级压缩装置示意图

表 9-4　一些国家核设施的超级压缩装置

国家	所在地	开始运行年份	压力/MN	备注
意大利	欧洲核能机构	1988	20	移动系统
日本	东京核电站	—	20	—
荷兰	COVRA	1993	15	—
韩国	Kepco	1992	20	移动系统
俄罗斯	Belakova NPP	2001	20	—
斯洛伐克	Bohunice	1998	20	—
西班牙	E1 Cabril	1992	20	—
英国	UKAEA	1990	20	移动系统
	BNFL sellafield	2000	20	—
	WTC	1996	20	—
	UKAEA	1986	20	—
美国	B&W	1986	15	—
	INEEL	2001	20	—
	GTS Duratek	1990	50	—
	GTS Duratek	1987	15	—
	DOE Savannah	1986	10	—
	ATG Hanford	1992	15	—
	Hanford WRAP	1996	20	—
	Race Co.	—	20	—
	DOE Rocky Flats	1989	20	
澳大利亚	Seibersdorf	1995	20	—
比利时	Mol CILVA	1993	20	—
中国	原子能科学研究院	2000	20	—
法国	La Hague/cogema	1986	15	—
	Soulaines	1991	15	—
	La Hague/cogema	1997	25	—
	EdF bugey	1990	20	移动装置
	Framatome	1999	15	—
德国	Brunsbuttel	1983	20	—
	Forschunfszentrum	1984	15	—
	Amersham buchler	—	20	—
	Wurgassen	1997	20	—
	Energie nord/lubmin		20	—
	KWU-Karlstein	1988	16	—

9.2.4 特种废物(废树脂)的热压减容[6]

热等静压压缩(Hotisostaticpressing)可将某些特种废物热压成非常致密的废物体,是一种较好的废物减容技术。

对于废离子交换树脂的整备处理,本书已介绍了采用水泥、沥青、塑料等介质的固定化技术,这些技术都存在废物固化体的增容问题。废树脂玻璃固化的减容比可达 30 左右,但固化技术比较复杂,成本较高。

德国 Phillipsburg 核电站采用热压压实法将废树脂压实,减容比可达到 6 左右。处理对象可以是粒状废树脂与粉状废树脂的混合物,还可以是废树脂与泥浆或蒸发残渣等湿废物的混合物。该技术的工艺过程如图 9-10 所示:首先取下装有湿废树脂的 200 L 桶的盖子,并将桶平移到提升位。接着提升 200 L 桶,并将桶内湿废树脂倒入一带有油热夹套的锥形烘干装置内,加热油浴温度为 160 ℃,烘干后废树脂中残留水分为 4%。从树脂中脱除的水汽经冷凝后送废水处理系统处理。为提高废树脂压实后的黏结性能,须在烘干过程中加入聚合物添加剂,以确保压实废物的完整性。烘干后的废树脂由一个螺杆混合-推进器送入位于烘干装置底部的 160 L 钢桶内,装满热废树脂的钢桶加盖后,送去进行超级压缩,废树脂与钢桶一起被压成压饼。最后将数个压饼装入一个 200 L 钢桶中,空隙浇注水泥灰浆(图中未标出此操作),固化后可送去处置。

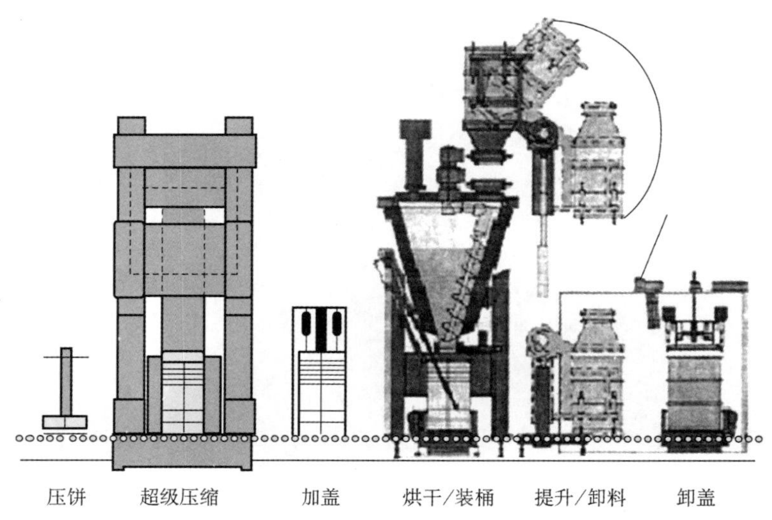

图 9-10 废树脂热压处理工艺过程示意图

9.2.5　真空压缩

真空压缩装置适用于医院、医药应用、同位素应用以及其他研究活动中产生的低放和有毒固体废物的密封和压缩，这种压缩减容设备可以直接应用于废物产生的现场。

该系统设有一个与焊接装置相连接的真空系统，将危险废物密封包装到特殊的塑料袋中，废物包装袋以多层的具有高化学稳定性的材料制成。所有操作均在真空条件下进行。在进行装料操作时，尾气经过滤器去除气溶胶后排出，从而避免了周围大气被污染。废物从正常大气压状态进入真空室后得到减容，其压缩减容的程度取决于废物的物理性质，一般情况下的减容比至少可达到 2。

真空单元配备的过滤排气系统可以使用各种类型的过滤器，工作区原有的过滤排风系统很容易与真空压缩系统相连接。

经验表明，在废物产生现场采用真空压缩处理的效率很高，并可尽量减少固体废物的转运及由此引起的二次污染。

一项美国专利[7]推出了一种远距离操作的便携式真空压缩技术，它包括一个真空源、一个柔性和可密封的第一容器(聚氯乙稀袋)和一个柔性和可密封的外容器(高强度聚氯乙稀袋)，其中外容器可接收一个或多个第一容器。第一容器中装满低放或危险固体废物后，再将封口的一个或多个一次容器放入外容器中并将其封口；然后，破坏一次容器的完整性，通过外容器壁上的密封阀对内、外容器抽真空，最后将外容器密封。

对于一些不可压缩的废物或者具有锋利边缘的废物，需要在常压下进行封装，以免扎破包装袋。在此情况下，废物得不到减容。

9.3　焚烧减容技术

9.3.1　焚烧减容技术概述

在本书第 7 章的第 7.3.1 节中，已介绍了有机废液的焚烧处理技术。本章将专门介绍低中放固体废物的焚烧技术，并尽量减少与第 7 章的重复。当然，有些焚烧装置兼有焚烧固体和液体废物的功能。

如前所述，低中放固体废物的种类很多，但 40%左右是可燃废物，包括各种纤维类物质(如工作服等棉织物、木材、纸张等)，橡胶塑料制品以及离子交换树脂等。可燃废物经焚烧处理后，转化成无机残渣(灰)和废气。

焚烧法主要优点是：

(1) 可以获得很高的废物减容比，对于不同密度的可燃废物，其减容比可达20～120，废树脂的减容比较低，为15～20；

(2) 焚烧过程产生的二次废物(灰渣)具有良好的热稳定性，适于后续的固定化处理和处置；

(3) 焚烧法适于连续运行，处理能力大，一座大型焚烧炉每天可处理10 t以上的可燃废物。

焚烧法的主要缺点是：

(1) 设备投资和运行费用都比较高，且焚烧炉需要连续运行，如果产生的需要焚烧的废物量不多，则经济性较差；

(2) 对焚烧法的公众接受度较差。

采用焚烧法需要注意的问题是：

(1) 焚烧过程伴有大量放射性尾气产生，有些尾气还含有腐蚀性气体，需要特殊的尾气处理系统；

(2) 废物焚烧后的放射性核素留在灰渣中，其放射性水平将提高1～2个数量级，所以，必须重视辐射防护问题；对焚烧废物的放射性水平的限制为：β放射性低于10^{-4} Ci/kg，α放射性低于10^{-5} Ci/kg；

(3) 废物中若混有金属物件会损坏炉体，必须在进行废物分拣时拣出；

(4) 焚烧后灰烬属于弥散型物质，必须采取适当的稳定化(固定化)措施。

早在20世纪40年代末，国外就已经开始了放射性废物焚烧炉的研究，早期的焚烧炉大都属于过量空气焚烧炉，其中大部分都因为某些技术原因运行时间很短。到70年代中期，放射性废物焚烧炉仍普遍存在几个主要问题：

(1) 燃烧不够充分，产生的焦油等造成烟气冷却、净化系统堵塞，还有起火以及洗涤废液难于处理等问题；

(2) 腐蚀问题，来自燃油的腐蚀问题很严重，加上某些废物中特殊的化学成分，如含有聚氯乙烯等成分会更加加重冷却、净化系统的腐蚀问题；

(3) 烟气净化效果不好，排放气体中的放射性不能达到控制标准；

(4) 由于燃烧不平稳引起温度起落幅度大或者局部温度过高，从而导致焚烧炉耐火衬里被烧坏等。

在过去的20多年里，焚烧技术的研究取得了很大的进展，除了对原有焚烧炉进行了改进以外，还出现了不少新型焚烧炉，以满足不同要求，同时在烟气净化方面也有不少改进。目前，全世界已有几十座焚烧炉在良好运行，随着核电厂废物的日益增多以及对处置废物减容的要求，预期焚烧技术将得到广泛应用。

9.3.2　焚烧减容工艺过程

低中放废物焚烧处理过程如图 9-11 所示，其中焚烧和尾气净化是两个主要过程，废物燃烧后只留下少量灰烬，废物中大部分放射性核素(95%～99%)留在焚烧灰烬中，但仍有少部分(1%～5%)进入烟气，因此必须对烟气进行严格的净化处理，使排放入大气的放射性控制在允许的限值以下。废物经过焚烧后产生的炉灰需要严格处理。排灰的方式有多种，有的是固定排灰，有的是用旋转炉排灰，还有的采用真空抽吸方式将炉灰吸入储存桶。灰烬是一种弥散性质，需要作进一步固定化处理后才能最终处置。

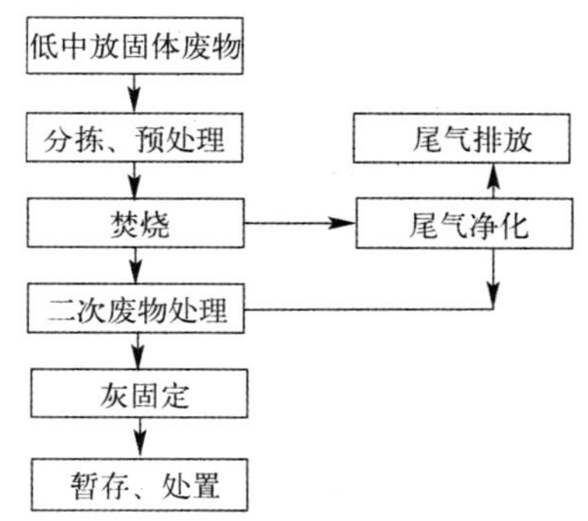

图 9-11　低中放固体废物焚烧工艺示意图

9.3.2.1　废物预处理

为了满足焚烧过程的要求，必须对废物进行预处理，包括废物分拣、破碎和打包等过程。

分拣的作用是将少量不可燃物(金属、玻璃、砖头等)分拣出来，同时使废物组成尽量均化，以防止热值有太大的差别而对焚烧系统产生不良影响。分拣作业通常采用人工操作，但必须穿气衣或者在手套箱中进行。

破碎是将大块可燃废物进行适当解体，以满足焚烧炉投料和焚烧的要求。通常的破碎设备有切割机、锤磨机等。为了防止在切割的过程中着火，一般要求在保护气氛下进行操作。市售工业破碎机对于放射性废物的破碎而言，存在以下一些缺陷：

(1) 大都为单一物料破碎机，无法满足不同性状废物同时破碎的要求；

(2) 设备的结构形式无法满足辐射防护要求；

(3) 多为高速破碎，飞尘量大，存在发生火灾的隐患。为此，应研制能同时破碎纸、布、木、塑料、橡胶等废物的慢速破碎机，尽量减少飞尘量。

为了便于投料需将废物打包成一定形状的包裹。根据炉型不同投料方式不同，有间歇式投料和连续式投料之分，经过预处理的物料用螺杆机或者气动吹入炉中，或者人工把包装好的一盒盒废物投入炉中。为了防止炉子和操作区直接串通，投料口一般设有双重闸门，当第一道闸门开启时物料送入第一道门内，然后将第一道闸门关闭，打开第二道闸门，物料被送入燃烧室。

9.3.2.2 废物焚烧过程

焚烧是整个工艺的核心部分，固体物质燃烧过程的机制主要有三种：表面燃烧（如石墨的燃烧）、气化燃烧（如石蜡的燃烧）和热解燃烧（如高分子物质的燃烧）。可燃固体物质大多属于天然纤维物质和合成材料，都属于高分子物质，因此，燃烧机制属于热解燃烧。其过程是，物料中大分子物质先受热分解，然后挥发性气体产物在空气中扩散燃烧。扩散燃烧的速率决定于分解产物让其扩散混合的速率。由于分解产物的释放速率远大于它与氧气的扩散混合速率，很难及时供应燃烧所需要的氧气，这就是在通常情况下很难实现完全燃烧的原因。

焚烧炉的种类很多，其中最重要的是过量空气焚烧炉和控制空气焚烧炉，它们有着不同的燃烧过程。

过量空气焚烧炉是目前应用最广泛的焚烧炉型，其优点是操作简单。根据炉体和截面之比不同，可分为立式炉和卧式炉。废物通常是间歇地从上方投入，在炉排上燃烧，助燃空气一部分从炉排下方送入（一次风），一部分从炉膛适当位置送入（二次风）。为了使燃烧完全，需要在炉膛中创造以下条件：

（1）足够高的温度；

（2）足够的空气；

（3）废物有足够的停留时间；

（4）强烈的气流扰动。

经验表明：燃烧温度不能低于 800 ℃，温度提高对燃烧速率有利，但不能超过耐火衬里长期工作所能承受的温度。为了保证足够高的温度，绝大部分燃烧炉都需要补充燃料（如柴油、丙烷等）或借助电热，这是焚烧炉能耗高的主要原因。燃烧机制决定了这种焚烧炉无法避免焦油的产生，为了烧掉这些产物，需要建立一个甚至几个后燃烧室，以提供较长的停留时间。这种焚烧炉要求废物的热值不能有太大的变化，炉温过高或者大幅度变化都将使得耐火衬里被烧坏。同时由于炉膛中气流速度高、扰动程度大，被气流携带出的飞灰较多，废物中不挥发性核素载在飞灰上，所以飞灰率高，烟气放射性浓度高，对烟气的净化和去污系数要求也较高。

过量空气焚烧炉的主要缺点是难以实现完全燃烧，烟气中焦油含量较高给烟气净化带来很多麻烦，为解决这一问题，发展了高温过滤技术。早期的大部分焚烧炉以及现在应用的部分焚烧炉都属于这种类型的焚烧炉。

控制空气焚烧炉是为了克服过量空气焚烧炉的缺点而发展起来的，其主要优点是可以抑制焦油、烟炱的生成和减少飞灰的携带，减轻烟气净化的任务。在这种焚烧炉中，燃烧分两步进行。废物先在氧气不足的条件下燃烧，生成的主要是热解和半氧化产物。然后这些产物在温度很高、过量空气的条件下实现完全燃烧，从而抑制了焦油、烟炱的生成。同时由于第一步燃烧气流的扰动程度小，所以携带的飞灰也少。属于这类燃烧方式的炉子很多，这些炉子的结构各不相同，有的是两个阶段在分开的两个炉子中分别进行，有的则将一个炉体分为两部分，焚烧炉的结构大多比较复杂。

除了上述两种主要的焚烧炉外，还有流化炉、旋风炉、回转炉和熔盐炉等，燃烧过程不尽相同。

9.3.2.3　尾气净化

烟气净化过程较少采用高温过滤方式，多数在较低温度下进行。因此，在烟气净化前必须将高温气体进行冷却。冷却的方式有冷空气稀释、喷水急冷和热交换等。冷空气稀释设备操作简单，但净化设备的处理能力必须相应的增大；喷水急冷法降温效果明显，设备和操作也很简单，多适用于湿式净化流程中，这种方法冷却烟气的体积流量变化不大，但湿度大大增加；热交换法通常采用管式换热器，冷流体多用空气。由于气－气传热系数小，要求较大的换热面积，而且冷热物体的温差过大，必须采用特殊的热补偿方式，这种方法不增加烟气流量和湿度，但所用设备庞大，并且有腐蚀和飞灰的沉积而造成管路堵塞和传热效率下降等问题。因此，冷却方式应根据具体情况来选择，实际上常常采用两种方式结合使用，例如高温气体先与体积不大的冷空气混合，然后在根据情况选择喷水冷却或者热交换法使得烟气进一步降温等等。

烟气净化的主要目的是除去烟气中的放射性，烟气中的放射性核素有些以气态方式存在，而绝大多数则载带在飞灰上，还有些放射性核素在高温时升华为气态，在冷却过程中又凝结出来。

烟气净化的过程可分为干法和湿法两种。在干式除尘设备中，惯性除尘器和旋风除尘器只能除粒径较大的粉尘，起到初滤作用。高效除尘设备有微孔陶瓷过滤器、烧结金属过滤器、袋滤器和静电除尘器。它们对微米甚至亚微米级粒子都有很高的除尘效率。要求较高去污系数的焚烧炉一般在最后都要有一级或者多级高效微粒空气过滤器（HEPA），HEPA 有很高的过滤效率但容尘量小，烟气必须先经过其他过滤设备后才能用 HEPA 进一步除尘。湿法除尘过程多用于烟气中含有酸性气体的情况，它可以同时完成除尘和气态污染物的吸收，但它需要配有洗涤废水的冷却、过滤和循环设备，并且要产生放射性废液。

9.3.3 典型的焚烧设施举例

低中放固体废物的焚烧处理是一种成熟的技术，并已在不少国家积累了丰富的运行经验。迄今，世界各国已开发了各种类型的焚烧炉，这些焚烧炉往往兼有焚烧固体和液体废物的双重功能，但双重功能焚烧炉的效果一般不如专用炉。表 9-5 给出了世界各国放射性废物焚烧炉情况[8]，大多数焚烧炉采用控制空气、多级燃烧的方式。

表 9-5 世界各国放射性有机废物(固体和液体)焚烧炉概况

国家	设施场址	运行年份	处理能力	运行状况
奥地利	Seibersdorf 研究中心	1983 年	40 kg/h 固体	
比利时	Cilva, Belgoprocess	1995 年	60 kg/h 液体 79 kg/h 固体	固体、液体 和废树脂
加拿大	西部废物管理设施，OPG	1976 年	17 m^3/d 固体 9 L/h 液体	批式加料 2001 年停运
	西部废物管理设施，OPG	2003 年	2 t/d 固体 45 L/h 液体	连续加料，缺氧燃烧
法国	Cadarache	1998 年	20 kg/h	
	Socodei Centraco	1998 年	3 500 t/a 固体 1 500 t/a 液体	商业低放废物 处理设施
	Melex	1994 年	20 kg/h	α 污染固体废物
	IRIS, Valduc	1996 年	7 kg/h	α 污染固体废物
德国	Karlsruhe	20 世纪 80 年代	50 kg/h 固体 40 kg/h 液体	
印度	Narora 核电站	20 世纪 90 年代		每几个月处理几天
日本	PNC，东海村	1991 年	50 kg/h 固体	
荷兰	COVRA, Vlissingen-Oost	1994 年	60 kg/h 固体 40 L/h 液体	固体专用炉 液体专用炉
俄罗斯	RADON	1991 年	100 kg/h 固体 20 L/h 液体	2001 年关闭
	RADON	2002 年	250 kg/h 固体	等离子炬熔炉

续表

国家	设施场址	运行年份	处理能力	运行状况
斯洛伐克	Jaslovske Bohunice 核电研究所	1982 年	30～60 kg/h	低放废物
	Jaslovske Bohunice 废物处理设施	2001 年	50 kg/h 固体 10 kg/h 液体	低放废物
西班牙	ENRESA-EI，Cabril	1992 年	50 kg/h 固/液体	低放废物处置设施内
瑞士	PSI，Wurenlingen	1974 年	25 kg/h	2003 年关闭
英国	Hinkley Point B	20 世纪 70 年代		
美国	TOSCA，橡树岭	1991 年	700 kg/h 固/液体	核电厂内化学、放射性混合废物
			200 kg/h×2 座	商业处理设施
	Duratec，橡树岭 萨凡那河工厂	1989 年 1997 年	400 kg/h 固体 450 kg/h 液体	后处理厂废溶剂和低放混合废物

图 9-12 为奥地利 Seibersdorf 研究中心的过量空气焚烧炉系统示意图[8]，该设施于 1983 年投入运行。这是典型的立式过量空气焚烧炉，燃烧温度控制在

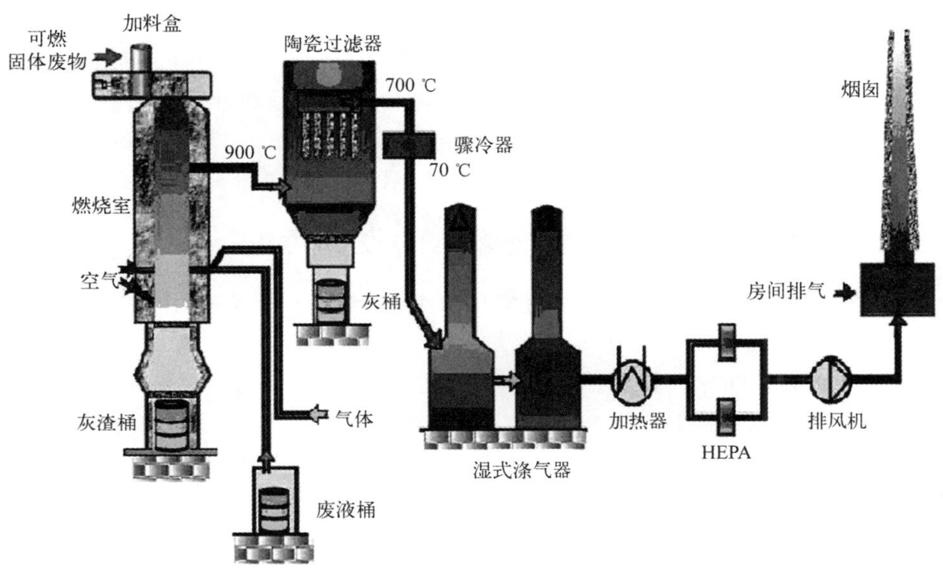

图 9-12　奥地利 Seibersdorf 研究中心的过量空气焚烧炉系统示意图

900 ℃左右，高温烟气直接进入陶瓷过滤器，过滤器出口处烟气温度降至 700 ℃左右，经过骤冷和湿式涤气后，再用 HPEA 进一步过滤净化，由烟囱排放。除了 HEPA和风机外，其他管路设备都有耐火衬里，解决了腐蚀问题，处理能力为 50 kg/h固体废物。

图 9-13 为法国 SOCODEI 公司的 Centraco 焚烧设施，这是一座商用焚烧设施，于 1999 年投入运行。该设施可焚烧低放固体和液体废物，固体废物中可燃烧的聚氯乙烯所占比例为 5%～12%，废树脂所占比例应小于 10%。该焚烧炉采用控制空气、二级燃烧和连续运行方式，处理能力为 3 000 t/a 固体废物和 2 000～4 000 t/a液体废物。接收废物的放射性限值为 20 GBq/t（β、γ 放射性）和 37 MBq/t（α 放射性），废物包装表面剂量率限值为 2 mSv/h。

如图 9-13 所示，焚烧设施由如下部分组成：

（1）一次燃烧室，在控制空气条件下废物经受燃烧与高温裂解的混合过程，操作温度为 850～1 050 ℃；

（2）二次燃烧室，未燃烧的裂解气体和烟气颗粒在过量空气条件下完全焚烧，操作温度为 1 100 ℃；

（3）骤冷塔，将尾气部分冷却；

（4）尾气净化系统，包括袋式过滤器和 HEPA 过滤器；

（5）尾气洗涤系统，用于去除 HCl 和 SO_2；

（6）催化反应器，用于去除氮氧化物、二恶英和呋喃。

加拿大 Ontario 电力生产公司（OPG）于 2003 年启用了一台连续运行的焚烧炉，取代 1976—2001 年间运行的批式缺氧焚烧炉。该装置的处理能力为 2 t/d 低放固体废物和 45 L/h 有机废液，第一级焚烧室采用缺氧方式，第二级采用过氧方式，酸性尾气用喷射石灰水进行中和，其流程如图 9-14 所示[8]。

9.3.4 低中放固体废物焚烧装置的设计考虑

放射性废物焚烧炉的研究已经有多年历史，积累了不少成功的经验，但仍然有许多值得重视的问题，主要包括以下问题[9]：

（1）装置腐蚀问题　焚烧系统的腐蚀问题总是存在的，对于燃烧炉，由于存在高温的工艺条件，腐蚀问题更加突出。为了解决抗腐蚀的问题，焚烧炉装置设计时需要考虑选择耐高温、抗腐蚀的材料；同时需要考虑膨胀、收缩、应力疲劳及磨损腐蚀等因素。

（2）着火问题　可能引起着火的因素有很多，例如：由于废物分拣时的疏忽，废物中的燃爆物没有被分拣出来；堵塞过滤器中油烟类物质引起过滤器着火；装料系统的回火现象等。因此，焚烧装置必须设有火灾报警器以及自动灭火器等防火

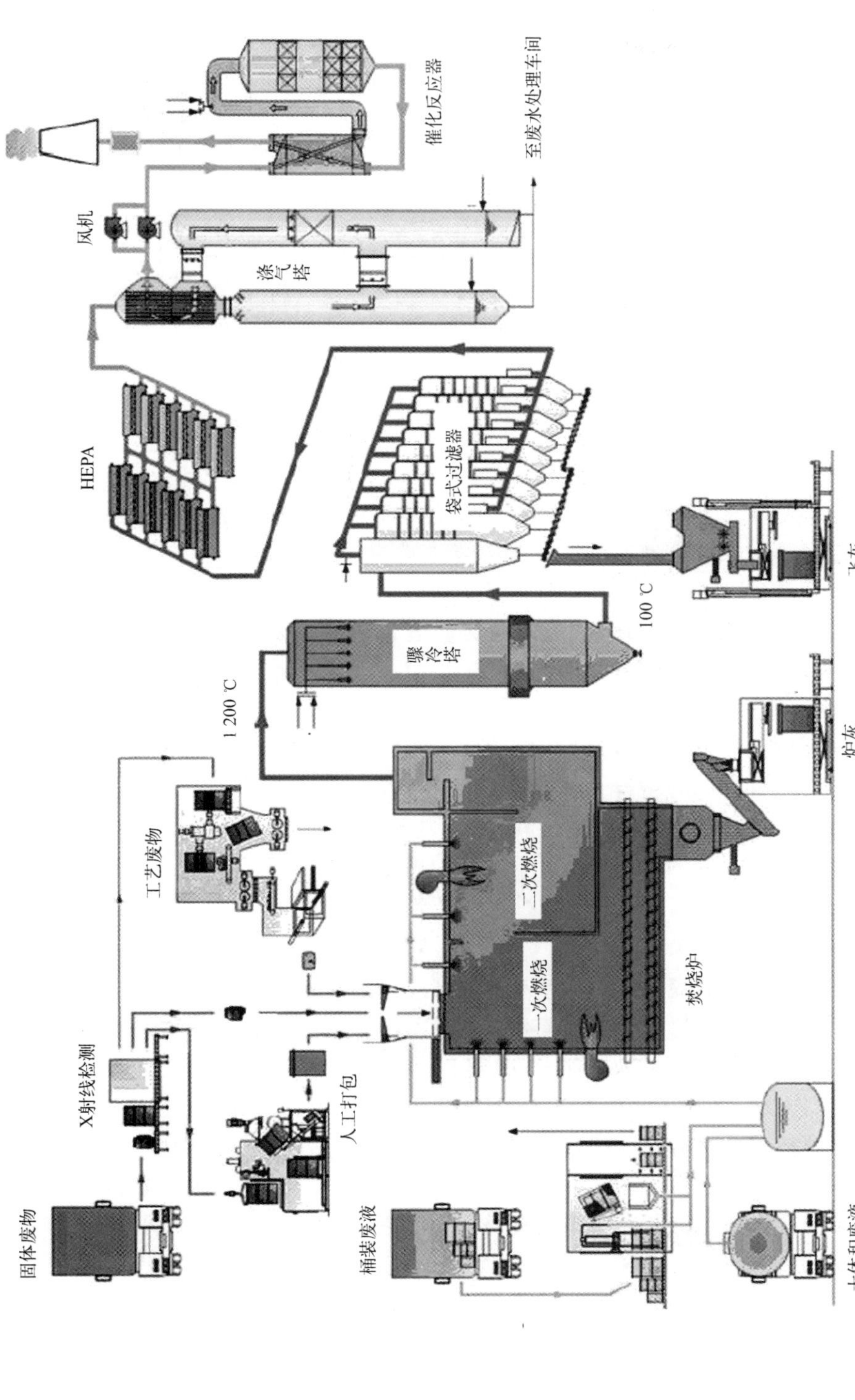

图 9-13　法国Centraco焚烧设施示意图

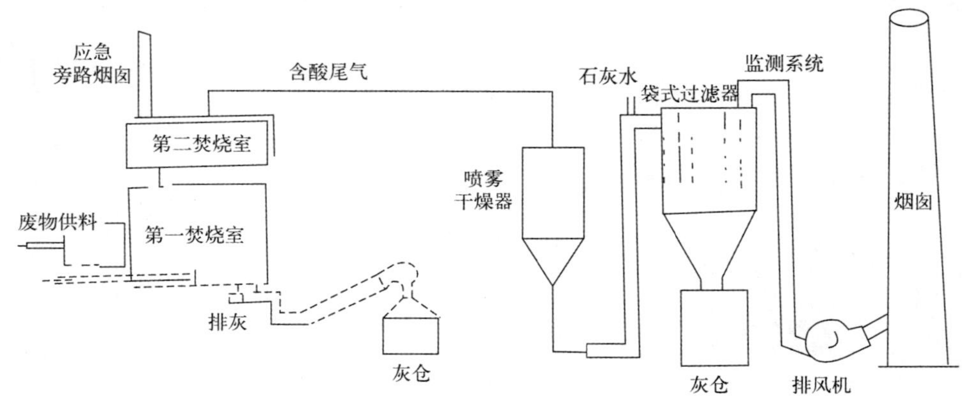

图 9-14 加拿大 OPG 焚烧装置示意图

措施。

(3) 排灰堵塞问题　由于灰烬中存在大块不可燃物质或者因为滴落下来的熔融物质造成排灰系统堵塞。

(4) 尾气系统堵塞　如果燃烧不完全产生的焦油、油烟灰等容易沉积在尾气系统中造成尾气系统堵塞现象，因此在焚烧装置设计时要保证完全燃烧以及提供从气流中除去未完全燃烧产物的能力。

(5) 辐射防护　对于中低放固体废物焚烧炉的设计，必须要重视辐射屏蔽，尽量实现远距离操作，同时，焚烧炉内要维持一定的负压，防止气溶胶的扩散，因此要求焚烧炉具有良好的气密性。

9.4 熔融减容技术

熔融处理是将金属、各种焚烧灰、混凝土、水泥、保温材料等各种不燃性固体废物直接或间接加热熔融的一种减容处理技术。使用这种减容处理技术，不仅使得废物密度增大从而达到减容效果，而且可以将原来附在废物表面的放射性核素封闭到固化体内部，从而实现废物固定化和稳定化。

熔融处理的加热方法有等离子体弧、微波、电磁感应、高频感应、电渣再融等。对于金属、绝缘材料、混凝土等不燃性固体废物以及焚烧灰等，最常用的方法是等离子体弧和冷坩埚熔融技术。有关等离子体弧和冷坩埚熔融技术的内容请参见第8章。

9.5　开发中的新型减容技术

本节介绍的一些废物减容技术具有较好的应用前景，但大多处于研究开发阶段。

9.5.1　湿法氧化[8]

湿法氧化包括酸消化、双氧水氧化和超临界水氧化等技术，属于化学氧化过程，将有机废物进行氧化分解，实现废物减容和无机化。在本书第7章已介绍了该方法在有机废液处理中的应用研究，本章介绍目前该方法在可燃固体废物（特别是塑料和废树脂）方面的应用。

经典的酸消化方法是利用热硫酸和硝酸在250 ℃左右浸煮可燃性固体废物，把其中大部分有机废物转变成气体产物，其中的无机物则转变为硫酸盐和氧化物。

硫酸/硝酸氧化体系分解有机物的主要化学反应如下：

硫酸参与的主要反应：

$C_mH_n + n/2H_2SO_4 = nH_2O + n/2SO_2 + mC$　　快速反应　　(1)

$C + 2H_2SO_4 = 2H_2O + 2SO_2 + CO_2$　　慢速反应　　(2)

硝酸对碳的氧化作用（以硫酸为介质）：

$3C + 4HNO_3 = 4NO + 2H_2O + 3CO_2$　　(3)

$2C + 2HNO_3 = N_2O + H_2O + 2CO_2$　　(4)

$5C + 4HNO_3 = 2N_2 + 2H_2O + 5CO_2$　　(5)

硝酸对二氧化硫的氧化作用（以硫酸为介质）：

$3SO_2 + 2H_2O + 2HNO_3 = 2H_2SO_4 + 2NO$　　(6)

$5SO_2 + 4H_2O + 2HNO_3 = 5H_2SO_4 + N_2$　　(7)

硫酸的主要作用是将有机物碳化，并且为硝酸的氧化提供高温介质。硫酸尽管也能把碳氧化，但反应速度太慢。碳的氧化主要靠硝酸完成。破坏分解聚氯乙烯、聚乙烯、有机玻璃和橡胶等物质需要较高的温度，但温度不宜过高，否则将会产生大量二氧化硫气溶胶，使尾气处理变得困难。

硫酸/硝酸氧化处理技术首先由比利时在20世纪70年代开发，80年代后不少国家也相继开展研究，但只有德国和美国积累了规模化处理的经验。硫酸/硝酸氧化体系的主要问题是，硫酸的存在会部分破坏硝酸，从而降低硝酸的氧化能力，且使硝酸无法回收和再利用，硫酸对设备的腐蚀也很严重[10]。该方法目前已不再实际使用。

针对硫酸/硝酸氧化体系存在的问题，Pierce 等[10]开发了磷酸/硝酸体系，磷酸可起到稳定硝酸的作用，磷酸/硝酸混合物的沸点远高于硝酸本身，这就提升了氧化温度，使有机物更完全地被氧化。

研究表明，磷酸/硝酸湿法氧化体系可分解大多数固体有机废物（包括塑料和树脂），分解过程不产生二恶英和呋喃；体系的操作温度为 150～200 ℃；使用过的硝酸可以回收并再利用；减容比可达 20～100[11]。

近年来开发的以亚铁离子一双氧水体系为代表的湿法氧化技术，具有许多优点。以处理离子交换树脂为例，亚铁离子一双氧水体系的分解率高达 98%，且其反应温度低于 100 ℃，操作压力也较低。由于氧化条件温和，不产生大量尾气，所以尾气处理系统简单。该方法处理废树脂生成的残渣易于固化。此外，该体系对设备材料要求不高，一般的钛不锈钢即可以满足要求。为了安全起见，体系中双氧水的含量不应超过 6%[8]。

此外，超临界水氧化也属于湿法氧化技术。如 7.2.3.4 节所述，水的温度和压力一旦超过其临界点（374 ℃和 22 MPa），就能氧化有机物并使之完全分解。超临界水除了用于有机废液处理之外，近年来在氧化分解有机固体废物方面也引起了重视。美国洛斯·阿拉莫斯国家实验室建立了一套处理 α 污染废物的超临界水氧化系统，所处理的废物包括废溶剂、碎布、废过滤器和废树脂等。

9.5.2 热化学处理[12]

所谓热化学处理室是利用粉末金属“燃料”（Powder Metal Fuel，PMF）进行废物燃烧的过程。铝粉或镁粉等粉末金属燃料通过与废物中的水分反应而与废物发生交互作用，产生氢气和热量，在足量空气条件下，氢气迅速燃烧并将废物中的可燃部分烧尽，燃烧温度可达 1 500 ℃左右，燃烧残留下固体熔渣或灰烬。

粉末金属燃料一般由可燃金属粉末、含氧化合物和添加剂（稳定剂、表面活性剂等）组成，以可燃金属粉末为主要成分。热化学处理技术所用的粉末金属燃料的配方应针对特定的废物而特别设计，尽量减少尾气中放射性核素和有害物质的夹带，使尽可能多的污染物残留在灰烬之中。在配方设计阶段需要进行热力学模拟试验。

适于热化学处理的废物包括：

(1) 废树脂、废塑料、医疗废物和生物制品废料；

(2) 灰渣、煅烧物、废无机离子交换剂和污染土壤等的自动玻璃化。

热化学处理技术尚未发展成熟，在捷克已进行了批式处理，用于表面去污、废树脂处理、动物尸体焚烧、污染土壤玻璃固化、反应堆石墨（含^{14}C）的稳定化。

湿废离子交换树脂的热化学处理过程如下：

湿树脂与PME按一定比例混合，放入燃烧室中，引燃化学反应，PME与湿树脂中的水发生激烈反应，即：

$$Mg+H_2O=MgO+H_2$$

反应产生氢气和巨大热量，蒸发树脂中水分，并使树脂中组分气化。

当给燃烧室通入空气，迅速使氢气燃烧，反应热足以维持树脂的热分解和PMF熔渣与污染组分之间的交互作用。控制燃烧条件，将放射性核素转移到PMF与树脂烬熔渣，形成稳定的固化体。

反应堆辐照石墨中^{14}C的积累量高达1%（重量百分数），由于^{14}C的半衰期很长（$T_{1/2}=5\ 730$ a，β平均能量=59.5 keV），其长期生物毒性不可忽视。所以，反应堆辐射石墨在稳定化处理过程中如何控制^{14}C的释放，是国际上的一个难题。

废石墨的焚烧很困难，且会导致可观量的^{14}C以$^{14}CO_2$和^{14}CO的形式释放到大气。

废石墨的热化学处理过程基于C、Al、TiO_2混合物的自持放热反应。

$$2C+4Al+3TiO_2=3TiC+2Al_2O_3$$

上述处理过程在惰性气氛（如Ar气）下进行，PMF与废石墨粉末的混合物置于一坩埚容器中，引燃自持反应，产生巨大热量，温度可超过1 700 ℃。该处理方法在反应过程中，进入气相的C量很少：^{14}CO占10^{-4}；$^{14}CO_2$占10^{-7}。自持反应产生的TiC具有化学稳定性，适于长期储存和处置。

热化学处理技术的优点是：

(1) 可使废物中有机物彻底破坏；

(2) 热源来自废物与粉末金属燃料之间放热反应产生的热量，排除了加热方法选择、加热设备的运行与维护等问题；

(3) 环境影响较小。

热化学处理技术的缺点是：

(1) 必须注意过程中的氢气爆炸问题；

(2) 配方设计过程中需要做大量的热力学模拟，加大了实施难度。

9.5.3 熔盐氧化[12]

熔盐氧化（Molten Salt Oxidation，MSO）是一种无焰热分解过程。将废物置于500～950 ℃的熔盐（如碳酸钠）池中，废物中的有机物被氧化，生成二氧化碳、氮气和水等，最终产物为滞留了放射性核素的金属和其他无机物的盐渣。

熔盐氧化的主要反应如下：

碳氢化合物的氧化反应为

$$2C_aH_b+(2a+b/2)O_2=2aCO_2+bH_2O \tag{1}$$

含氮有机废物的氧化反应为

$$C_2H_bN_c+(a+b/4)O_2=aCO_2+b/2H_2O+c/2N_2 \quad (2)$$

含卤素有机废物的氧化反应为

$$C_aH_bX_c+c/sNa_2CO_3+(a+(b-c)/4)O_2=(a+c/s)CO_2+b/2H_2O+cNaX \quad (3)$$

含硫有机废物氧化反应为

$$C_aH_bS_c+cNa_2CO_3+(a+b/4+3c/2)O_2=(a+c)CO_2+b/2H_2O+cNa_2SO_4 \quad (4)$$

废物中不能被氧化的其他无机组分、重金属和放射性核素以金属或氧化物的形态被熔盐所捕集。含卤素或硫的有机废物在熔盐中氧化过程中产生酸气，随即在熔盐池中被碳酸钠中和，生成 NaCl 和 Na_2SO_4，所以熔盐氧化过程中几乎没有酸气进尾气系统。

熔盐氧化的优点是操作温度较低，产生尾气量较少，运行成本较低。但该技术的投资费用较高，产生的盐渣需要特殊的技术进行整备。

美国的洛基平原工厂曾采用熔盐萃取技术进行金属钚中除镅的研究，将镅氧化并萃取到熔盐相，实现与钚的分离。美国劳伦斯·利弗莫尔国家实验室也开展过许多军工废物的熔盐氧化研究。

韩国原子能研究院开展了熔盐氧化技术处理含氯塑料的研究，处理过程中不排放含氯有机污染物[13]。采用熔融 Na_2CO_3 氧化反应器破坏聚氯乙稀塑料，熔盐温度控制在 1 143～1 223 K。研究表明，在熔盐破坏塑料的过程中，有毒金属（如 Cd、Pb 和 Cr）和模拟放射性元素（如 Cs、Ce 和 Gd）在熔盐中的滞留率高于 99.98%[13]。

应当指出，熔盐氧化技术仍处于发展与评估阶段，尚缺乏实际运行经验。

9.5.4 生物处理

在本书第 7 章 7.4 节中介绍了生物技术在低放废液处理方面的研究开发情况。本节介绍生物技术在低中放有机固体废物减容方面的研究进展。目前，采用生物法分解有机废物的技术处于实验室研究和中间试验研究阶段，尚未实现商业应用。

Lee 和 Donaldson[14]研究了分解纤维素废物的生物处理技术，废物减容比可能达到 8～10。

芬兰 Imatran Voima 公司的 Tusa[15]开发了分解有机固体废物的生物处理技术（称作 IVO-MicTreat），该技术可将有机废物在几天或几星期内分解掉，分解产物为残渣和气体。放射性物质留在残渣之中，残渣中含有无机物（灰）、干细菌质和少量未降解的有机物；气体中含有50％～80％的甲烷和20％～50％的二氧化碳，还有少量的氢气和硫化氢。该方法的废物减容比为10～20，其流程如图9-15所示。Imatran Voima公司还培养出了一种能分解树脂的菌种，用于处理废树脂。采用容积为1.5 m^3的生物反应器，树脂的供料速率达到3 kg/d。树脂在1个星期之内被完全分解[16]。

由于所选择的微生物对其所降解的物质往往具有专一性，所以，生物技术不适于处理混合废物。

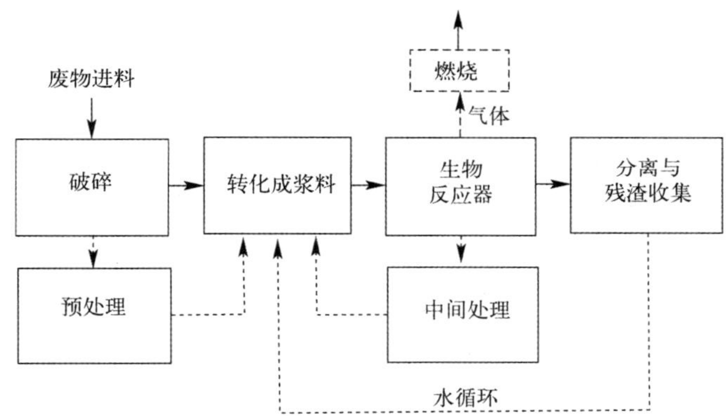

图9-15　芬兰IVO-MicTreat有机废物生物处理流程示意图

9.6　几种重要减容技术比较

对于低中放固体废物的减容，目前常用的处理方法是压缩和焚烧。压缩减容法经济简便，但所能获得的减容比较小。焚烧法可以获得很高的减容比，但放射性废物焚烧炉比一般工业废物焚烧炉要求高得多，要求具有足够的防护层、优良的密封性、高效的尾气净化系统、可靠的控制、操作维修简便，等等。因此，焚烧炉的建造和运行的费用都相当高。熔融技术不仅可实现放射性固体废物的有效减容，还可实现散在固体废物的固定化和稳定化。湿法氧化被认为是处理可燃性固体废物的优良方法，但许多研究工作还在实验验证的过程中。表9-6是几种重要减容技术的简单比较。

表 9-6 几种减容技术的比较

项目	压缩	焚烧	湿法氧化降解	熔融
处理对象	低中放可燃、不可燃废物	低中放可燃性废物	有机废物、废树脂等	金属、焚烧灰、混凝土等
减容比	2～10	10～100	20～100	4～10
减重倍数	不减重	20～100	20～100	8～20
产物稳定性	不改变可燃性、可热解、易变质	稳定性高，需要固定化	稳定性较好需要固定化	稳定性高
设备投资	较低	较高	较高	较高
处理费用	较低	较高	较低	较低
特点	简单、减容倍数小、实用性大，几乎没有二次废物产生	减容倍数大，投资高、实用于废物产生多的单位	工艺温度低、反应容易控制，减容比大、不产生焦油粉尘、二次废物少	处理废物范围广、减容比高、产物稳定性高，无二次废物产生

参 考 文 献

1 International Atomic Energy Agency. Treatment and conditioning of radioactive solid wastes [R]. IAEA-TECDOC-655. Vienna：IAEA，1992.

2 Lo K，Kohout R，Drolet T S. Volume reduction of radioactive solid waste in Ontario Hydro[C]//IAEA Technical Committee Meeting on Volume Reduction Techniques for Solid Radioactive Wastes. Vienna ：IAEA，1979.

3 Nukem. Compaction of radioactive waste[R]. Nukem Technologies GmbH，2007.

4 Liu C X，Li Z S，Gu Z M，et al. Development of retrieving and conditioning technologies of low- and intermediate-level radioactive solid waste from storage pits[C]// 2001 Korea-China Workshop on Radioactive Waste Management. Taejeon，Korea，November 28--31，2001.

5 Vincke E，Verstichel S. Guidance of low level radioactive waste (LLRW) and mixed waste (MW) treatment and handling[OL]. US Army Corps of Engineers Report：EM 1110-1-4002，1997. (http://www. usace. army. mil/publications/eng-manuals/em1110-1-4002/entire. pdf)

6 International Atomic Energy Agency. Application of ion exchange processes for the treatment of radioactiove waste and mangement of spention exchangers[R]. IAEA Technical Reports Series No. 4008. Vienna：IAEA，2002.

7 Coyne M J，Fiscus G M，Sammel A G. Remote vacuum compaction of compressible hazardous waste[P]. US，8-697846[P]. 1996.

8 International Atomic Energy Agency. Predisposal Management of Organic Radioactive Waste[R]. Technical Reports Series No. 427. Vienna：IAEA，2004.

9 罗上庚．放射性废物概论[M]. 北京：原子能出版社，2003.

10 Pierce R A, Smith J R, Ramsey W G, et al. Method for acid oxidation of radioactive, hazardous and mixed organic waste materials[P]. US, No. 5960368[P]. 1999-9-28.

11 Pierce R A, William O, Vince M. Acid digestion of organic waste[R]. Innovative Technology Summary Report for US DOE. June 1999.

12 International Atomic Energy Agency. Application of thermal technologies for processing of radioactive waste[R]. IAEA-TECDOC-1527. Vienna: IAEA, 2006,

13 Yang H C, Cho Y J, Eun H C, et al. Behavior of toxic metals and radionuclides during molten salt oxidation of chlorinated plastics[J]. J. of Environ. Sci. and Health. Part A, Toxic/Hazardous Substances & Environ. Eng. , 2004, 39(6): 1601—1616.

14 Lee D D, Donaldson T L. Anaerobic digestion of cellulosic wastes[J]. Biotech. and Bioeng. Symp. , 1985, No. 15: 549—560.

15 Tusa E. Microbiological treatment of radioactive waste at the Loviisa NPP, Finland[C]// Waste Management '89. Proc. Symp. Tucson, Arizona, 1989, Vol. 2: 485.

16 Tusa E. IVO s resin-eating bacteria make light work of waste treatment[J]. Nuclear Eng. Int. 1992, 37 (451):39.

第 10 章　高放废物处理

10.1　高放废物特点及其处理概述

如第 1 章(1.1 节)所述，在核工业生产过程产生的各类放射性废物中，高放废物(High Level Waste，HLW)的体积仅占各类废物总体积的 3％，而高放废物的放射性活度却占各类废物总活度的 95％。

高放废物的特点是放射性比活度高、释热率高，含有一些半衰期长、生物毒性高的核素。因此，它们的处理与处置技术复杂、难度大、费用高，成为当今放射性废物治理的重点研究开发课题。

图 10-1 和图 10-2 分别为乏燃料的比放射性和衰变热功率与其离堆时间之间的关系[1]。由燃料的初始浓缩度、乏燃料的燃耗、乏燃料冷却时间、后处理时间和高放废液(High Level Liquid Waste，HLLW)的储存时间，可以推算出高放废液的比放和释热率。由图 10-1 和图 10-2 可见，乏燃料刚从反应堆中卸出时的比活度高达 10^7 Ci/tHM，衰变热功率接近 10^5 W/tHM。随着乏燃料中大量短寿命裂变产物的衰变，其比活度和衰变释热率在离堆几年后急剧下降。所以，乏燃料水法后

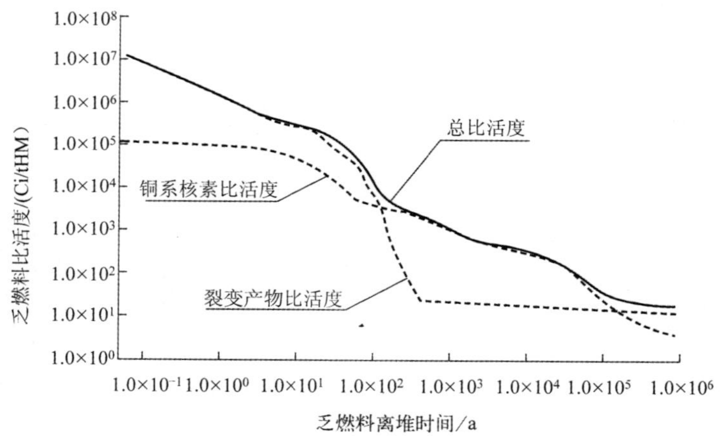

图 10-1　乏燃料比活度与其离堆时间之间的关系

UOX 燃料初始浓缩度：5％；乏燃料燃耗：30 GWd/t

处理宜在 10 a 之后进行，以降低操作难度，减少试剂的辐解损失。

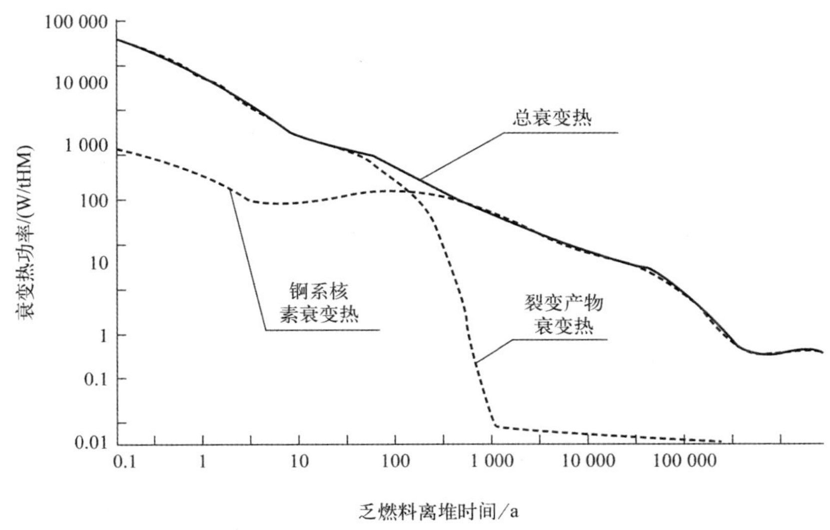

图 10-2　乏燃料衰变热功率与其离堆时间之间关系

如第 1 章(1.2.1.3 节)所述，高放废液主要来源于乏燃料后处理工艺，系 Purex 流程中铀钚共去污循环产生的萃余液。后处理工艺产生的高放废液体积很小，通常每处理 1 t 乏燃料元件，产生将近 5 m^3 的高放废液，经蒸发浓缩后，体积减少到 0.4 m^3 左右。乏燃料中 99％以上的裂变产物都进入高放废液。

高放废液的化学组成十分复杂(见第 1 章表 1-6)，各类化学成分的浓度大致为：总裂变产物 57.8 g/L；总锕系元素(铀、钚和次锕系元素)16.8 g/L；总化学试剂 158 g/L；酸度 2 mol/L。高放废液储罐的腐蚀产物量，约为高放废液中总固体含量的 1％。

由第 1 章表 1-6 可见，乏燃料经过 6 a 和 10 a 冷却之后进行后处理，所得高放废液的放射性浓度分别为 1.54×10^5 GBq/L(4.2×10^3 Ci/L)和 2.46×10^4 GBq/L (6.6×10^2 Ci/L)，衰变热功率分别为 21.4 W/L 和 3.5 W/L。

有关高放废液的长期放射性毒性，可参阅本书第 1 章(1.5.3 节)。

一般来说，高放废液的处理过程包括：料液准备、固化、固化体的包装、二次废液和尾气的处理。料液准备包括高放废液的脱硝、蒸发浓缩和暂时贮存过程。高放废液固化可采用各种不同的方法，包括热坩埚固化、冷坩埚固化等。固化后的废物可以直接装入直径为 30～60 cm，长 1～3 m 的金属圆筒中，以保证良好地逸散衰变热。高放废液固化过程产生的二次废液和尾气的处理，包括硝酸的浓缩和回收、尾气中夹带固体颗粒的洗涤以及尾气中半挥发性碘和可能存在的钌的去除。图 10-3 为高放废液固化处理流程图。

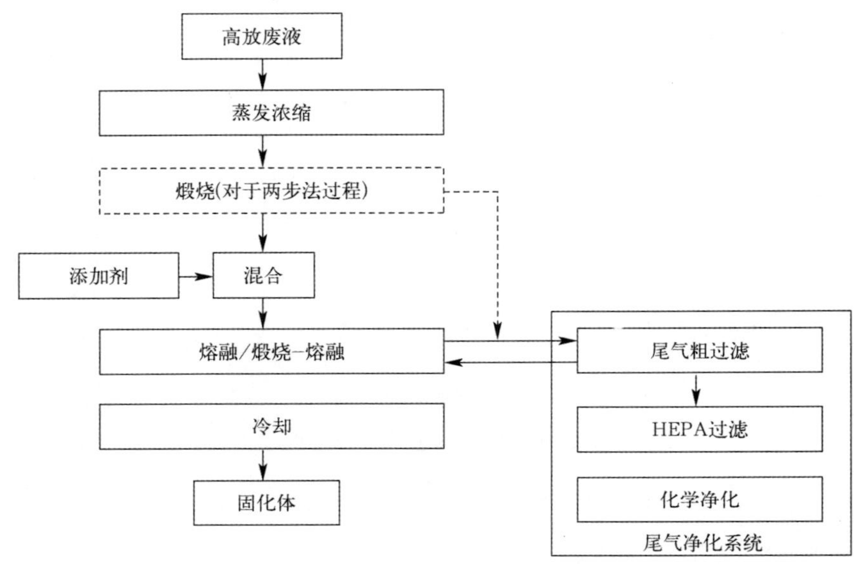

图 10-3 高放废液固化处理流程图

10.2 高放废液的预处理[2]

10.2.1 高放废液的蒸发浓缩

高放废液常用蒸发法进行浓缩处理，其主要目的是减少废液体积，以降低后续过程的费用。通过蒸发把放射性核素浓集在蒸残液中，蒸残液可作为分离、提取有用放射性核素的原料液，也可直接送地下废液贮槽暂存一段时间之后再去进行固化处理。对于蒸发过程产生的二次冷凝液，可根据情况作弱放废水处理。

如前所述，蒸发浓缩法处理废水具有净化系数高、灵活性大、安全可靠等优点。该法的缺点是能量消耗大、并且不适用于处理含有易挥发放射性物质（如钌、碘）的废液和易起泡的废液(如含有洗涤剂、TBP 及其降解产物的废液)。

图 10-4 为蒸发浓缩高放废液的流程示意图。来自后处理厂共去污循环的萃余液先在高放废液贮槽静置澄清,以除去可能夹带的少量有机溶剂。然后转入蒸发器的供料槽,用泵经预热器送入蒸发器,连续地进行蒸发-脱硝或一直蒸浓到所要求的浓缩倍数后再加甲醛脱硝。蒸发过程产生的二次蒸汽经泡罩塔、填料净化器除去部分夹带的雾沫,冷凝的液体返回蒸发器,未冷凝的二次蒸汽再经冷凝冷却器进入二次冷凝液接受槽。汽-液分离后的不凝性气体通过捕集器除去夹带的少量雾沫,经预热器、过滤器后排放。

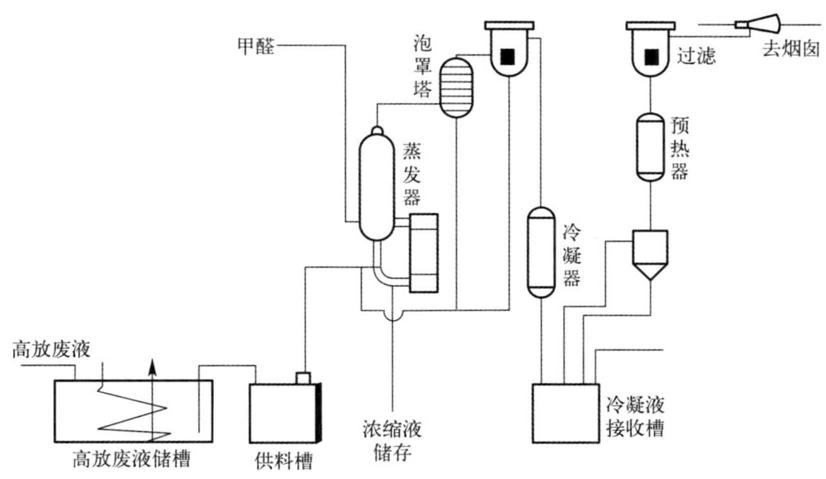

图 10-4　蒸发法浓缩高放废液流程示意图

上述废液处理流程的净化系数可达 $10^5 \sim 10^6$。在用蒸发法处理酸性高放废液时,由于废液中含有大量的游离硝酸,进而给浓缩过程带来一些新的问题。一方面,在蒸发过程中,随着 HNO_3 在蒸残液中浓度的增大,浓缩液的沸点也将不断升高,因而在一定温度下,蒸发器的效率将随 HNO_3 浓度的增高而下降,而且在高酸度下使更多的易挥发裂片元素(如碘、钌)进入二次蒸汽,不利于提高净化系数;另一方面,高温、高酸对设备的腐蚀严重,会增加蒸发浓缩和蒸残液贮存过程的费用。为了克服上述两方面的困难,通常在蒸发过程中往蒸发器内加入适量的甲醛或醣类物质,用以破坏硝酸,使它在蒸发浓缩液中的浓度不致超过一定的限度。

甲醛是一种强还原剂,它与硝酸的反应随着硝酸浓度的变化而不同。当 HNO_3 浓度大于 8 mol/L 时,反应式为:

$$4HNO_3 + HCHO \longrightarrow 4NO_2\uparrow + CO_2\uparrow + 3H_2O$$

HNO_3浓度为 2～8 mol/L 时，反应式为：

$$4HNO_3 + 3HCHO \longrightarrow 4NO\uparrow + 3CO_2\uparrow + 5H_2O$$

HNO_3浓度小于 2 mol/L 时，反应式为：

$$2HNO_3 + HCHO \longrightarrow HCOOH + 2NO_2\uparrow + H_2O$$

从上述反应可以看出，开始 HNO_3浓度高时，1 mol/L 甲醛可破坏 4 mol/L 硝酸。随着反应的进行，酸度逐渐降低，最终将接近 1 mol/L 甲醛破坏 2 mol/L 硝酸。但这时反应产物中有甲酸生成，它也是一种强还原剂，易被硝酸氧化。当硝酸浓度在 1～4 mol/L 时，甲酸与硝酸的反应如下：

$$2HNO_3 + HCOOH \longrightarrow 2NO\uparrow + 3CO_2\uparrow + 4H_2O$$

由此可见，甲醛脱硝的最终产物都是挥发性气体和水，因而不会增加蒸残液的含盐量和其他杂质。

此外，在蒸发—脱硝过程中产生的二次蒸汽冷凝液，其放射性水平一般都比较低，因此从经济角度考虑，应将其中的 HNO_3加以回收利用。

酸性高放废液经蒸发浓缩后，贮存于不锈钢地下贮槽是目前普遍采用的一种高放废液管理技术。尽管这不是最后的贮存手段，但在将这些浓缩液用于提取次锕系和裂片元素或进行固化处理之前，这种暂时存放是一个必不可少的中间环节。

10.2.2 高放废液的储存

高放废液在进行固化处理之前，通常采用槽（罐）贮存。这些贮罐的容积为 70～1 500 m^3，贮罐的使用期限为 20～30 a[3-4]。

在早期，美国曾采用碳钢槽贮存碱性和中性高放废液。汉福特和萨凡那河厂的 183 个碳钢贮槽，发现有 20 多个泄漏了[5]。中性废液会产生泥浆沉淀，这些泥浆载带有大部分的放射性核素。这种情况在汉福特厂、萨凡那河厂和西谷厂都曾发生过。在汉福特厂用碳钢衬里的贮罐，直径为 23 m，深度为 6～12 m，容量为 1 800～3 700 m^3。汉福特厂容许废液在贮罐内沸腾，衰变热由排气冷凝器除掉。如果允许自蒸发浓缩，则在贮罐内会进一步产生沉淀。这些固体沉在罐底，就使无内部冷却装置的贮罐产生崩沸。崩沸时的蒸发速度为正常值的 50 倍。罐底放射性沉淀物的温度曾高达 177 ℃，观察到罐内最大压力达 1.38×10^4 Pa。为解决崩沸的问题，汉福特厂采用内部空气提升进行搅拌的方法，来缓和废液满罐以后的崩沸[6]。

美国、英国等国家贮存高放浓缩废液的运行经验表明，不锈钢槽贮存酸性高放废液是目前唯一获得大规模应用的中间贮存技术。

为防止可能发生的泄漏事故，必须采取两种安全措施：一是贮罐必须安放在能够容纳整个贮罐的不锈钢覆面的地下设备室里;二是正在使用的贮罐要与一个空罐相连接,以备发生泄漏时转移出废液。

为防止高放浓缩废液沸腾并维持其温度在 60 ℃以下,贮存装置必须配备有足够余量的冷却系统。冷却系统要与外部换热器相连。通常罐内要设置两个(有的大型贮槽设置三个)独立的密闭冷却回路,在一个冷却回路失效时,温度仍可维持在 85 ℃以下。为防止溶液暴沸事故,每个贮罐都带有冷凝器,由空气冷却,冷凝液流回贮罐。

为防止废液中的固体颗粒或沉淀物的沉积,要用压缩空气不断搅拌,使废液中的沉淀物呈悬浮状态。用压缩空气搅拌可以保持辐解生成的氢气得到充分的稀释,使氢浓度保持在允许浓度(0.2%)以下,空气搅拌还有利于废液的自蒸发作用。

美国联合通用核子服务公司设计的一种高放废液贮槽直径为 16.5 m,高6 m,壁厚 9.5～12.5 mm。贮槽装在不锈钢衬里的混凝土地下室里,混凝土墙厚 1 m,顶部厚为 1.75 m。贮槽除了设置上述的冷却系统、压缩空气搅拌系统外,还装备有自动监测和控制系统。

10.3　高放废液固化

10.3.1　高放废液的固化技术发展历史

关于高放废液的固化,几十年来国际上研究开发了多种固化体形式,如煅烧物、玻璃体、陶瓷体(包括人造岩石)、热压无机交换剂、热压混凝土等,但是目前最为成熟、最为人们所接受的是玻璃固化。

法国是世界上率先实现玻璃固化商用化的国家,经过 20 年研究开发,世界上第一座玻璃固化设施 AVM(Atelier de Vitrification de Marcoule)于 1978 年在马库尔投入运行,该设施的废液处理能力为 40 L/h,采用回转锻烧炉－感应加热金属熔炉两步法工艺,截至 2003 年 10 月,共处理了 2 075 m^3 的高放废液,生产了 3 000罐(或 1 075 t)高放玻璃固化体(总放射性达 1.68×10^{19} Bq)。目前,AVM 设施在处理 UP1 后处理厂退役产生的高放废液中仍在发挥作用。在 AVM 运行基础上法国在阿格(La Hague)后处理厂先后建成两座更大规模的玻璃固化工厂 AVH-R7 和 T7,分别处理 UP2 和 UP3 后处理厂产生的高放废液。截至 2004 年,AVM、R7 和 T7 三个设施共生产了 12 750 罐(或 5 000 t)高放玻璃固化体(总放射性达 1.67×10^{20} Bq)[7]。

英国是研究开发玻璃固化较早的国家之一,但英国目前运行的玻璃固化工厂是从法国引进的技术，处理 THORP 后处理厂产生的高放废液。

位于比利时莫尔(MOL)核研究中心的前欧化公司于 1966—1974 年运行期间积存的高放废液，采用前西德的焦耳加热陶瓷熔融技术，于 1985 年建成了帕梅拉(PAMELA)玻璃固化装置。第 1 个熔炉处理了 47 m^3低浓铀燃料高放废液，第 2 个熔炉处理了 860 m^3高浓铀燃料高放废液，该设施已于 1991 年关闭。

美国是世界上积存高放废液量最多的国家之一(约 3.8×10^5 m^3)，萨凡那河玻璃固化工厂(DWPF，Defence Waste Processing Facility)于 1996 年 3 月投入运行。到 1999 年初已处理 2 200 m^3浓缩物和泥浆。汉福特积存的军工高放废液达 2.4×10^5 m^3，计划先对高放废液作预处理，用超滤去除固体物，用离子交换去除 Cs 和 Tc，用沉淀法去除 Sr 和超铀核素。爱达荷存有 1.1×10^4 m^3高放废液，处理工艺方案有 3 个，其中包括玻璃固化方案。西谷后处理厂于 1996 年建成了焦耳加热陶瓷熔融玻璃固化装置(WVDP，WestValey Demonstration Project)，处理了西谷商用后处理厂运行(1966—1972 年)产生的 2 300 m^3高放废液。

前苏联从 20 世纪 50 年代中期就开发研究高放废液玻璃固化技术，60 年代发展陶瓷熔炉技术，1987 年在马雅克(Mayak)建成并运行焦耳加热陶瓷熔融玻璃固化设施 EP-500。第 1 座熔炉因电极设计缺陷而只运行了 1 a。第 2 座熔炉于 1991 年开始运行，共运行 6 a。第 3、4 座熔炉先后于 2000 年和 2004 年投入运行。俄罗斯打算在中西伯利的克拉斯诺雅尔斯克建造另一座玻璃固化工厂。截至 1999 年底，俄罗斯已固化 1.25×10^4 m^3高放废液(含放射性 1×10^{19} Bq)。

日本玻璃固化主要由原动燃团(PNC)研究开发。在东海村建立了一座中间规模陶瓷熔融玻璃固化验证设施(TVF)，处理东海村后处理厂产生的高放废液。每天生产 0.7 m^3玻璃固化体。日本于 1993 年开始在北海道六个所建 1 座玻璃固化工厂(JVF)，该厂有 2 条生产线，每条生产线固化高放废液的处理能力为 70 L/h。

印度巴巴原子能研究中心(BARC)于 1966 年开始研究开发玻璃固化技术，塔拉普尔(Tarapur)玻璃固化工厂(WIP)于 1986 年投入运行，特朗贝(Trombay)后处理厂的玻璃固化工厂在 1996 年投入运行，印度正在卡尔帕卡姆(Kalpakkam)建另一座玻璃固化工厂。

我国于 20 世纪 70 年代开始研究玻璃固化，早期采用罐内感应加热熔融技术，80 年代中期以后转为焦耳加热陶瓷熔融技术，并与德国联合设计了一套熔炉冷试装置(VPM)，处理能力 45 L/h(玻璃 30 kg/h)，在 2000 年上半年进行了冷试车。国外大型玻璃固化设施列于表 10-1[8]。

高放废液固化技术的一个重要发展是 20 世纪 80 年代中期开始研究开发的冷坩埚技术，该技术解决了热坩埚技术遇到的熔炉腐蚀问题及其炉温难以超过 1 100 ℃的限制，从而获得了迅速发展，并有望在不久进入实用化阶段。

表 10-1　国外大型玻璃固化设施概况[8]

国家	场址与设施	熔炉类型	处理能力	运行时间
法国	马库尔,AVM 阿格,AVH-R7 阿格,AVH-T7	回转煅烧/感应 加热熔融	40 L/h 100 L/h 100 L/h	1978 年— 1989 年— 1992 年—
英国	塞拉菲尔德,WVP	回转煅烧/感应 加热熔融	3 罐玻璃/d	1991 年—
比利时	莫尔,PAMELA	焦耳加热陶瓷熔融	30 L/h	1985—1991 年
美国	萨凡那河,DWPF 西谷,WVDP	焦耳加热陶瓷熔融	225 L/h 150 L/h	1996 年— 1996—1999 年
俄罗斯	马雅克,EP-500	焦耳加热陶瓷熔融	500 L/h	1986 年—
日本	东海村,TVF 六个所,JVF	焦耳加热陶瓷熔融	40 L/h 2×70 L/h	1994 年—
印度	塔拉普尔,WIP 特朗贝,—— 卡尔帕卡姆,——	感应加热熔融	2 罐玻璃/周 100 m^3/a 200 m^3/a	1986 年— 1996 年—

注:各国均采用硼硅酸盐玻璃固化体。

高放废液固化技术的另一个重要发展是,在比较成熟的玻璃固化技术的基础上,澳大利亚国立大学 Ringwood 教授等于 20 世纪 70 年代末开发出的一种钛酸盐陶瓷固化工艺,即人造岩石(Synroc)固化工艺[9-10],受到了国际上的高度关注,美国、日本、德国、法国和中国相继开展了该技术的研究开发。1982 年,澳大利亚建成了全规模冷台架示范装置,采用回转煅烧、电炉加热和单轴热压工艺,模拟固化体生产能力为 10 kg/h。但人造岩石固化迄今尚未实现工业应用。

10.3.2　高放废液固化体

几十年来,各国已研究开发了各种各样的高放废液固化体。总体上可以分为玻璃固化体、玻璃陶瓷固化体和陶瓷固化体三大类。

玻璃固化是将高放废液与玻璃基料以一定比例混合后,置于固化设备中蒸发、煅烧、高温熔融,经退火后成为包容有废物的具有网络结构的非晶质(玻璃)固化体。这是目前国际上工艺较成熟、应用最广的高放废液固化技术。

玻璃陶瓷固化的前期是高温玻璃熔制,实现玻璃化后再加热和退火(晶质化),形成玻璃相-晶质相混合的固化体。

陶瓷固化(包括人造岩石固化)是将高放废液与天然矿物或人工合成陶瓷基料

以一定比例混合，置于固化设备中蒸发、煅烧、高温熔融，经缓慢冷却后得到包容有废物的稳定的晶相陶瓷固化体。人造岩石固化尽管也属于陶瓷固化，但由于该技术在国际上研究得较多，且具有较好的应用前景，故单列一节予以介绍。

10.3.2.1 玻璃固化体

世界上最早开发研究的玻璃固化是磷酸盐玻璃固化。磷酸盐玻璃的熔制温度较低，抗浸出性能和包容量与硼硅酸盐玻璃相近，对废液组成变化的适应性强，但由于磷对设备的腐蚀严重，大多数国家不采用，只有独联体国家仍在采用。

硼硅酸盐玻璃（主要成分为 Na_2O-B_2O_3-SiO_2）是国际上研究开发最广泛也是目前国际上普遍采用的玻璃固化基材，其固化体被称作标准固化体，作为与其他种类固化体对比的参照物。硼硅酸盐玻璃的浸出率低，废物包容量大，对废液组成的变化不敏感，但其热力学稳定性较差，容易出现反玻璃化或析晶(Devitrification)。

铝硅酸盐玻璃的主要化学成分为 Na_2O、CaO、Al_2O_3、SiO_2 等，铝硅酸盐玻璃固化体的抗浸出性能较好，适合于固化高铝废液，但对其他废液的适应性较差。

高硅玻璃的 SiO_2 含量高于硼硅酸盐玻璃，其长期化学稳定性优于后者。但高硅玻璃固化工艺复杂，不适于固化铯含量高的废液。

玻璃复合基材，即在球状、丸状玻璃固化体表面包覆金属或陶瓷层，或将其埋入金属（铅或铅合金）基体中。制备复合固化体的目的是为了增强固化体的抗浸出性能和其他处置性能。包覆固化体的制备：将高放废液玻璃固化体制成玻璃颗粒，然后在玻璃颗粒外再包覆一层玻璃、陶瓷或金属碳化物，包覆层厚度为 40 μm～1 mm，最后包容在金属或石墨基体中。金属包埋固化体的制备：将高放废液玻璃固化体制成玻璃颗粒（直径为 5 mm），然后将其嵌入金属基体（如铅合金）中。金属包埋固化体的优点：固化体的导热率明显高于玻璃固化体和陶瓷固化体，从而可使高放废物容器的中心温度由 575 ℃降至 116 ℃，以缩短处置前高放废物暂存时间；提高固化体机械强度；明显降低固化体的浸出率和外部辐射剂量。但制备金属包埋固化体工艺较复杂，成本较高[11]。

10.3.2.2 玻璃陶瓷固化体

玻璃陶瓷固化体是介于玻璃固化体和陶瓷固化体之间的过渡型固化体，它是由玻璃和晶质相复合的固化体，放射性核素或呈类质同象形式被固定在晶质相中，或呈固溶体形式分散于玻璃相中。玻璃陶瓷固化体具有一系列优于硼硅酸盐玻璃固化体的特性，受到世界各国重视，被认为是较有应用前景的高放废液固化体之一，其中已开发的有榍石(Sphene)玻璃陶瓷、钡长石(Barium Feldspar)玻璃陶瓷、硅钛钡石(Murite)玻璃陶瓷、玄武岩(Basalt)玻璃陶瓷和透辉石(Mussite/Diopsit)玻璃陶瓷等（化学成分均为铝硅酸盐）。各类玻璃陶瓷固化体的废物包容量的质量分数为 10%～50%，一般为 20%～30%，主要化学成分为 SiO_2、Al_2O_3、CaO、BaO、Na_2O、TiO_2 等。固化体中新生成的包裹放射性核素的矿物、类比矿物相种类繁多，因工艺流程不同，矿物、类矿物组合也各异，这表明各种矿物、类矿物有一定形成条件。

几种玻璃陶瓷固化体的物理性质及浸出率列于表 10-2[12]。由表可见，玻璃陶瓷固化体的机械强度和热稳定性明显优于普通玻璃固化体。玻璃陶瓷中结晶相和玻璃相的化学稳定性相当，如果长寿命核素主要被包容在玻璃陶瓷的结晶相，则这些核素将被双重屏障所包容。所以，在长期的处置过程中，玻璃陶瓷可以比玻璃更有效地将长寿命核素与生物圈隔离。

与陶瓷固化体相比，玻璃陶瓷固化体也有一些特色。陶瓷固化体的性能无疑具有许多明显的优势，但是陶瓷固化工艺复杂（热压、烧结等），且单一陶瓷晶相的固化体难以制备，还可能形成一些包容显著量放射性核素的不稳定的次级相（Secondary Phase），高放废液核素组分的波动也容易诱发不可控的次级相或寄生相（Parasitic Phase）。相对于陶瓷固化工艺而言，玻璃陶瓷固化体比较容易制备，且由于陶瓷晶体周围的玻璃相能包容一部分废物（主要是裂变产物 Sr、Cs 等），防止杂质进入晶相，故玻璃陶瓷可允许高放废液组分的波动。

基于上述因素考虑，玻璃陶瓷可能是比较适合于固化锕系核素的基材[13]。当然，玻璃陶瓷固化的成本要比玻璃固化高。

表 10-2　几种玻璃陶瓷固化体的物理性质及浸出率[12]

性　质	榍石	钡长石	硅钛钡石	玄武岩	透辉石
密度/(g/cm^3)	4.29	3.1	3.7	3.4	3.5
孔隙度/(v%)	2～10				
抗压强度/(MN/m^2)	109±14[1)]	113±8	101±5	121±15	107±1
弹性模量/(MN/m^2)	(10.27±0.02)$\times10^4$[2)]	(9.45±0.03)$\times10^4$		(11.02±0.01)$\times10^4$	(10.15±0.1)$\times10^4$
维氏硬度/(MN/m^2)	1.41±0.14				
线热膨胀系数/(10^{-6}/℃)	6.4～7.6	7.9～10.8[3)]	8～10[3)]		
热导率/[W/(m·℃)]	2.2 (50～150 ℃)[4)]	1.2～1.4[5)]	1.2～1.4[5)]		

续表

性　质	榍石	钡长石	硅钛钡石	玄武岩	透辉石
比热/[J/(g・℃)]	0.71±0.08				
破裂坚韧度/($MN/m^{3/2}$)		0.95[6)]		1.77[6)]	
抗破强度/MPa		558[7)]			
核素浸出率/[g/(cm^2・d)]	10^{-7}～10^{-6} (100 ℃，蒸馏水，90 d)	10^{-5}～10^{-4} (28 d)	10^{-5}～10^{-4} [8)] (3 d)	5×10^{-6} [8)] (28 d)	10^{-5}～10^{-4} [8)] (24 h)

注：1) 硅酸盐玻璃为 55～70 MN/m^2，玻璃陶瓷为 70～350 MN/m^2；2) 商用玻璃为(6～7)×10^4 MN/m^2，玻璃陶瓷为(8～14)×10^4 MN/m^2；3) 20～400 ℃；4) 玻璃为 1.7 W/(m・℃)，氧化物陶瓷为 10～30 W/(m・℃)；5) 225～625 ℃；6) 玻璃固化体为 0.5～0.76 $MN/m^{3/2}$；7) 玻璃固化体≤425 MPa；8) 90 ℃，去离子水。

近年来，澳大利亚核科学技术研究中心(ANSTO)致力于玻璃一人造岩石(即玻璃陶瓷)复合固化体的研究，即将放射性核素包容在玻璃基体网络内的非常稳定的钛酸盐晶相(如钙钛锆石(Zirconolite)和烧绿石(Pyrochlore))中，废物包容量的质量分数可高达 50%～70%，其中烧绿石矿相特别适合于包容锕系元素(尤其是钚)。一般在 1 200～1 400 ℃下熔制这类复合固化体，而不是采用等静压热压工艺。对于美国能源部汉福特场址的硝酸钠和亚硝酸钠含量很高的高放废液，已经采用的硼硅酸盐玻璃固化的废物包容量为 20%左右；如采用基于人造岩石的玻璃陶瓷固化，则可明显减少废物体积。

ANSTO 还与法国合作，研究采用冷坩埚技术制备人造岩石玻璃陶瓷固化体，废物包容量为 50%。

2005 年，ANSTO 与英国核集团(British Nuclear Group)下属 Nexia Solutions 公司签署一项协议，研究采用人造岩石玻璃陶瓷固定 Sellafield 场址的 5 t 含杂质的钚[14]。

10.3.2.3 陶瓷固化体

陶瓷体具有热力学稳定的晶相结构，是良好的包容核废物的基材。

按照陶瓷固化体中基体矿相的结构，可分为硅酸盐、铝酸盐、磷酸盐、锆酸盐和钛酸盐等五类陶瓷固化体。表 10-3 列出了各类陶瓷固化体性能比较。

与玻璃固化体相比，陶瓷固化体具有热稳定性好、化学稳定性好、机械性能好等优点，但陶瓷固化的研究尚不充分，工艺不够成熟，成本较高。目前，陶瓷固化法中研究最多、最有应用前景的是人造岩石固化。

表 10-3 各类陶瓷固化体性能比较

固化体		基本化学组成	特 点	备 注
硅酸盐	过煅烧物	根据高放废液组成添加 SiO_2、CaO、Al_2O_3等，1 100 ℃下煅烧而成，硅酸盐矿物为主相	废物包容量大，热稳定性好；Cs、Ru 易挥发掉，浸出率高	需包覆或包埋在玻璃中才能处置
	锆英石	$ZrSiO_4$，一种天然稳定矿物，其 Zr 位可被锕系元素取代	耐高温，热膨胀低，耐辐照，浸出率低；制备成本高	适于固化武器级 Pu
铝酸盐	烧结陶瓷	还原条件下热压烧结，基体相为氧化铝和尖晶石，将放射性核素包容其中	化学稳定性好，废物包容量高，核素挥发损失小	只对高铝废液固化有效
磷酸盐	独居石	$RePO_4$，天然矿物，是固化锕系和镧系核素的基体矿相	浸出率低，热稳定性好，长期稳定性好	
	钠锆磷酸盐(NZP)	NZP($NaZr_2(PO_4)_3$)，其晶体结构的四个离子位可容纳元素周期表中近 2/3 的元素	适用范围广，耐辐照，热膨胀低，浸出率低，无多相异性膨胀引起的内应力和浸出差异	操作温度较低
锆酸盐	氧化钇稳定的立方氧化锆立方烧绿石($La_2Zr_2O_7$)	以 Y_2O_3稳定的 ZrO_2为包容锕系和稀土的基体相	热稳定性好，浸出率低，热稳定性好，浸出率低，废物包容量高	适于高锆含量废液固化，但成本较高
钛酸盐	人造岩石	多相钛酸盐陶瓷组合，可将各种核素固定于晶格结构中	耐辐照，热膨胀低，机械性能好，浸出率低	有望应用于特定高放废液固化

10.3.2.4 人造岩石固化体

如前所述，人造岩石实质上是一种钛酸盐陶瓷，它是通过高温固相反应制得的一种热力学稳定的、多相钛酸盐矿物固溶体。20 世纪 70 年代，澳大利亚科学家 Ringwood[9,10] 受自然界中某些含长寿命放射性元素(铀和钍)的天然矿物能够稳定存在上亿年的启发，依据矿物学上的类质同象(Isomorphism)替代，研制用以固化高放废液的钛酸盐陶瓷固化体。人造岩石具有许多优于硼硅酸盐玻璃固化体的特性，如优良的地质稳定性、化学稳定性、热稳定性和辐照稳定性，因此受到各国广泛重视，被认为是继玻璃固化体之后的第二代高放废物固化体。各国学者相继开展了高放废物人造岩石的固化研究，就人造岩石固化体的矿相结构、组成、制备工艺和性能测试等作了广泛深入的研究和评价，积累了丰富的经验和相关资料。在人造岩石固化过程中，大部分废物元素直接进入矿相的晶格位置，一部分废物元素被还原成金属单质而包容于合金相中，晶粒直径为 20～50 nm。

自人造岩石问世以来，针对不同固化对象，已研究开发了多种人造岩石固化体，如 Synroc-A、-B、-C、-D、-E 和-F 等，还研制了针对分离出的锕系元素、Sr、Cs、Tc 和武器级钚等特定废物的人造岩石固化体。几种人造岩石固化体的化学成分如表 10-4 所示[11]。

表 10-4 几种人造岩石固化体的化学成分

人造岩石固化体	组分质量分数/%							废物包容量/%
	TiO_2	UO_2	ZrO_2	Al_2O_3	SiO_2	BaO	CaO	
Synroc-B	74.1		6.6	5.4		5.6	11.0	
Synroc-C	57.1		5.4	4.4		4.4	8.9	30
Synroc-D	18.8		6.6		6.6		5.3	62.7～65.0
Synroc-E	87.6		3.0				2.2	7
Synroc-F	40.6	47.6		0.9	1.1	9.5		50

在各种人造岩石中，研究最多、最深入的是固化模拟动力堆乏燃料后处理所产生高放废液的 Synroc-C。Synroc-C 的主要组成矿相为钙钛锆石(Zirconolite)、碱硬锰矿(Hollandite)、钙钛矿(Perovskite)和金红石(Rutile)，并含有少量的合金相。Synroc-C 可将高放废液中几乎所有的元素固定于其晶体结构中，形成性能优异的固化体。表 10-5 给出了 Synroc-C 各矿相所能包容的废物元素的情况[15]。

表 10-5 Synroc-C 各矿相所能包容的废物元素的情况

组成矿相	质量分数/%	可包容的元素
钙钛锆石，$CaZrTi_2O_7$	30	An，RE，Zr，Al，Fe，Ni，Cr，Sr
碱硬锰矿，$BaAl_2Ti_6O_{16}$	30	Cs，Ba，Rb，Al，Fe，Cr，Mn，Zr，Ni，Mo
钙钛矿，$CaTiO_3$	20	Sr，RE，An，Al，Fe，Na，Zr，Mo
金红石，TiO_2	15	Zr，Al，Fe，RE，An
合金相	5	Mo，Ru，Rb，Pd，Ag，Cd，Fe，Ni，Cr，Tc，Te，P

注：An 为锕系元素，RE 为稀土元素；加下划线的元素表示仅少量包容。

在晶体的内部结构中，如晶格完全由同种离子或原子占据，这种晶体称为单一晶体；如晶格中部分地由性质类似的他种离子或原子所占据，共同形成均匀的、单一相的混合晶体，这种晶体称为类质同象混晶。例如，钨铁矿 $FeWO_4$ 晶体结构中一部分 Fe^{2+} 的结构位置可以被 Mn^{2+} 替代和占据，由此形成的墨钨矿 $(Fe,Mn)WO_4$ 晶体就是一种类质同象混晶。

研究表明，相互取代的两个离子的半径对于形成类质同象取代的影响很大，若半径为 r_1 和 r_2，当 $|(r_1-r_2)/r_1|<15\%$ 时，容易形成类质同象取代；当为 15%～30%时，可以有限取代；当>30%时，则较难发生类质同象取代。根据上述离子半径相近原理，锕系和稀土元素主要进入钙钛锆石的 Ca 位和 Zr 位，其次进入钙钛矿的 Ca 位；Sr 和 Cs 主要进入碱硬锰矿的 Ba 位和钙钛矿的 Ca 位。离子半径较小的锕系和重稀土离子易进入钙钛锆石中。离子半径较大的锕系和轻稀土离子易进入钙钛矿中。一般来说，这几种矿相的稳定性次序为钙钛锆石>碱硬锰矿>钙钛矿>合金相。高放废液含有 30 多种元素，它们有不同离子半径和电荷数。实际上，人造岩石还形成更多矿相，如烧绿石、独居石、尖晶石、霞石、贝塔石、黑钛铁钠矿等。人造岩石对废物的包容量主要受控于释热水平。

人造岩石固化不仅适用于处理动力堆高放废液，也可用于军工高放废液的固化研究，还可用于武器级钚的包容。

20 世纪 90 年代比较重要的人造岩石应用研究的例子是，作为美国能源部为处置多余武器级钚提出的方案之一（另一个方案是将钚制成 MOX 燃料在反应堆中燃烧），将武器级钚制成“固定化钚废物形态”（Immobolized Plutonium Waste Form，IPWF），将钚固定在类似于人造岩石的钛酸盐陶瓷体中。

1994 年，美国劳伦斯·利弗莫尔国家实验室与澳大利亚 ANSTO 开始联合进行该项工作。考虑到人造岩石中钙钛锆石矿相最稳定，适于包容锕系元素（特别是钚），还能包容防临界的中子吸收剂（如 Gd），早期侧重在富钙钛锆石的钛酸盐陶瓷的研究。在空气气氛中将配料在 1 375 ℃下烧结，或者在氩气气氛中将煅烧物在 1 280 ℃和 150 MPa 下进行等静压热压，制备了含有碱硬锰矿和金红石的富钙钛锆石陶瓷。

后来发现，富烧绿石陶瓷能更有效地包容钚废物中的天然铀（用于临界控制），且结晶相中的中子吸收剂（稀土）不会被铀所取代，钚废物允许含有显著量的杂质。富烧绿石陶瓷的基材为 95%烧绿石和 5%金红石。

1997 年，美国阿贡国家实验室与澳大利亚 ANSTO 联合进行了人造岩石固化高放废液的热实验，在热室中开展了商用规模的远距离控制的等静压热压实验。

1998 年，美国能源部选用富烧绿石人造岩石包容武器级钚，并拟于 2007 年在萨凡那河厂建成武器级钚固定化设施。研究中采用的人造岩石钛酸盐矿相中钚的包容量的质量分数约为10%，密度为5.5 g/cm³，人造岩石固化体制成40～50 g的圆片，然后采用所谓“大罐套小罐”(Can-in-Canister)工艺，将固化体制作包装成便于处置的形式(见10.3.3.4节)[16]。但美国能源部又于2001年宣布，推迟人造岩石固定武器级钚的计划，改为将武器级钚制成MOX燃料在反应堆中燃烧的计划。

尽管人造岩石固定武器级钚的计划搁浅，但可以考虑用人造岩石固化一些难以进行玻璃固化的军工高放废液。由于人造岩石中可以含有中子吸收剂，所以包容大量钚的固化体不存在临界安全问题。高的废物包容量可以使固化体体积减半。

对于核废物分离一嬗变方案中难以实现嬗变的核素，如^{99}Tc、^{129}I、^{241}Am等，ANSTO提出了分离一整备(Partitioning-Conditioning)概念，即将分离出的这些核素进行人造岩石固化。

澳大利亚学者还展望了人造岩石固化技术的更为长远的应用前景，比如，通过广泛的国际合作，在澳大利亚建立一个一体化的核电站乏燃料管理工业体系，包括乏燃料后处理厂、高放废液人造岩石固化厂和人造岩石固化体的地质处置库。事实上，国际原子能机构一直在推进建立区域性核燃料循环设施的设想[17]。但是，这涉及复杂的国与国之间政治问题。

10.3.2.5 玻璃固化体与人造岩石固化体性能比较

硼硅酸盐玻璃固化体是玻璃固化体中性能最好、应用最广的固化体。本节以它为代表与人造岩石固化体的性能进行比较[15]。

在硼硅酸盐玻璃固化体中，废物元素被包容于硼、硅、钠等形成的三维网络结构的空隙中。玻璃网络是一种热力学上亚稳态结构，在一定条件下(>400 ℃)会发生反玻璃化(Devitrification)作用，析出晶体，降低玻璃固化体性能。在人造岩石固化体中，废物元素以固溶体形式固定于固化体主要矿相的晶格结构中，形成一种热力学稳定的结构。

(1) 物理性能

表10-6列出了一种典型的硼硅酸盐玻璃固化体和人造岩石固化体的主要物理性能。由表10-6可见，人造岩石固化体的体积密度约为硼硅酸盐玻璃固化体的2倍。人造岩石的密度通常可达到理论密度的90%以上，这种高密度和低孔隙率有利于减少废物体积和降低核素浸出率。

人造岩石固化体的导热系数是玻璃固化体的3倍，因此在同样包容量情况下，人造岩石固化所需要的地表冷却贮存时间短，在地质处置库中可采用较紧密的堆积方式，从而节省处置空间。

表 10-6　硼硅酸盐玻璃固化体和人造岩石固化体的主要物理性能

物理性能	硼硅酸盐玻璃固化体	人造岩石固化体
体积密度/(g/cm^3)	≈2.8	≈4.5
抗压强度/MPa	260	810
熔点/℃	≈1 100	≈1 370
热膨胀系数/$℃^{-1}$	$≈9×10^{-6}$	$≈9×10^{-6}$
导热系数/[W/(m·K)]	1.0±0.2	3.0±0.2
抗热冲击性能	较差	较好

(2) 抗浸出性能

将两种固化体在 95 ℃水中浸泡，硼硅酸盐玻璃固化体中的主要核素的浸出率为 0.2～1.0 $g/(m^2 \cdot d)$，人造岩石固化体中的易浸出元素(Cs、Sr、Ba 和 Ca)的浸出率约比硼硅酸盐玻璃固化体低 2～3 个数量级，而主要的基体元素(Ti 和 Zr)和锕系一镧系元素(U、Nd)的浸出率约为硼硅酸盐玻璃的 10^{-4}。在 200 ℃情况下，这种浸出差异更大。这说明人造岩石固化体的抗浸出性能明显优于硼硅酸盐玻璃固化体。在高温(300～800 ℃)下，人造岩石固化体仍能保持其完整性，而玻璃固化体则在很短的时间内碎裂，说明人造岩石固化体的热稳定性和热液浸出的性能优越，适于在地质处置库中处置。

(3) 抗辐照性能

对于固化体来说，α 衰变自辐照损伤对其性能的影响主要表现为抗浸出性能下降。科学家对这两种固化体通过模拟自辐照的方法进行了大量的抗辐照性能研究，对人造岩石固化体来说，即便是在完全蜕晶质的情况下，其所包容的废物核素的浸出率也只增大 1～2 个数量级，仍然低于硼硅酸盐玻璃固化体的浸出率。

另外，由于人造岩石固化体的主要矿相在自然界中都存在着包容有放射性核素(U、Th 等)的类似矿物，这些矿物已稳定存在了数亿年，长期经历着恶劣地质环境下 α 衰变自辐照的作用，仍能稳定地包容放射性核素，说明人造岩石固化体具有更好的长期辐照稳定性。而玻璃固化体在自然界中未发现包容放射性核素的天然类似矿物，无法进行天然类比研究，因而缺乏其长期辐照稳定性的佐证。

人造岩石固化体的上述优点表明，它比硼硅酸盐玻璃更适于高放射性、高释热、长寿命的特定高放废物的固化。

10.3.3　高放废液的固化工艺

高放废液的固化工艺因各种不同固化体的性能要求而异，大体上可分为玻璃固化工艺、玻璃陶瓷固化工艺和陶瓷固化工艺(包括人造岩石)。

目前国际上广泛采用的高放废液固化工艺为玻璃固化工艺，包括已经成熟的热坩埚（感应加热和焦耳加热）玻璃固化技术和正在开发的冷坩埚固化技术。玻璃陶瓷固化体和陶瓷固化体比玻璃固化体具有更好的地质稳定性、化学稳定性、热稳定性和辐照稳定性。尤其是人造岩石固化体的各种性能均明显优于玻璃固化体，故人造岩石固化工艺被视作新一代的高放废液固化技术。

此外，针对某些特定的地理、地质和气候条件，高放废液也可以转化为煅烧物的形式进行长期储存。例如，美国爱达荷国家工程实验室（INEL）地处沙漠地带，该实验室建立了一套新废物煅烧设施（NCWF），采用流化床技术将军用后处理产生的高放废液（不含钚）蒸干并转化为氧化物颗粒，再装入不锈钢筒内，密封后储存在地下的混凝土窖内长期储存（见图 10-5）[18]。但是，煅烧物形态的长期稳定性毕竟较差，美国能源部又研究了将高放废物煅烧物转化为玻璃陶瓷的工艺[19]。

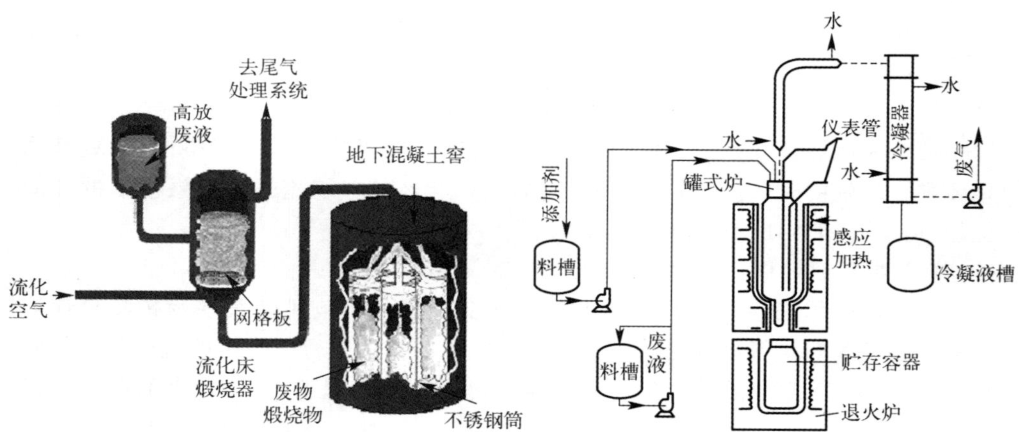

图 10-5　流化床煅烧处理高放废液示意图　　图 10-6　高放废液罐式玻璃固化工艺示意图

10.3.3.1　玻璃固化工艺

玻璃固化工艺可分为热坩埚和冷坩埚两大类，热坩埚玻璃固化工艺的研究开发已有半个世纪的历史，工艺技术已经成熟；20 世纪 80 年代中期开始研究开发的冷坩埚技术，有望在不久进入实用化阶段。

• 热坩埚玻璃固化工艺

热坩埚玻璃固化工艺分为中频（2～10 kHz）感应加热熔融工艺和焦耳加热熔融工艺两种。

（a）感应加热熔融工艺

早期的感应加热玻璃固化工艺为罐式工艺（Pot Process），如法国的 PIVER

固化工艺。中国原子能科学研究院在20世纪70年代研究的玻璃固化技术也采用这一工艺。如图10-6所示,罐式工艺是高放废液的蒸发、干燥、煅烧和玻璃熔制在同一金属罐中进行的过程。金属罐用中频感应加热,分为若干区,废液在罐中蒸干后,与玻璃形成剂一起熔融、澄清,最后从下端冻融阀排出熔制好的玻璃。

感应加热的优点是加热快速,几秒内即可达到目标温度且温度控制方便;能量转换效率高于电阻炉加热方式;没有与熔融物接触的电极及其相应的腐蚀等问题;便于局部加热。

印度于1986年在塔拉普尔(Tarapur)建成的第一座玻璃固化工厂(Waste Immpbilization Plant,WIP)采用了罐式玻璃固化工艺,图10-7为WIP厂的工艺流程示意图[20]。如图所示,高放废液经过蒸发浓缩后与比例基料按一定比例混合配置成浆料,加入多段感应加热的工艺罐(罐材为因可镍合金Inconel-690)中,罐内同时发生蒸发、煅烧和玻璃熔制过程,罐内固液界面随之上移。罐内温度最初控制在600 ℃,当不断加入的废液全部转化为固体后,物料在950 ℃左右开始熔制成玻璃,并在950~1 000 ℃范围内保持8 h,使玻璃熔制均匀。接着,启动冻融阀感应加热圈,将熔融玻璃体加入304L不锈钢储罐,移至隔离室内慢慢冷却后,采用远距离焊接机封盖,再将储罐装入另一个不锈钢外包装桶内,经表面去污后送去临时储存。尾气处理系统(图中未画出)包括冷凝器、涤气器、骤冷器、除雾器和HEPA过滤器。

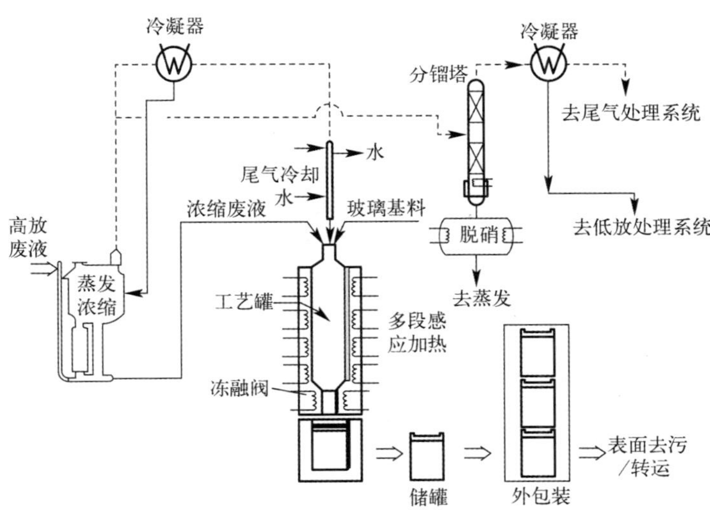

图10-7 印度玻璃固化工厂(WIP)的工艺流程示意图

罐式工艺的优点是设备简单，容易控制。缺点是熔炉寿命短(熔制 25～30 批玻璃，就得更换熔炉)，采用批式操作，处理能力低。世界上只有印度的玻璃固化工厂采用应用罐式工艺进行玻璃固化。

为了克服罐式玻璃固化工艺的缺点，法国开发出了煅烧－熔融两步法玻璃固化工艺[21]。如图 10-8 所示，高放废液在回转煅烧炉中转化成煅烧物；接着分别将煅烧物与玻璃形成剂加入中频感应加热金属熔炉中，在那里熔制成玻璃。最后通过冻融阀注入玻璃贮罐中。法国马库尔 AVM 和 AVH 及英国的 AVW 都属于这种工艺。这种工艺的优点是连续生产，处理能力较大，每天能生产 150 L 玻璃固化体。缺点是工艺比较复杂，熔炉寿命不够长(感应熔炉寿命约 2 000 h，可熔制 100 罐玻璃体)。法国 AVM 流程有两个 15 m^3 的高放废液接收槽。为了避免过热和产生固体沉淀，要对槽内液体不断进行冷却和搅拌；为了防止烧结，在废液送进煅烧炉之前，必须与添加剂混合均匀。

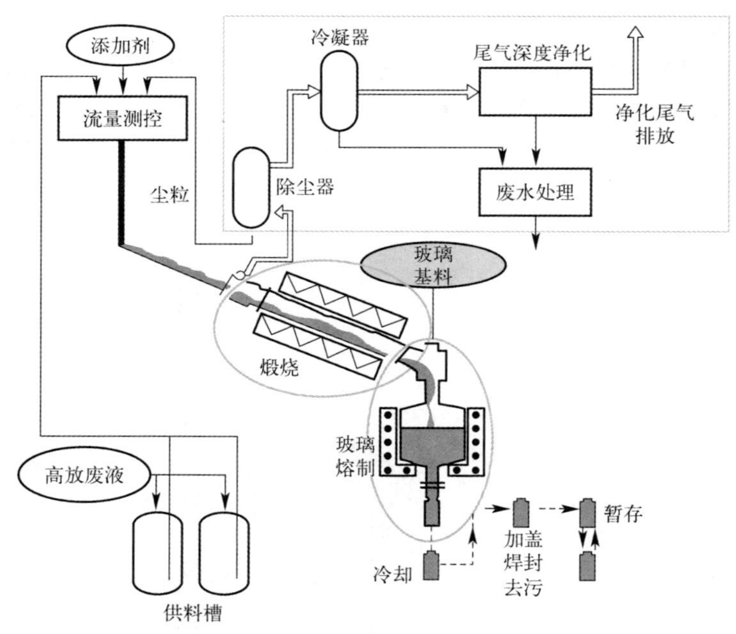

图 10-8 法国高放废液回转煅烧－玻璃熔制工艺示意图

煅烧炉的高放废液供料流量为 40 L/h，它由一种特殊锻造的炉管组成。炉管呈倾斜放置，炉管转速为 39 r/min，它的外面由四个不同加热段供热。废液从炉管的上端加入。炉管的前半段为干燥区，后半段为煅烧区。煅烧温度控制在 300～

400 ℃。煅烧产物借助重力从炉管的下端流出并进入熔融炉。化学添加剂的使用,可以获得更加稠密的煅烧产物和防止物料粘在管壁上。

熔融炉由5个感应加热段加热到1 150 ℃左右。玻璃基料通过另一连接装置分批加入熔融炉内。熔融体在炉内停留8 h,然后通过炉底的冻融阀放入不锈钢容器中。

从煅烧炉内排出的放射性废气,先经一水洗塔进行逆流洗涤。水洗塔排出的洗涤液直接返回到煅烧炉中去。水洗后的废气再经冷凝,吸收等净化工序处理,最后排入大气。从这些装置产生的低放废液全部返回后处理厂。

针对美国汉福特地区高放废液成分极其复杂的特点,美国RIC公司(Radioactive Isolating Consortium)开发了一种新的罐式低频感应加热技术,称为AVS (Advanced Vitrification System)(WWW. ceramic bulletin. org/July 2004)。这种熔炉可使玻璃固化过程中的熔制温度达到1 550 ℃,而熔炉不锈钢外壁温度仅为50 ℃左右。

该技术采用多层结构的一次性罐(既是玻璃固化熔炉,又是固化体处置罐),熔融罐的外壁为不锈钢(1 cm厚),内壁为高密度石墨感受器(2 cm厚),内壁与外壁之间填充石墨纤维绝热层(1 cm厚)。内壁内衬陶瓷(氧化铝)材料(0.5 cm厚),陶瓷衬里可避免石墨感受器壁与罐内熔融物料的直接接触。罐内熔融物料上方和绝热容器用惰性气体(Ar)保护,减少罐内部与废物之间的化学反应。

感应加热圈绕在罐外,感应圈采用水冷夹套冷却。通电后,感应圈中发出的低频(1 kHz)电磁波透过不锈钢外壁,加热石墨感受器,并使玻璃熔融。不锈钢外壁可用水冷夹套冷却,也可吹空气冷却。

AVS采用一种专有的加热方法,称作热黑体辐射空腔熔融法(Hot Hohlraum Melting,HHM)。在熔融罐内物料上方的罐壁被加热后,形成黑体辐射,加热罐内上方的物料,冷却罐内下部已熔融的物料,使熔池液位逐渐上升。感应加热区域的移动,可通过移动感应圈实现,或通过切换分段感应圈的电源实现。

在玻璃固化过程中,废物与玻璃基料的混合物不断加入熔融罐,进行玻璃熔制。当罐内充满熔融玻璃,停止供料和加热,熔融罐加盖密封,待罐内玻璃冷却后,将罐移走暂存;安装新的熔融罐,进行下一轮固化操作。每一轮操作周期为2 d,处理能力约为1.5 t/d。熔融罐的尺寸为ϕ0.61 m×4.5 m,罐内玻璃重2 484 kg,总重3 628 kg。

由于熔融所需热量是通过物料上方的黑体辐射获得,所以,与通常的感应加热不同,熔融物无需是导电体。由于熔制温度高(比焦耳加热熔炉高400 ℃),可使更多的废物熔入玻璃而使废物包容量显著提高,并获得高密度产品。

熔融罐中的熔融物呈不透明状,玻璃中的铁强烈地吸收红外辐射。HHM加热方式使物料表面温度很高，获得非常高的熔融速率，消除了常规熔炉中出现的发泡现象，所以无需对废液进行预处理，或在玻璃熔制过程中添加用于消泡的蔗糖或其他化学试剂（常规熔炉中物料表面的温度较低，有一层泡沫状的“冷帽”）。

AVS 法的优点：

（1）废物包容量从传统玻璃固化的 30％提高到 50％，可减少处置体积；

（2）作为熔融/处置罐材料的石墨是碳的一种结构十分稳定的结晶形态，又不是贵重的材料，估计在久远将来的入侵者不会对处置的石墨容器感兴趣；

（3）熔融罐一次性使用，可靠性好，扩大了可接受废物的范围，不用考虑粘度、电导、结晶和贵金属沉积问题。

（b）焦耳加热熔融工艺

焦耳加热陶瓷熔融工艺，是基于废物熔融过程中工频交流电在熔融玻璃中产生的焦耳热的利用。当插入熔融玻璃中的电极接通工频交流电，由于熔融玻璃的导电性，电流通过熔融玻璃，产生焦耳热，维持熔炉中的玻璃在熔融状态，并使新加入的物料熔融。

玻璃在常温下并不导电，当温度超过玻璃转化温度后玻璃开始导电，且其电阻率具有负温度系数，即电阻率随温度升高而降低。所以，焦耳加热熔炉的启动需要外加热量，即需要设置一套辅助的启动加热装置（电阻加热，如石墨环），将玻璃加热至熔融状态，使玻璃具有导电性，然后，再启动电极直接加热系统，维持玻璃在熔融状态。一旦焦耳加热熔炉进入正常运行状态，即可关闭启动加热系统。

焦耳加热陶瓷熔融属于一步法玻璃固化过程，当高放废液和玻璃基料从熔炉顶部加入，蒸发、煅烧和熔融同时进行，一步完成。

焦耳加热陶瓷熔融（Joule-heated Ceramic Melter）玻璃固化工艺最早是由美国太平洋西北实验室（PNNL）所开发，该工艺采用类似于工业玻璃熔制窑炉的装置。前西德首先在比利时莫尔建成 PAMELA 工业型熔炉，处理前欧化公司积存的高放废液。后来美国、俄罗斯、日本、德国、印度和我国都采用焦耳加热陶瓷熔炉工艺。图 10-9 为德国卡尔斯鲁厄核研究中心开发的建造在比利时莫尔的焦耳加热陶瓷熔炉和 PAMELA 工艺流程示意图[22]。

焦耳加热陶瓷熔融器的熔炉采用电极加热，炉体由耐火陶瓷材料构成。高放废液与玻璃形成剂分别连续加入熔炉中，高放废液在熔炉中进行蒸发，蒸干粉末与玻璃形成剂一起熔制成玻璃。熔制的玻璃由底部冻融阀或溢流口以批式或连续方式出料。

各国开发的陶瓷熔融炉的基本结构相似。图 10-10 为德国开发的 PAMELA 焦耳加热陶瓷熔融器示意图，图 10-11 为美国汉福特军工废物处理设施（DWPF）采用的陶瓷熔融玻璃固化熔炉示意图[23]，两种熔炉均是耐火砖衬里的不锈钢容

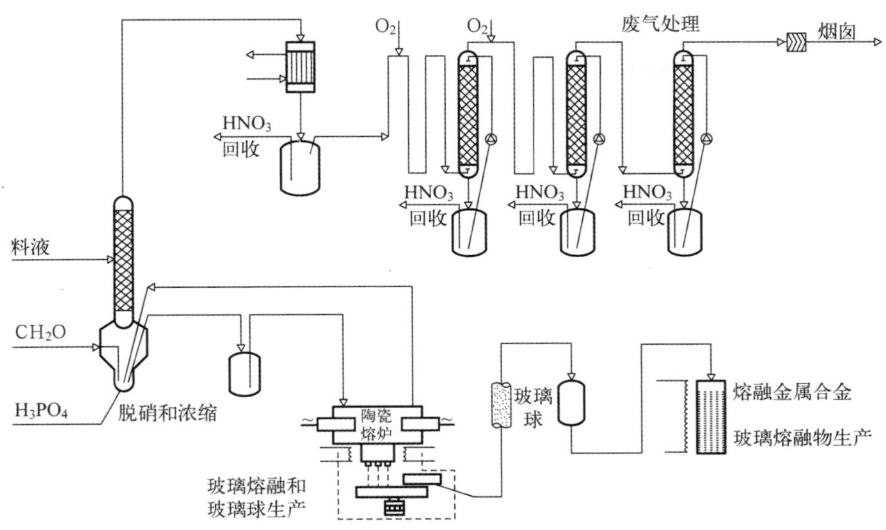

图 10-9　高放废液玻璃固化 PAMELA 装置流程示意图

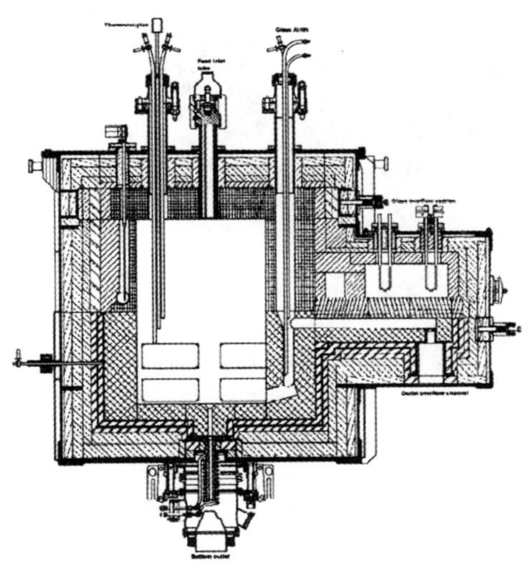

图 10-10　PAMELA 陶瓷熔融器示意图

器，并采用平底结构。汉福特陶瓷熔炉的炉体内径 1.8 m，高 2.1 m。304 L 不锈钢容器壁厚 3.8 cm，外径 2.56 m。Monfrax-3 耐火砖衬里厚度为 30.5 cm，耐火砖底下衬有 Zirmul 耐高温层，熔炉上部汽腔壁衬有 Korundal XD 耐高温层。熔炉电极有 4 片 Inconel 690 合金构成，电极厚度足以使用 2 a 以上。熔炉上部装有 4 对

Inconel 690 合金加热管，每个管子的管径为 8.3 cm，采用电阻加热。上升管和熔融玻璃出料口也用 Inconel 690 套管加热。炉内玻璃熔池温度维持在 1 050～1 170 ℃，上升管和出料口处玻璃温度维持在 1 050～1 100 ℃。熔炉主体部分总重量达 67.6 t。该熔炉于 1994 年开始建造，1996 年投入运行，已生产了总重为 1 800 t的 1 000 罐玻璃固化体（占项目计划的 1/6）。

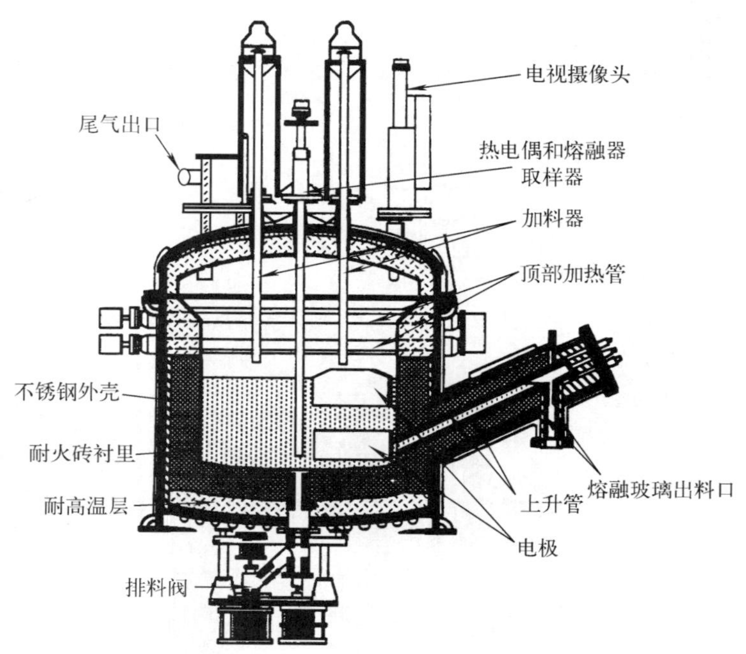

图 10-11 美国汉福特陶瓷熔融器

图 10-12 为日本东海村焦耳加热陶瓷熔融器结构示意图，与美国汉福特陶瓷熔融器的不同之处在于，日本的熔炉呈锥形，熔融玻璃通过锥底的冻融阀排出。该装置于 1995 年投入热运行。到 2006 年 3 月共计生产了 218 罐玻璃固化体[24]。印度已完成了陶瓷熔融器的实验室研究和示范装置研究[20]，图 10-13 为印度的陶瓷熔融器示范装置示意图，炉体底部也呈锥形。印度于 2005 年开始在塔拉普尔建造一座陶瓷熔融玻璃固化工厂，并计划在特朗贝的 WIP 玻璃固化厂区建造另一座陶瓷熔融玻璃固化工厂。

焦耳加热陶瓷熔炉工艺处理量大，熔炉寿命比较长（约 5 a）。缺点是熔炉体积大，启动停车比较困难；熔炉底部的贵金属沉积影响出料，容易引起电极短路，需通过改进设计予以解决；一旦发生停电事故，炉体冻结后难以处置。

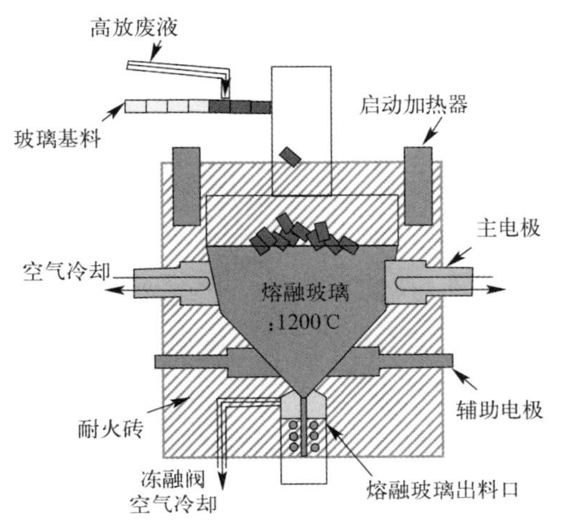

图 10-12　日本东海村陶瓷熔融器(TVF)

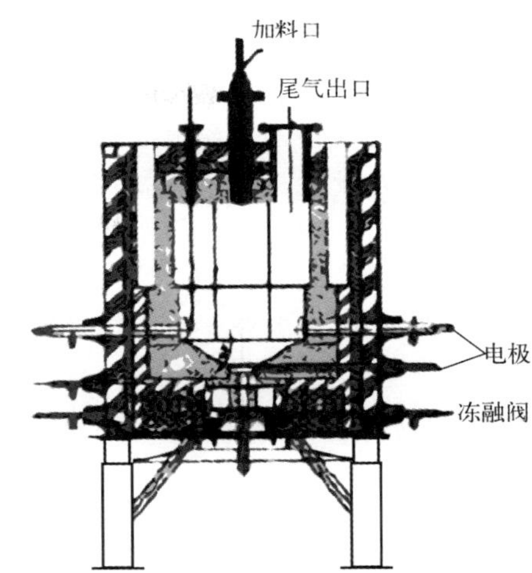

图 10-13　印度陶瓷熔融器示范装置

• 冷坩埚玻璃固化工艺

热坩埚玻璃固化工艺过程中，高温玻璃熔融体对炉壁的腐蚀相当严重，限制了玻璃熔炉的使用寿命，炉温限值在 1 050～1 150 ℃。为了克服热坩埚的缺点，并拓展废物处理范围，国外从 20 世纪 80 年代中期开始研究开发冷坩埚(Cold Crucible Melter,CCM)技术。

冷坩埚是从工业高温冶金行业移植过来的玻璃熔制技术，它采用高频感应加热，用普通不锈钢材料制成的炉体外为水冷夹套和高频感应圈，高频(300～13 000 kHz)感应加热使玻璃熔融。由于水冷夹套中连续通过冷却水，炉内靠近夹套形成一薄层固态玻璃壳体，保护坩埚壁免受熔融物腐蚀。熔融的玻璃则被包容在固态玻璃薄层内，顶上还有一个冷罩，限制易挥发物的释放。图 10-14 为冷坩埚感应加热熔炉示意图，图 10-15 为冷坩埚感应加热熔炉结构示意图[25]。

采用冷坩埚加热熔制玻璃的关键在于避免坩埚的“法拉第笼效应”。所谓“法拉第笼”，是一个由导电材料构成的封闭壳，它可以防止外部电磁波的进入，或者内部电磁波的逸出。

当“法拉第笼”导体的厚度足够，则可以屏蔽外部的电磁辐射。所以，如果导电坩埚是一个封闭整体，则“法拉第笼”的屏蔽效应使坩埚外面的电磁辐射无法透过坩埚而渗入坩埚内的物料中，即坩埚内物料中的电磁场为零。在此情况下，不可能对物料进行感应加热。

为了避免“法拉第笼效应”，冷坩埚的坩埚壁必须由互相邻接而被绝缘薄层隔开(但相互粘接以保证坩埚壁的密封性)的金属管围成的园筒状体，坩埚采用水冷夹套冷却。

组成圆筒状冷坩埚壁的金属管的数目与形状必须通过优化设计确定，使得在坩埚壁上的由感生电流引起的功率消耗最少。

坩埚外设置高频感应圈，在感应圈内通入高频电流，冷坩埚内玻璃产生高频感应电流。由于涡流发热产生的热量直接加热玻璃，所以可达到很高的操作温度(>1 600 ℃)。

由于坩埚壁水冷夹套中连续通过冷却水，坩埚内靠近夹套形成一薄层固态玻璃壳体，将熔融玻璃与坩埚壁隔开，保护坩埚壁免受熔融物腐蚀。坩埚壁温不超过200 ℃，所以坩埚的寿命几乎无限长。

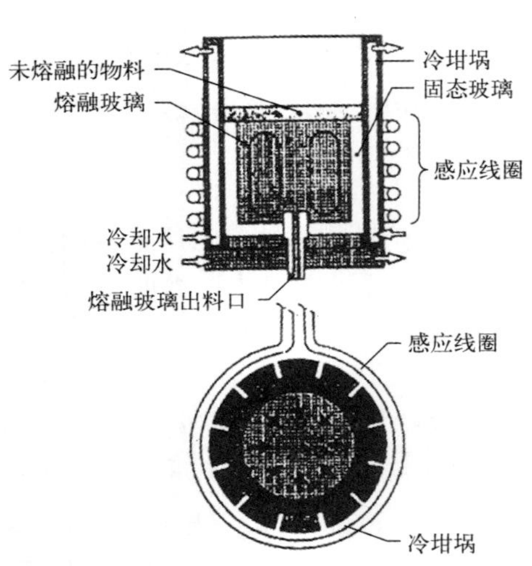

图 10-14　冷坩埚感应加热熔炉示意图

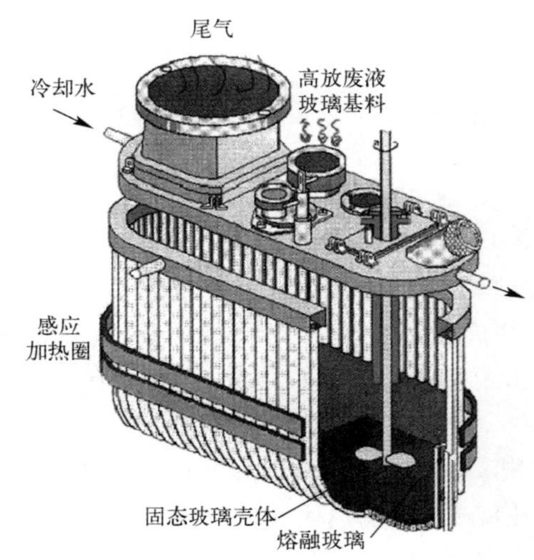

图 10-15　冷坩埚感应加热熔炉结构图

冷坩埚熔炉保留了普通感应加热金属熔炉(热坩埚)的特色，同时还具有如下优点：

(1) 熔制温度高，可达 1 600～3 000 ℃，远远超过了热坩埚所能承受的温度，可处理对象多，可用于熔制人造岩石(1 500 ℃)和钙钛锆石(1 800 ℃)等；

(2) 熔融玻璃不直接与金属炉壁接触，腐蚀性小，维修少，炉体使用寿命长；

(3) 尾气处理比较简单；

(4) 生产能力大，直径为 0.35 m、0.55 m 和 1 m 的冷坩埚，玻璃生产能力分别为 25 kg/h、50 kg/h 和 200 kg/h。

冷坩埚主要的不足之处是能耗高(约 10%能量消耗在感应线圈上，约 20%能量消耗在冷坩埚上)。普通熔炉熔制玻璃耗能 1 kWh/kg 玻璃，冷坩埚熔炉熔制玻璃耗能1.5 kWh/kg玻璃。

法国COGEMA承担处理一些难处理的遗留废液，如20世纪70年代气冷堆Mo-Sn-Al包壳乏燃料后处理产生的高放废液(称为UMo溶液)。该高放废液的主要特点是钼和磷含量很高(约90 g/L的MoO_3和15 g/L的P_2O_5)。由于在高温下高含量的钼具有难以承受的腐蚀性，故不能用普通热坩埚玻璃固化技术固化高钼溶液。“UMo溶液”将采用冷坩埚技术进行固化，并专门开发了新的玻璃配方以达到最大的MoO_3包容量(质量分数为10%以上)。CEA开发并经试验验证的专用高温玻璃-陶瓷配方可将MoO_3的额定包容率提高到12%，操作温度达到1 250 ℃。工艺及相关技术同时在全尺寸原型机上得到了鉴定，使试验条件有最大代表性，并精确确定可直接应用的工艺控制参数。此项目采用的冷坩埚单体设备紧凑(重950 kg、直径650 mm)，并配有冷却的可伸缩式搅拌装置。工程研究也已同时完成，可实现遥控操作。

此外，意大利引进法国的玻璃国化技术也将采用冷坩埚技术，为固化萨罗吉亚(Saluggia)研究中心积存的约200 m^3高放废液(含有微量Hg和大量Al)。美国汉福特的废物玻璃固化也选择冷坩埚技术，并于1996—1997年完成了模拟和真实高放废液固化试验，这种废液的Al和Fe的含量很高，有些情况下锆含量也较高。美国与法国合作进行了1∶2.5规模的中间试验，中试设施基于AVM过程，回转煅烧产物进入冷坩埚进行玻璃熔制，熔制温度由初始设定的1 200 ℃提高到1 300 ℃。俄罗斯已在莫斯科RADON联合体和马雅克核基地建冷坩埚玻璃固化验证设施。法国和韩国与1997年开始，合作开发冷坩埚熔炉处理核电厂废物(见第8章)。

10.3.3.2　玻璃陶瓷固化工艺[11]

与玻璃固化工艺相比，玻璃陶瓷固化工艺比较复杂，首先将高放废液与玻璃基材加入高温熔炉，在1 100～1 400 ℃条件下熔融，熔融体快速冷却，实现玻璃化。再加热至630～960 ℃后缓慢冷却，实现晶质化，形成玻璃和晶质相复合的固化体。

各种玻璃陶瓷固化的工艺基本相似，仅固化基材种类略有差别。例如加拿大于1980年开发的榍石玻璃陶瓷固化工艺，首先将Na_2O、Al_2O_3、CaO、TiO_2、SiO_2粉末与高放废液混合，在1 400 ℃熔炉中熔融，急速冷却后在1 050 ℃再热处理，经缓慢冷却(90 ℃/h)后即成。玄武岩玻璃陶瓷固化工艺是采用天然玄武岩(制成粉末)，与废液熔融(1 300～1 400 ℃)，急速冷却，再加热(950 ℃)、控制冷却(900～950 ℃，4～8 h；700～760 ℃，0.5～1 h)，结晶成固化体。

10.3.3.3　陶瓷固化工艺

高放废液各种陶瓷固化的工艺过程相似，废液与陶瓷基料混合后均要在400

～800 ℃下进行煅烧，再在 1 000～1 400 ℃高温下进行热压，制成陶瓷体，放射性核素呈固溶体或独立矿相包容在陶瓷体中。图 10-16 为高放废物烧结陶瓷（铝酸盐矿）固化工艺示意图[11]。首先将高放废液与 Al_2O_3、SiO_2、TiO_2、ZrO_2、稀土氧化物等添加剂混合，送入一流化床煅烧器，在 500～700 ℃条件下煅烧；再将煅烧物送入一高温热压炉，在温度为 1 000～1 400 ℃、压力为 50～140 MPa 的条件下进行热压。在热压过程中，形成 10 余种新生矿物，如磁铁铅矿、尖晶石、晶质铀矿、刚玉、霞石和钙钛矿等，将放射性核素包容在其中。最后将热压后的陶瓷体装桶、封盖、冷却后送去储存。

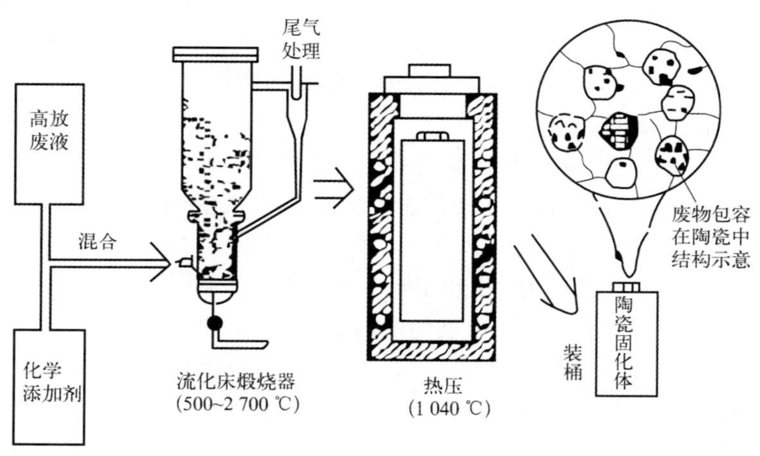

图 10-16 高放废物烧结陶瓷固化工艺示意图

独居石陶瓷（磷酸盐矿物）的固化工艺为，将高放废物氧化物与稀土氧化物混合，溶于热硝酸中，加入 $NH_4H_2PO_4$ 溶液，然后用粒状 $(NH_2)_2CO$ 控制沉淀过程，将沉淀物加热到 400 ℃制成粉末，再在 800 ℃下煅烧，煅烧物在温度为 1 000～1 200 ℃、压力为 68 MPa 的条件下热压 8 h。

10.3.3.4 人造岩石固化工艺

人造岩石被认为是新一代的高放废液固化体，其制备工艺可分为三大步骤：

（1）坯料制备。人造岩石的基本原料是 TiO_2、ZrO_2、CaO、Al_2O_3 和 BaO。制成活性大、颗粒细而均匀的坯料是制备合格人造岩石产品的关键。制备工艺有氢氧化物法、氧化物法、溶胶—凝胶法、桑地亚法和醇基化合物（分别用异丙醇钛、正丁醇锆和异丁醇铝代替 TiO_2、ZrO_2 和 Al_2O_3）等。

（2）还原煅烧。因为高价锕系元素是易溶的，低价锕素元素是难溶的，所以选择在还原条件下制备人造岩石，使锕系元素以下述价态出现在人造岩石中：U(+4)，Np(+3，+4)，Pu(+3，+4)，Am(+3，+4)，Cm(+3)。制备工艺是在 3.5% H_2/N_2 气氛中，750 ℃温度下回转锻烧炉中进行锻烧。

(3) 热压烧结。为了减少易挥发性元素(如 Cs、Ru、Tc)的逸出，在煅烧粉末中加入 2%钛粉(50 μm 颗粒)，在 N_2 或 Ar 气氛中于 1 100～1 300 ℃和 15～25 MPa 条件下进行热压。图 10-17 为人造岩石固化工艺示意图[26]。

人造岩石固化工艺不仅可以用煅烧、热压技术，也可以采用冷坩埚熔炉技术。由于冷坩埚的熔制温度可高达 1 600～3 000 ℃，使得它可以用来制备人造岩石。

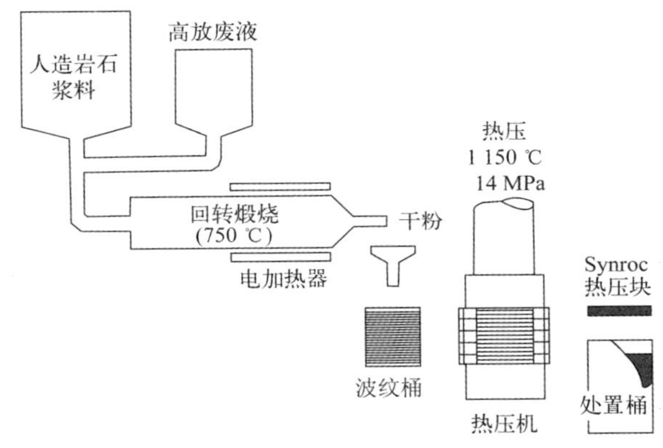

图 10-17　人造岩石固化工艺示意图

在 10.3.2.4 节中提到，美国能源部为处置多余武器级钚而研究开发了钚的人造岩石(富烧绿石陶瓷体)固化工艺，并将固化体进行“大罐套小罐”的包装。图 10-18 为该工艺流程示意图[16]。该过程的陶瓷固化工艺过程如下：首先要将库存武器级金属钚转化为 PuO_2，接着将 PuO_2 与陶瓷基料(TiO_2、HfO_2、CaO_2、Gd_2O_3(中子毒剂))以及 UO_2(贫化铀，防临界用)充分混合，将混合物在 14 MPa 压力下冷压成小圆片，送入烧结炉中在氩气气氛下高温烧结 4 h，烧结温度为 1 350 ℃。最后得到的含钚陶瓷固化体的密度达到 5.5 g/cm^3，主要矿相为烧绿石(质量分数 90%)[27-28]。

含钚陶瓷固化体的“大罐套小罐”制作步骤如下：

(1) 制备含钚的陶瓷固化体圆片(6.7 cm×2.4 cm)，将 20 个陶瓷圆片码放在一个不锈钢小罐(ϕ7.6 cm×51 cm)内，每罐含钚约 1 kg；

(2) 将 4 个不锈钢小罐串接装在一个多孔金属套筒中，再将 7 个多孔金属套筒以圆周排列方式固定在一个不锈钢大罐(ϕ60 cm×300 cm)中，即一个大罐中装 28 个小罐(见图 10-19)；

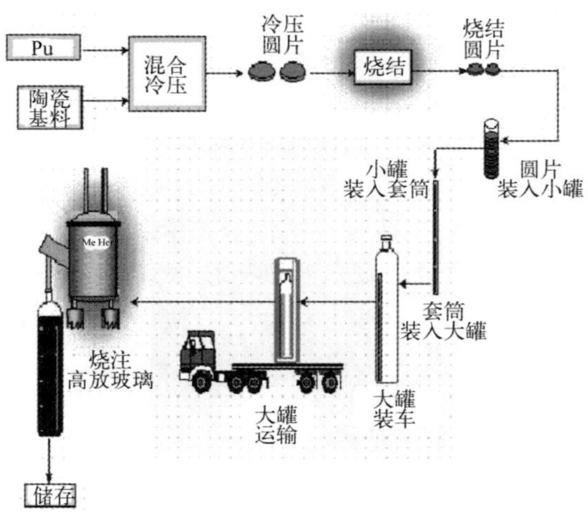

图 10-18 美国武器级钚陶瓷固化“大罐套小罐”工艺流程示意图

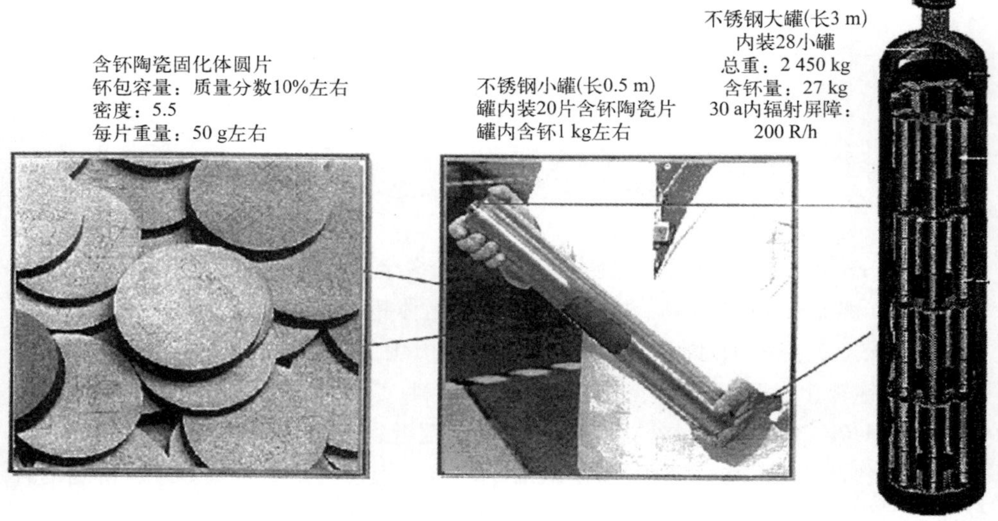

图 10-19 武器级钚陶瓷固化体及其“大罐套小罐”图示

(3) 将熔融高放废物玻璃浇注到大罐中 7 个多孔金属套筒之间，浇注玻璃后不锈钢大罐总重 2 450 kg，含钚约 27 kg，最高热功率达 1.5 kW。大罐外 1 m 处的剂量率达到 2 Gy/h(^{137}Cs 为外照射的主要贡献者)，30 a 内提供的辐射屏障为 200 R/h(1 R$=2.58\times10^{-4}$ C/kg)。

10.4　高放废液分离－嬗变[29]

10.4.1　分离－嬗变与废物最少化

目前国际上有两种比较成熟的燃料循环方式，即"一次通过"循环方式（Once-Through Cycle）和"后处理燃料循环"循环方式（Reprocessing Fuel Cycle）。

所谓"一次通过"方式，是将乏燃料临时贮存一段时间以后，经过包装后作为高放废物，直接进行地质处置。应该说，"一次通过"循环是最为简单的核燃料循环方案，在天然铀价格较低的情况下，该方案也比较经济。但该方案存在如下问题：

（1）铀资源浪费和废物体积增加。"一次通过"循环方式的铀资源利用率低于1％，而作为废物处置的乏燃料中仅有 3％～4％为高放废物[裂变产物（FP）及次锕系核素（MA）]，96％～97％为可利用的 U 和 Pu，将乏燃料中大量的资源与少量的废物一起直接处置，不仅浪费宝贵资源，还将大大增加废物处置体积。

（2）环境安全问题。由于乏燃料中包含了所有的放射性核素，要在处置过程中衰变到低于天然铀矿的放射性水平，将需要 10^5 a 以上，如图 10-20 最上方曲线所示[2]。所以，"一次通过"方式对环境安全的长期威胁极大。总之，"一次通过"循环方式不符合核能可持续发展战略。

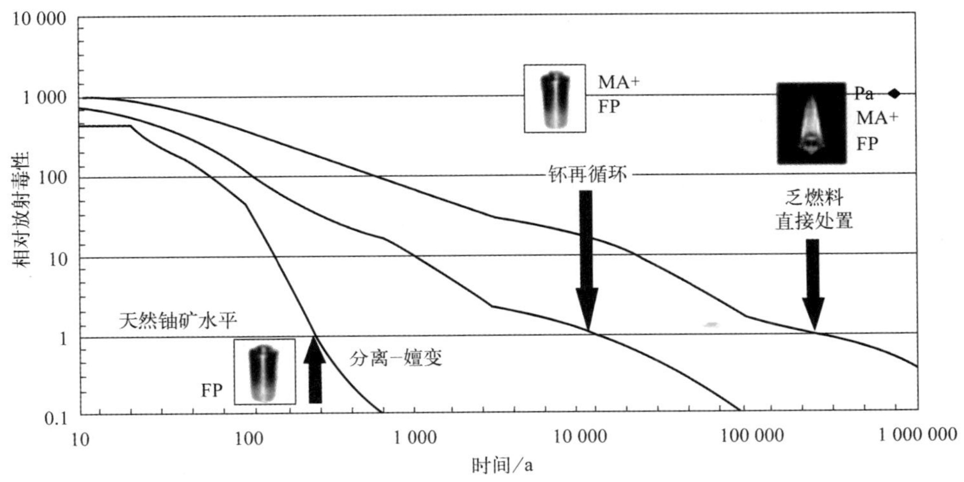

图 10-20　不同核燃料循环方式下核废物放射性风险曲线图

核能可持续发展必须解决两大主要问题，即铀资源利用的最优化和核废物的最少化。目前国际上已达到商用化水平的热堆燃料循环(即“后处理燃料循环”方式)是通过后处理将乏燃料中的U和Pu提取出来进行再循环，从而适度地提高铀资源的利用率和减少核废物体积。后处理所产生的高放废液经玻璃固化后进行地质处置。由于玻璃固化废物中含有所有的MA和FP，其长期放射性危害依然存在(图10-20的中间曲线)。

20世纪60年代提出的分离-嬗变(Partitioning-Transmutation)战略，是在现有的后处理循环方式的基础上，将MA和LLFP(长寿命裂变产物)从高放废液中分离出来，并将分离出的MA和LLFP通过嬗变，使之转变成短寿命或稳定核素。分离之后的高放废液玻璃固化废物存放10^3 a左右后，其放射性毒性即可降至天然铀矿水平，如图10-20的最下方曲线所示。这种MA和LLFP的分离—嬗变方案，是对“后处理燃料循环”体系的延伸，在此基础上，将形成“先进燃料循环”(Advanced Fuel Cycle)体系。

“先进燃料循环”体系是对现有核能生产及其燃料循环体系的进一步发展，它是现有的热堆燃料循环与将来的快堆或加速器驱动系统(Accelerator-Driven Subcritical System，ADS)燃料循环的结合。随着快堆和ADS燃料循环的逐步引入，今后的先进后处理技术将既能处理热堆乏燃料，也能处理快堆-ADS乏燃料，实现U、Pu和MA的闭式循环。

总之，包含了分离-嬗变的“先进燃料循环”体系，既是充分利用核能资源的重要途径，又是实现废物最少化的最佳方案。

10.4.2 分 离

自从1988年日本政府提出OMEGA(Options Making Extra Gains from Actinides)计划和1990年法国政府提出SPIN(Separation-Incineration)计划以后，分离—嬗变研究在全世界获得复兴，并取得了较大进展。

“先进燃料循环”体系不仅要求从乏燃料中提取U和Pu，而且要求提取所有的MA和LLFP。针对上述要求，各国目前主要的技术路线是改进现有的PUREX流程，使之与后续的从高放废液中分离MA的流程更好衔接，这就是所谓“后处理-分离”(Reprocessing-Partitioning)方案，即改进型的后处理流程加上高放废液分离的核素全分离概念。目前国际上对常规PUREX流程的改进，主要是在分离U、Pu和I的基础上，增加Np和Tc等的分离；高放废液的分离方面，各国正在研究开发若干流程(见10.4.2.2节)。基于“后处理-分离”方案的核素全分离概念流程如图10-21所示。

在美国的先进燃料循环倡议(Advanced Fuel Cycle Initiative，AFCI)的研究计

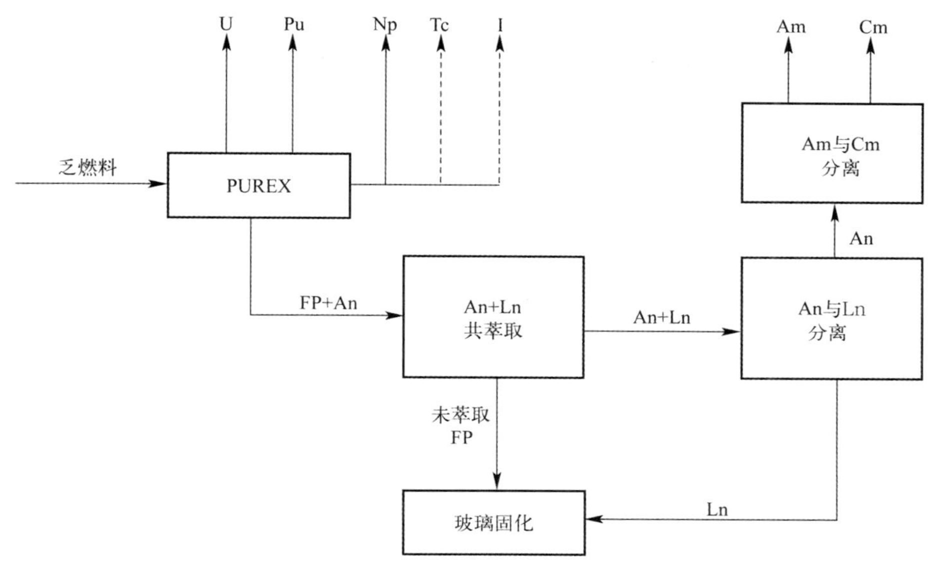

图 10-21 基于“后处理-分离”方案的核素全分离概念流程
（An——锕系元素；Ln——镧系元素；FP——裂变产物(包括 Ln)）

划中，开展了新的后处理流程（UREX，（URanium Extraction））研究及其相应的高放废液处理（UREX＋）流程研究。

与 PUREX 流程一样，UREX 流程也采用 TBP 作为萃取剂；与 PUREX 流程的不同之处在于，该流程在首端加入络合/还原剂，使 Pu 与 Np、MA、FP 一起进入高放废液中，而 TBP 只萃取 U 和 Tc。图 10-22 为 UREX 流程的示意图[30]。

10.4.2.1 水法后处理流程改进研究

日本 JNC 公司[31]研究了用无盐试剂从 PUREX 流程中提取 Np，在首端维持适当酸度(5.6 M)情况下延长保温时间(100 ℃)，使部分 Pu 以 Pu(Ⅵ)形态存在，用 Pu(Ⅵ)将 Np 氧化至 Np(Ⅵ)，这样在共去污槽实现了 Np(Ⅵ)的定量萃取，再用无盐还原剂硝酸羟胺(HAN)，将 Np(Ⅵ)和 Pu(Ⅳ)/Pu(Ⅵ)一起还原反萃，得到 Pu/Np/U 产品。

英国 BNFL 公司[32]与俄罗斯镭研究所合作，在 THORP 后处理厂运行经验的基础上，开发“一循环”PUREX 流程。它包括两种设计方案：

(1) 比较接近 THORP 厂的流程：采用 U(Ⅳ)将 Pu(Ⅳ)还原成 Pu(Ⅲ)而与 U 分离，Np(Ⅵ)被还原成 Np(Ⅳ)，部分进入 U 产品，最后用羧酸络合剂洗下。为了避免 Tc 的干扰，在 U/Pu 分离之前用高浓度硝酸洗下 Tc。

(2) 更为简化的流程：采用无盐试剂(羟胺)分别将 Pu(Ⅳ)和 Np(Ⅵ)还原为

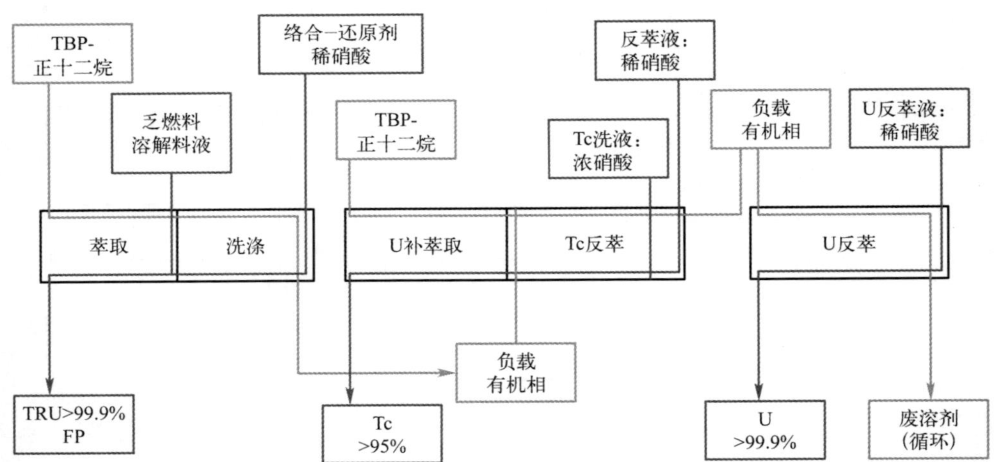

图 10-22 UREX 流程示意图

Pu(Ⅲ)和 Np(Ⅴ)而与 U 分离，Np 进入 Pu 产品后，可以制备 MOX 燃料。羟胺不像 U(Ⅳ)那样进一步将 Np(Ⅴ)还原成 Np(Ⅳ)，故 Np 不会进入 U 产品中。

法国 CEA[33]研究的"一循环"流程中，也采用硝酸羟胺同时还原 Pu 和 Np，实现 U/(Pu+Np)分离。

日本 JAER1[34]将其开发的先进 PUREX 流程称为 PARC(Partitioning Conundrum Key)流程。该流程的关键是 Np 的价态控制。经溶解槽和调料槽中通入 NO_x，产生的少量 HNO_2 可将 Np 氧化到 Np(Ⅵ)，实现 U、Pu、Np 和 Tc 的共萃取。为促进 Np 的萃取，可在萃取段加入氧化剂 V_2O_5，确保 Np 定量萃取。共萃取后的有机相，可用正丁醛选择性还原反萃 Np，得到 Np(Ⅴ)产品，再用高浓度酸将 Tc 洗下。但该法可能存在腐蚀和增加固体废物量等问题。

上述对于常规 PUREX 流程的各种改进方案，其优点是只需对成熟的 PUREX 工艺稍加调整即可实现，再在现有商用后处理厂附近，建设从高放废液分离 MA 的工厂，就能实现核素的全分离。所以，该方案投资费用较低，目前各国大都沿着这一思路开展研究。

10.4.2.2 从高放废液中分离次锕系元素

如前所述，Np 的分离比较容易在改进的 PUREX 流程中予以解决，而对于放射性毒性很大的三价 MA(An^{3+}，以 Am 和 Cm 为主)，其分离则比较复杂，它包括从高放废液中分离出三价 MA 和三价镧系元素(Ln^{3+})以及 An^{3+}(三价次锕系)与 Ln^{3+}之间的分离。在高放废液中，Ln^{3+} 的含量比 An^{3+} 高一个数量级，Ln^{3+} 与 An^{3+} 的化学行为极为相似，所以，An^{3+}/Ln^{3+} 分离极其困难。自 20 世纪 70 年代以来，各国开发的从高放废液中分离 MA 的流程有 20 余个，但比较有代表性的 An-Ln 组分离流程有 5 个：TRUEX、DIDPA、TRPO、DIAMEX 和 CTH。用于 An^{3+} 和 Ln^{3+} 之间分离的流程称作 SANEX(Selective ActiNide Extraction)流程，它包括 CYANEX-301、BTP 和 TALSPEAK 等过程。此外，还开发了 Am 与 Cm 之间分离的流程，如 SESAME 流程。

(1) TRUEX 流程[35]

TRUEX(Transuranic Extraction)流程由美国阿贡国家实验室于 20 世纪 70 年代开发成功，采用双官能团萃取剂，可以直接从高酸度高放废液中萃取三价锕系，稀释剂为 TBP-正烷烃，故可与 PUREX 流程相匹配。TRUEX 流程早期采用的萃取剂为酰胺甲基磷酸酯(CMP)，后改为酰胺甲基氧化磷(Octyl(phenyl)-N, N-dibutyl Carbamoylmethyl Phosphine Oxide, CMPO)，可从 0.5～6.0M HNO_3 介质中有效萃取 An^{3+}。CMPO 的萃取性能很好，但反萃比较困难。作为美国 AFCI 计划的一部分，为了从 UREX 流程产生的高放废液中进行核素全分离，研究人员开展了 UREX+流程研究，其中 TRUEX 流程是在高放废液中除去 Sr-Cs 和 Np-Pu 之后的一个子流程。图 10-23 为 TRUEX 流程示意图[30]。

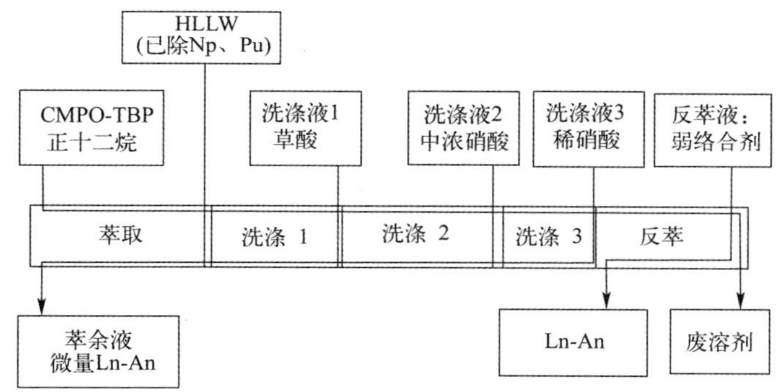

图 10-23　TRUEX 流程示意图

中国原子能科学研究院自 20 世纪 70 年代末起，采用国内合成的萃取剂 N,N-二乙胺甲酰甲撑膦酸二乙基酯(CMP)，取得了较好的提取 An-Ln 的结果[36]。早期采用的溶剂体系为 CMP-二乙基苯，后改为 CMP-TBP-煤油。模拟高放废液的 CMP 分离流程如图 10-24 所示[37]。

(2) DIDPA-TALSPEAK 流程[38-39]

DIDPA(DIisoDecylPhosric Acid，二异癸基磷酸)流程是日本 JAERI 于 20 世纪 70 年代提出的，采用 DIDPA 作萃取剂。首先用 TBP 萃取高放废液中残留的 U

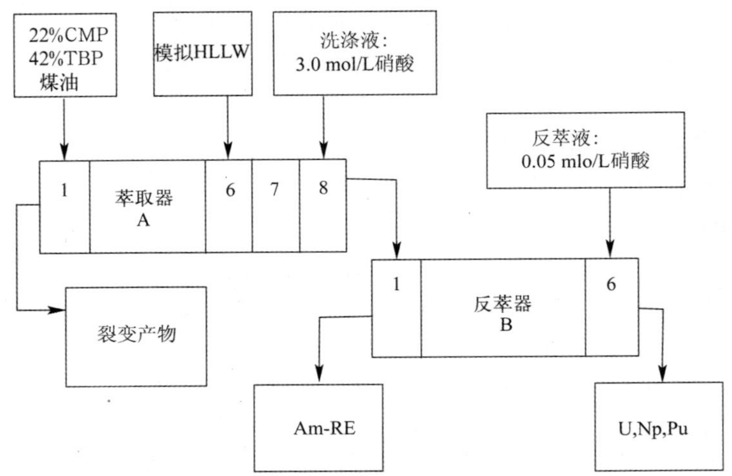

图 10-24 模拟高放废液的 CMP 分离流程[37]

和 Pu，再将高放废液用甲醛脱硝至 0.5 mol/L HNO_3，用 DIDPA 萃取 Am-Cm 和 Ln，最后引入 TALSPEAK（Trivalent Actinide Lanthanide Separations by Phosphorus-reagent Extraction from Aqueous Complexes）流程，实现（Am-Cm）/Ln 分离。在本流程中的 DTPA（Diethylene Triamine Penta Acetic Acid，二乙烯三胺五乙酸）为镧系元素络合剂，萃取剂仍采用 DIDPA。图 10-25 为基于 DIDPA-TALSPEAK 的高放废液四分组分离流程，获得的 4 种组分为：超铀（TRU）组分（以 Am-Cm 为主）、Tc-铂族元素、Sr-Cs 和其他（包括从 TRU 中分离出的 RE）。该流程的缺点是，DIDPA 的萃取酸度为 0.5 mol/L，高酸度高放废液在脱硝过程导致不溶锕系元素的损失，降低分离效果。

为了用实际高放废液验证获得 4 种组分的分离流程，JAERI 于 1997 年开展了温实验，所用料液为模拟高放废液中加入少量真实高放废液和 Tc。1998 年开始进行第一次热试验，1999—2000 年用浓缩高放废液进行热验证，获得的主要结果如下：高放废液中 Am-Cm 的提取率高于 99.998%，反萃率高于 99.98%；在脱硝沉淀段，高于 90%的 Rh 和高于 97%的 Pd 进入沉淀；50%左右的 Ru 留在脱硝液中，其余的 Ru 在脱硝液中和过程中沉淀下来；在吸附段，Sr-Cs 被有效吸附，去污因子分别高于 10^6 和 10^4。

(3) TRPO-CYANEX 301 流程[40]

TRPO 流程由清华大学于 20 世纪 80 年代提出，采用一种混合三烷基（C_6-C_8）氧化膦（TRPO）作萃取剂，以煤油作稀释剂，从≤1.5 mol/L 的硝酸溶液中，可有效地萃取 An^{3+} 和 Ln^{3+}。该流程在德国卡尔斯鲁厄的超铀所，用稀

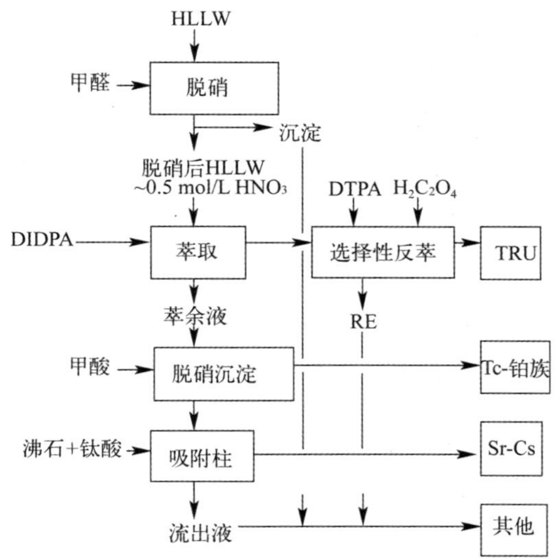

图 10-25 基于 DIDPA-TALSPEAK 的高放废液四分组分离流程

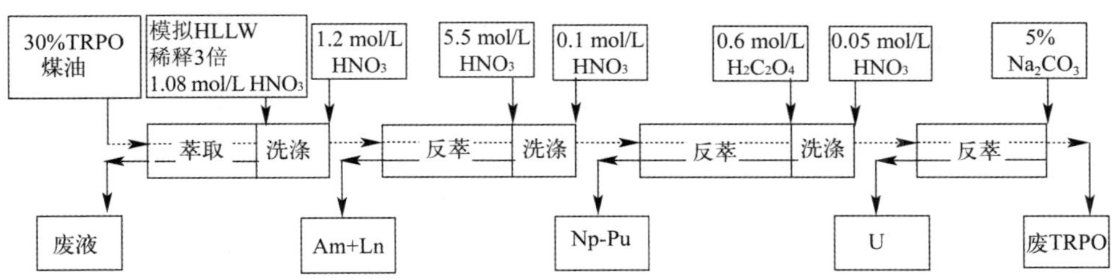

图 10-26 模拟高放废液的 TRPO 流程示意图

释过的高放废液进行了热验证。图 10-26 为 TRPO 流程处理稀释后的模拟高放废液的示意图。实验结果表明[41]，该流程的提取效果较好，Am、Ln、Pu、U 的提取率均达到 99.9%，但萃取前高放废液必须稀释，以满足 TRPO 需低酸进料的要求。

CYANEX 301 是一种二硫代次膦酸(Dithio-phosphinic Acid)，纯化的 CYANEX 301 选择性萃取 An^{3+}，An^{3+}/Ln^{3+} 分离因子达到 4 000 以上，该试剂的主要问题是稳定性差。图 10-27 为用 TRPO 流程产生的 Am^{3+}-Ln^{3+} 溶液作料液，分离 Am^{3+}/Ln^{3+} 的 Cyanex 301 流程示意图。实验结果表明，Am 的总回收率高于 99.99%，而 Ln^{3+} 的总萃取率低于 3%[42]。

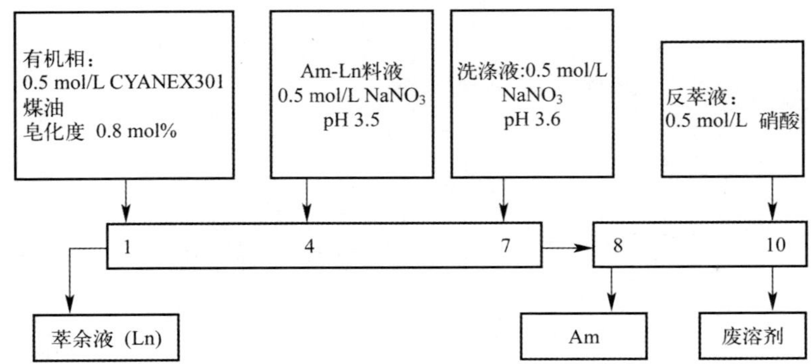

图 10-27 CYANEX 301 流程分离 Am^{3+}/Ln^{3+} 示意图

(4) DIAMEX-BTP 流程[43]

DIAMEX (Diamide Extraction)流程由法国 CEA 于 20 世纪 80 年代提出，采用的丙二酰胺类(Malonamides)萃取剂，是一类含氮而不含磷的新型双官能团萃取剂，其萃取性能接近 CMPO，可以从高酸的高放废液中直接萃取 An^{3+} 和 Ln^{3+}，且这类萃取剂只含 C、H、O、N，可以彻底焚烧，因而可减少二次废物量。为了在 DIAMEX 流程的基础上，进一步实现 An^{3+} 和 Ln^{3+} 之间的分离，法国 CEA 开发了双三嗪吡啶(Bis-Triaiznyl Pyridine，BTP)系列萃取剂，其中 *n*Pr-BTP 萃取分离体系还用 An^{3+}-Ln^{3+} 真实料液进行了热验证，取得了良好的分离效果，An^{3+} 产品中 Ln^{3+} 的含量低于 1%。图 10-28 为 DIAMEX-SANEX(BTP)流程示意图。

中国原子能科学研究院于 20 世纪 90 年代末开始研究开发的酰胺荚醚分离流程[44]。酰胺荚醚的萃取性能类似于丙二酰胺，且也符合 C、H、O、N 原则，废萃取剂可以直接焚烧。对模拟高放废液进行的酰胺荚醚分离流程如图 10-29 所示。

(5) CTH 流程[45]

该流程由瑞典于 20 世纪 80 年代初提出，先用 HDEHP 萃取高放废液中的 U、Np 和 Pu，再用 TBP 萃取 Tc 和 Pd，最后用 HDEHP-DTPA 分离 An^{3+}/Ln^{3+}。该流程采用双溶剂，流程较复杂。

在上述 5 个组分离流程中，国际上影响比较大的流程是 DIAMEX 流程、TRUEX 流程和 TRPO 流程，其中 DIAMEX 流程既可以直接从高酸高放废液中萃取 MA，萃取剂又可以彻底焚烧，有利于废物最少化，被视为迄今最理想的萃取 MA 的萃取剂之一。

对于 An^{3+} 与 Ln^{3+} 之间的分离，BTP 萃取分离体系不需调节进料液酸度，过程的分离因子较高，An^{3+} 产品中 Ln^{3+} 的含量可低于 1%，且 BTP 系列萃取剂只含 C、H、O、N，可彻底焚烧，其应用前景比较看好。

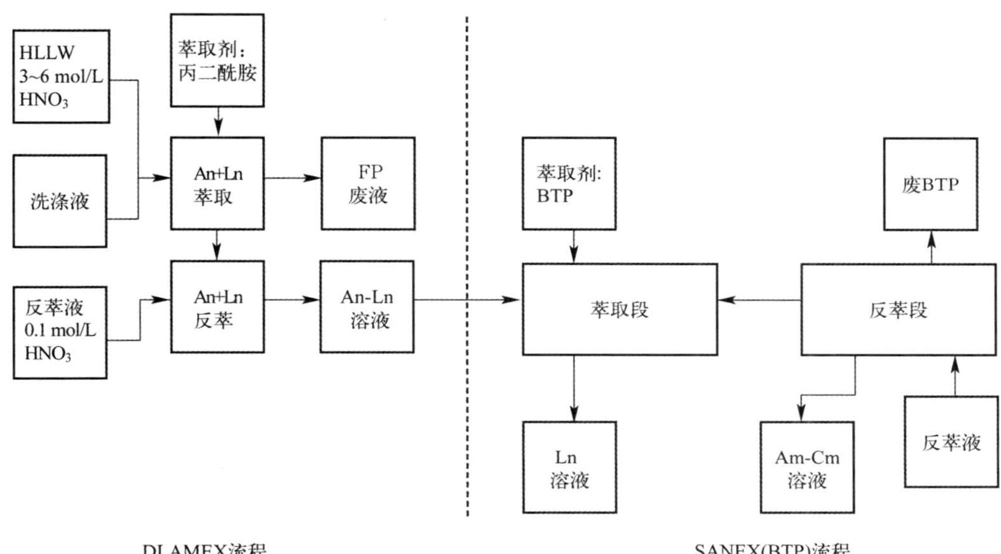

图 10-28 DIAMEX-SANEX(BTP)流程示意图

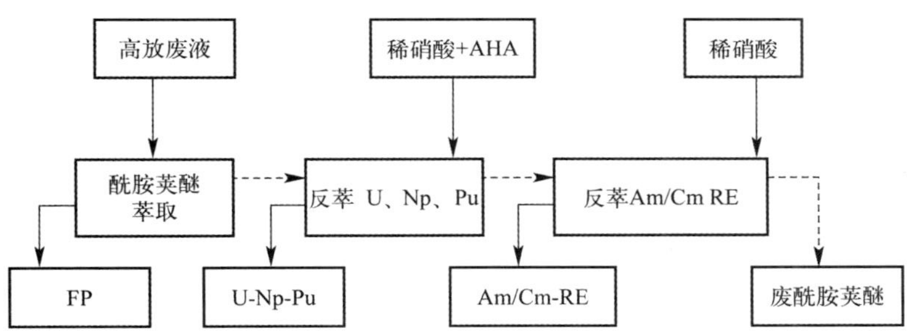

图 10-29 模拟高放废液酰胺荚醚分离流程

以上介绍的从高放废液中分离 MA 的工作，均采用溶剂萃取技术。韦悦周等[46]开发了一种利用萃取色层法分离高放废液中 MA 的技术，称作 MAREC(Minor Actinides Recovery from HLLW by Extraction Chromotography)流程。如图 10-30 所示，MAREC 流程中采用 2 根萃取色层柱，柱内填充了用 CMPO 浸渍的硅基树脂。分离操作步骤如下：

(1) 模拟高放废液流经第一色层柱，An^{3+}、RE^{3+}、Zr^{4+}、Mo^{6+} 和 Pd^{2+} 被吸附在柱上；

(2) 用 3 mol/L HNO_3 洗涤色层柱，将不吸附或弱吸附的 Cs^{+}、Sr^{2+}、Rh^{3+}、Ru^{3+} 等洗下；

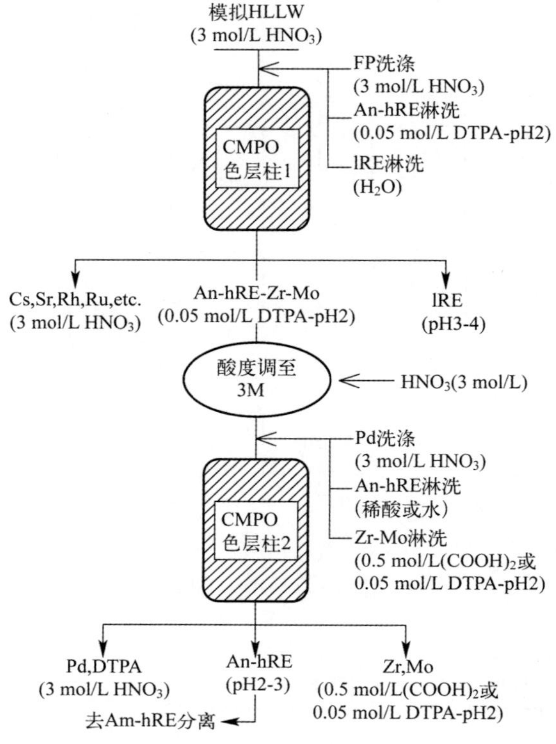

图 10-30 MAREC 流程示意图

(3) 用含 DTPA 的稀硝酸溶液淋洗柱子，选择性淋洗 An^{3+}、重稀土(hRE^{3+})、Zr^{4+}、Mo^{6+} 和 Pd^{2+}；

(4) 用稀硝酸或水洗下柱上的轻稀土(lRE^{3+})；

(5) 用硝酸调节第(3)步操作产生的含 An^{3+} 等的淋洗液酸度至 3 mol/L，破坏这些金属与 DTPA 的络合物；

(6) 将上一步调过酸度的溶液流经第二色层柱；

(7) 用 3 mol/L HNO_3 溶液淋洗 Pd^{2+}；

(8) 用稀硝酸或水选择性淋洗 An^{3+}；

(9) 用草酸或 DTPA 溶液淋洗 Zr^{4+} 和 Mo^{6+}。

总之，从高放废液中分离 MA 的工作，各国仍处于实验室研究阶段，An^{3+}/Ln^{3+} 分离处于探索性研究阶段。实现工业应用至少还需要 10 a 以上的努力。首先必须筛选或研究出最佳工艺方案，在此基础上，进行放大实验，并用真实料液加以验证。在 An^{3+}/Ln^{3+} 分离方面，要继续寻找高效的分离方法，如寻找或合成含软配位体的新萃取剂,利用氧化还原反应,等等。研究工作的另一个重要方面是尽量减少二次废物的产生,这就要求尽量采用无盐试剂。

10.4.2.3 干法后处理

目前动力堆燃料的燃耗为 33～45 GWd/tHM,今后核燃料的燃耗将进一步加深,快堆燃料的燃耗将达到 150 GWd/tHM 以上。核燃料循环周期的缩短希望缩短乏燃料的冷却时间,这将导致待处理的乏燃料的辐射极强,从而使以有机溶剂为萃取剂的水法后处理难以胜任。于是,30 多年前各国曾争相研究的干法后处理,又悄然成为国际上一个颇为活跃的研究领域。

干法后处理也称高温化学后处理(Pyro-chemical Reprocessing)或高温冶金过程(Pyro-metallurgical Process),是一种高温处理过程(Pyro-processing)。自 20 世纪 60 年代以来,已研究过若干种干法后处理技术,但比较有希望的方法为美国阿贡国家实验室一体化快堆(Integrated Fast Reactor,IFR)计划所开发的金属燃料电解精炼法(Electro-refining)和俄罗斯原子反应堆研究所(Research Institute of Atomic Reactors,RIAR)开发的氧化物燃料的电解萃取法(Electro-winning)[47]。法国开发的电解精炼技术采用氟化物熔盐体系[48]。

与水法后处理不同,干法后处理过程将乏燃料切割之后,置于一低熔点熔盐(如熔融 LiCl-KCl)电解池中作为阳极的多孔筐内。在电场作用下,乏燃料中多数组分(U、Pu、MA、RE)在阳极溶解进入熔盐,U、Pu 和 MA 在熔盐中向阴极迁移,并分别在不同的阴极沉积,FP 则留在熔盐之中。图 10-31 为 U-Pu-Zr 合金乏燃料的电解精炼示意图,在电解精炼过程中,阳极漏筐中的金属合金乏燃料溶入熔盐电解质中,U 在固体阴极表面被还原并在固体阴极上析出。待大部分 U 沉积完成之后,将阴极更换为液态镉阴极,继续进行电解精炼,Pu、MA、U 和少量 RE 在液态

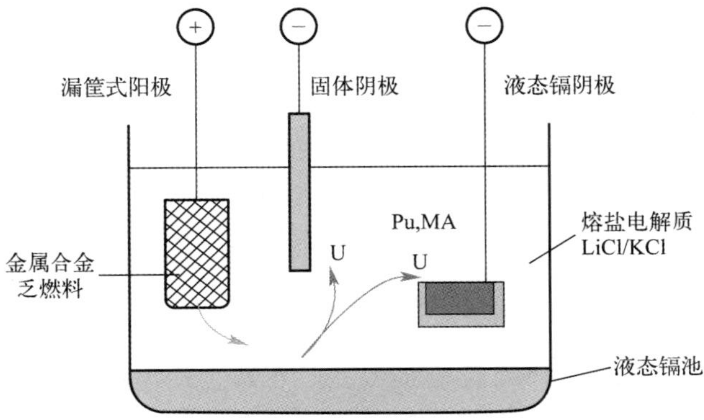

图 10-31 美国阿贡国家实验室开发的 U-Pu-Zr 合金乏燃料的电解精炼示意图

镉阴极上回收。在上述过程中，氧化还原电位很低的 FP 则不被氧化而留在阳极漏筐中，或者沉到液态镉阴极池的底部。美国阿贡国家实验室开发的金属合金乏燃料电解精炼槽的结构示意图如图 10-32 所示[49]。

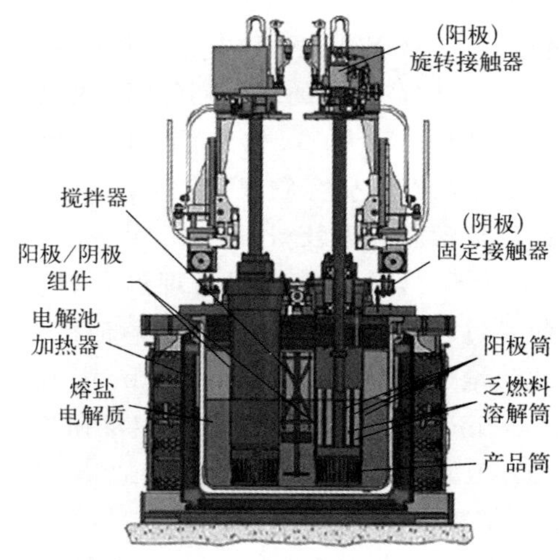

图 10-32 电解精炼槽的结构示意图

对于氧化物乏燃料，美国阿贡国家实验室开发了高温熔盐（LiCl，650 ℃）电化学还原过程，将置于阴极漏筐中的乏燃料中 U、Pu、MA 等氧化物还原为金属，然后采用上述处理 U-Pu-Zr 合金乏燃料的电解精炼法进行分离。

俄罗斯 RIAR 开发了 3 种 MOX 乏燃料干法后处理过程，其目标产品分别为：UO_2、PuO_2 和 MOX[50]。图 10-33 为以 MOX 为目标产品的 MOX 乏燃料高温电化学后处理过程示意图。处理过程如下：

第一步是氯化溶解，即往装有熔盐（NaCl＋CsCl）和乏燃料的电解池中通氯气，使 UO_2 和 PuO_2 溶解。

第二步是在往电解池通入氯气、氧气和氮气的同时进行电解，使 U 和 Pu 以 MOX 形式在阴极沉积。电解过程的电极反应为：

$$2Cl^- \rightarrow Cl_2 + 2e^- \text{（阳极）}$$

$$UO_2^{2+} + 2e^- \rightarrow UO_2$$

$$PuO_2^{2+} + 2e^- \rightarrow PuO_2 \text{（阴极）}$$

第三步是熔盐净化，即向电解池加入 Na_3PO_4，去除熔盐中的 MA 和 RE。

日本自 1999 年开始开展快堆燃料循环可行性研究，并于 2006 年评估了后处理研究开发技术路线。通过评估，日本决定将先进水法后处理作为主要系统，将钠

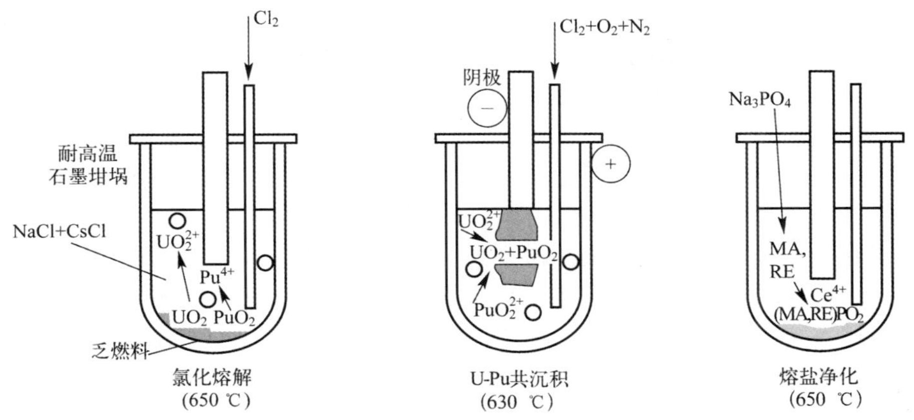

图 10-33　俄罗斯 RIAR 开发的 MOX 乏燃料高温电化学处理原理图

冷快堆乏燃料的干法后处理作为补充系统。日本学者对美国和俄罗斯开发的干法后处理流程都做了深入研究。考虑到快堆采用金属合金燃料可以获得高增殖比，日本对金属燃料的高温后处理循环做了大量研究，图 10-34 为金属合金乏燃料高温电解精炼/再循环过程示意图[51]。如图所示，乏燃料经脱壳和剪切后进行电解

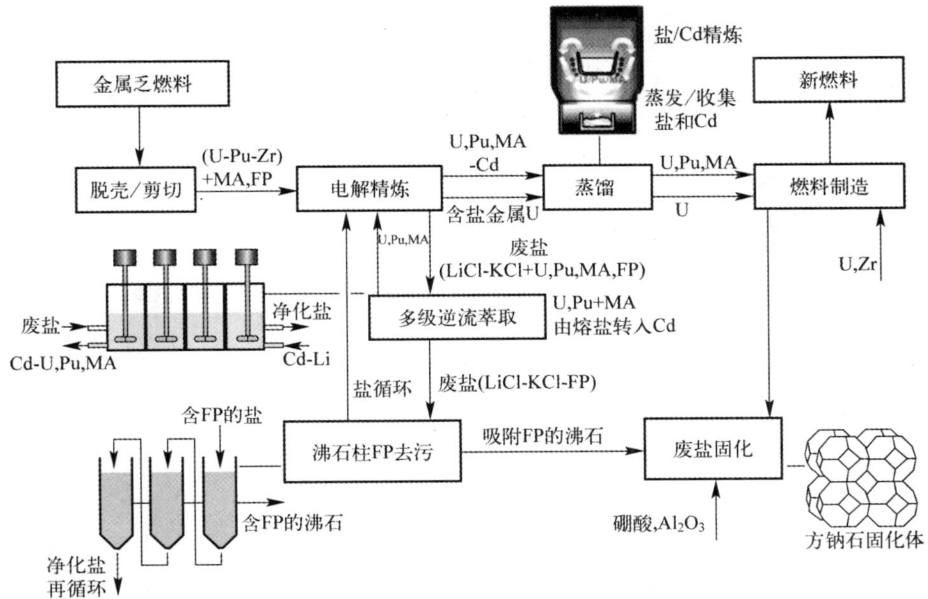

图 10-34　金属合金乏燃料高温电解精炼/再循环过程示意图

精炼，大部分 U 在固体阴极上析出，Pu、MA 和少量 U 进入液态 Cd 阴极。接着对两种阴极产物分别进行蒸馏，产物中去除了盐和 Cd 之后用于新燃料的制造。电解精炼后的废熔盐含有大量 FP 和少量 MA，通过多级逆流萃取除去其中的 MA，萃取体系为 MCl_x-LiCl-KCl/Cd(或 Bi)。除去 MA 后的废熔盐通过一沸石柱，除去其中的 FP，再生的熔盐回到电解精炼池循环使用。吸附了 FP 的沸石烧结成方钠石固化体后送去处置。

韩国因美国不允许其搞水法后处理，被迫在 20 世纪 80 年代开发了 DUPIC (Direct Use of PWR Spent Fuel In Candu Reactor)过程，该过程将压水堆乏燃料经过高温处理去除挥发性裂变产物后，再热压成芯块，作为 CANDU 堆(重水堆)的燃料。尽管 DUPIC 过程将不被实际使用，但为韩国研发乏燃料干法后处理流程过程奠定了基础。韩国原子能研究院(KAERI)正在开发的高温熔盐电解精炼过程称为 ACP(Advanced Fuel Conditioning Process)过程，该过程包括压水堆乏燃料和快堆乏燃料的高温处理和再循环。图 10-35 为韩国 KAERI 正在开发的 ACP 过程示意图[52]。韩国计划于 2012 年建成乏燃料高温处理中试设施，2025 年建成半工业设施。

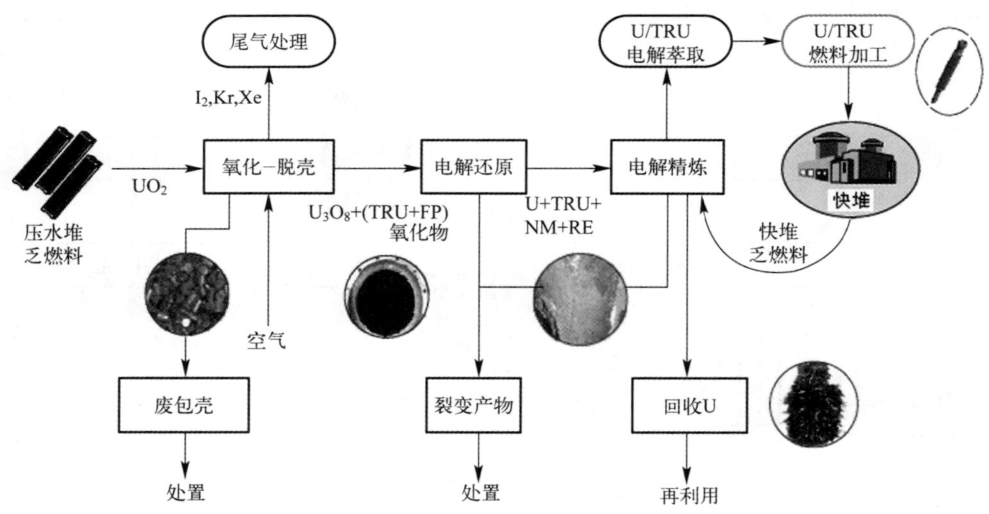

图 10-35 韩国 KAERI 正在开发的 ACP 过程示意图

传统的电解精炼过程均属于批式操作，单元设备生产能力较小。由于固体阴极上析出的 U 是含有盐分的疏松的树枝状结晶(Dendrite)，传统电解精炼池中阴极上这种沉积物的刮除、阴极再生以及沉积物回收都是间歇操作。近年来 KAERI

研究开发了一种连续电解精炼过程，如图 10-36 所示。该过程具有阴极沉积物“自动剥离”(Self-scrapping)功能，即阴极采用石墨材料，当疏松的阴极 U 沉积物积累到一定量，在其自身重力作用下，自动与石墨电极剥离并沉积到电解池底部而被收集，收集的剥离沉积物采用一螺杆输送机连续回收。该过程能连续地回收金属 U 和不溶性贵金属。KAERI 已研制成了生产能力为 20 kg(U)/d 的连续电解精炼设备，据称其生产能力比美国 INL 研制的 Mark-V 电解精炼设备高 15 倍[52]。

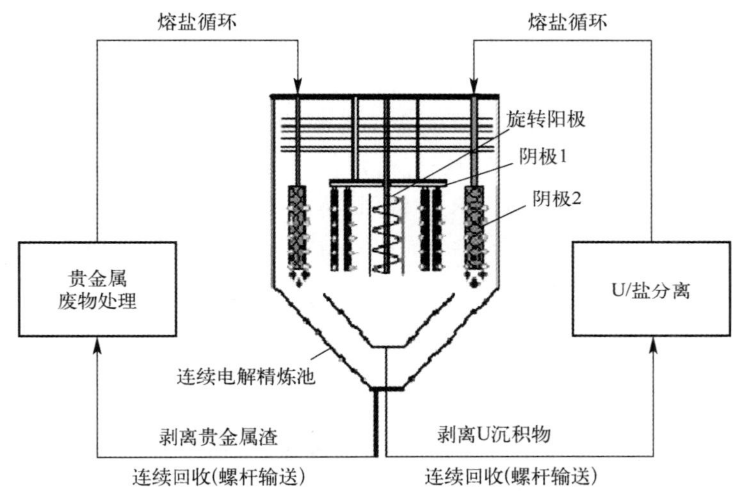

图 10-36 韩国 KAERI 开发的连续电解精炼过程示意图

与水法分离处理相比，干法后处理的优点是：

(1) 采用的无机试剂具有良好的耐高温和耐辐照性能；

(2) 工艺流程简单，设备结构紧凑，具有较好的经济性；

(3) 试剂循环使用，废物产生量少；

(4) Pu 与 MA 一起回收，有利于防止核扩散。

干法后处理的上述特点使之被视为下一代燃料循环的侯选技术。但是，干法后处理的分离因子较低、技术难度很大，元件的强辐照要求整个过程必须实现远距离操作；需要严格控制气氛，以防水解和沉淀反应；结构材料必须具有良好的耐高温、耐辐照和耐腐蚀性能；等等。

10.4.3 嬗 变

嬗变是核素在中子照射下发生的核转换过程，目的是使长寿命核素转变成短寿命或稳定核素，从而消除长寿命核素的长期放射性危害，并利用嬗变所释放的能量。嬗变反应可以是裂变反应，也可以是中子俘获反应。可提供中子源的嬗变设施包括热中子堆、快中子堆和加速器驱动的次临界装置(ADS)。

10.4.3.1 利用热中子堆进行嬗变[53]

(1) Np的嬗变 $^{237}Np(T_{1/2}=2\times10^6$ a)在轻水堆(LWR)中的嬗变主要是中子俘获，生成$^{238}Pu(T_{1/2}=87$ a)以及少量^{239}Pu和FP。经一次循环，Np的嬗变率为40%～50%，其结果是减少了^{237}Np的长期放射性危害，但产生了高毒性的^{238}Pu。

(2) Am的嬗变 在LWR中，$^{241}Am(T_{1/2}=433$ a)和$^{243}Am(T_{1/2}=7\ 950$ a)分别嬗变为$^{242}Cm(T_{1/2}=163$ d)和$^{244}Cm(T_{1/2}=18$ a)；^{242}Cm又在堆内衰变为^{238}Pu，并产生少量^{239}Pu；^{244}Cm衰变为$^{240}Pu(T_{1/2}=6\ 600$ a)。所以，经过约3 a堆照后，卸出的Am靶中Am、Cm+Pu和FP的含量分别为27%、60%、13%。经一次循环，Am的嬗变率为73%，产生了以中长寿命毒物^{238}Pu和^{240}Pu为主的混合核素。

(3) Cm的嬗变 Cm在LWR中辐照，将会产生一系列长寿命核素，如^{246}Cm $(T_{1/2}=4.8\times10^3$ a)和$^{247}Cm(T_{1/2}=1.6\times10^7$ a)及其衰变产物^{239}Pu、^{240}Pu和^{241}Am，未起到消除放射性危害的作用，且Cm本身的高毒性亦使制靶过程极其困难。由于Cm的主要同位素^{244}Cm的寿命不长，较好的办法是将Cm储存100 a左右后，再将所产生的Pu掺入MOX元件中。

(4) I和Tc的嬗变 ^{129}I和^{99}Tc在LWR中辐照，可分别转化成稳定同位素^{130}Xe和^{100}Ru。由于嬗变中产生的^{130}Xc是气体，所以靶件(NaI或CeI_3)必须带孔隙，Tc可制成金属靶件。由法国、荷兰和德国等国专家参加的EFTTRA(Experimental Feasibility of Targets for Transmutation)小组，实验测得^{99}Tc的嬗变率为6%～16%[54]，^{129}I的嬗变率为5.13%(NaI靶)和5.87%(CeI_3靶)[55]。由于I和Tc的中子俘获截面很小，所以嬗变过程十分缓慢，半嬗期在几十年以上。

由于在LWR中的嬗变以热中子俘获为主，MA在嬗变过程中产生新的原子序数更高的MA，这些新生MA(如^{244}Cm)的高毒性使得多级循环几乎无法操作；对于LLFP，由于其中子俘获截面太低，且热堆中子通量较低，嬗变所需时间很长。

10.4.3.2 利用快中子堆进行嬗变

快堆的中子谱较硬，中子平均能量为300 keV，对MA的嬗变效率较高；快堆的中子注量率高，在快堆增殖层嬗变LLFPs(^{99}Tc和^{129}I)比热堆更加有效。

用Pu做燃料的快中子堆在嬗变MA的同时，一部分Pu将通过中子俘获产生新的MA，所以，在快堆中在相当长时间内，存在MA的消长平衡。以Am的嬗变为例，快堆中Am的消耗量和产生量分别为116 kg/(GW·a)和42～83 kg/(GW·a)，其净消耗量为33～74 kg/(GW·a)。LWR-UO_2燃料中Am的产生量为16 kg/(GW·a)，所以，一座快堆所消耗的Am量，相当于2～4座同等功率LWR

所产生的 Am 量。

(1) Np 的嬗变　Np 在快堆中嬗变，当燃耗为 120 GWd/tHM 时，嬗变率达 60%，但其中裂变率仅为 27%左右，中子俘获率达 30%以上；当燃耗提高至 150～250 GWd/tHM，嬗变率可进一步提高。但欲显著提高嬗变率，则必须进行 Np 的多次循环，据估计，经过 5 次循环后，Np 的嬗变率可达 90%[56]。

(2) Am 的嬗变　Am 在快堆中嬗变，当燃耗为 120 GWd/tHM 时，嬗变率达 45%，其中裂变率仅为 18%。如果将 Am-Cm 靶件置于 ZrH_2 或 CaH_2 慢化的堆芯外围，则可以一直辐照到包壳所能承受的极限，经过 10～15 a 辐照，Am 的嬗变可达 90%～98%[56]。

一项计算表明[57]，当 Am 的嬗变率达到 98%时，残靶中核素为 80% FP、12% Pu、2% Am 和 5% Cm。由于 Am 的嬗变产物中有显著量的 Cm，所以 Am/Cm 分离似无必要。

(3) LLFP 的嬗变　日本对 LLFP 在快堆中的嬗变做了大量可行性研究，参数评估计算[58]表明，^{99}Tc 和 ^{129}I 的嬗变率分别可达到 10%/a 和 5.2%/a。

10.4.3.3　利用 ADS 进行嬗变

ADS 是带有散裂(Spallation)靶的高能质子加速器与次临界堆芯的结合，能量为 1 GeV 左右、电流为几十 mA 的高强度连续波(或脉冲)质子束流注入到一个重金属靶(如 Pb/Bi 共熔体)，导致散裂反应，一个入射质子能轰击出 20～30 个散裂中子，中子进入次临界装置，诱发进一步的核反应[59]。ADS 嬗变系统如图 10-37 所示。

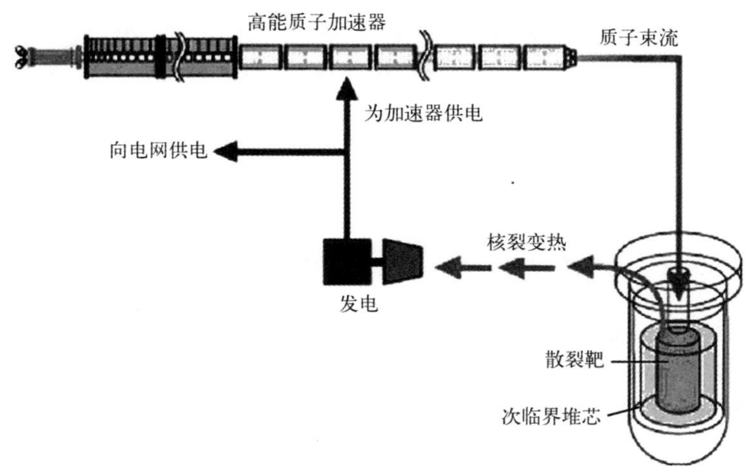

图 10-37　ADS 嬗变系统示意图

假设中子/质子=30,并忽略堆芯的中子泄露,则当 Np 和 Am 的裂变截面份额分别为 15%和 11%时,ADS 的嬗变能力对于 Np 为 7 kg/(mA·a)和 Am 为 5 kg/(mA·a)[56]。

在快堆中嬗变 MA 时,会因堆芯反应性的提高而使堆安全性下降,所以,快堆中加入 MA 的量一般不能超过燃料总量的 2.5%。在此条件下快堆的嬗变支持比为 1/2.5,即一座快堆只能消耗 2.5 座同等功率的热堆产生的 MA。

在 ADS 中嬗变 MA,由加速器所驱动的次临界装置确保了良好的安全性。所以 ADS 燃料中对 MA 的含量没有严格限制,使得 ADS 的嬗变支持比可达到 12 左右,远高于快堆的支持比。ADS 产生的中子谱更硬,中子平均能量达到 500 keV(快堆的中子平均能量为 300 keV),在 ADS 嬗变 MA 时因裂变份额极高而几乎不产生新的更重的 MA。研究表明,ADS 的嬗变能力比快堆高一个数量级[60]。

尽管 ADS 在安全方面明显优于快堆,但因冷却失误导致的严重事故与临界堆类似,所以,ADS 必须有一套可靠的束流关闭系统,如同临界堆的停堆系统。入射质子能量高达 1~1.5 GeV 的加速器,目前只能用作物理研究,作为嬗变用的工业装置,ADS 必须解决的问题是长期稳定可靠运行及其可维护性。这种高能加速器与次临界装置的连接也是极其困难的。总之,尽管 ADS 系统具有良好的嬗变性能,但由于其工程技术难度太大,该系统工业应用之前尚需开展大量的研究开发工作。

我国的 ADS 研究在起步晚、投入少的情况下,取得了较好进展,在国际上已经占有一席之地,为今后进行 ADS 的研发、物理验证和工业示范打下了较好的物理技术基础;目前,国内的 ADS 研究仍然处在基础研究和关键部件预研的阶段。

必须指出,不论是快堆还是 ADS,都不能彻底消灭而只能减少 MA 和 LLFP。所以,地质处置库仍然是不可避免的,只是待处置高放废物的量将大大减少。

参考文献

1 Hagura N, Yoshida T. Sensitivity analysis of actinide decay heat foucused on mixed oxide ful[C]. Proceedings of 2006 Symposium on nuclear data, Jan. 25~26, 2007, Tokai-mura, Ibaraki-ken, Japan, ISBN978-4-89047-138-6, Nuclear Data Division, Atomic Energy Society of Japan (2007)[CD-ROM].

2 吴华武. 核燃料化学工艺学[M]. 北京:原子能出版社,1989.

3 任凤仪,周镇兴. 国外核燃料后处理[M]. 北京:原子能出版社,2006.

4 捷姆利亚努欣 BE. 核电站燃料后处理[M]. 黄昌泰,李光鸿,魏连生,译. 北京:原子能出版社,1996.

5 本尼迪克特. 核化学工程[M]. 汪德熙,王方定,祝疆,等译. 北京:原子能出版社,1980.

6 朗 JT. 核燃料后处理工程[M]. 杨云鸿,译. 北京:原子能出版社,1980.

7 COGEMA. 法国工业玻璃固化设施[J]. AREVA 核能杂志,2005,7:13—15.

8 罗上庚．放射性废物概论[M]．北京:原子能出版社，2003.

9 Ringwood A E. The SYNROC process: a geochemical approach to nuclear waste immobilization[J]. Geochemical Journal, 1979, 13:141—165.

10 Ringwood A E, Kesson S E, Ware N G. Immobilization of High-Level Nuclear Reactor Waste in Synroc [J]. Nature, 1979, 287: 219.

11 闵茂中．放射性废物处置原理(高等教育试用教材)[M]．北京:原子能出版社,1998.

12 Lutze W, Ewing R C. Radioactive waste forms for the for the future[M]. North-Holland Physics Publishing, 1988.

13 Loiseau P, Caurant D, Baffier N, et al. Glass-ceramic nuclear waste forms obtained from SiO_2-Al_2O_3-Cao-ZrO_2-TiO_2 galsses containing lanthanides (Ce, Nd, Eu, Gd, Yb) and actinide (Th): study of internal crystallization[J]. J. Nuclear Materials, 2004, 335:14—32.

14 Uranium Information Center. Synroc[R]. Nuclear Issue Briefing Paper 21[07-06-25]. (http: //www.uic. com. au/nip21. htm)

15 杨建文．富烧绿石人造岩石合锆英石固化模拟锕系废物研究[D]．北京:中国原子能科学研究院，2000.

16 Harrington P. Consideration for disposal of an immobilized plutonium waste form in a repository[C]// IAEA TCM on Perspective of Utilization and Disposal of Plutonium. Brussels, Belgium. October 5—7. 2000.

16 Pellaud B. Nuclear fuel cycle: Which way forward for multilateral approaches: IAEA Bulletin, 2005, 46 (2):38—40.

18 Office of Environment Management, US DOE. Waste Treatment[07-06-26]. (www. em. doe. gov/em30/wasttrea. html).

19 Vinjamuri K. Durability, mechanical and thermal properties of experimental glass-ceramic forms for immobilizing ICPP high level waste[R]. DOE Contract No. AC07-84ID12435, Report No. WINCO-11666. 1990.

20 Raj K. Commissioning and operation of high level radioactive waste vitrification and storage facilities: the Indian experience. Int. J. Nucl. Energy Sci. & Technol. 2005, 1(2/3): 148—163.

21 Doquang R, Pluche E, Ladirat Ch, et al. Review of the French vitrification program[C]//IYNC 2004, Toronto, May 9—13, 2004.

22 Roth G, Weisenburger S. Vitrification of high-level liquid waste: glass chemistry, process chemistry and process technology[J]. Nuclear Engineering and Design, 2000, 202(2-3): 197—207.

23 Smith M E, Bickford D F, Heckendom D F, et al. Conceptual methods for disposal of a DWPF melter and components[R]. Report No. WSRC-MS-2001-00693, 2001.

24 JAEA. Characteristics of HLW generated from future cycles[R]. JAEA R&D Review. 2006, No. 1.

25 IAEA. Application of thermal technologies for processing of radioactive waste[R]. IAEA-TECDOC-1527, Vienna: IAEA, 2006.

26 Jostsons A. Making steady progress with Synroc research[J]. Nuclear Engineering Intertational, 1992, 37(451): 36—38.

27 Marra S L, Marra J C, Shaw H F, et al. Qualification and Acceptance of the plutonium waste form[R]. Report No. WSRC-MS-2000-00226, 2000.

28 Gould T. Myers B, Gray L, et al. Evaluation of candidate glass and ceramic forms for immobilization of

surplus plutonium[C]//American Nuclear Society 3rd Topic Meeting, Charleston, SC, September 8—11, 1998.

29 顾忠茂，叶国安．先进核燃料循环体系研究进展[J]. 原子能科学技术，2002，36(2)：160—167.

30 Vandegrift G F, Regalbuto M C, Aase S B, et al. Lab-scale demonstration of UREX+ process[C]. Tucson AZ, USA: WM'04 Conference, February 29—March 4, 2004.

31 Koma Y, Koyama T, Tanala Y. Recovery of minor actinides in spent fuel reprocessing based on PUREX process[C]//RECOD' 98, 1998. Vol. 1: 409—416.

32 Taylor R J, May I, Denniss IS. The Development of chemical separation technology for an advanced PUREX process[C]//RECOD'98, 1998. Vol. 1: 417—424,

33 Bernard P, Barre B, Camarcat N, et al. Progress in R&D relative to high level and long-lived radioactive wastes management: Lines 1 (Partitioning-Transmutation) and 3 (conditioning, long term interim storage) of the 1991 French Law[C]// GLOBAL'99. , 1999.

34 Asakura T, Uchuyama G, Kihara T, et al. A test line newly installed in NUCEF and research program on advanced reprocessing process by utilizing it[C]//RECOD' 98, Vol. 3: 746 ～753, 1998.

35 Schulz W W, Horwitz E P. The TRUEX process and the management of liquid TRU waste[J]. Sep. Sei. & Technol. 1988, 23: 1191—1210.

36 赵沪根，叶玉星，杨学先．双配位基有机磷萃取剂 DHDECMP 萃取 Am(III) 的研究[J]. 原子能科学技术，1983，3：332.

37 叶玉星，唐洪斌，石伟群，等．DHDECMP-TBP/OK 萃取模拟高放废液中锕系元素的工艺研究[J]. 核化学与放射化学，2003，25(2)：96—101.

38 Weaver B, Kappelmann FA. TALSPEAK: a new method of separating americium and curium from the lanthanides by extraction from an aqueous solution of an aminopolyacetic acid complex with a mono-acidic organophosphate or phosphate. ORNL-3559, 1964.

39 Fujiwara T, Morita Y. Study on applicability of DIDPA solvent to TALSPEAK method[J]. Nihon Genshiryoku Kenkyu Kaihatsu Kiko JAEA-Research (in Jap), 2006, 29.

40 朱永赌，宋崇立，徐景明，等．用三烷基氧膦(TRPO)从强放废液中去除锕系元素[J]. 核科学与工程，1989，2：141.

41 Duan W H, Wang J C, Chen J, et al. Development of annular centrifugal contactors for TRPO process tests[J]. J. Radioanalytical and Nuclear Chemistry, 2007, 273(1): 103—107.

42 Chen J, Jiao R Z, Zhu Y J. A cross-flow hot test for separation of Am from fission product lanthanides by bis-(2,4,4-trimethylpentyl) dithiophosphinic acid extraction[J]. Radiochimica Acta, 1997, 76: 129—130.

43 Cuillerdier C, Musikas C, Hoel P, et al. Malonamides as new extractants for nuclear waste solutions[J]. Sep. Sei. & Technol. 1991, 26(9): 1229—1244.

44 叶国安，罗方祥，何建玉，等．酰胺类萃取剂从模拟高放废液中分离锕系和镧系元素的研究[J]. 原子能科学技术，2001，35(增刊)：62～69.

45 Liljenzin J O, Skalberg M. The CTH process for actinide and fission product separationfrom HLW. [C]// Special Meeting on Accelerator-Driven Transmutation Technology for Radwaste and Other Applications. Stockholm, June, 1991, LA12205C.

46 Wei Y Z, Zhang A Y, Kunagai M, et al. Development of the MAREC process for HLLW partitioning u-

sing a novel silic-based CMPO extraction resin[J]. J. of Nuclear Sci. & Technol., 2004, 41(3): 315—322.

47 Myochin M, Kitawaki S, Funasaka H, et al. Approach to pyroprocess development at JNC[C]// GLOBAL'99, 1999.

48 Lacquement J, Bourg S, Boussier H, et al. Pyrochemistry assessment at CEA - Last experimental results[C]. Proc. GLOBAL 2007, CD-ROM, Boise, Idaho, Sep. 9—13.

49 Hannum W H. The technology of the Integral Fast Reactor and its associated fuel cycle[J]. Progress in Nuclear Energy, 1997, 31(1/2): 12—17.

50 NEA/OECD. Pyrochemical separations in nuclear applications: A status report[R]. ISBN 92-64-02071-3, NEA No. 5427, 2004.

51 Inoue T, Koch L. Development of pyroprocessing and its future direction[J]. Nuclear Eng. & Technol., 2008, 40(3): 183—190.

52 Park S W. The status and prospects of nuclear fuel cycle R&D ay KAERI[C]. Invited lecture at China Institute of Atomic Energy, Beijing, China, February 22, 2008.

53 Baetsle L H, Wakahayashi T, Sakurai S. Status and assessment report on actinide and fission product partitioning and transmutation, an OECD Nuclear Energy Agency Review[C]// GLOBAL'99, 1999

54 Konings R I M, Stalios A D, Walker CT, et al. Transmutation of technetium—results of the EFTTRA-T1 experiment [J]. J. Nucl. Materials, 1998, 254:122.

55 Konings R I M. Transmutation of iodine—results of the EFTTRA-T1 Experiment[J]. J. Nucl. Materials, 1997, 244:16～21.

56 Baetsle L H, DeRaedt C, Volckaert G. Impact of advanced fuel cycle and irradiation scenarios on final disposal issues[C]// GLOBAL'99, 1999.

57 Rome M. Use of FR to burn long-live actinides, especially Am, produced by current reactors[C]. //Proc PHYSOR96, Vol. 4: M-53～62, 1996.

58 Ozawa M, Wakabayashi T. Status on nuclear waste separation and transmutation technologies in JNC [C]// GLOBAL'99, 1999.

59 赵志祥．加速器驱动放射性洁净核能系统概念研究论文集[C]．北京:原子能出版社,2000.

60 Sailor W C, Beard C A, Venneri F, et al. Comparison of accelerator-based with reactor-based waste transmutation schemes[J]. Progress in Nuclear Energy. 1994, 28:4.